城市地下空间开发利用关键技术指南

本书编委会　编

中国建筑工业出版社

图书在版编目（CIP）数据

城市地下空间开发利用关键技术指南/本书编委会编. —北京：中国建筑工业出版社，2005

ISBN 7-112-07886-5

Ⅰ. 城… Ⅱ. 本… Ⅲ. 城市规划－地下建筑物－开发－工程技术 Ⅳ. TU984.11

中国版本图书馆 CIP 数据核字（2005）第 140250 号

针对城市地下空间开发利用中的一些关键工程技术问题，中国建筑科学研究院组织有关科研人员对这一课题进行了几年的研究，其最新成果形成了本书。本书的重点在于地下空间开发利用中的特殊技术难点分析，包括地下岩土工程施工技术、地下建筑暖通空调技术、人员疏散性能化设计技术、地下空间噪声控制、采光及照明技术、地下空间中氡的控制等，同时结合工程实例提出解决方案。适合有关工程技术人员及有关管理人员参考使用。

* * *

责任编辑：王　梅
责任设计：董建平
责任校对：孙　爽　王金珠

城市地下空间开发利用关键技术指南
本书编委会　编

*

中国建筑工业出版社出版、发行（北京西郊百万庄）
新华书店经销
北京华艺制版公司制版
北京威远印刷厂印刷

*

开本：787×1092 毫米　1/16　印张：24¾　字数：600 千字
2006 年 1 月第一版　2006 年 1 月第一次印刷
印数：1—3500 册　定价：**51.00** 元
ISBN 7-112-07886-5
（13840）

（邮政编码 100037）
本社网址：http://www.cabp.com.cn
网上书店：http://www.china-building.com.cn

《城市地下空间开发利用关键技术指南》
编　委　会

主　编： 黄　强

副主编： 王清勤　滕延京　李引擎　黄友谊　李　军

委　员： 张　雁　杨　斌　衡朝阳　石金龙　薛丽影
姚　杨　赵　力　刘　军　刘培源　刘　华
何　涛　李　忠　路　宾　杨纯华　狄彦强
王　荣　张向阳　唐　海　刘文利　肖泽南
杨凌聆　唐孝峰　尹华钢　谢志宏　王　波
袁　洁　张　雷

前　　言

进入21世纪，随着我国经济快速发展，城市建设规模不断扩大，城市发展与土地资源短缺的矛盾会更加突出，开发利用地下空间将是城市可持续发展和提高城市功能的必经之路。现代城市中的地下铁道、共同沟、地下街、地下车库、地下变电站、能源储蓄仓以及城市防灾设施（如人防工程、雨水贮留设施）等，都是城市地下空间开发利用的具体形式。国际上把21世纪作为“人类开发利用地下空间的年代”。瑞典、挪威、加拿大、芬兰、日本、美国和前苏联等国家在城市地下空间利用领域已达到相当的规模和水平。近年来，我国越来越重视城市地下空间利用的工作，各地区已开始进行城市地下空间的开发规划。北京、天津、上海、广州、深圳、南京等诸多大城市，已经建成了大量的地铁、人防工程、地下商场和地下停车场、高层建筑地下室、市政基础设施管线、地下管线综合廊道（共同沟）、地下排水（洪）暗沟等。

地下空间与地上空间相比具有恒温、恒湿、隔热、遮光、气密、隐蔽、安全等诸多优点。但是，由于复杂的地质、水文条件和城市林立的建筑环境，使得地下构筑物的建设成本较高，技术难度较大，施工工期较长，且建成后再度改造与改建的难度很大，具有相当强的不可逆性。防火设计是开发利用城市地下空间又一难题，依据现行防火设计规范不能完全解决当前城市地下空间开发利用中遇到的诸多防火问题，特别是人员疏散和防排烟设计的问题。现有地下空间内部环境的现状不能令人满意，大部分达不到应用的标准，尤其表现在空气品质差、新风供应不足、CO_2浓度、灰尘、细菌总数偏高、氡浓度偏高，室内异味明显，夏季和霉雨季湿度大，潮气促使霉菌、细菌和病毒生长，微生物污染（霉菌、细菌和病毒等）比地上建筑严重，病态建筑综合症（SBS）的发生率高于地上建筑，此外人们进入地下感到阴暗、压抑、烦躁。为使城市地下空间能够持续利用，改善和提高内部环境质量是关键。另外，城市地下空间的采光照明和噪声控制也是非常重要的技术。因此，研究城市地下空间开发利用关键技术是一个重要而紧迫的问题。

本书从城市地下空间开发利用的岩土工程技术、防水技术、暖通空调技术、防火技术、采光照明技术和噪声控制技术等方面总结了一些工程实践经验和技术研发成果，并结合典型工程实例作了详细介绍。

本书可供从事该领域技术研究、开发和施工、设计人员及大专院校的师生参考。

目　　录

第三篇　地下空间人员疏散性能化设计技术

第四篇　地下空间噪声控制、采光及照明技术

第五篇　地下空间氡的产生机理、模拟及其控制

第六篇　北京金融街地下空间工程设计

第一篇

地下岩土工程技术

第一章　地下岩土工程技术发展概况

第一节　概　　述

到21世纪中叶，我国的城市化水平将达到50% ~60%，城市发展与土地资源短缺的矛盾会更加突出，开发利用地下空间将是城市化可持续发展的必经之路。

所谓“地下空间的开发利用”是指对地表以下地层空间实体的有序开发和合理利用。现代城市中的地下铁道、共同沟、地下街、地下车库、地下变电站、能源储蓄仓以及城市防灾设施（如人防工程、雨水贮留设施）等，都是城市地下空间开发利用的具体形式。

城市地下空间根据其在平面上的表现形式分为：点状地下空间、线状地下空间、面状地下空间和网状地下空间；而根据其在竖向埋置深度又分为：浅层空间、深层空间、超深层空间。

地下空间与地上空间相比具有恒温、恒湿、隔热、遮光、气密、隐蔽、安全等诸多优点，因此，开发利用地下空间可以扩展新的使用空间，满足多功能要求，缓解地面上住宅、交通、生产及生活设施的用地紧张；能够节约能源，提供安静和无大气污染的环境；可以与地面防灾功能配合，实现防灾功能互补。但是，由于复杂的地质、水文和城市林立的建筑环境，地下构筑物的建设成本较高，技术难度较大，施工工期较长，且建成后对其再度改造与改建的难度很大，具有相当强的不可逆性。因此，研究现代城市地下空间关键技术是岩土工程研究领域一个重要而紧迫的课题。

国际上把21世纪作为“人类开发利用地下空间的年代”。瑞典、挪威、加拿大、芬兰、日本、美国和前苏联等国家在城市地下空间利用领域已达到相当的规模和水平，莫斯科地下空间总面积为全市地面总面积的30%以上，日本提出将一个日本变成10个日本国的规划，城市地下已规划到50 ~ 80m范围。因此，有的学者预测，21世纪末世界上将有1/3的人口工作、生活在地下空间中。目前，发达国家已逐渐将地下铁道、地下商业街、地下停车场及地下管线等连为一体，成为多功能的地下综合体。我国已开始重视地下空间利用工作，各地区已开始进行地下空间的开发规划，北京、天津、上海、广州、深圳、南京等诸多大城市，已经修建了大量的地铁、人防工程、地下商场和地下停车场、高层建筑地下室、市政基础设施管线、地下管线综合廊道（共同沟）、地下排水（洪）暗沟等，将其连为一体，使其具有地下城市综合功能将指日可待。

开发地下空间的工程技术包括：① 挖掘技术（明挖法、新奥法、盖挖法、盾构法、顶管法、逆作法、沉管法、钻进和爆破）；② 支护技术（重力墙、衬砌、棚架、锚杆、锚索、排桩、板桩、土钉、地下连续墙、内支撑、沉井和冷冻法等）；③ 防水技术（引水、降水、回灌、止水帷幕、防水膜和沥青防水等）；④ 地下钢筋混凝土浇筑技术。

在开发利用地下空间过程中，因技术问题，而发生重大事故的实例屡见不鲜，造成了巨大的经济损失，甚至危及人们的生命安全。如：隧道或巷道塌方冒顶和突水、基坑坑壁塌滑、地下管道堵塞断裂、地面沉陷、已有建筑物开裂、地下空间的漏水或浮起、地下空间的二次开发和交叉接口难以处理问题等。最近在法国-意大利的勃朗峰公路隧道（长11.6km)，由于失火造成41人死亡，主要因空气不能进入而窒息。36辆汽车被毁，隧道被关闭一年进行整修。

大量的地下工程建设经验表明，岩土工程技术是控制地下工程建设安全、经济的关键。我国城市地下空间开发目前尚处于初步阶段，城市地下空间开发的工程实践超前于理论研究，但是，国内外隧道、矿山和地下电站等地下工程建设的经验教训表明，岩土工程技术对地下工程施工建设和安全运营的重要程度远大于地面工程。因此，地下空间开发的关键性技术研究是探索城市地下空间合理规划、设计和施工的重要基础。

第二节　国内外发展概况

一、地下空间发展概况

当前世界各国开发地下空间，因为入地愈深，开发技术愈复杂，所以，在民用方面基本限于30m以内的浅层，少数发达国家进行了开发中深地层地下空间的尝试。世界各主要城市已形成四通八达的地铁线网，其运量约占城市公交总量的50%以上，另外，在地下建筑的图书馆、大型会议展览中心、实验中心、办公室和工业车间等也得到了迅速发展。

美国1974～1984年用于地下公共设施的投资额约为500亿美元，占基本建设总投资的30%。美国的地下空间开发和利用有如下特点：第一，结合城市建设，构筑地下铁道；第二，立足于战略，建立水下通路；第三，地下空间的开发利用平战结合。美国从1868年在纽约修筑地铁，目前是世界上拥有地铁线最长的国家，现有地铁线约1230km，占世界地铁总长的1/5，还有计划地修建了一些地下车库，纽约罗雀斯特广场下的单建式车库，面积近6000m^2，地下三层，可停车2000辆，战时可供5～6万人掩蔽。明尼苏达大学土木采矿系新建的地下系馆，建筑上下7层，埋深30余米，面积约14000m^{2}左右，其中10000m^{2}位于土层中，中为结构试验大厅，周围地下三层为办公室和附属用房，用掘开法构筑。土层之下为岩层，距地表30余米的地段，构筑有4000余平方米的教室和试验室，两部分通过并列竖井相连，一个直径13.5m，另一个直径6.7m，竖井内设有楼梯和电梯。由于美国重视立体化利用城市空间，城市住房、绿化和交通之比约为2∶3∶5，为人们提供了舒适的工作和生活环境。

法国采用公用事业隧道代表的这一先进模式城市设施，巴黎市Quai de La Gare公用事业隧道——共同沟长700m、宽4.75m、高12.6m（三层分别净高3.90m、3.10m和3.65m)。欧洲各处，像巴塞罗那、贝桑松（Besanson)、赫尔辛基、伦敦、里昂、马德里、奥斯陆、巴黎、鲁昂（Rouen）和瓦伦西亚等城市，已研究了几个公用事业隧道网。

在20世纪80年代，欧盟为一称作“Eureka EU40”的城市工程研究计划提供资金，这一计划的目标是设计一新的公用事业隧道系统，在此计划中涉及法国、西班牙和意大利的一些公司，计划的主要成就是利用机器人安装和修复管道，这有助于减小公用事业隧道断面，因为机器人所需空间尺寸比工人所需的小。

此外，日本至少在26个城市中建造地下街146条，吸引1/9的日本人民购物；加拿大多伦多有着四通八达的地下空间，多伦多和蒙特利尔市的地下步行街系统非常突出，由于该地区常年处于漫长的严冬气候，所以人们进行商业、文化及事务的交流活动均在地下步行系统中进行，该系统连接着数千家活动场所；北欧和西欧在地下大型供水、排水系统方面都较突出，尤其瑞典用管道清运垃圾，污水处理也100%在地下进行，地下停车场、车库也很盛行；中东各国为预防美伊战争不测而迅速开发地下空间，如在岩层中，开发断面约为40m×60m、长达数百米的地下储油库，并在防火与防渗方面进行了关键技术的深入研究。

进入20世纪80年代后，国际“隧协”提出了“大力开发地下空间，开始人类新的穴居时代”倡议，得到了广泛响应。1997年10月在加拿大魁北克召开第七届地下空间利用国际会议，其主要议题是“地下空间：明天的室内城市”。所有这些都充分表明，地下空间的开发利用已经成为今后城市进一步现代化发展的必然趋势。

我国开发利用地下空间可以分为三个阶段：① 20世纪50~70年代，大规模的民防建设时期，形成了民防为地下空间开发利用主体的认识；② 80年代末的平战结合阶段，提出民防建设与城市建设相结合，开始着重于将已有的民防工程改造成为平时使用，以充分利用空间资源、发挥民防工程的平时经济效益，后来建设的民防工程就按照平战两用的思路进行建设，上海的民防工程平时利用率达61%左右；③ 到90年代末，地下空间开发利用时代，地下空间作为一个完整的概念，完全从民防范畴脱离出来，并且反过来包容民防内容，成为面向大市政、小市政的地下工程设施。国内几个大城市已逐步将地下空间与绿化进行同步开发，如：上海人民广场、西安世纪金花和上海某居住花苑等。

我国地下工程施工技术，借鉴国外先进技术，结合国情开发创新，形成了适用于不同地层环境条件下的明挖法、暗挖法、盖挖法、盾构法、冷冻法等施工技术，其中有的已达到国际先进水平。清华大学、北京交通大学的专家教授初步研究认为，北京市地下空间资源量为193亿m^3，可提供64亿m^2的建筑面积，将大大超过北京市现有的建筑面积，所以提出将一个北京市变成2个北京市的口号；在大连市城市地下空间利用规划纲要讨论稿中，近期开发浅层（30m）地下空间，其开发面积为城市建设用地的30%，地下空间开发资源为5.8亿m^3，可提供建筑面积1.94亿m^2，可超过现有大连市房屋建筑总面积；另外，上海、天津、广州、深圳、南京、香港地区、中国台北和西安均已着手进行地下空间的开发利用工作。在地下交通方面，如琼州海峡水域宽18km，应用隧道连通，考虑深埋海底100m，加上引线长度共34km，预估250亿元可以完成该工程，近期在海南省海口市召开的“铁路隧道穿越琼州海峡”讨论会上，许多专家和院士认为连通海南岛的最好方案是铁路隧道，技术可行，经济合理，运输可靠。

1999年，中国工程院院士周干峙、钱七虎、杨秀敏等指出：开发利用城市地下空间可以一举四得，即解决城市用地紧张、缓解交通拥挤、改善环境、兼顾战备。

二、地下岩土工程技术

1. 明挖法

明挖法，就是为了在现有地表以下建造建（构）筑物或其基础，在保证开挖边坡岩土体稳定的前提下，对于深度不大、环境条件许可的情况，实施明挖，开挖出符合施工要求的坑堑，一般是从上往下分步依次开挖岩土体，然后才构筑地下结构体系的施工方法。明挖法的关键是支护技术。

基坑开挖支护技术是明挖法的一个主要方面。基坑开挖是基础和地下工程施工中的一个古老的传统课题。早在20世纪40年代，Terzaghi 和 Peck 等人最早提出的计算方法是预估挖方稳定程度和支撑荷载大小的总应力法。这一理论原理一直沿用至今，已有了许多改进与修正。

20世纪50年代 Bjerrum 和 Eide 给出分析深基坑底板隆起的方法。60年代开始在奥斯陆和墨西哥城软黏土深基坑中使用了仪器进行监测。此后的大量实测资料提高了预测的准确性，并从70年代起，产生了相应的指导开挖的法规。

我国70年代以前的基坑都比较浅，上海的高、多层建筑的地下室均为4m深的单层地下室。北京70年代初建成了深20m的地下铁道区间和东站深基坑。80年代后广东、北京、上海、天津以及其他城市修造的深基坑陆续增加，设计和施工都不断积累了经验，为了总结各地经验和理论，由中国土木学会和中国建筑学会的土力学和基础工程组织，80年代末相继在北京、上海、天津等地召开过全国和地方的深基坑会议，并出版有关论文集。进入90年代在总结我国深基坑支护设计与施工经验的基础上，中国建筑科学研究院主编了行业标准《建筑基坑支护技术规程》（JGJ 120—99）。

2. 暗挖法

（1）新奥法

新奥法（New Austrian Tunnelling Method）是20世纪60年代奥地利专家 L. V. Rabcewicz 在总结前人经验的基础上提出来的一套隧道设计、施工新技术。1980年，奥地利土木工程学会地下空间利用分会把新奥法定义为："在岩质、土砂质介质中开挖隧道，以使围岩形成一个中空筒状支撑环结构为目的的隧道设计施工方法"并提出了应遵循的四个原则。新奥法最核心的问题是利用围岩支护隧道，使围岩本身形成一定的支撑环。新奥法的理论建立在岩石的三轴压缩应力应变特性及莫尔学说基础之上，并考虑隧道掘进的空间和时间效应。

（2）浅埋暗挖法

浅埋暗挖法是新奥法以加固、处理软弱地层为前提的技术发展。其可以表述为：采用足够刚性复合衬砌（由初期支护和二次衬砌及中间防水层所组成）为基本支护结构的一种用于软土地层近地表隧道的暗挖施工方法。它以施工监测为手段，指导设计与施工，保证施工安全，控制地表沉降。1986年北京提出用暗挖法修建长358m的复兴门地铁折返线，铁道部隧道工程局首次在粉质黏土、砂土和砂砾石地层中，用锚喷支护和新奥法建成隧道最大跨度达14.3m的地下折返线工程。由此总结出包括十八字诀（管超前、严注浆、短开挖、强支护、快封闭、勤量测）在内的基本经验，通过了铁道部和北京市科技成果鉴定，并正式取名为"浅埋暗挖法"。

（3）管幕工法

管幕工法在日本、西欧、马来西亚和我国台湾等地应用较普及，为大都市地下空间开发和利用积累了丰富的工程经验，是一种成功的暗挖方法。一般用于都市中为了避免交通中断的情形，如地下过街道、地铁车站与大厦地下室联通道、交通主干道下给排水管道和共同沟等。地下管道的施工长度不宜过长，一般在30～60m之间。其优点是施工时无噪声和振动，不必降低地下水位，不影响城市道路交通运行；可以在不采用气压条件下，使管道穿越饱和的砂土和淤泥质黏土；可以在既有建筑物邻近进行施工。但是，该工法成本较高。

3. 盾构法

该法是1818年由法国工程师M. I. Brunel（布诺尔）发明的。并于1825年应用在英国伦敦的泰晤士河下面建造了世界上第一条水底隧道。该隧道在施工中遇到了极大困难，曾两次被水淹没而被迫停工。直至1835年对盾构法作了改进后才重新施工，于1943年完工。该隧道为矩形盾构，宽11.40m，高6.8m，全长458m。其后，P. W. Barlow（巴尔劳）于1865年在泰晤士河下修建了世界上第一条直径为2.2m的圆形盾构隧道。直到1874年，J. H. Greathead（格雷塞德）在伦敦城南修造地下铁道时，第一次采用气压盾构在黏土层和含水砾石层中进行隧道施工，并在盾构上配备了安装衬砌的举重器，第一次在衬砌背面压浆。因此，人们称Greathead为现代盾构施工的真正首创者。

在1880～1890年间采用盾构法在美国和加拿大的St. Clair（圣克莱）河下建成了直径为6.40m、长1870m的Sarnia（萨尔尼亚）水底隧道。从此为盾构法开创了广阔前景。1900年以后，仅在纽约采用气压盾构法先后成功地修造了25条重要的水底隧道。从此，在世界各地修建水底公路隧道、地下铁道、水工隧道及小断面市政隧道时，均广泛应用盾构法。其中，日本、苏联、西德、法国等国已迅速赶超上来，从20世纪60年代起，盾构法在日本得到了飞速发展。盾构法经历一百多年的发展历史，已日趋成熟，完全能适用于任何工程地质水文地质条件下的施工。无论是松软的、坚硬的、有地下水的、无地下水的地基条件都可用盾构法施工。自60年代以后，美国首创泥水加重盾构，日本作改进后发展了土压平衡式盾构。从1969年起先后在美国、日本及西欧各国发展了一种最小直径约1m，适用于城市上下水道、煤气管道和建筑电缆隧道的微型盾构法系列，广泛应用于不同地质条件及不同规模的工程。同时，异形盾构和连体盾构已开始在地下工程中使用。

我国第一个五年计划期间在阜新煤矿，曾用盾构法建成了直径2.6m的疏水巷道。1975年在北京采用盾构法施工了直径为2.0m和2.6m的下水道工程。上海从1960年就开始用盾构法修建黄浦江水底隧道和进行地下铁道的试验研究，至今已硕果累累。近年来，此法在北京、厦门、苏州、无锡、嘉兴、武汉和广东等地的隧道施工中都得到了广泛应用。

4. 地下顶管技术

地下顶管工程是在地下水位以下的土层中长距离顶进管道的一种施工方法。它避免了挖槽或在水下开挖土方的麻烦，从而大大加快施工进度与节约造价，是管道穿越江河、通向湖海等无法降水的特殊环境时施工的最佳手段。从19世纪顶管法问世以来，因其优越性已被许多国家所广泛采用。当时顶管距离较短，距离长的管道工程往往被小盾构所取代。近几十年来出现了中继接力技术，形成了长距离顶管法，成为一种顶进长度不受限制的施工方法。目前，在地下水位以上也常常采用该项技术。

美国在1980年曾创造了9.5h顶进49m的纪录，不仅施工速度快，且施工质量也比小盾构法好。且发达国家还采用了智能化曲线顶管技术，大大提高了工效。但到目前为止，顶进距离超过500m用顶管法施工的管道工程仅有联邦德国、美国、我国和日本等几个国家。我国于1981年4月成功完成了浙江镇海穿越甬江工程。采用5只中继环将2.6m直径的管道从一岸单向顶进581m，到终点后的上下左右偏差均小于1cm，标志着我国在这个领域的技术水平已趋于成熟。

5. 逆作法

逆作法是以地下结构本身作为挡墙同时又作支撑体系，从上往下分步依次开挖和构筑地下结构体系的施工方法。

1935年，在日本东京都千古代田区开工的第一生命保险相互会社大厦，其地下施工方法可称为逆作法的原型。逆作法经历了70年的研究和工程实践已得到广泛应用。日本、美国、英国对逆作法设计理论和施工工艺方面研究较多，法国、德国、意大利、加纳等国大量地进行了工程应用。

到2001年我国已有60多项工程采用了逆作法，20世纪90年代中期，上海市建公司研究开发了逆作法信息化施工技术，1997年逆作法列入冶金工业部发布的行业标准《建筑基坑工程技术规范》（YB 9258—97），2002年逆作法列入国家标准《建筑地基基础设计规范》（GB 50007—2002），2002年徐至钧、赵锡宏编著《逆作法设计与施工》（机械工业出版社）一书。实践证明：利用逆作法施工开挖深度较大的地下空间十分有效。

6. 其他施工技术

（1）沉井施工技术

沉井是地下工程和深埋基础的一种施工技术方法。它将地面预制好的筒形（圆筒或方筒）结构物下沉到预定的设计标高进行封底，构筑内隔墙、顶板等构件，最终形成地下结构物的基础。大型沉井施工技术是将直径或边长大于20m的筒形结构物下沉到指定设计标高以构筑地下结构物的施工技术方法。

沉井施工技术在施工中具有占地面积小、不需要板桩支护、比大开挖节省土方量、对邻近建筑影响较小、操作简便、无需特殊的专业设备等优点，故广泛应用于桥梁墩台基础、取水构筑物、污水泵站、地下工业厂房、地下仓库、人防掩蔽所、竖向矿井、船坞坞首、盾构拼装井、地下车站与车道、地下构筑物的围壁和大型深埋基础等。近年来，此项技术在施工方法和施工机械几方面都有很大改进。如出现的“触变泥浆润滑套法”和“壁后压气法”等均可降低井壁下沉时的侧摩阻力。另外，在密集的建筑群中施工时，创造的“钻吸排土沉井施工技术”和“中心岛式下沉”施工工艺，均可确保地下管线和建筑物的安全，对减小地面沉降及位移也收效较好。

我国在水利工程、道桥工程中应用较多，如1988年铜街子水利枢纽库区滑坡处理采用了大规模的沉井施工技术。

（2）冷冻法

冻结法的实质是利用人工制冷技术，把地层中不稳定的自由水冻结成冰，以改良土的结构，提高土层自身的强度和稳定性。因此，在地下工程施工中，可以利用封闭的冻土帷幕墙来抵挡水、土压力，保证施工的安全。冻结法以其隔水性好、适用性强、技术成熟可靠而广泛应用于我国煤矿深表土凿井。但圆筒形冻土墙与建筑常用的直线形挡土墙的受力状态相差甚远，为此，需要对直线形冻土挡土墙的稳定性进行研究。

冻结技术起源于天然冻结现象。早年，俄国人利用天然冻结层开凿竖井，在西伯利亚采金；1862年，英国首次使用人工冻结技术加固基坑；1883年，德国工程师波茨舒（F. H. Poesch）在阿尔巴里德煤矿采用冻结法施工深103m的竖井，并获得专利权。基坑冻结加固具有加固均匀、强度高、阻水性好、加固深度大等优点，因而，城市房屋建筑基坑开挖、土体加固采用冻结技术越来越受到重视。沈阳地铁 2 号井、东海拉尔水泥厂上料仓基坑施工，都成功应用冻结法加固。

我国自 1955 年开滦林西矿首次采用冻结法凿井以来，现共施工 360 多个竖井、斜井和风道口，冻结总长度约 60000m，最大冻结深度达 435m。冻结法已成为我国采矿工业通过不稳定冲积层和裂隙含水层的主要施工方法。1992 年上海地铁 1 号线 151 井以北软土盾构隧道贯道工程，成功地应用了液氮冻结技术。实践表明冻结法具有如下特点：① 适应复杂的地质条件；② 冻结施工方法灵活，形式多样；③ 冻结加固均匀、完整。

第三节　有待解决的问题

地下工程与地面工程相比，具有其特殊性。首先，地下结构一般处于三维复杂应力状态，其边界条件复杂难以简化分析；其次，周围的岩土介质一般呈现非均质、非线性和各向异性的材质特性；第三，地下工程一旦建成，有相当的不可逆性。故地下工程比地上工程的设计和施工的难度要大。目前有待解决的问题有以下几个方面：

1．行政立法和科学规划

开发利用地下空间是城市建设科学发展观的一种体现，未来城市地下工程将会很多，什么设施在哪儿建造，占用何种标高需要立法，并且将地下与地上建设协调规划，综合发展，以迅速提高城市功能。否则，地下空间开发就可能混乱无序，导致地下空间资源的极大浪费和环境破坏。目前城市共同沟的规划和建设迫在眉睫，城市共同沟可以一沟多能，一般采用钢筋混凝土箱形结构，其中，可以安设多种管线（排水管、供水管、热力管，电力管、通讯电缆、煤气管线等），并且便于维修。修建共同沟可以避免“城市拉链”反复开合，消除以往人们常见到的已与我国经济发展水平不相适应的“破坏路面、阻塞交通、影响市容、危害环境、无序布设、东挖西掘”等现象发生。去年，广州大学城已建成一条先进的共同沟，很好地解决了占地 17km^2 大学城生活管线的架设和管理问题。

2．技术标准的研究编制

地下空间开发利用技术是包含多学科专业的一个综合性课题，其技术标准应统一考虑，过去仅“土”的分类、水利、建筑、公路、铁路、市政尚不统一，造成资料难以共享，学术交流也有障碍。因此，在地下空间开发利用的技术标准研究编制方面应力求统一。中国工程院院士王梦恕提出急需的技术标准如下：

1）各类地下建（构）筑物的设计规范：如地下铁道车站、地下过街道、地下商业街、地下停车场、地下文体活动场所、地下仓库建筑、地铁车站及区间、地下影剧院、地下餐旅馆、地下展览馆、地下试验室、地下共同沟以及半地下室建筑等。

2）各类地下结构的设计计算问题：如不同材料结构的设计、不同地质条件的荷载设计、水压力及抗浮力设计、不同类型结构建设过程中及建成后的内力分析计算、结构的防腐及耐久性设计、位移反分析的计算程序等。

3）地下工程的环境、安全、防灾设计：如防火设计、通风设计、防水设计、空调设计、照明采光设计、通信、供电设计等。

4）地下工程施工技术规范：如明挖法施工、暗挖法、盖挖逆筑（正筑）法施工、浅埋暗挖、超浅埋暗挖法施工、盾构法施工、冻结法施工、降水排水法施工、沉管法施工、全断面掘进机施工（TBM）、城市地下工程钻爆法施工、地下围护结构施工（连续墙、钻孔桩、挖孔桩、粉喷桩、旋喷桩等）、地下支挡结构施工（横撑及软土锚索）等。

5）地下工程的特殊材料设计：如防水材料、地下防腐材料、注浆堵水材料、各类添加剂材料等。

6）卫生安全标准、环境保护标准的制定。

7）地下空间开发所用的各类设备、非标设备、包括地铁的全套设备国产化设计。

8）地下工程勘察技术及勘察内容的设计。

3. 城市地下空间开发对环境的影响控制技术

联合国教科文组织及国际水文科学协会国际地面沉降工作组主席 A. I. Johson 指出，地面沉降已普遍发生在世界上人口稠密且工业化程度较高国家的大多数地区，且在今后几十年随着世界人口和工业的进一步增长，仍要保持对地下水和新的能源的需求，地面沉降在程度和范围上还会进一步加深加大。所以，为了防止地面沉降导致巨额损失，新的城市化地区和工业区都要认真地规划和控制（Fang Guo 等，1995）。我国的多数特大城市，如北京、上海、天津等均出现不同程度的地层变形和地面沉降，其中，北京在 1994 年沉降最严重处累计达 800mm，沉降面积达 800km^2；上海最大沉降曾达到 2.63m，沉降面积达 850km^2；天津最大沉降达 3.91m，沉降面积达 10000km^2。大范围的地层变形或地面沉陷不仅破坏地面构筑物和设施，而且破坏地下空间的稳定性，导致其开裂、渗水和丧失服务功能。我国 21 世纪初期将是大规模开发城市浅层地下空间的活跃期，同时城市工程建设不可避免地导致各类成因的地层变形或地面沉降。因此，研究城市地下空间开发对环境的影响，及其相应的技术控制措施，对于保障城市地下空间的合理规划、设计和施工，实现城市化的可持续发展具有重要意义。

4. 地下空间开发交叉影响及其处理技术

开发浅层地下空间，不可避免地会出现隧道与基坑、基坑与桩基、桩基与隧道、隧道与隧道之间等交叉影响问题，因此，需要研究城市地下空间开发交叉影响分析、计算和工程处理技术方法等。

5. 地下岩土工程施工与防水技术

地下空间开发利用的岩土工程施工方面已有一系列先进技术，包括：新奥法、浅埋暗挖法、管幕工法、盾构法、顶管施工技术和逆作法等，并且积累了大量的工程经验，从其技术发展现状、使用范围、设计方法、施工原理和施工方法等方面进行全面系统地归纳总结，同时，对于城市地下工程防水技术，从地下工程防水设计、防水作法和渗漏治理等方面进行系统地分析总结，极有利于城市地下空间开发利用岩土工程技术标准的研究编制。

此外，地下空间开发利用的工程地质、水文地质问题，钻爆掘进中的数字化控制，规划、勘察、设计、施工信息化整合，降低工程造价和减少空间耗能，防灾和环境评价等方面需要不断地研究探索。

第二章　城市地下空间开发对环境的影响与控制

城市地下空间开发，一般都要经过开挖，开挖后岩土体必然要发生变形，当变形达到极限，岩土体破坏失稳，将直接或间接地造成人类生存环境的恶化，甚至造成灾害。

城市地下工程建设往往在市区繁华地段，在其施工过程中，常引起周围地层的变形效应，对周围地面建筑物及基础，地下早期人防和构筑物、公用地下管线和各种地下设施以及城市道路的路基、路面等都可能构成不同程度的危害（图 1-2-1）。

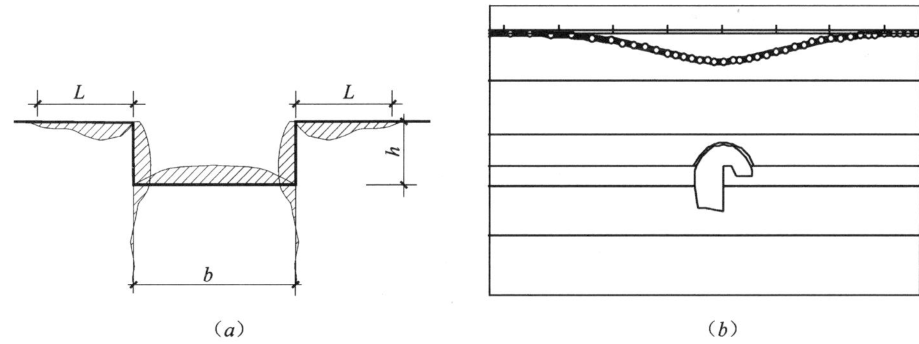

（*a*）　　　（*b*）

图 1-2-1　基坑变形示意图

（*a*）基坑变形；（*b*）地铁隧道引起地面变形

地下工程主要涉及隧道工程、水利工程、岩土工程、市政工程、人防工程、矿业工程和环境工程等诸多领域的工程技术。本章地下空间开发对环境的影响主要通过工程实例从以下三个方面进行分析：

① 开挖基坑对周边环境的影响与控制技术；

② 降水引起的环境问题及处理措施；

③ 地下空间开发交叉影响分析。

第一节　开挖基坑对周边环境的影响与控制技术

一、影响形式

开挖基坑对周边环境影响主要表现形式为：基坑边坡坍滑与变形、地表沉降变形、坑内流砂和管涌、基底隆起变形、支挡结构变形、周围管线断裂、对周围建筑物的影响和复杂的社会影响等，见表 1-2-1 和图 1-2-2。我国大中城市几乎每年都有数例基坑工程重大事故相继发生。

基坑变形破坏对环境影响 **表 1-2-1**

序号	变形破坏形式	发 生 原 因	工程事例
1	边坡坍滑与变形	基坑开挖形成人工边坡，基坑开挖后其边坡在自身重量和其他外力作用下，土体将会产生向基坑坍滑的趋势，如果失去平衡，就会产生坍滑	汕头金环大厦、北京万亨大厦、广州华侨大厦、上海金桥高科技大厦、长春市人民大街东侧某深基坑
2	地表沉降变形	① 降水引起地面附加沉降（范围较大）；② 护坡结构侧向变形引起地面沉降变形（基坑周边范围较小）。一般基坑周边地面沉降变形均是前两种变形叠加的结果	
3	流砂和管涌	当基坑底部附近为砂性土层时，坑底若存在向上水的渗透压力，当水力坡降大于临界坡降时，砂土颗粒就会处于悬浮状态，或向上涌出，造成大量流砂，引发基坑失稳	
4	基底隆起	① 由于土体挖除卸荷，坑底土向上回弹；② 土体松弛与蠕变的影响使土隆起；③ 支挡结构向基坑内变位时，挤推土体引起基底隆起；④ 黏性土吸水使土体体积增大而隆起。基坑的隆起量与基坑开挖后搁置的时间长短有关	
5	支挡结构变形	支挡结构的承载力或刚度不能抵抗坑侧土压力荷载而发生破坏或大的变形	
6	周围管线损坏	当管线周边的岩土体发生变形大于允许变形时，管线可能发生断裂	
7	周围建筑物倾斜、开裂、倒塌	不均匀沉降引起建筑物倾斜，当倾斜值大于建筑物允许值，建筑物会发生明显的倾斜、开裂甚至倒塌	
8	复杂的社会影响	由于工程事故，可能造成人员伤亡、财产损失，影响居民安定生活，造成市政交通阻塞，带来严重的社会影响	

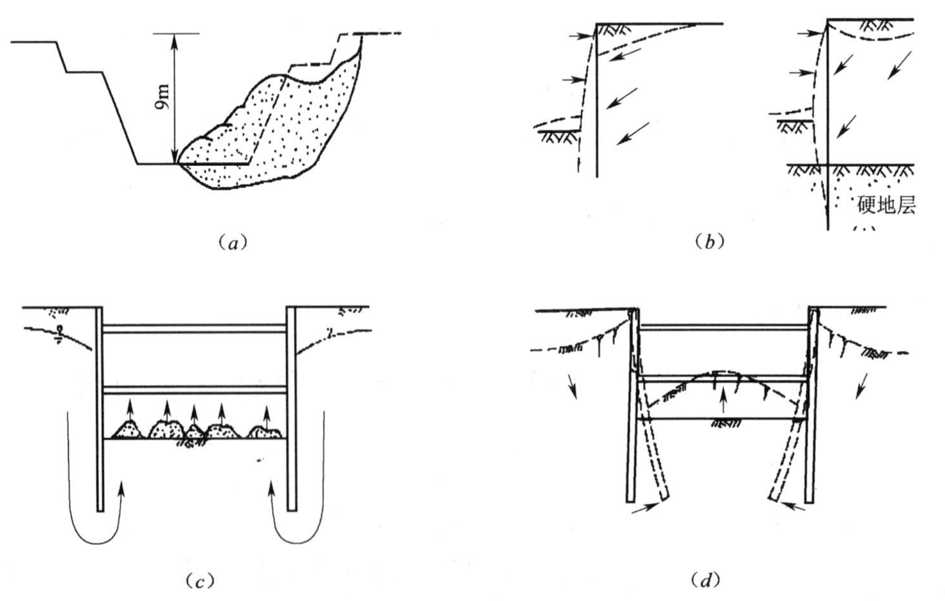

图 1-2-2 基坑破坏形式示意

(a) 基坑边坡坍滑变形示意；(b) 地表沉降变形形式；(c) 流砂和管涌；(d) 基底隆起变形

二、地表沉降计算法

地表沉降的范围取决于地层的性质、基坑开挖深度 H、支护墙体入土深度、下卧软弱土层深度、开挖域支护方式等。沉降范围一般为（1～4）H。日本对于基坑开挖工程提出的基坑影响范围如图 1-2-3 所示。

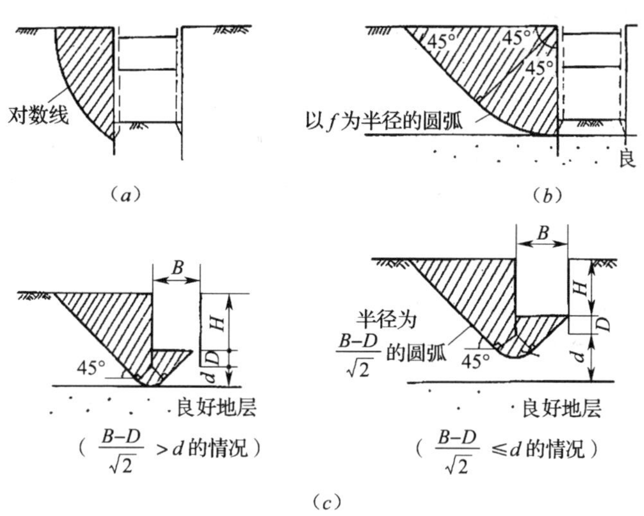

图 1-2-3　基坑影响范围

地表沉降属于基坑变形的一个主要方面，目前计算基坑变形的主要方法见表 1-2-2。

地表沉降计算法　　**表 1-2-2**

序号	方　法	方 法 简 述
1	Peck 法	1969 年，Peck 认为基坑沉降大小主要受地区条件控制，并曾给出地表沉降/基坑最大深度-离基坑距离/基坑最大深度间的关系曲线，该曲线未考虑支护形式等对基坑沉降的影响
2	稳定安全系数法	Mana 和 Clough 首先提出来的一种基于有限元和工程经验的简化方法
3	时空效应法	刘建航院士等从国内软土地区，在深基坑的施工实践和试验研究的成果中认识到：在深基坑开挖及支撑过程中，分步开挖的空间尺寸和支护结构开挖部分的无支撑暴露时间等参数与基坑变形有一定的相关性，此即为基坑开挖中的时空效应
4	地层损失法	地层损失法是利用墙体水平位移和地表沉降相关的原理，采用杆系有限元法或弹性地基梁法，然后依据墙体位移和地表沉降二者的地层移动面积相关的原理，求出地面垂直位移即地面沉降，也有用一个经验系数乘上墙体水平位移而求得地面沉降值的
5	正态分布密度函数法	唐孟雄、赵锡宏提出了按正态分布密度函数拟合地表沉降曲线的方法。并根据对建筑物和地下管线保护需要，可以引入地表变形指标导出变形计算公式
6	数值分析法	数值方法是适应电子计算机而发展起来的一种比较新颖和有效的数值方法。包括有限单元法和有限差分法

三、基坑开挖与支护技术

《建筑地基基础设计规范》(GB 50007—2002)，针对工业与民用建筑（包括构筑物）的基坑工程，从一般规定、设计计算、地下连续墙与逆作法等方面作了技术规定；《建筑边坡技术规范》(GB 50330—2002)，针对建（构）筑物及市政工程的边坡工程和岩石基坑工程作了详细的技术规定。

《建筑基坑支护技术规程》(JGJ 120—99）针对一般地质条件下的建筑物和一般构筑物的基坑工程，作了进一步详细的技术要求。它不仅规定了基坑支护的设计原则、勘察要求、支护结构选型、荷载与抗力标准值、质量检测、开挖及监控等一系列技术要求，而且，对基坑常用的支护形式（排桩、地下连续墙、水泥土墙、土钉墙和逆作拱墙等），从设计计算、结构构造和施工检测诸方面也作了详细规定，同时对地下水控制也给予了明确的规定。目前，我院地基基础研究所开发研制的《基坑与边坡支护结构设计软件》(RSD—V3.0）在基坑工程中应用广泛。

上述技术标准在城市地下空间开发利用的明挖法工程中得到了广泛应用，一般条件下可以有效地控制基坑开挖对环境的影响。但是，目前城市地下空间开发利用的环境条件越来越复杂，基坑支护技术难度也越来越大，开挖基坑对环境影响及其控制技术需结合典型工程实例进行分析探索。

四、北京地区基坑开挖对环境影响与控制实例分析

结合近年来承担的技术咨询、技术服务和施工工程实例进行分析。包括：① 基坑开挖引起附近建筑物变形监测实例分析；② 基坑塌陷实例分析；③ 地面沉陷开裂工程实例分析；④ 后建地下车库基坑对周边已有建筑物的影响计算；⑤ 支护设计参数取值误差实例分析；⑥ 国家重点文物区地下工程对周边建（构）筑物地基基础影响评价等。

1. 基坑开挖引起附近建筑物变形监测实例分析

(1) 工程概况

北京松榆西里68号、69号住宅楼均为新建成投入使用的18层居民楼，基础埋深为 -6.0m。由于在其西侧拟建金智商业大厦，基坑深10.0m，且基坑局部边缘靠近68号、69号楼，与68号楼最近距离约6.0m，与69号楼最近距离约2.0m，如图1-2-4。为了分析基坑开挖可能对68号、69号楼产生影响进行了变形观测。基坑采用微型桩加土顶墙复合支护处理，降水采用管井降水。

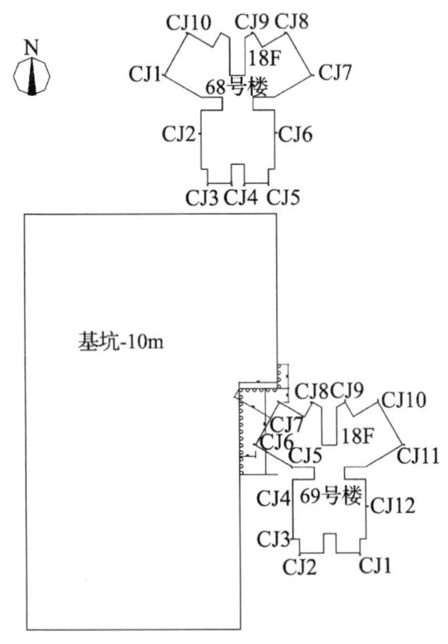

图1-2-4　变形观测点平面位置

地层条件见表1-2-3，地下水有两层，第一层为上层滞水，埋深5.7~9.4m；第二层为潜水，埋深在18.0m左右。

于2003年8月23日进行了第一次观测，以

后根据基坑开挖和变形发展的情况，观测间隔时间约为7d。到2004年1月28日，根据观测成果判明该栋楼的变形已经稳定，且基坑已回填完毕，影响68号、69号楼安全的主要因素已基本消除，至此整个观测工作全面结束，共历时158d时间。监测内容为沉降观测和水平位移观测。

地 层 概 况　　表 1-2-3

土层名称	层厚（m）
素填土	1.67
砂质粉土	4.38
粉砂	2.37
粉质黏土	2.33
粉砂	5.28

（2）观测结果

观测结果如图1-2-5～图1-2-8和表1-2-4所示。

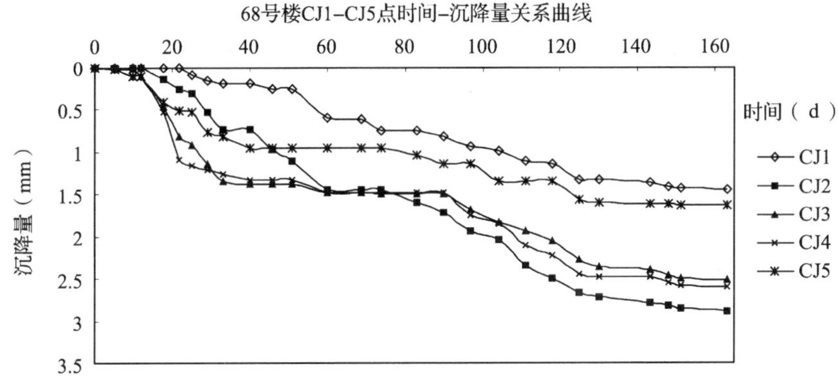

图1-2-5　68号CJ1～CJ5变形观测点沉降-时间关系曲线

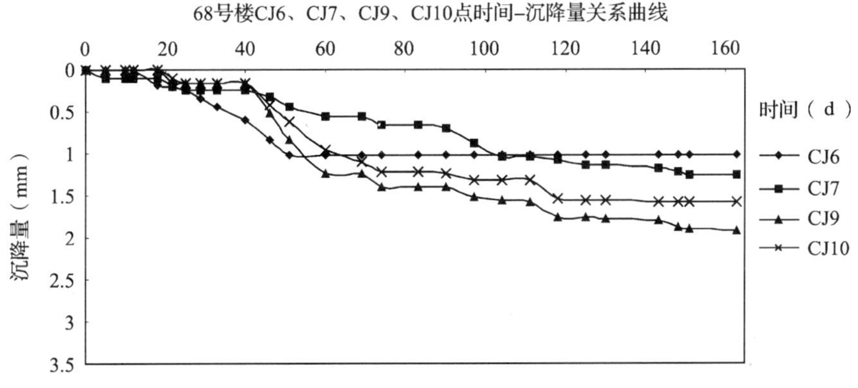

图1-2-6　68号CJ6～CJ10变形观测点沉降-时间关系曲线

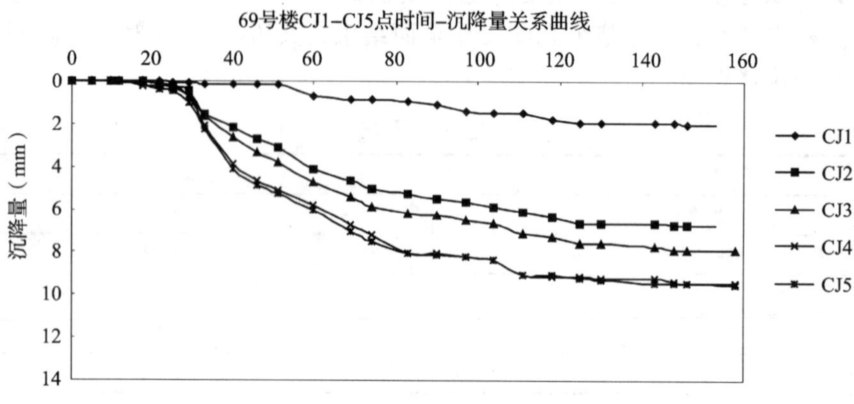

图 1-2-7　69 号 CJ1 ~ CJ6 变形观测点沉降-时间关系曲线

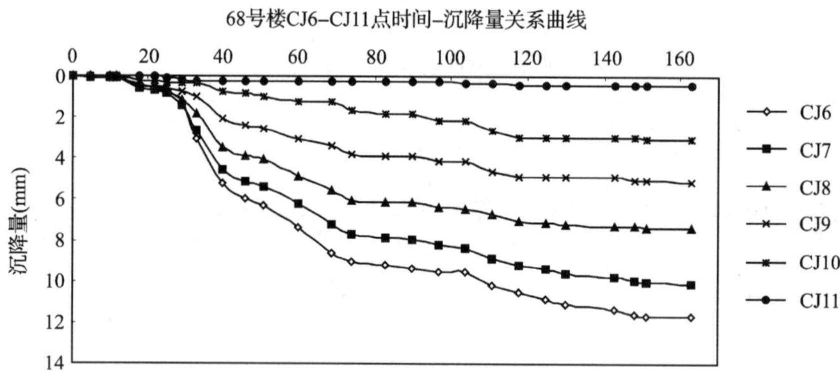

图 1-2-8　69 号 CJ6 ~ CJ11 变形观测点沉降-时间关系曲线

变形观测结果　　**表 1-2-4**

楼号 变形	68 号楼	69 号楼
最大沉降	2.88mm（CJ2）	11.72mm（CJ6）
顶部最大水平位移	9.00mm（向南）	10.8mm（向西）
建筑物微倾	向西南微倾 0.01%	向西微倾 0.03%
沉降量较大点	基坑边界最近的建筑物西南三个观测点 CJ2（2.88mm）、CJ4（2.60mm）、CJ3（2.52mm）	基坑边界最近的建筑物西北两个观测点 CJ6（11.72mm）、CJ7（10.07mm）
水平位移较大点	基坑边界最近的点，CJ3 和 CJ5 顶部对应点向南偏移量分别为 9mm 和 7mm	基坑边界最近的点，CJ7 顶部对应点向西位移 10.8mm

（3）变形规律分析

1）靠近基坑观测点的沉降量较大，远离基坑观测点的沉降量较小；靠近基坑点的水平位移量较大，远离基坑观测点的水平位移量较小；根据时间-沉降量关系曲线，随着观测点距离基坑的距离减小，其变形发展从开始至稳定的历时越长，反之越短。

2）观测时间-沉降量关系曲线可以分为四个阶段：

第一阶段沉降速率缓慢增加。在基坑开挖逐步进行至 69 号楼的基础底标高时，随着土体约束作用的减弱，建筑物开始出现缓慢沉降，并且逐渐增加。该阶段沉降量约占总沉降量的 1.5% ~9% 。

第二阶段沉降量快速增加。在开挖 69 号楼基础底标高至基坑底标高间土方时，对建筑物影响最为明显，该阶段沉降量约占总沉降量的 60% ~70% 。

第三阶段约在 2003 年 10 月 31 日 ~2003 年 12 月 21 日（对靠近基坑最近的 CJ6 和 CJ7 点，该时间段延长至 2004 年 1 月 13 日），各观测点的沉降发展速率较前一阶段明显减慢，但总沉降量仍然在逐步增加。该阶段沉降量约占总沉降量的 20% ~30% 。

第四阶段为最后阶段。在该阶段内土方回填完成，建筑物沉降速率接近零，总沉降量基本稳定。

3）在地下空间开发利用过程中，通过对邻近基坑的高层建筑物变形观测，认为基坑临近高层建筑物，在基坑施工期间会产生向坑内倾斜的变形，一般其变形过程为：缓增、加速、减慢和稳定共 4 个阶段。即当基坑开挖超过某一临界深度时，其近邻建筑物的变形会迅速增加。因此，在基坑施工过程中，须严格控制其基坑周边影响范围（1.5*H*）内建（构）筑物基础底面至基坑底面深度范围的开挖与支护环节。

2. 基坑塌陷实例分析

（1）工程简介

北京某大厦工程位于北京市东城区东直门外东中街，该工程为地下 4 层、地上 16 层的 5A 级智能化甲级写字楼。建筑面积 42925m²，建筑总高度 63.7m，基坑深度 -17.72m，假定 ±0.00 =41.5m，结构形式为框架-剪力墙结构。基坑采用垂直土钉墙 + 微型桩（坡面设长度 20m）结构支护，土钉和预应力锚杆合计 12 排。土钉主筋Φ 25 螺纹钢筋（HRB335），预应力锚杆主筋为2 ×7ϕ5钢绞线 1570MPa。降水采用管井，井深 30m，井径 600mm，沿基坑周边布置，间距 7.0 ~7.5m，距基坑边线外 0.3 ~0.5m，共 38 口。2002 年 10 月 1 日开始降水井施工，护坡中针对不同部位多次进行设计修改，2003 年 1 月 14 日开始基坑开挖，2003 年 4 月 24 日临永 5 楼西基坑边坡瞬间坍塌，连带坡上平房塌落滑入坑底，致使永 5 楼西北角基础露出，基础局部悬空约 2m，造成了巨大的经济损失（图 1-2-9 ~ 图 1-2-10）。地层概况见表 1-2-5。

图 1-2-9　缝内砂土向外大量流出

图 1-2-10　坍塌范围接近永 5 楼基础

地 层 概 况 **表 1-2-5**

土层编号	土 性	黏聚力（kPa）	内摩擦角（°）
①	填土	10	15
②	砂质粉土-黏质粉土	20	22
③	粉质黏土-黏质粉土	7	21
$③_1$	黏质粉土-砂质粉土	8	27
④	粉质黏土	28	18
$④_1$	砂质粉土-黏质粉土	25	28
⑤	细砂-粉砂	0	32
⑥	中砂-细砂	0	34
$⑥_1$	圆砾-卵石	0	40
⑦	黏土-重粉质黏土	40	20
$⑦_1$	粉质黏土	35	25
⑧	细砂-中砂	0	32
$⑧_1$	卵石-圆砾	0	40

（2）场地周边建筑物概况

基坑东南侧永5楼（3号楼）为一5层砖混住宅，带一层地下室，基础埋深约4m。永5楼北侧距基坑边约5.5m，西侧距基坑边6～8m，边坡阳角切除后，距基坑边约6m。

基坑东侧永16楼为16层剪力墙住宅，两层地下室，箱形基础，距基坑边约6m。

基坑西侧东直门地铁车辆站地下车道埋深6.5～14.3m，距红线4m。

基坑南侧永7楼为7层框剪结构建筑物，距基坑边12m。

（3）施工概况和异常现象

施工概况和异常现象见表1-2-6。

施工概况和异常现象 **表 1-2-6**

时 间	部 位	施工概况和异常现象
2月16日	第一排锚杆	预应力锚杆开始张拉，部分锚杆检验不合格，该批锚杆施工时，锚杆孔内出水
2月15～16日	第一排锚杆北侧3根和南侧2根	进行了张拉试验，其中三根锚杆钢绞线被拔出，试验结果不合格，该批锚杆施工时，锚杆孔内出水
2月21日		进行万亨大厦周边建筑物沉降变形监测、基坑沉降监测，提供的监测数据从2月21日至4月9日
2月22日	复合土钉墙	第一排预应力锚杆共张拉了65根，其中10根锚杆达不到设计要求，基坑边坡渗水量大
2月28日	大厦基坑	建设单位、总包、分包和监理进行联检。此时基坑边坡渗水量大
3月3日	大厦基坑	开始进行水平位移监测，提供的监测数据从3月3日至4月11日
3月7日	西侧护坡桩	开始剔凿。西侧护坡桩偏位是影响地下室结构的原因
3月26日	基坑内	开始排水工作

续表

时　间	部　位	施工概况和异常现象
4月4日	基坑边坡局部阳角部位	因建设单位提出扩大地下室面积的要求，需将基坑边坡局部阳角部位切除，切除后的边坡与圆弧段平齐，切除的边坡长度12.735m，宽度2.65m。开始圆弧段阳角边坡切直的施工。此时，该部位基坑开挖和土钉施工已达到－12.5m深度，切阳角施工连续进行到4月23日晚
4月6日	北坡、东坡	进行加固基坑东侧边坡施工到－16.5m，经现场测量，永16楼东、西跨间结构缝张开0.5～1.2cm
4月12日		设计变更，设计微型桩嵌入
4月18日		总包开始清槽，基坑局部范围已达到基底
4月24日 08:15	临永5楼西面2-2剖面（Ⅲ段）基坑边坡	深度约13.5m位置，混凝土面层出现水平裂缝，水平长度约20m，裂缝以上混凝土面层向外凸出，缝内砂土向外大量流出，裂缝随时间逐渐加大（图1-2-9、图1-2-10）
09:51		该处边坡瞬间坍塌，连带坡上平房塌落滑入坑底。坍塌中心点在边坡圆弧与直线切点处，向外坍塌范围接近永5楼基础
10:25		与坍塌处相邻的边坡拐角处更大范围塌方，致使永5楼西北角基础露出，基础局部悬空约2m
4月24日18:00至 4月28日8:00	基坑	回填碾压

（4）事故分析

1）永5楼边坡阳角切除处，已施工的微型桩被切除，逆作法施工的补做微型桩没有嵌固，使该处土钉墙底部的局部承载力不足；因边坡切除的施工过快，喷射混凝土面层和补作微型桩在开挖过程的强度未达设计要求；边坡切除部位的实际锚杆数量少于设计图纸数量。开挖至－13.5m深度时，在开挖面处砂土的侧向压力作用下，混凝土面层断裂，大量砂土涌出，造成局部破坏使支护结构失效，最终导致边坡整体失稳。阳角切除过程支护措施未发挥预期作用、开挖施工速度过快和锚杆施工未按设计实施是造成边坡坍塌的直接原因。

2）某些部位实际施工的锚杆数量少于设计要求，部分微型桩和护坡桩存在缺陷和因施工偏差过大被剔凿；由于施工图不规范和缺少某些关键环节具体的施工要求，造成施工有一定随意性和难以检查；从提交的资料看，施工记录不完整。上述施工问题使基坑存在安全隐患。不符合《建筑地基基础工程施工质量验收规范》（GB 50202—2002）和《建设工程质量管理条例》（国务院第279号令）的规定。

3）基坑支护采用的是复合土钉墙结构支护技术，复合土钉墙计算模型存在缺陷，锚杆抗拔力的计算取值过高，致使计算的整体稳定安全系数大于实际情况。经复核的整体稳定安全系数不满足《建筑基坑支护技术规程》（JGJ 120—99）的要求。设计与事后分析滑移面见图1-2-11。

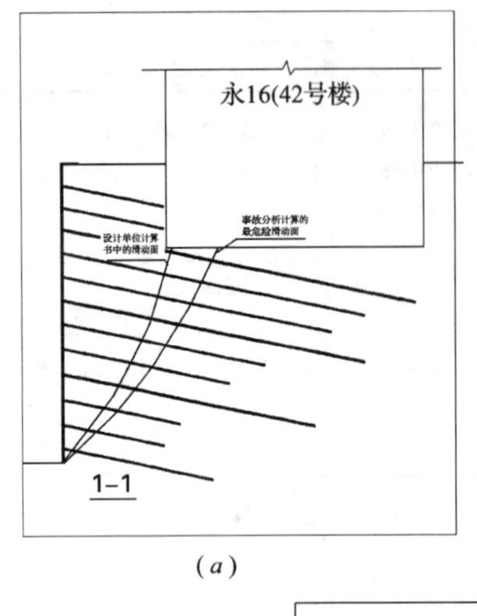

(*a*)

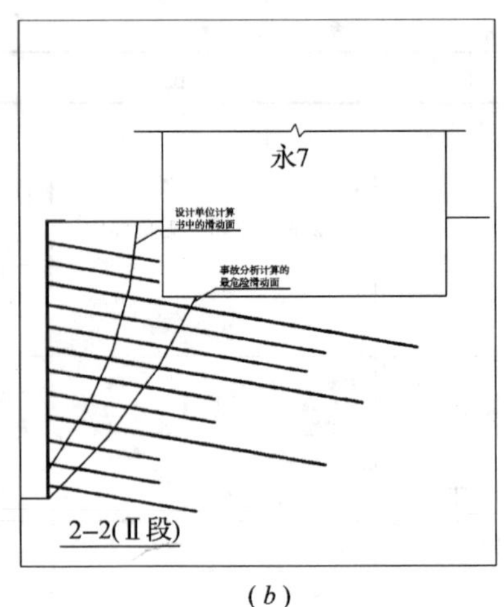

(*b*)

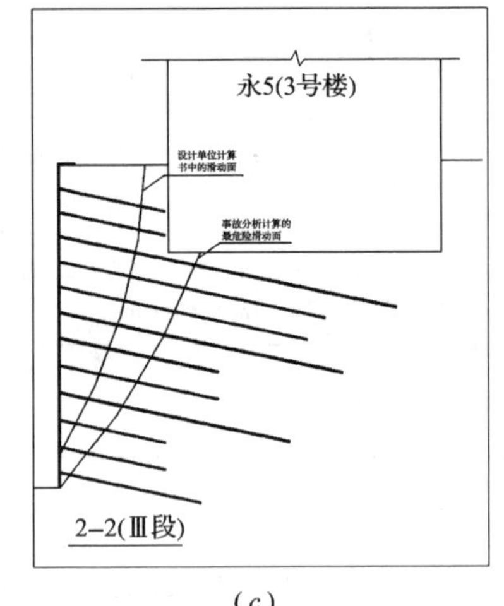

(*c*)

图 1-2-11 设计与事后分析滑移面

4）永 16 楼、永 5 楼基础下土钉和锚杆成孔采用没有护壁措施的掏土施工方法，施工时存在未跳打和未及时注浆的情况，引起基础下主要受力层的土体压缩变形；开挖时地下水的渗出，造成基础下地基压缩层的再次固结。这是造成永 16 楼、永 5 楼房屋沉降过大的主要原因。

5）岩土工程地质勘察报告指出本场地上层滞水复杂，基坑支护设计文件对外来地下水未给予充分考虑。在发现不可预见地下水时，未能采取有效地下水治理或加固边坡措施并继续进行开挖施工。基坑周边地下管线大量漏水造成边坡土层物理力学性质在一定程度上变差，使基坑支护结构安全度降低，产生边坡安全隐患。

6）某些施工环节未按有关规范、规程要求进行施工质量的控制和监理，缺少土钉抗拔力验收程序，不符合《建筑基坑支护技术规程》（JGJ 120—99）的要求。某些工序在没有施工记录的条件下进行了验收，不符合《建筑地基基础工程施工质量验收规范》（GB 50202—2002）的要求。

3. 地面沉陷开裂工程实例分析

（1）工程概况

南银大厦位于北京市朝阳区三元东桥东侧，建筑高度为110m，地上30层，地下3层，框架-剪力墙结构。该建筑物于1998年初建成并投入使用。自2003年4月中旬起，陆续发现南银大厦南侧路面有开裂现象发生，并逐步发展扩大，至11月中旬，在大厦南侧西餐厅门外路面的沉陷已非常严重，最大沉陷量达到8cm，并在南侧车道形成一条东西向沉陷带，该沉陷带长度断续达103m，局部沉陷面积达$60m^2$。伴随着沉陷，地面、路面多处发生严重裂缝，已影响其正常使用。

北京南银大厦采用直径400mm预应力管桩基础，桩长约为11m，桩端持力层为5层粉细砂，总桩数为1335根。桩基检测结果表明单桩极限承载力大于2000kN，桩身混凝土质量良好，满足设计要求。但是，自2003年初至11月，距南银大厦南侧仅一墙之隔的北京佳程广场进行了基坑降水、开挖的施工。该基坑平面尺寸约为72m×130m，支护结构采用护坡桩加一道锚杆，开挖深度约13m。

（2）沉陷分析

对北京南银大厦建筑物进行了详细的沉降观测，施工阶段沉降大体均匀，变形发展正常，竣工验收时最大沉降为45mm。建筑物投入使用后沉降发展缓慢，并于1998年底达到稳定标准，其核心筒最终沉降量平均值为55.8mm。

北京南银大厦自建成投入使用后未发现建筑物本身有异常沉降的情况发生，其周边地面、路面也未发生过异常的沉陷。可以认为该建筑物的施工质量是合格的，能够满足设计要求以及大厦的使用功能要求。在大厦的正常使用期间，没有在红线范围内进行过能够改变该建筑物及临近周边岩土工程环境的工程施工（如深基坑开挖、人工降低地下水位等活动），因此建筑物本身及周边附属设施不存在直接导致路面沉陷发生的因素。

经现场踏勘，发现自2003年初至2003年11月，距南银大厦南侧仅一墙之隔的北京佳程广场进行了基坑降水、开挖的施工。该基坑平面尺寸约为72m×130m，支护结构采用护坡桩加一道锚杆，开挖深度约13m。该基坑北侧与南银大厦南侧发生损害的车道平行。在基坑周边距支护结构约1.5m，设置了一圈降水管井，井壁采用400mm无砂混凝土管，井距约为8m。该建筑工地在基坑及地下结构施工期间，曾经在较长时间内抽取地下水来保持深基坑底部的干燥作业面，该降水施工必然会对周边的环境产生影响，造成周边地下水、地表水补给排泄条件、渗流强度方向等的改变。南银大厦南侧道路距佳程广场北侧降水井仅10余米，正处于其降水漏斗范围之内。通常在降水漏斗范围内，易发生地面沉降，继而引起路面沉陷开裂等损害。南银大厦南侧路面带状开裂、沉陷区域的走向与佳程广场基坑北侧护坡桩及降水井的布置方向相平行，长度相吻合，说明两者之间关联明显。

从佳程广场进行基坑降水、开挖施工的情况来看，即未采用止水帷幕阻截来自南银大厦周边土层的地下水，也未采取回灌措施来保持南银大厦周边土层原有的地下水位。在佳程广场进行基坑施工期间，北京南银大厦物业发展有限公司未得到对邻近的南银大厦采取了任何保护措施的信息，佳程广场的施工单位也从未与南银大厦物业管理部门商讨过有关南银大厦及周边附属地下管线、地面、路面的监测事宜。显而易见，佳程广场在进行基坑降水、开挖这类工程活动，与南银大厦南侧路面发生沉陷开裂存在着因果关系。

北京南银大厦桩基础检测合格，在施工的全过程中沉降均匀，沉降发展正常。该建筑物投入使用后沉降发展正常，并且已经在1998年底达到稳定标准，不可能对南侧路面的沉陷、开裂产生影响。因此，邻近佳程广场建筑工地进行深基坑降水、开挖施工，能够对周边环境产生一定的影响，是引起南银大厦南侧路面沉陷、开裂的主要原因。

4. 后建地下车库基坑对周边已有建筑物的影响计算

(1) 工程概况

曙光小区拟建地下车库周边的楼座为：地上 18 层，地下 2 层的高层住宅（编号甲 3 ~ 甲 10、甲 16），现已投入使用，其基底相对标高为 -7.00m，拟建地下车库基底相对标高为 -12.265m（南侧）、-10.69m（北侧）车库的基础埋深大于楼座，地下车库与周边邻近楼座的水平距离最近处约为 8 ~ 12.0m，地下车库与周边楼座的关系如图 1-2-12、表1-2-7。

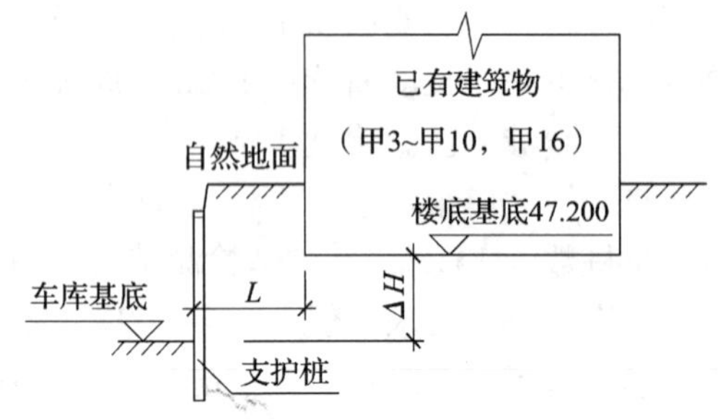

图 1-2-12 地下车库基坑与已有建筑物关系图

地下车库基坑与已有建筑物位置关系 **表 1-2-7**

楼号	基底标高（m）	对应的车库基底标高（m）	楼座与车库基底高差 ΔH（m）	楼座与车库最近水平距离 L（m）	L/ΔH
甲 3	47.20	41.26	5.94	10.2	1.72
甲 4	47.20	41.26	5.94	10.0	1.72
甲 5	47.20	41.26	5.94	8.0	1.35
甲 6	47.20	41.26	5.94	8.0	1.35
甲 7	47.20	39.685	7.515	12.224	1.63
甲 8	47.20	39.685	7.515	11.3	1.50
甲 9	47.20	39.685	7.515	12.224	1.63
甲 10	47.20	39.685	7.515	9.0	1.20
甲 16	47.20	47.075	0.155	10.5	67.74

车库北侧望山园 3 号楼、4 号楼中间车道与地下一层车库相连，坡道最低处基底标高 45.245m，实际开挖深度最深约 7.755m，车道两侧的已有建筑物望山园 3 号楼、4 号楼基底标高 47.20m，比车库车道基底高 1.955m，车道与望山园 3 号楼、4 号楼的最近距离约 4.0m，如图 1-2-13。

从图 1-2-12 ~ 图 1-2-13、表 1-2-7 可见：地下车库与楼座的关系符合《建筑地基基础设计规范》（GB 50007—2002）的要求，而且由于车库基坑开挖本身就需要进行边坡支护，因此只要支护结构安全可靠，周边楼座就不会因为地下车库的施工出现问题。

(2) 地下车库基坑支护结构计算分析

本工程的基坑支护设计方案根据不同的基底标高、与周边楼座的距离，将支护结构分为 8 个部位，见表 1-2-8。

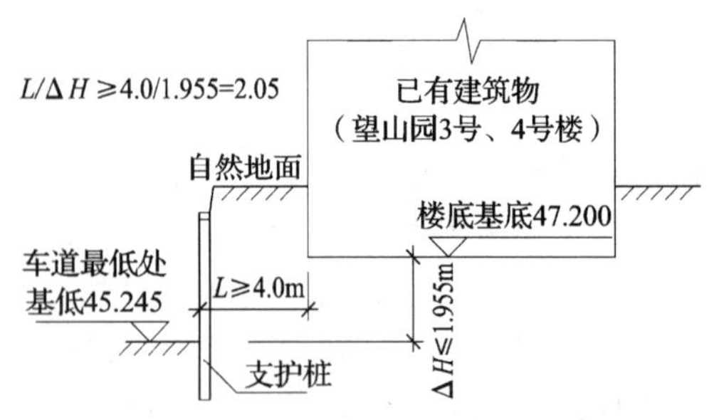

图 1-2-13 地下车库北侧车道处基坑情况

基 坑 概 况 **表 1-2-8**

部　　位	基底标高（m）	与楼座最近距离（m）	嵌固深度（m）	锚杆层数
北侧一般部位	41.26	8.0	3.5	2
北侧电梯井部位	39.38	10.0	5.0	2
南、东侧一般部位	39.685	11.3	4.5	2
南侧电梯井部位	37.805	12.224	6.0	2
西侧一般部位	39.685	9.0	5.0	2
西侧电梯井部位	37.805	9.0	6.0	2
西侧吊车部位	39.685	—	6.0	2
望山园 3 号楼、4 号楼间车道部位	45.245	4.0	4.0	1

根据《建筑基坑技术规程》（JGJ 120—99）和其他有关规范规程，对以上 8 个部位进行了分析计算，计算时考虑了基坑周边已有建筑物的附加荷载和建筑物与基坑的距离，已有建筑物的荷载标准值取值如下：

地下 2 层至地上 18 层，每层 15kN/m^2；

基础底板（厚度 850mm）：0.850 × 25 = 21.25kN/m^2；

同时也考虑了基坑周边地面的附加荷载 10kN/m^2。

计算结果见表 1-2-9 ~ 表 1-2-12。

支护结构分析计算结果汇总表 **表 1-2-9**

部　　位	位移（mm）		桩身弯矩（kN·m）		剪力（kN）	锚杆轴力（kN）	
	桩顶值	最大值	正弯矩	负弯矩		第一层	第二层
北侧一般部位	0.4	6.1	160.8	72.7	168.1	191.44	402.84
北侧电梯井部位	0.4	13.9	263.7	218.0	227	240.63	499.65
南、东侧一般部位	1.5	9.0	200.7	151.1	222.3	243.84	480.89
南侧电梯井部位	1.5	17.5	307.6	266.2	301.7	283.83	640.39
西侧一般部位	5.8	9.6	197.7	147.5	230.0	409.62	428.17
西侧电梯井部位	5.8	23.0	371.8	328.4	344.3	415.91	596.89
西侧吊车部位	5.8	6.8	181.9	171.1	241.0	388.35	517.14
望山园 3 号楼、4 号楼间车道部位	8.9	8.9	2.6	210.8	146.0	425.7	—

基坑边坡整体稳定分析计算结果 **表 1-2-10**

部　　位	基底标高（m）	与楼座最近距离（m）	整体稳定最小安全系数
北侧一般部位	41.26	8.0	1.44
北侧电梯井部位	39.38	10.0	1.51
南、东侧一般部位	39.685	11.3	1.46
南侧电梯井部位	37.805	12.224	1.61
西侧一般部位	39.685	9.0	1.52
西侧电梯井部位	37.805	9.0	1.60
西侧吊车部位	39.685	—	2.24
望山园 3 号楼、4 号楼间车道部位	45.245	4.0	1.57

排桩计算一览表 **表 1-2-11**

部　　位	桩身弯矩设计值（kN·m）	实际配筋	抗弯承载力（kN·m）
北侧一般部位	201.00	10Φ22	262.80
	-90.88	10Φ22	262.80
北侧电梯井部位	329.63	11Φ25	357.97
	-272.50	11Φ25	357.97
南、东侧一般部位	250.88	10Φ22	262.80
	-188.88	10Φ22	262.80
南侧电梯井部位	384.50	12Φ25	386.29
	-332.75	12Φ25	386.29
西侧一般部位	247.13	11Φ22	285.84
	-184.38	11Φ22	285.84
西侧电梯井部位	464.75	13Φ28	504.21
	-410.50	13Φ28	504.21
西侧吊车部位	227.38	11Φ25	357.97
	-213.88	11Φ25	357.97
望山园 3 号楼、4 号楼间车道部位	3.25	8Φ20	263.2
	-263.5	8Φ20	263.2

锚杆计算一览表 **表 1-2-12**

部　　位	层　号	轴力设计值（kN）	计算长度（m）	实际长度（m）
北侧一般部位	第一层	239.30	9.40	12
	第二层	503.55	13.03	13
北侧电梯井部位	第一层	300.80	10.53	12
	第二层	624.84	14.89	15
南、东侧一般部位	第一层	304.80	10.61	12
	第二层	601.11	14.21	15
南侧电梯井部位	第一层	354.79	10.44	13
	第二层	800.49	16.04	15
西侧一般部位	第一层	512.03	13.53	15
	第二层	535.23	13.20	14
西侧电梯井部位	第一层	519.89	12.58	15
	第二层	746.13	15.29	15
西侧吊车部位	第一层	485.45	13.13	15
	第二层	646.44	14.91	15
望山园 3 号楼、4 号楼间车道	第一层	532.2	12.3	12

根据计算分析结果，该基坑支护设计方案是安全的，从基坑边坡变形观测资料、已有建筑物沉降观测资料分析，基坑支护达到预期的效果。

5. 基坑支护设计参数取值误差分析

（1）基坑概况

拟建东城朝内危改小区 7 组团，位于北京市朝阳门内，现状自然地面标高为 44. 80 ~ 45. 70m。基坑东西宽约 90. 00m，南北长约 96. 00m。建筑物地下 2 层，为筏板基础，钢筋混凝土框架结构。±0. 00 标高为高程 46. 90m，基底相对标高为 -9. 36m，基坑开挖深度按 8. 06m 考虑。该段基坑东侧紧邻外贸楼，为五层（半地下室），该楼基础为 3∶7 灰土条形基础，埋深为自然地面以下 4. 30m，与本工程基底高差 3. 76m。在边坡与外贸楼之间还存在一条污水管线和一个化粪池。

拟建场地位于永定河冲积平原的中部，地表为人工堆积层，以下为第四纪沉积层。紧邻开挖面一个钻孔（18 号）地层分布如图 1-2-14 所示。

18/44.8

序号	层　名	柱状图	层厚 (m)	重度 (kN/m³)	黏聚力 (kPa)	摩擦角 (°)
1	① 填土（粉质黏土）		1.0	18.0	15.0	15.0
2	$①_1$ 填土（房渣土）		0.9	18.0	15.0	15.0
3	① 填土（粉质黏土）		1.9	18.0	15.0	15.0
4	$②_1$ 粉质黏土，重粉质黏土		0.5	19.4	26.0	15.8
5	② 黏质粉土，砂质粉土		1.0	19.9	19.0	28.0
6	$②_1$ 粉质黏土，重粉质黏土		1.5	19.4	26.0	15.8
7	③ 粉细砂		3.9	21.0	0	28.0
8	$③_1$ 黏质粉土，砂质粉土		1.5	20.3	10.0	20.0
9	③ 粉细砂		>2.8	21.0	0	30.0

图 1-2-14　地层柱状图

地下水分两层：① 上层滞水水位 35. 28 ~ 39. 00m；② 孔隙潜水水位 29. 8 ~ 31. 33m。

（2）原支护设计问题

根据有关技术资料可知：① 7 组团施工图表明其相对高程 ±0. 00 相当于标高 46. 90m，室外地面相对高程为 -1. 30m，即标高为 45. 60m，其基底相对高程为 -9. 36m；② 贸易顾问公司住宅楼施工图说明其室外地面相对高程为 -1. 20m，基底相对高程为 -5. 50，所以其基础埋深为 4. 30m；③ 经现场踏勘初步确定相邻建筑室外地面高程基本可按 44. 80m 考虑，校核分析认为原支护结构设计存在一定的误差，见表 1-2-13。

原支护设计参数取值误差 **表 1-2-13**

序　号	标注位置	原设计值	核定值	备　注
1	邻建基底埋深（m）	5.00	4.30	
2	锚索位置（m）	自然地面以下 5.20	自然地面以下 4.60	基底以下 300mm
3	化粪池宽度（m）	3.48		桩墙间距 2.70m
4	基底高差（mm）	2000	2960	
5	附加荷载作用宽度（m）	10.00	15.42	
6	附加荷载作用深度（m）	5.00	4.30	

（3）分析与核算

计算结果表明：原支护方案排桩与锚索的配筋率相对稍低，邻建基底高程处支护桩的侧向变形较大；锚索位置偏低，锚索设计抗拉荷载值和锁定荷载值均偏小。若直接采用原设计方案基本尺寸（桩顶高程为 -2.36m，锚索位置为地面以下 5.20m），在核定荷载作用下其结构计算结果误差见表 1-2-14。

核定荷载计算结果与原设计值误差 **表 1-2-14**

序　号	结　构	项　目	原设计值	核准荷载计算值	备　注
1	排桩	主筋面积（mm^2）	1701	3065	按均匀配筋
		主筋数量（根）	5	>8	一般数量应≥8
		锚头标高处桩水平位移（mm）		12.00	
2	锚索	拉力筋配置	1 Φ25	2 Φ25	
		长度（m）	12.00	14.00	
		设计荷载（kN）	160	200	

由于相邻外贸住宅楼主体为砖混结构，其基础形式为条形刚性基础，对变形要求严格，因此，防护结构设计既要满足强度要求，又要控制桩侧变形。需要采取优化锚索的设计高程，增大支护排桩的纵向主筋配置量，并且加大锚索的锁定荷载等技术措施。另外，坑边化粪池在基坑变形后，会出现渗漏现象，漏水必然加剧土体变形，因此需要考虑设置止水结构问题。

6. 国家重点文物区地下工程对周边建（构）筑物地基基础影响评价

（1）工程概况

某国家一级重点文物保护单位，拟建地下展厅，基底设计埋深为 17.00m，主体为钢筋混凝土框架结构。由于基底埋藏较深，与周边建（构）筑物的距离较近，并且周边建（构）筑物（图 1-2-15）地基基础形式复杂，因此，合理评价地下展厅对周边建（构）筑物地基基础及整体地基基础影响问题十分重要和必要。

岩土工程环境条件

岩土工程环境条件包括：地理及区域气象条件、区域地形地貌及区域构造、场区地形地貌、场地工程地质及水文地质条件。

1）场地地层概况

拟建场地地基土层主要为永定河多次冲洪积形成的冲洪积物，在勘探深度范围内地基土层主要由黏性土、粉土和砂土及卵砾石组成，在垂直方向上形成多次沉积韵律，场区地层见表 1-2-15。

地 层 概 况 **表 1-2-15**

成 因	层号	名 称	层厚（m）	岩土层描述
人工填土	①	黏质粉土素填土	1.40～4.90	黄褐～褐色，稍湿～湿，稍密～中密。系历代城市建设及平整场地时形成，局部成分为粉质黏土及重粉质黏土，含砖屑、灰渣和植物根系等。其顶部分布有杂填土①$_1$层，局部夹碎石填土薄层或透镜体。层底标高为 40.27～43.57m
新近沉积	②	粉质黏土-重粉质黏土	0.30～3.50	黄褐～灰黑色，湿～饱和，稍密～中密。含云母、氧化铁、姜结石及螺壳，夹黏质粉土、砂质粉土及黏土薄层或透镜体。层底标高为 39.57～42.78m
第四纪沉积	③	黏质粉土-砂质粉土	0.60～7.60	褐黄～黄褐色，湿～饱和，中密。含云母、氧化铁及姜结石，夹粉质黏土～重粉质黏土③$_1$ 及粉细砂③$_2$ 薄层或透镜体。层底标高为 34.05～41.26m
	④	细中砂	0.70～7.70	褐黄～黄色，湿，中密～密实。含少量云母片及圆砾，夹黏质粉土-砂质粉土④$_1$、粉质黏土-重粉质黏土④$_2$ 及圆砾薄层或透镜体。层底标高为 31.50～35.34m
	⑤	卵石	4.10～8.50	杂色，湿～饱和，中密～密实。主要成分为砂岩，粒径一般为 2.00～4.00cm，最大 12.00cm，呈亚圆形，含圆砾，充填细中砂，夹薄层细中砂⑤$_1$ 及黏质粉土⑤$_2$。层底标高为 25.38～28.32m
	⑥	粉质黏土-重粉质黏土	0.70～3.60	褐黄色，湿～饱和，可塑～硬塑，中密。含氧化铁及姜结石。夹黏质粉土-砂质粉土⑥$_1$ 和黏土薄层或透镜体。层底标高为 23.35～36.72m
	⑦	中砂	0.50～3.70	褐黄色，饱和，密实。含少量卵、砾石。夹卵石⑦$_1$ 薄层或透镜体。本层厚度为，层底标高为 21.57～25.52m
	⑧	卵石	6.70～11.20	杂色，饱和，密实。主要成分为砂岩，粒径一般为 5.00～9.00cm，最大 12.00cm，呈亚圆形，含圆砾，充填细中砂，夹细中砂⑧$_1$ 薄层或透镜体。层底标高为 12.82～15.55m
	⑨	粉质黏土-重粉质黏土	0.90～5.10	褐黄色，湿～饱和，可塑～硬塑，中密。含氧化铁及姜结石。夹黏土和黏质粉土、砂质粉土薄层或透镜体。层底标高为 9.55～13.40m
	⑩	中砂	0.50～3.20	褐黄色，饱和，密实。含少量卵、砾石。层底标高为 8.66～11.82m
	⑪	卵石	0.60～4.60	杂色，饱和，密实。主要成分为砂岩，粒径一般为 5.00～9.00cm，最大 12.00cm，呈亚圆形，含圆砾，充填细中砂，夹细中砂薄层或透镜体。层底标高为 7.22～10.70m
	⑫	粉质黏土-重粉质黏土	最大揭露厚度 23.50	褐黄色，湿～饱和，可塑～硬塑，中密。含氧化铁及姜结石。夹黏土、黏质粉土⑫$_1$、细中砂⑫$_2$ 和卵石⑫$_3$ 薄层或透镜体。层底标高小于－15.11m

2）场地水文地质条件

拟建工程场区在深度30.00m范围内，除上层滞水外，主要存在两层地下水，与区域地下水类型分布特征基本符合，即分别为潜水和承压水，见表1-2-16。

地 下 水 概 况 **表1-2-16**

序号	类 型	埋 深	水位标高	年变化幅度
1	上层滞水	2.70～8.80m	36.57～42.47m	
2	潜 水	15.00～16.50m之间的细中砂～卵石层中	28.79～30.40m	1.00m左右
3	微承压水	18.00～30.00m中砂⑦～卵石⑧层中	25.85～26.00m	2.00～3.00m

（3）地下展厅周边近邻建（构）筑物及其地基基础

1）地下展厅周边建（构）筑物

拟建地下展厅周边紧邻古建（构）筑物较多，其上部形状、结构以及护城河的状况见表1-2-17。

周边环境调查与测量结果 **表1-2-17**

名称	长×宽（厚）（m）	高（深）（m）			地面标高（m）	主体结构
		台阶	房檐	房脊		
建筑物A	13.15×8.05	0.45	4.485	7.556	45.50	砖木
建筑物B	61.5×11.45		5.919	11.389	45.54	砖木
建筑物C	34.70×17.45	1.50	一层7.31 二层12.25	19.23	45.57	砖木
建筑物D	48.00×16.70		5.30	10.83	45.18*	砖木
构筑物E	顶部6.65、下部8.85	中心9.84、边缘10.91			44.61*	砖石
人工河F	51.70	水面-1.90、河底-4.20			44.37*	
构筑物G	顶部1.0*、下部1.5*	外5.88				砖石
构筑物H	下部1.0	5.00*				砖石
构筑物I	下部1.0	3.50*				砖石
构筑物J	顶部1.2*、下部1.5	6.45*				砖石

*为分析值。

2）地下展厅周边建（构）筑物地基基础

经探查，建（构）筑物基础底部，均有灰土-碎砖间隔夯实垫层，垫层厚度大于1.0m，扩展宽度随上部结构荷载相应增大，砖石基础与夯土垫层形成了良好的基础形式，地下展厅周边建（构）筑物砖石基础下人工处理垫层的压力扩散角可以按30°考虑。

3）重点文物区整个建（构）筑物地基基础概况

根据综合勘察报告可知：在某重点文物区范围内普遍分布有人工构筑的垫层，人工垫层是分片构筑的，最浅处3.0～3.5m，而最深处可达8.0～8.5m，其他地段相对较薄。

（4）某重点文物区建（构）筑物地基基础现状与评价标准

根据《建筑地基基础设计规范》（GB 50007—2002）规定，对于地基土类别为中低压缩性上部的砌体承重结构，其基础的局部倾斜（砌体承重结构沿纵向6～10m内基础两点的沉降差与其距离的比值）允许值为0.002。但是，考虑到某重点文物区建（构）筑物地基基础历史、现状及其重要程度，当考虑基坑开挖对周边古建（构）筑物地基基础变形影响时，应比国家标准规定的限值更加严格。因此，建议其砌体承重结构基础的局部倾斜允许值和倾斜（基础倾斜方向两端点的沉降差与其距离的比值）允许值均宜控制在0.001以内。

（5）对某重点文物区建（构）筑物地基基础影响评价

对于某重点文物区建（构）筑物地基基础影响评价和计算，根据《建筑地基基础设计规范》（GB 50007—2002）、《建筑基坑支护技术规程》（JGJ 120—99）、《建筑边坡技术规范》（GB 50330—2002）的要求，采用弹性支点法、数值分析和极限平衡理论（可以考虑地震效应的Sarma法）等计算方法进行了分析。

地下展厅对某重点文物区建（构）筑物地基基础影响，分为两个阶段，一是施工期，另一是使用期。使用期则需要考虑地震效应，在地下展厅使用期间，其周边建（构）筑物地基基础的稳定性，依赖于地下空间结构的强度和刚度，只要地下空间结构具有足够的强度和刚度，则地下展厅在使用期间不会对周边建（构）筑物地基基础产生影响；施工期需要开挖基坑，支护结构只能逐步发挥作用，基坑开挖和降水的影响尤为重要。

从建（构）筑物布局考虑，地下展厅对某重点文物区建（构）筑物地基基础影响程度，与地下展厅和被评价者之间的距离密切相关，距离愈远，影响程度愈小。因此，首先应主要评价地下展厅对周边近邻建（构）筑物地基基础的影响；然后再评价对远离地下展厅建（构）筑物地基基础影响。

地下展厅基坑开挖，可能引起周边建（构）筑物地基基础变形。所以，本次评价从地下展厅基坑起始，由里而外逐步展开。即，地下展厅基坑→邻近重大建（构）筑物→该重点文物区建（构）筑物地基基础。

1）基坑降水支护方案初步选择

对于地下展厅工程可能引起周边建筑物影响的评价，需要考虑地下展厅基坑降水与支护方案及其施工方法，因此，在计算评价前，拟对基坑降水支护方案作一初步选择。根据多方案比选，初步确定以下2种方案：

方案一：地下连续墙-逆作法（坑内管井降水）；

方案二：桩-内支撑（锚）-止水帷幕体系（坑内管井降水）。

2）基坑变形与周边建（构）筑物稳定性

根据规程《建筑基坑支护技术规程》（JGJ 120—99），采用弹性支点法的计算方法，对拟建地下展厅周边共进行了8个剖面的分析计算。计算包括：两种方案下的基坑支护结构内力、变形和边坡稳定性分析。

（A）地下连续墙-逆作法

采用地下连续墙-逆作法。由于目前未对地下展厅进行建筑设计，柱网布置尚不明确。因此本次计算假设：内部正方形布桩，间距6.0m，周边连续墙厚度0.8m；墙深32.0m（售票口除外）；从上而下坑内桩-梁-板分步形成刚度很大的空间框架，对连续墙考虑分步形成三道水平支撑，分别为地下展厅的顶板+框架梁、一层底板+框架梁和基础底板（筏基），板厚均不小于300mm，梁断面为400mm×800mm。那么，随开挖步序连续墙向坑内水平位移和基坑边坡稳定系数计算结果见表1-2-18和图1-2-15~图1-2-16。

方案一计算结果　　表 1-2-18

剖面	周边主要建（构）筑物	连续墙最终水平位移 S			分步开挖边坡稳定安全系数 k_s			
		顶部（mm）	最大（mm）	相应标高（m）	1 步	2 步	3 步	4 步
A-A	E	0.4	11.6	29.3	9.01	3.22	1.90	1.72
B-B		0.3	9.9	30.7	7.79	3.63	2.08	1.85
C-C	A	1.1	11.8	30.0	10.81	3.60	1.98	1.76
D-D		1.2	12.3	30.0	12.10	3.73	2.01	1.79
E-E	B	1.6	10.1	29.5	11.44	3.59	1.94	1.72
F-F	C	0.2	7.6	31.5	9.74	3.67	2.02	1.80
G-G	J	0.1	9.1	28.8	14.88	4.13	2.16	1.91
H-H	G	1.8	5.9	37.9	7.74	4.64	1.70	1.67

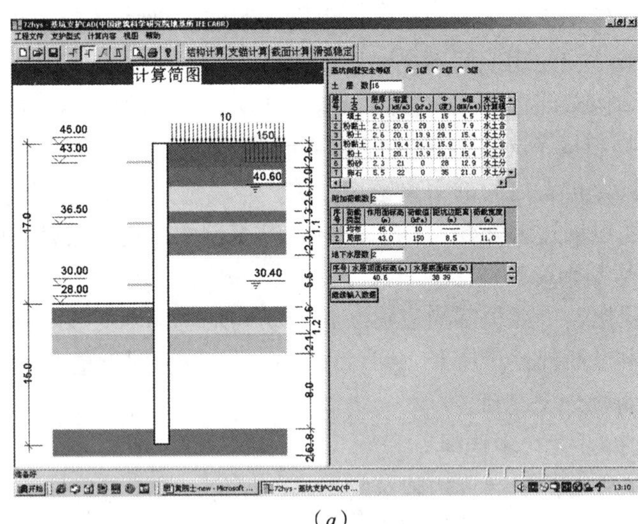

（*a*）

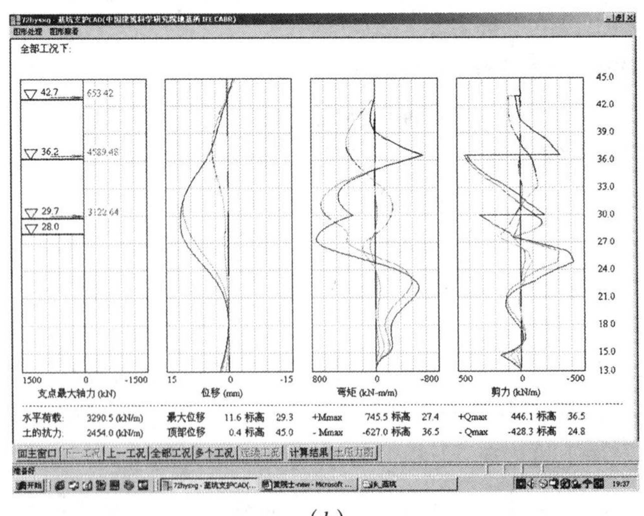

（*b*）

图 1-2-15　方案一 *A*－*A* 剖面基坑支护结构计算

（*a*）方案一 *A*－*A* 剖面计算简图；（*b*）*A*－*A* 剖面基坑支护结构计算结果

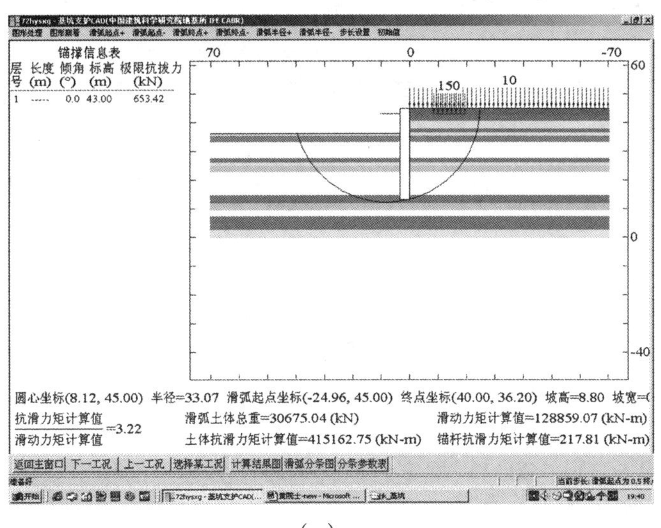

(*a*)

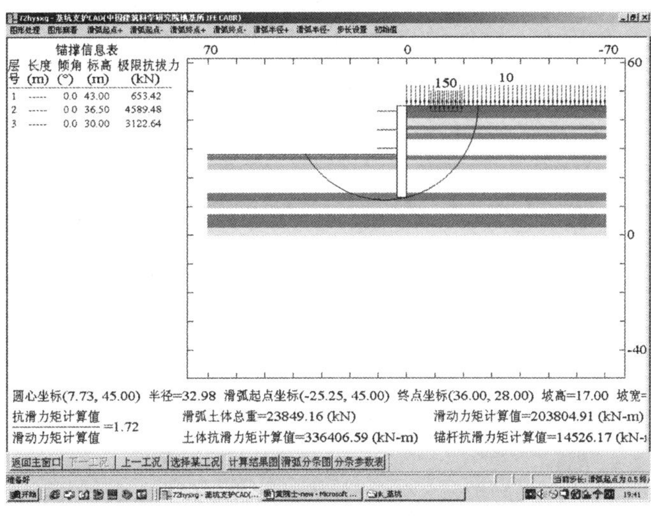

(*b*)

图 1-2-16　方案一 *A*－*A* 剖面步开挖边坡稳定性计算

(*a*) 方案一 *A*－*A* 剖面基坑第二步开挖边坡稳定性计算结果；

(*b*) 方案一 *A*－*A* 剖面基坑第四步开挖边坡稳定性计算结果

从表中可以看出基坑变形状况：① 主体基坑 17.0m 采用地下连续墙-逆作法，其墙顶部向坑内水平位移在 0.1～1.6mm 之间；② 距离基坑底部 1.3～3.5m 出现最大水平位移，其值为 7.6～12.3mm。③ 售票口基坑深 9.0m，其顶部向坑内水平位移最大为 1.8mm，距离基坑底部 1.9m 出现最大水平位移，其值为 5.9mm。

周边建（构）筑物地基基础所在地段稳定安全系数第 4 步计算值为：$k_s = 1.67 \sim 1.91$，远大于 1.30，符合国家标准《建筑边坡技术规范》（GB 50330—2002）规定要求。

（B）桩-锚-帷幕体系

采用桩-锚-帷幕体系。假设桩直径0.8m，长度24.0m，间距1.2，预应力锚杆3排。那么，随开挖步序基坑边坡稳定系数和连续墙向坑内水平位移计算结果见表1-2-19。

桩-锚-帷幕体系方案计算结果　　表1-2-19

剖面	周边主要建（构）筑物	连续墙最终水平位移 s			分步开挖边坡稳定安全系数 k_s			
		顶部（mm）	最大（mm）	相应标高（m）	1步	2步	3步	4步
$A-A$	E	10.5	26.6	31.4	4.59	2.40	1.60	1.48
$D-D$	A	16.2	26.9	32.3	7.11	3.06	1.93	1.74

基坑变形从表中可以得出：① 主体基坑17.0m采用桩-锚-帷幕体系，其顶部向坑内水平位移在10.5~16.2mm之间；② 距基坑底部（假设高程为28.0m）3.4~4.3m出现最大水平位移，其值为26.6~26.9mm。③ 变形明显大于方案一结果。

周边建筑物所在坡体开挖至第4步稳定系数 k_s 在1.48~1.74之间，不小于1.30，虽符合技术标准（GB 50330—2002）规定，但普遍小于方案一的稳定系数。

（C）按边坡极限平衡理论校核

考虑到长期效应，由于地下展厅在使用期间侧壁-边坡的水平支撑，完全依赖于地下展厅结构梁板的横向作用力。在地震荷载作用下，边坡顶部城墙会产生水平荷载作用在坡体。因此，需对边坡上地基基础的稳定性进行校核，如图1-2-17所示。

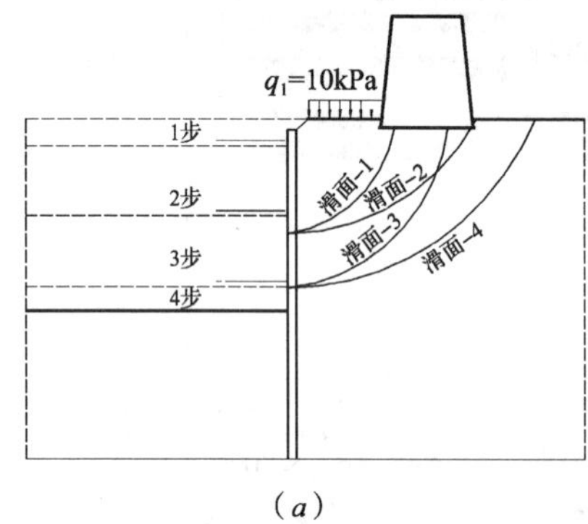

（a）

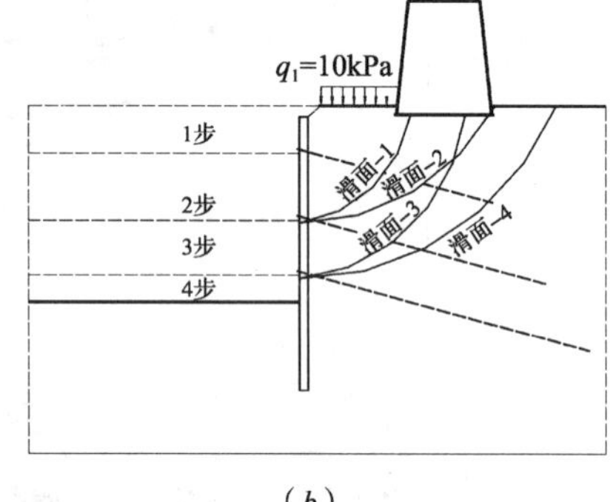

（b）

图1-2-17　假设滑动面位置

（a）方案一；（b）方案二

针对城墙附近基坑地下连续墙-逆作法方案，任取几组滑面进行了稳定性校核。① 地下连续墙-逆作法方案考虑每层横向梁板可以分步提供支撑力，但不考虑连续墙剪力；② 桩-锚-帷幕体系方案考虑锚杆在滑面以外部分的锚固力，但也不考虑连续墙的剪力及内部结构的支撑力。其稳定系数校核结果见表1-2-20。

东侧城墙边坡（Sarma法）校核稳定系数　　表1-2-20

滑　面	1		2		3		4	
地震设防烈度	0	Ⅷ	0	Ⅷ	0	Ⅷ	0	Ⅷ
方案一	1.5416	1.2668	1.5408	1.1468	1.7119	1.3484	2.7437	1.8210
方案二	1.07	0.98	1.16	1.02	1.39	1.24	1.90	1.60

从表 1-2-20 可以看出：考虑地震设防烈度为Ⅷ时，采用地下连续墙-逆作法方案，只要每层梁板可以提供足够的支撑力，则城墙地段地基基础可以保持稳定；而桩-锚-帷幕体系方案则不能满足稳定性要求。

3）周边建（构）筑物变形分析

引发周边建（构）筑物地基基础变形的主要因素是地下展厅基坑开挖和工程降水活动，按照《建筑边坡技术规范》（GB 50330—2002）规定，针对基坑开挖进行了数值分析，按照《建筑基坑支护技术规程》（JGJ 120—99）进行了降水影响分析。

（A）数值模拟分析

地下展厅的开挖必然引发其周边的变形，如果不进行有效的支护措施，周边建（构）筑物将遭到破坏，因此研究坑边的变形状态和发展规律，对于在宏观上制定合理的防护措施，具有重要意义。

三维数值计算的目的，就是近似地模拟地下展厅开挖和支护过程对周边建（构）筑物的地基变形规律，确定基坑支护体和周边地基应力集中部位和易产生较大变形的部位，以及地基变形的估算值等。它可以有效地模拟各种开挖工程或施加支护工程等过程，软件自身设计有锚杆、锚索、衬砌、支架等结构元素，可以直接模拟这些支护体与岩（土）体的相互作用。本次建立的本构力学模型选择莫尔-库伦弹塑性材料模型。

① 数值模拟的方案与计算参数。本次计算采用地下连续墙-内支撑支护（逆作法）方案（即方案一），计算范围为：东西长 171. 1m，南北宽 244. 2m。开挖深度 17m，分三个开挖标高分别计算，即 42m、36m、28m。支撑作用点中心标高分别为：43m、36. 5m、30m，支撑间距为 6m。根据《某重点文物区地下展厅岩土工程勘察报告》和地层的分布特点，将土层合并为 9 层，如图 1-2-18 所示。

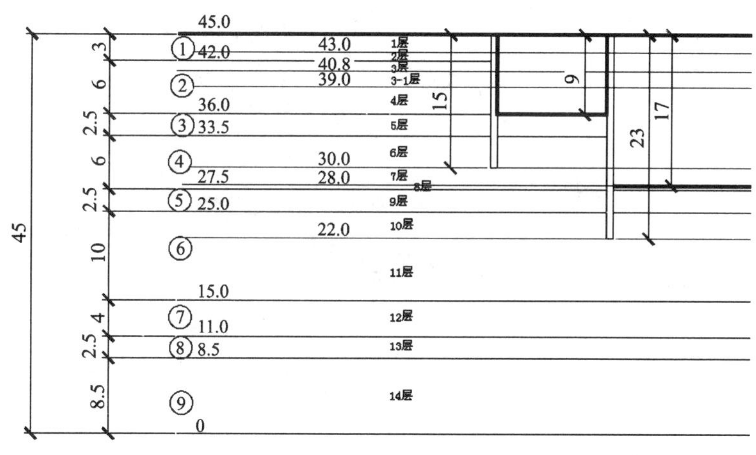

图 1-2-18　计算剖面图

主要数值模拟方案为：

方案 A：地下展厅开挖-地下连续墙-无支撑（整个场区），如图 1-2-19 ~ 图 1-2-21 所示；

方案 B：地下展厅开挖-地下连续墙-内支撑（逆作法，整个场区）；

方案 C：地下展厅开挖-地下连续墙-内支撑（逆作法，西南区域）。

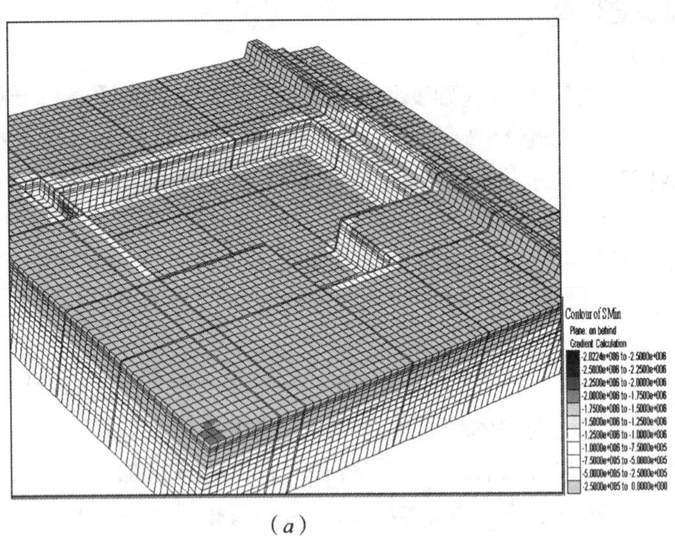

(*a*)

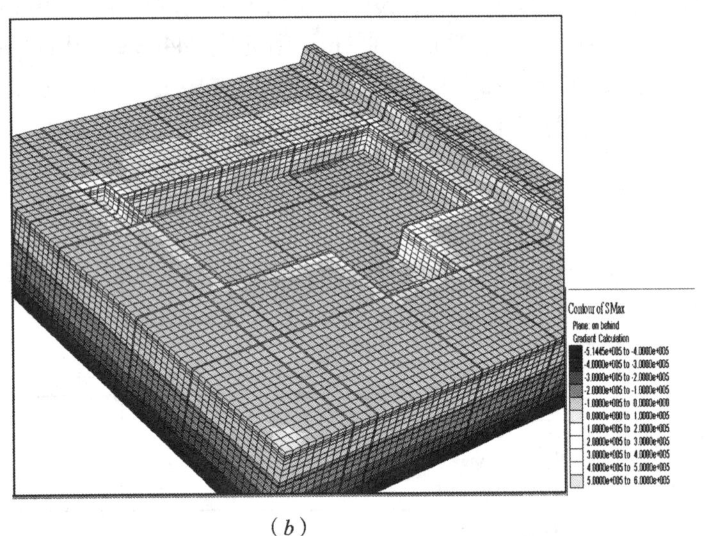

(*b*)

图 1-2-19 模拟方案 A 主应力分布（基坑底标高 28m）

(*a*) 最大主应力 σ_1 分布；(*b*) 最小主应力 σ_3 分布

根据《某重点文物区地下展厅岩土工程勘察报告》、《混凝土结构设计规范》（GB 50010—2002）和《建筑地基基础设计规范》（GB 50007—2002）综合确定了本次数值模拟的计算参数，见表 1-2-21。

② 数值模拟结果分析。下面针对数值模拟方案 A 的计算结果，从最大、最小主应力和 *X*、*Y*、*Z* 方向的位移情况进行分析。

模拟方案 A：地下展厅开挖-地下连续墙-无支撑（整个场区）

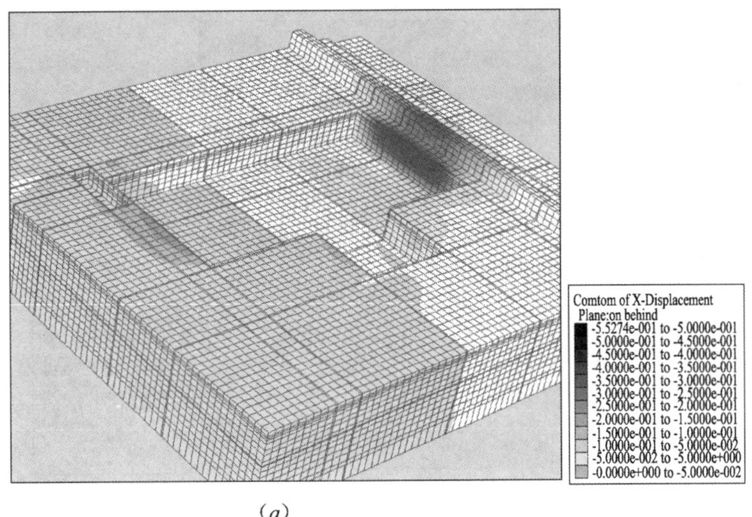

（*a*）

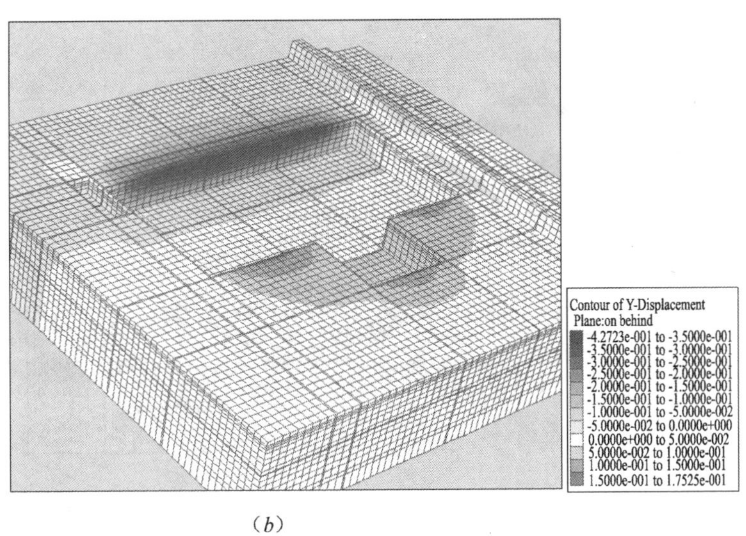

（*b*）

图 1-2-20　模拟方案 A 水平位移分布（基坑底标高 28m）

（*a*）水平位移（东西向）U_x 分布；（*b*）水平位移（南北向）U_y 分布

地下展厅的基坑开挖在只有地下连续梁支护的情况下，将产生较大的应力集中和位移，数值模拟显示，最大 *X* 向（东西向）位移为 250 ~ 550mm，最大 *Y* 向（南北向）位移为 350 ~ 420mm，最大 *Z* 向位移（沉降）为 200 ~ 350mm。最大位移发生于地下连续墙的中部或跨越基坑的城墙中部。

在该种支护形式下，城墙在基坑的两侧、基坑拐角处出现明显的拉张应力，基坑周边和城墙将出现拉裂缝，城墙的局部倾斜大于 0.002，周边建（构）筑物轻微损坏。

本次数值模拟采用的计算参数严格按照勘察报告的建议值或规范获取，参数选取偏于安全，因此计算结果也是偏安全的。

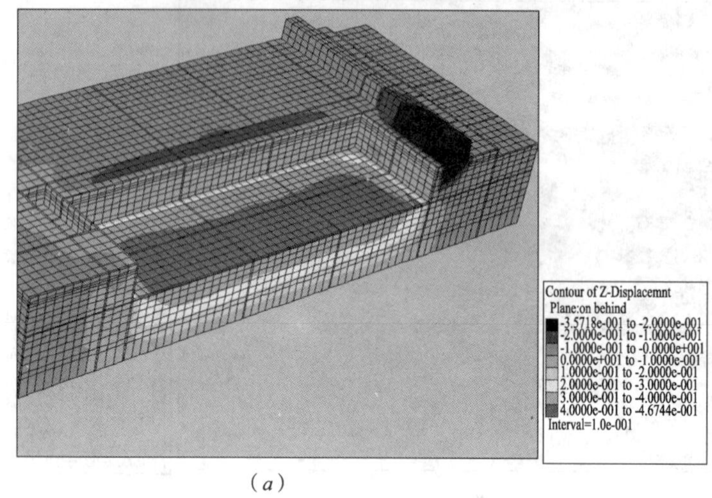

（*a*）

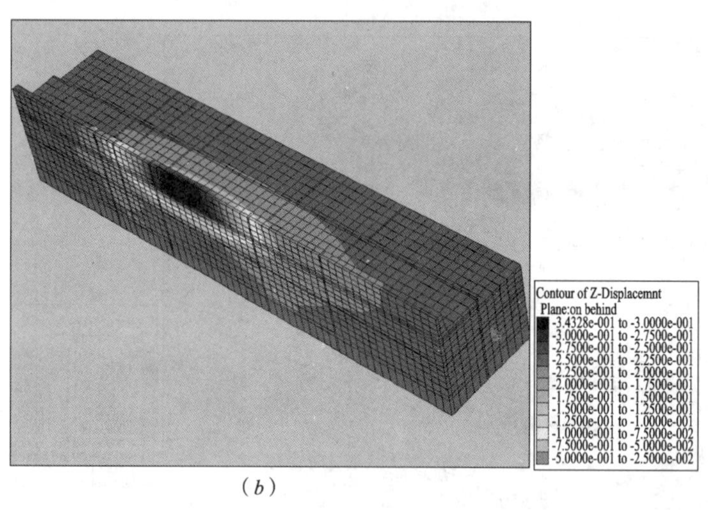

（*b*）

图 1-2-21　模拟方案 A 垂直位移分布（基坑底标高 28m）

（*a*）垂直位移（沉降）U_z 分布；（*b*）（沉降）U_z 分布

数值模拟的精度受计算参数和模型的制约，尽管采用的模型比较符合岩土体属性，计算参数获取确切，但其计算结果具有局限性。因此，数值模拟所获得的应力和位移分布规律具有较高的可信度，而具体的各部位的位移变形值仅供参考，不能作为施工设计参数使用。

③ 从基坑开挖的变形规律看，应力集中一般出现在坡脚或拐角处，城墙在基坑南北两侧易出现拉张应力；坑边的最大位移易出现在每侧的中部，基坑回弹量较大。对于该种岩土工程条件的基坑采用地下连续墙-内支撑（逆作法）的支护方案效果较好，数值模拟综合说明，基坑周边的变形较小，变形值符合技术规范的要求，对建（构）筑物不造成危害。

数值模拟计算参数 **表 1-2-21**

构筑物或土层	密度 ρ (kg/m³)	弹性模量 E (MPa)	泊松比 μ	体积模量 K (MPa)	剪变模量 G (MPa)	黏聚力 c (MPa)	内摩擦角 φ	抗拉强度 σ_t (MPa)	土层岩性
地下连续墙	2400	10000	0.20	5500	4100	1.0	30	2.0	(钢筋混凝土)
①	1800	3	0.33	2.9	1.1	0.01	10	0.001	素填土杂填土
②	1900	8	0.33	7.8	3.0	0.02	20	0.001	黏质粉土-重粉质黏土
③	1900	25	0.33	24.5	9.3	0	28	0.001	细中砂
④	2000	60	0.30	50.0	23.0	0	35	0.001	卵石
⑤	1950	10	0.33	9.8	3.7	0.02	20	0.001	粉质黏土-重粉质黏土
⑥	2000	60	0.30	50.0	23.0	0	35	0.001	中砂、卵石
⑦	2000	10	0.33	9.8	3.7	0.02	20	0.001	粉质黏土-重粉质黏土
⑧	2000	60	0.30	50.0	23.0	0	35	0.001	中砂、卵石
⑨	2020	15	0.33	14.7	5.6	0.02	20	0.001	粉质黏土-重粉质黏土

(B) 基坑降水引起周边建(构)筑物地基基础附加变形

拟建工程场区主要存在两层地下水，与区域地下水类型分布特征基本一致，即分别为潜水(水位 28.79~30.40m)和微承压水(水位 25.85~26.0m)，考虑水位年变化幅度不超过 3.0m，地下展厅基底标高为 28.0m 左右，考虑降水至基底以下 1.0m，那么坑内水位需要降低 6.0m。

该重点文物区拟建地下展厅基坑支护与降水选择的两种方案，对地下水控制均考虑采用隔离基坑内外地下水措施。方案一采用地下连续墙，方案二采用止水帷幕，其与基底以下两个渗透系数(k=0.2m/d)很小的粉质黏土-重粉质黏土层(⑥层、⑨层)可以形成较为完备封闭体系。因此，仅在坑内降水 6.0m(水位降至 27.0m)连续墙(止水帷幕)外水位变化可以忽略，进而对周边建(构)筑物地基基础产生附加沉降可以忽略不计。

无隔水措施管井降水影响。降水影响一种极限情况，就是不采取隔水措施，如图 1-2-22 所示。假设降水井为非完整井，井深 24.0m，降水管井直径为 600mm。根据《建筑地基基础设计规范》，因降水而引起地基附加沉降计算至该卵石层(⑧层)表面。通过计算，基坑周边建(构)筑物的平均沉降量、沉降差、倾斜见表 1-2-22。

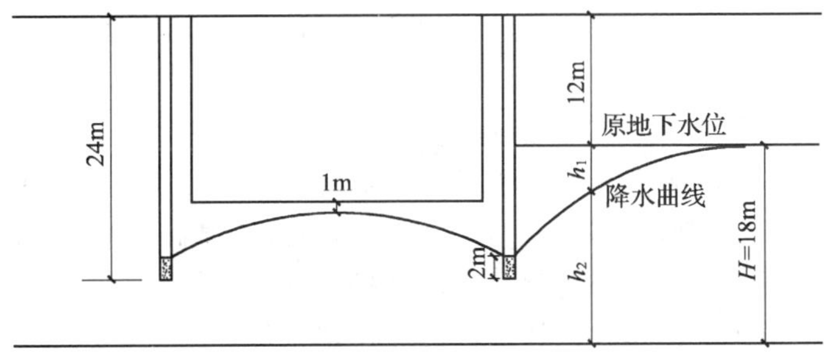

图 1-2-22 无隔水措施管井降水降水示意图

方案二基坑降水引起周边建（构）筑物的平均变形量　　表 1-2-22

序号	建（构）筑物名称	距基坑距离（m）	平均沉降量（mm）	沉降差（mm）	倾斜
1	E	10	10.42	2.27	0.00026
2	H	18	10.65	0.3	0.0003
3	A	12	11.29	1.58	0.00020
4	G	7	11.07	0.42	0.00028
5	B	11	9.28	6.97	0.00011
6	C 墙	15	6.98	0.10	0.00019
7	C	28	4.80	1.44	0.00004
8	J	10	15.48	0.77	0.00051
9	D	40	6.56	2.07	0.00004

从表中可以看出，无隔水措施管井降水引发的附加变形，对周边建筑物地基基础影响较小。但是，降水漏斗半径较大，施工期间影响周边地下水位变化，而且需要抽排水量很大。因此不宜采用无隔水措施管井降水方案。

4）某重点文物区地基基础整体稳定性评价

根据《××建筑地基基础环境综合勘察报告》（北京市勘察设计研究院，1994）可知：该重点文物区范围内普遍分布有人工垫层，并且夯土层是分块填筑的。

依据本次《××地下展厅周边建（构）筑物地基基础探查报告》（建研地基基础工程有限责任公司，2003.11）可知：某重点文物区建（构）筑物的地基处理，普遍采用了夯实灰土（黄土与石灰）和砖土间隔换填处理，处理宽度、总厚度和砖土间隔各不相同，夯土层是分块填筑的。

由于地下展厅对周边近邻建（构）筑物变形和稳定性的影响，可以通过支护措施满足规范要求，而该重点文物区其他建（构）筑物的地基基础距离地下展厅较远，因此，地下展厅开挖对某重点文物区地基基础整体稳定性影响甚微，不会造成岩土环境灾害。

（6）结论与建议

1）该重点文物区整个地基土层分为人工填土、新近沉积土层和第四纪沉积土层，场地属非液化地基，无不良地质作用，属抗震有利地段，岩土工程条件良好；而且该重点文物区建（构）筑物基础底部，均有灰土-碎砖间隔夯实垫层，垫层厚度大于1.0m，扩展宽度随上部结构荷载相应增大，砖石基础与夯土垫层形成了良好的地基基础形式；地下潜水埋深较大。这些均有利于某重点文物区地下展厅建设。

2）由于地下展厅基坑较深，与周边建（构）筑物之间距离较近，须要严格控制施工期间的基坑侧壁变形。考虑到某重点文物区建（构）筑物地基基础历史、现状及其重要程度，分析基坑开挖对周边古建（构）筑物地基基础变形影响时，局部倾斜和倾斜允许值均应比国家标准规定的限值更加严格。因此，建议其砌体承重结构基础的局部倾斜和倾斜允许值均宜控制在0.001以内。

3）在地下展厅使用期间，应考虑地震效应。其周边建（构）筑物地基基础的稳定性，依赖于地下空间结构的承载力和刚度，只要地下空间结构能够满足承载力和刚度要求，则地下展厅在使用期间不会对周边建（构）筑物地基基础产生影响。

4）地下展厅基坑支护应严格控制因基坑开挖对其引起的不利影响。通过试设计计算，当采用地下连续墙-逆作法方案时，其基坑边坡稳定系数远大于1.30，可以保证基坑边坡稳定。开挖引起周边建（构）筑物地基基础局部倾斜和倾斜均小于0.001。满足《建筑基坑支护技术规程》（JGJ 120—99）、《建筑边坡技术规范》（GB 50330—2002）和《建筑地基基础设计规范》（GB 50007—2002）等三个规程规范的有关规定。因此，地下展厅的基坑施工方案应首选地下连续墙-逆作法。

5）由于潜水位于砂卵石层中，水位降深不大，在采取了地下连续墙隔水措施后，地下展厅坑内降水引起周边近邻建（构）筑物地基基础倾斜不超过 0.0005。即使与开挖引起的变形叠加，倾斜仍然可以控制在 0.001 以内。因此，采用地下连续墙坑内降水方案，对周边建（构）筑物地基基础使用不产生影响。

6）除地下展厅周边建（构）筑物以外，某重点文物区其余建（构）筑物地基基础距离地下展厅较远，地下展厅基坑开挖对某重点文物区地基基础整体稳定性不产生影响。

7）鉴于周边建（构）筑物的重要性，建议地下展厅建筑设计柱网布置须满足支撑强度和刚度要求；墙外侧土压力按静止土压力计算；施工过程中须进行严格的变形监测，尤其要加强对城墙变形监测。

8）综上所述，在某重点文物区建设地下展厅技术上可行。

第二节　降水引起的环境问题及处理措施

一、降水技术与作用

国外第一个有记录的降水实例，是用在竖井中将水抽去，以保证伦敦伯明翰铁路的 Kilsby 隧道的顺利施工，这些沿线布置的竖井抽水总量为 430m^3/h。1896 年，在建造柏林地下铁道时第一次使用深井降水。我国 1950 年，由上海市人民政府工务局技术处着手研究采用井点系统，1951 年进行小型试验，初步了解采用井点的可能性。60 年代发展了喷射井点，取得了成效，也应用于较深的土方工程中。70 年代在小型工程和沟渠工程中又发展了水射泵井点和隔膜泵井点，另外，在一些工程中用电渗降水也取得了成效。国内最深的深井泵降水也取得成功，为某竖井开挖而降水深度达 150m。目前降水在全国各地广泛应用。

在地下水位以下开挖基坑时，降水的作用是：① 截住基坑坡面及基底的渗水；② 增加边坡的稳定性，并防止基坑从边坡或基底的土粒流失；③ 减少支护结构的压力，减少隧道内的空气压力；④ 改善基坑和填土的砂土特性；⑤ 防止基底的隆起与破坏。

二、降水影响实例分析

1．工程概况

天津亿嘉花园住宅小区 17 号楼于 2001 年 9 月 15 日开工，2002 年 8 月 30 日主体竣工。同年 9 月因附近纪庄子污水处理厂郁江西道污水管道工程顶管开始施工，从而产生不均匀沉降。

顶管线路与 17 号楼平行，顶管管径 1550mm，埋深 8.5m，长度 81.0m，施工中设置单排大口径井，间距 6.0m，井深 15.0m，该线路 W4 号—W5 号段距 17 号楼约 35.0m（图 1-2-23）。

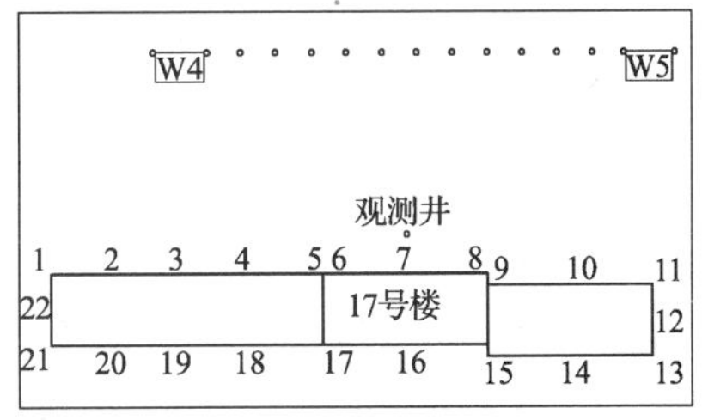

图 1-2-23　顶管 W4 号 ~ W5 号段与 17 号楼位置平面图

17号楼为6层住宅楼，砖混结构，基础埋深为1.25m，筏板基础，板厚400mm。采用深层搅拌桩进行地基处理，桩径500mm，桩距800~900mm，有效桩长7.9m，设计复合地基承载力140kPa，经静载荷试验检测，复合地基承载力满足设计要求。

2. 工程地质条件

该场地属华北冲积平原东部，地形平坦，该场地原为废弃河道及养鱼池（前为烧砖取土之洼地），后经人工填土填平。该场地在30m深度范围内，地基土属第四纪人工堆积层（Q^{ml}）第四纪全新世（Q^h）及上更新世（Q^P）陆相堆积层及海相沉积层。地基土按成因及时代可分为五层，各土层的详细描述见表1-2-23。场地地下水属第四纪孔隙潜水，受大气降水补给，以蒸发方式排泄，地下水位埋深为1.4~1.9m。

土层状况 **表1-2-23**

编号土名	层厚（m）	描述
（1-1）杂填土	1.0~6.3	灰黄-灰黑色，松散，湿-饱和，以砖头、碎石、灰渣等建筑垃圾为主充填黏质粉土
（1-2）淤泥	0.0~3.0	黑色，流塑，有臭味，部分地段夹有砖头及灰渣，高压缩性土，承载力标准值f_k=50kPa
（2）粉土	0.8~3.2	灰黄色，湿，中密，中压缩性土，承载力标准值f_k=140kPa
（3-1）粉土	0.5~2.3	灰色，湿，承载力标准值f_k=110kPa。稍密，中压缩性土，承载力标准值f_k=110kPa
（3-2）淤泥质土	2.6~8.0	灰色，流塑，夹粉土薄层及少量贝壳，高压缩性土，承载力标准值f_k=90kPa
（3-3）粉土	0.0~3.6	灰色，湿，中密，含少量贝壳，中压缩性土，承载力标准值f_k=130kPa
（4）粉质黏土	1.9~5.4	灰黄-黄褐色，可塑-软塑，局部夹粉土薄层，顶部有厚0.1~0.4m黑色泥炭，中压缩性土，承载力标准值f_k=130kPa
（5）粉质黏土	1.9~5.4	黄褐色，可塑-软塑，局部夹薄层粉土及黏土含少量姜石，中压缩性土，承载力标准值f_k=160kPa

3. 变形分析

（1）建筑物观测分析

17号楼平均沉降及平均沉降速率随时间的变化曲线如图1-2-24（a）、（b）所示。在17号楼主体结构施工过程中，沉降随时间增长，但沉降速率随时间降低。2002年9月市政施工实施降水以后，17号楼的沉降速率开始增加，沉降加速增长，沉降速率在2002年11月17日达到最大值，平均沉降在2002年11月29日达到最大值。2003年1月以后因停止施工，地下水位回升，沉降发生反弹。

从各截面的沉降曲线及局部倾斜变化曲线可以看出，在主体结构封顶之前，各截面沉降较均匀，局部倾斜相对较小；市政实施降水后，局部倾斜加大；停止降水后，沉降整体反弹，局部倾斜几乎不变。1~5点截面最大局部倾斜为0.0023，9~11点截面最大局部倾斜为0.0027，6~17点截面最大局部倾斜为0.002。

图 1-2-24（c）、（d）分别为 1～5 点截面的沉降曲线和局部倾斜随时间的变化曲线；图 1-2-24（e）、（f）分别为 9～11 点截面的沉降曲线和局部倾斜随时间的变化曲线；图 1-2-24（g）、（h）分别为 6～17 点截面的沉降曲线和局部倾斜随时间的变化曲线。

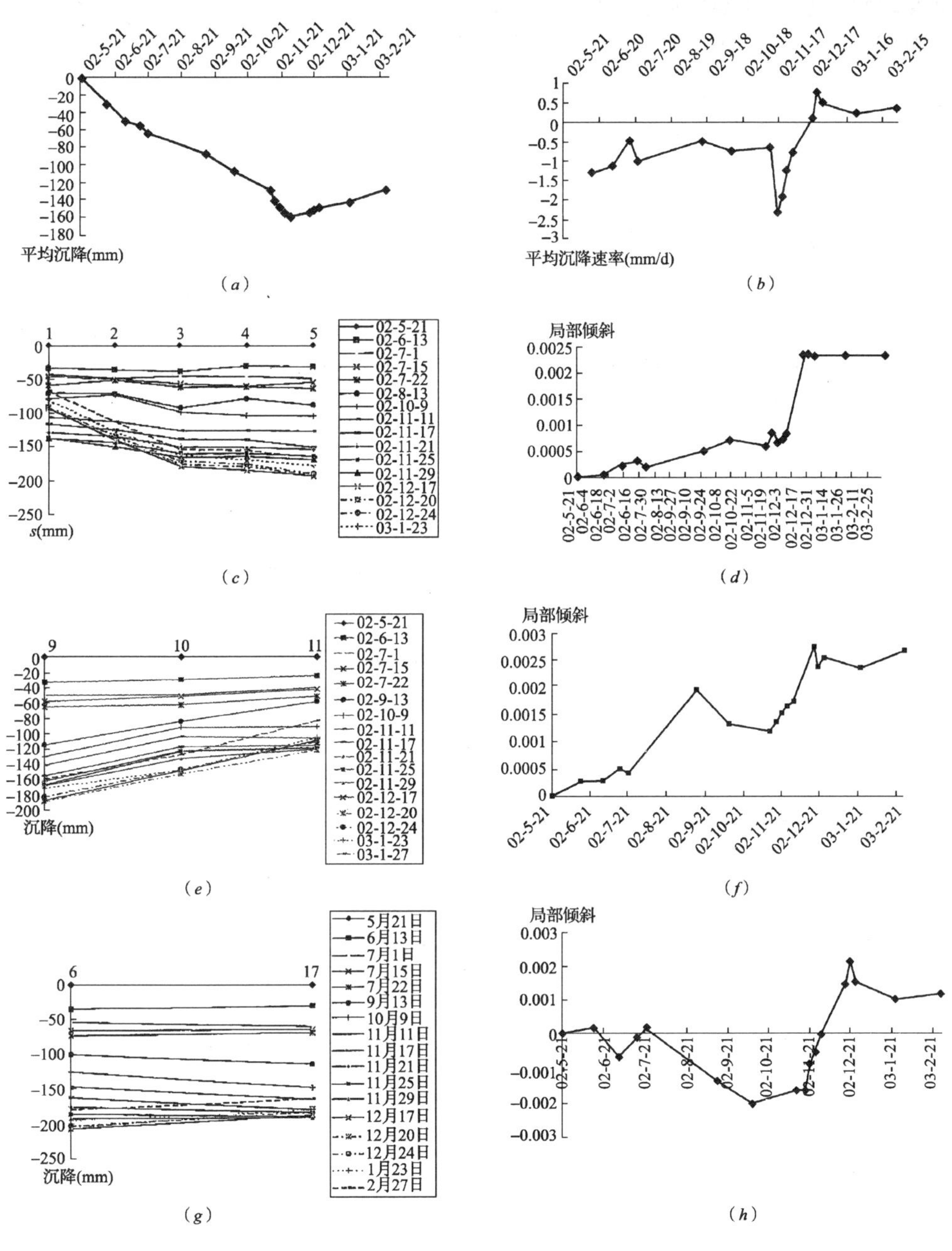

图 1-2-24　17 号楼沉降观测曲线

（a）平均沉降随时间变化曲线；（b）平均沉降速率随时间的变化曲线；

（c）1～5 点截面沉降曲线；（d）1～5 截面局部倾斜随时间变化曲线；

（e）9～11 截面沉降曲线；（f）9～11 截面局部倾斜随时间变化曲线；

（g）6～17 截面沉降曲线；（h）6～17 截面局部倾斜随时间变化曲线

(2) 水位观测分析

根据委托方提供的2002年12月的市政施工DK井及17号楼、14号楼观测井的水位和《建筑与市政降水工程技术规范》(JGJ/T 111—98)的相关公式反算出DK井降水深度与影响范围的关系如图1-2-25所示，DK井降水深度在-9～-13m时，在不采取止水措施的情况下，其影响范围约为40～90m，降水深度越深影响范围越大。17号楼处于降水影响范围内。

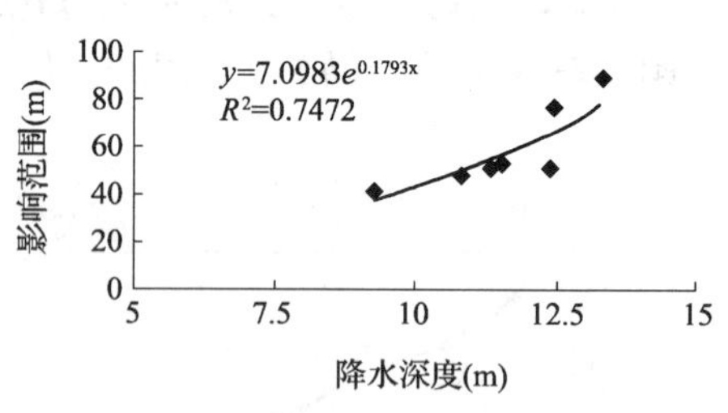

图1-2-25　DK井降水深度与影响范围关系

(3) 分析结果

《建筑地基基础设计规范》(GB 50007—2002) 规定高压缩性土场地上砌体承重结构基础的局部倾斜允许值为0.003。目前17号楼的局部倾斜值虽然小于规范要求，但在后续施工中如果不对17号楼采取保护措施，将使17号楼的沉降及不均匀沉降进一步加大而超过规范值，严重的将引起结构开裂。

4. 处理措施

上述分析表明,17号楼的不均匀沉降的加大是由市政施工降水的过程中未采取止水措施引起的。因此靠近17号楼的市政管线施工时应采取必要的止水措施,使市政施工降水不影响17号楼的地下水位,从而使17号楼的不均匀沉降得到控制。经研究分析,确定止水方案如下:

沿17号楼东、北、西侧距楼25m处做止水帷幕（图1-2-26），图1-2-26中的降水范围是指W4号～W5号段顶管施工时需降水的所有降水井布设的总长度。帷幕参数如下：密排单排三重管旋喷桩，桩径800mm，桩长16m，桩与桩之间咬合200mm，水灰比采用1。

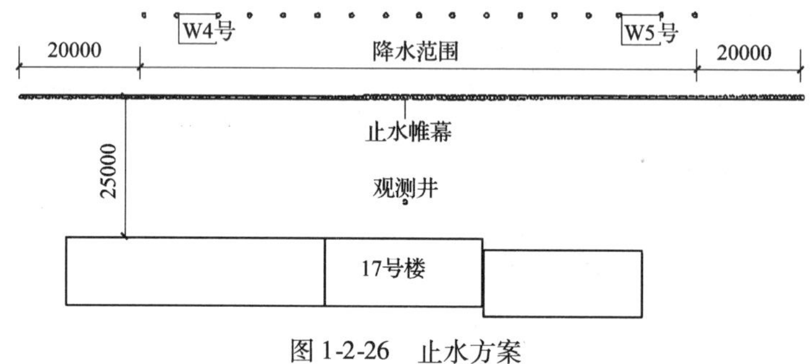

图1-2-26　止水方案

第三节　地下空间开发交叉影响分析

一、相邻空间开发交叉影响数值模拟

为了研究地下空间开发之间的相互影响，结合北京市北土城东路-干杨树区间地铁双隧道施工进行了数值分析，计算采用日本软脑公司研制的2D-sigma地下工程分析软件，计算中初期支护采用梁单元模拟，二衬采用块体单元模拟，考虑不同的地层。施工模拟分析计算模型和分析有限元网格如图1-2-27所示。计算范围向下取21.0m，两边取23.0m，共划分了2290个单元，9061个节点。

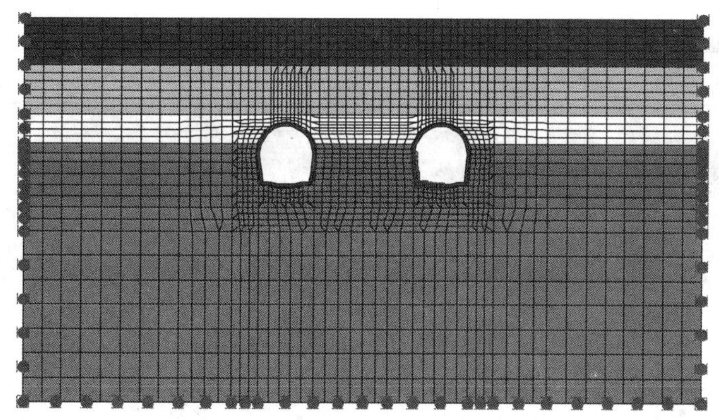

图 1-2-27　施工模拟分析计算模型

1．计算模型的建立

隧道区间采用浅埋暗挖法施工，采用台阶法。根据地质条件及施工方法，本次计算分析的重点是施工过程中的地表变形，目的是对推荐的施工方法产生地表变形的影响进行评估，以便预测和采取相应的施工辅助措施。

2．计算步序

本次计算分析按照设计的施工步骤采取以下 6 步：

第一步：左线上部开挖并施做初期支护；

第二步：左线左下部开挖并施做初期支护；

第三步：左线右下部开挖并施做初期支护；

第四步：右线上部开挖并施做初期支护；

第五步：右线右下部开挖并施做初期支护；

第六步：右线左下部开挖并施做初期支护。

3．计算结果与分析

经过有限元程序计算分析，图中水平方向刻度单位为 5m，竖向沉降刻度单位为 0.01m。各施工步骤时地表沉降曲线汇总如图 1-2-28 所示。标准段隧道的典型分析步骤示意图和对应的地表沉降曲线如图 1-2-29 所示。

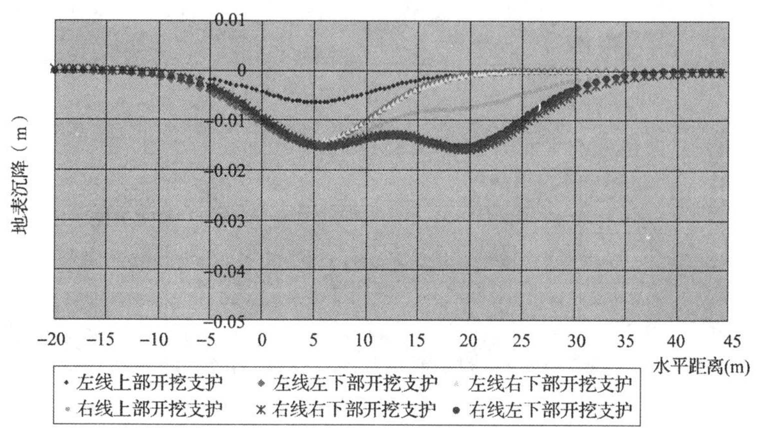

图 1-2-28　重点施工阶段地表沉降曲线汇总

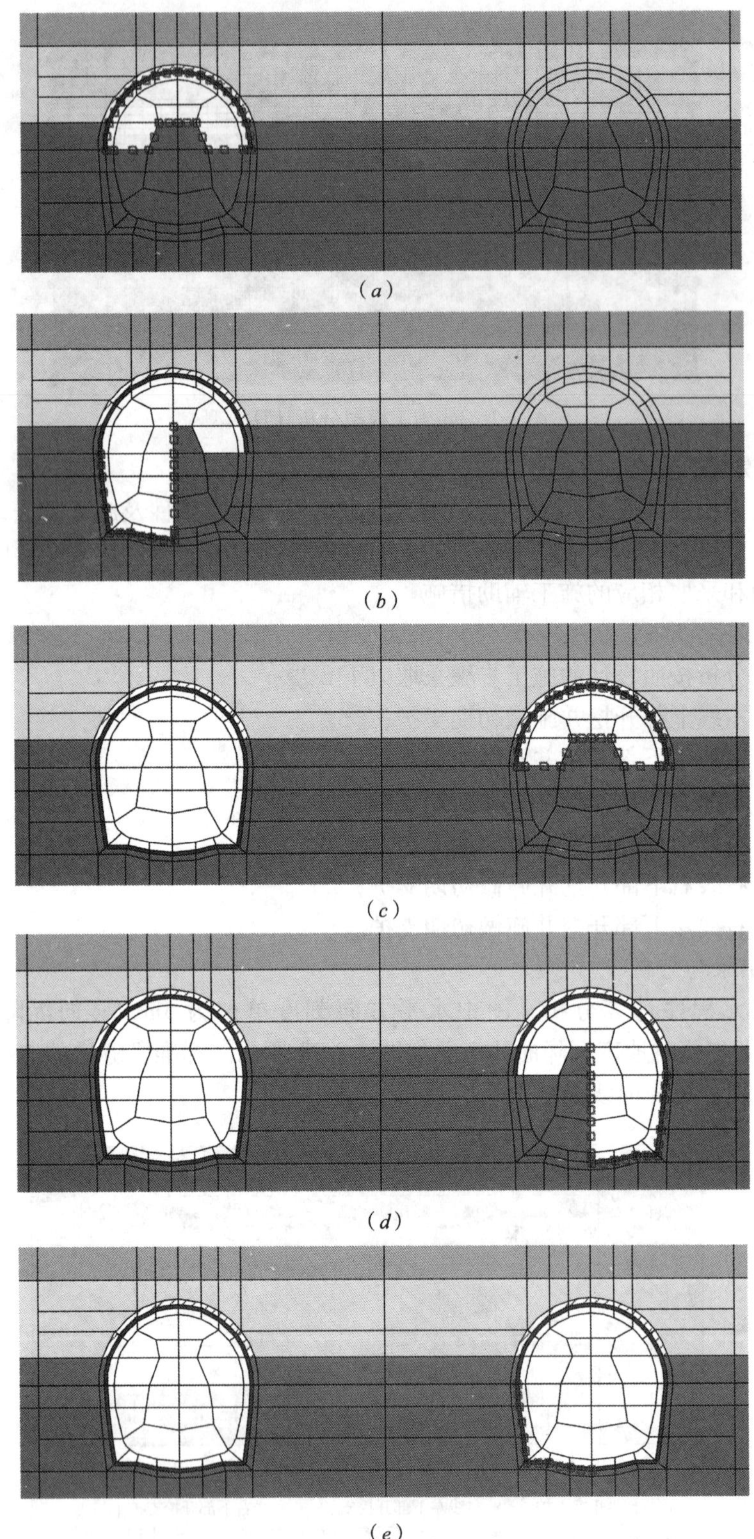

(a)

(b)

(c)

(d)

(e)

图 1-2-29　施工阶段

(*a*) 第 1 阶段；(*b*) 第 2 阶段；(*c*) 第 3 阶段；(*d*) 第 4 阶段；(*e*) 第 5 阶段

从图中可以看出：对于标准断面的整个掘进施工过程，在第六步，即最终施工步骤时，地面下沉达到最终沉降，最大沉降为 17mm，位置在右洞中心线处，最终的沉降槽宽度为 40m。

二、隧道开挖对已有建（构）筑物影响处理技术

以北京黄庄站-科南路站区间下穿知春大厦人行天桥方案为例进行说明。

1. 工程概况

北京黄庄站-科南路站区间，地铁线路从黄庄站出发，线间距由 3.6m 逐渐变化为 12.0m。知春大厦人行天桥位于线路喇叭口分离段，该处左、右线隧道结构净距 1.45m。区间右线下穿知春大厦人行天桥，该天桥桥桩为 ϕ1000 挖孔灌注桩，天桥上部结构主梁为三跨连续两室封闭钢箱梁结构，梯梁为简支箱梁加钢踏步板。根据线路平纵断面资料，该人行天桥主桩基已侵入区间隧道结构，并贯穿隧道。该工程由铁道第四勘察设计院设计。

2. 可选方案比较

设计人员考虑可选方案主要有四种：桩基托换、截桩方案、浅基础方案和拆迁天桥等。如图 1-2-30 ~ 图 1-2-32 所示。

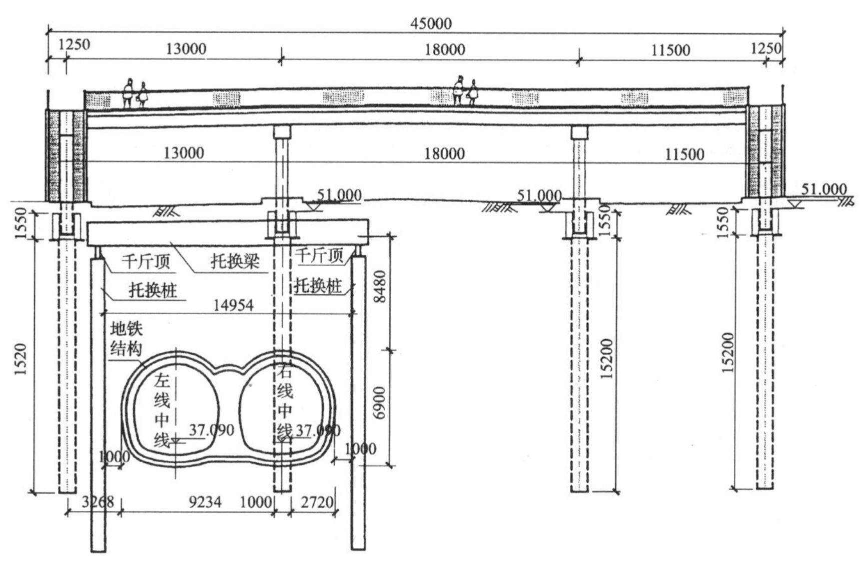

图 1-2-30　桩基托换方案

1）桩基托换方案

托换梁跨度近 15m，施工难度大，且隧道距托换桩净距 1m，矿山法施工风险也较大，沉降不易控制。

2）截桩方案

由于本段区间结构为双联拱，若采用结构支撑桩体传下的力，则荷载作为集中力作用在隧道结构上，受力不利。且隧道结构施工及运营期间自身的沉降势必带动桥桩一起下沉，较难控制，列车的运营振动也会通过桥桩上穿给桥梁结构，给桥梁安全带来隐患。

3）浅基础方案

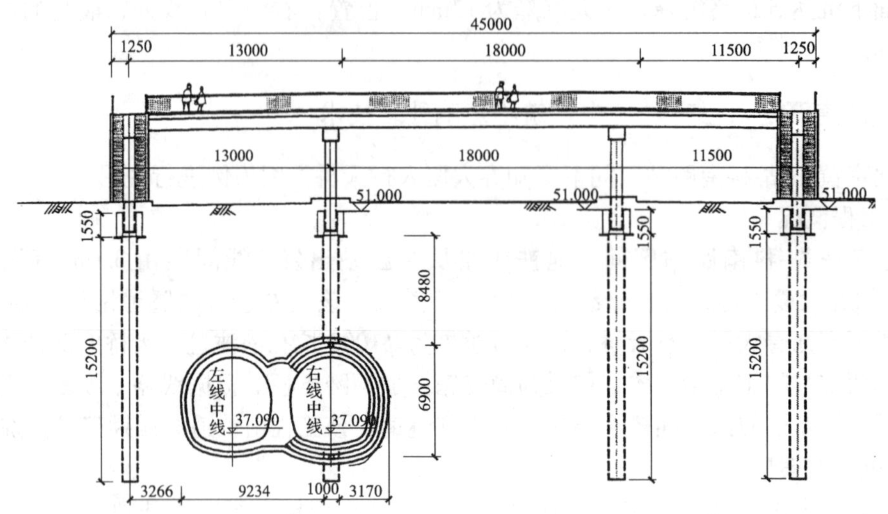

图 1-2-31　截桩方案

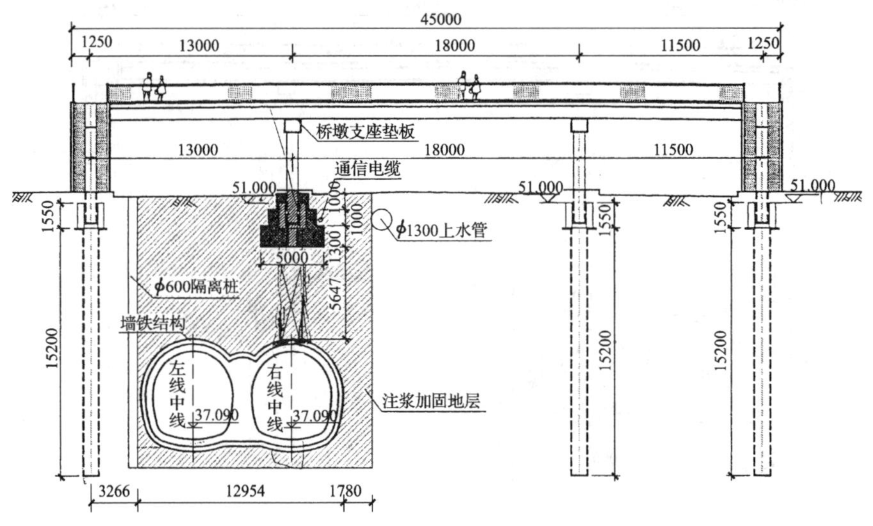

图 1-2-32　浅基础方案

主桥桩基础形式不同，容易产生不均匀沉降，天桥为连续梁钢结构，对沉降敏感，浅基础托换对天桥长期使用安全性影响较大。综合考虑，对于连续梁，产生的上部结构累加沉降要控制在 5mm 以内，很难保证。

4）拆迁天桥

拆迁天桥作法稳妥，但给行人和城市交通带来不便，费用也昂贵。

3．处理措施

通过以上四种方案比较，该工程最终确定了天桥拆除后改变结构形式就近还建的方案。

三、减小基坑开挖对周边大直径承载桩基影响的支护方法

北京西城区国库统一支付中心基坑开挖深度为18.66m，东侧与国家开发银行的三根大型承载桩相邻，原设计基坑支护方案采用桩锚支护，护坡桩为人工挖孔桩。此部位设计两道锚杆支护，第一道锚杆位于-3.6m，锚杆长度为11.0m，锚杆直径为300mm；第二道锚杆位于-11.4m位置，锚杆长度为18.0m，如图1-2-33所示。该工程由中冶地建设工程集团负责施工。

国家开发银行西侧的三根人工挖孔扩底承载桩，桩长11.35m，在0.0~4.0m深度，其桩径为2.0m，4.0m以下按1∶4扩径，底部扩大至桩径5.0m（加护壁后为5.4m），桩顶上部荷载值为3000kN。与国库统一支付中心东侧挖孔桩护壁最小距离为0.55m，详见图1-2-34。

该方案经技术咨询，有关专家认为在两道锚杆之间应增设一排锚杆，并且在两排护坡桩之间增设注浆区（或注浆桩），以充分发挥内外两排桩及中间注浆区域的综合抵抗能力，同时严格控制护坡桩的水平位移，确保工程安全。

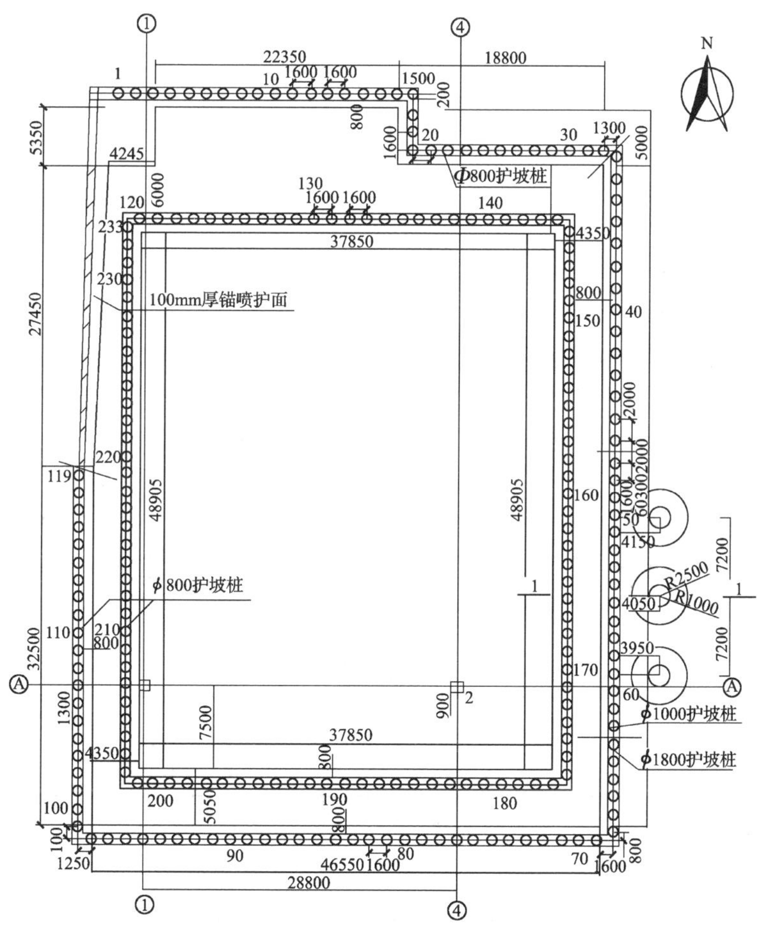

图1-2-33　相邻处支护结构平面图

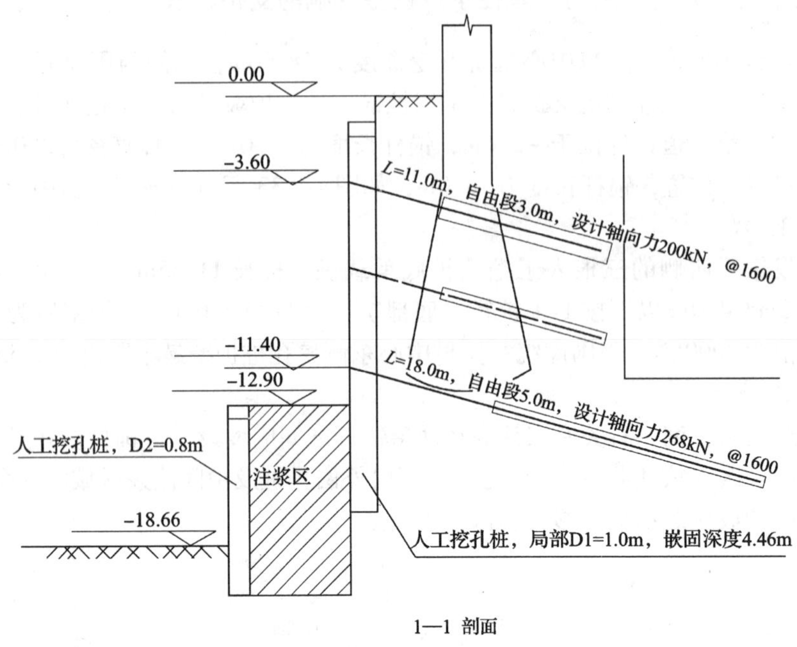

图 1-2-34　相邻处支护结构剖面图

第四节　城市地下空间开发的变形控制

一、目前国内的一些提法

城市高层建筑和其他的地下工程一般都处在密集的建筑群中，施工场地十分狭窄，很多工程的基础就紧挨周边建（构）筑物的基础。由于挖土对基底的卸载、支护结构向坑内倾斜变形和基坑内外降水等原因，必然引起基坑周围原有建筑物或构筑物的沉降变形。

顾晓鲁、陆培毅等提出基坑位移的控制标准：① 邻近无永久性建筑物及设施，基坑位移的控制标准宜满足表 1-2-24；② 邻近有永久性建筑物及设施，基坑位移的控制标准见表 1-2-25。

邻近无永久性建筑物基坑变形控制标准　　　　**表 1-2-24**

支护结构类型	部　位	地层类型	
		硬　土	软　土
悬臂式支护结构	顶　部	（0.5～1.0）H%	（1.0～2.0）H%
带锚碇系统桩墙支护结构	最大处	50mm	100mm
带内支撑系统桩墙支护结构	最大处	30mm	50mm
重力式支护结构	顶　部	1.0H%	2.0H%

邻近有永久性建筑物及设施基坑变形控制标准 **表 1-2-25**

控制等级	地面最大沉降量及支护结构水平变位的控制要求	环境保护要求
一级	· 地面最大沉降量≤15mm 或 0.1H% · 支护结构最大水平变位量≤20mm 或 0.14H% · K_s^*≥2.2	离基坑 10m 周围有地铁、共同沟、煤气管等重要建（构）筑物及设施，必须确保安全
二级	· 地面最大沉降量≤30mm 或 0.2H% · 支护结构最大水平变位量≤50mm 或 0.3H% · K_s^*≥2.0	离基坑 H 范围内设有重要水管、建（构）筑物需要保证安全
三级	· 地面最大沉降量≤70mm · 支护结构最大水平变位量≤100mm 或 0.6H% · K_s^*≥1.5	在基坑周围 30m 范围内设有需保护建筑设施和管线、建筑物

注：H 为基坑开挖深度，K_s^* 为抗隆起安全系数。

黄忠辉参照上海地铁深基坑的经验，对外环隧道浦西连接井特大型深基坑的变形控制中，提出基坑变形控制标准分为四个保护等级见表 1-2-26。

基坑变形控制标准 **表 1-2-26**

保护等级	地面最大沉降量及围护水平位移控制要求	环境保护要求
特级	· 地面最大沉降量≤0.1% H · 围护墙最大水平位移≤0.14% H · K_s≥2.2	离基坑 10m 周围有地铁、共同沟、煤气管、大型压力总水管等重要构筑物及设施，必须确保安全
一级	· 地面最大沉降量≤0.2% H · 围护墙最大水平位移≤0.3% H · K_s≥2.0	离基坑 H 范围内设有重要干线、水管、大型在使用的构筑物、建筑物
二级	· 地面最大沉降量≤0.5% H · 围护墙最大水平位移≤0.7% H · K_s≥1.5	在基坑周围 H 范围内设有重要支线管道和一般建筑物
三级	· 地面最大沉降量≤1% H · 围护墙最大水平位移≤1.4% H · K_s≥1.2	在基坑周围 30m 范围内设有需保护建筑设施和管线、建筑物

注：H 为基坑开挖深度，K_s 为抗隆起安全系数。

根据北京地区的工程经验，我们认为对于基坑周边 1.0H（H 为基坑深度）范围内有建（构）筑物及其他重要设施时，应严格控制基坑支护结构的水平位移。依据地层条件和保护物的重要性，要求支护结构的最大水平位移控制应小于 0.10% ~0.3% H，并且同时要求主要支护位置的水平位移小于 0.1% ~0.2% H_d（H_d 为主要支护位置距基底垂直距离）。

以上的提法，是目前国内对于基坑控制标准的一些新建议，具有区域性和针对性，但尚需经过工程实践的检验。

二、关于变形控制的探讨

随着大量新建建（构）筑物基底深度大于周边原有建（构）筑物基础埋深的工程出现，并且两者相距很小甚至交错，为了保证原有建（构）筑物的安全使用和新建工程的安全施工，变形控制标准问题日趋尖锐，这不仅仅是岩土工程师单方面能够很好解决的问题，它还需要建筑、结构、市政、隧道、环境等诸多方面的工程师进行统一整体分析考虑。

目前，人们对复杂变形问题的解决方法，通常会采用固体力学有限元进行数值分析，采用认可的大型分析软件，借助计算机完成计算基本可行。但是，能够熟练地掌握运用这一类复杂软件的人员相对较少，再进一步能够准确确定具体工程每一类单元体技术参数的人员则更少，有时甚至不可能，这仅仅是形成计算误差的一方面。而产生计算误差的另一方面则是计算过程中的某些假设与处理，譬如：选取有限的计算范围、单元网格的划分、接触单元的处理，支座的简化、不同材料屈服准则的选用等等。除此之外，还有理论本身的不完备、大量迭代计算的取舍以及程序本身的编制缺陷。因此，数值计算结果一般要求作为一种规律研究、趋势分析，而很少作为设计的依据。只有在大量的分析与实测对比的基础上，合理地采用数值计算，才有利于城市地下空间变形控制标准的研究。

采用数值分析的方法，可以辅助分析基坑开挖对其周边建筑物随其距离和高度而产生的影响，在分析大量的实测数据基础上，选择有代表性的地层，为基坑变形控制标准的研究提供参考。数值分析的优势是可以选择多种方案和分步开挖，如图 1-2-35 所示。利用数值分析方法探索基坑变形控制标准，可以考虑从建（构）筑物的地基变形允许值入手。因

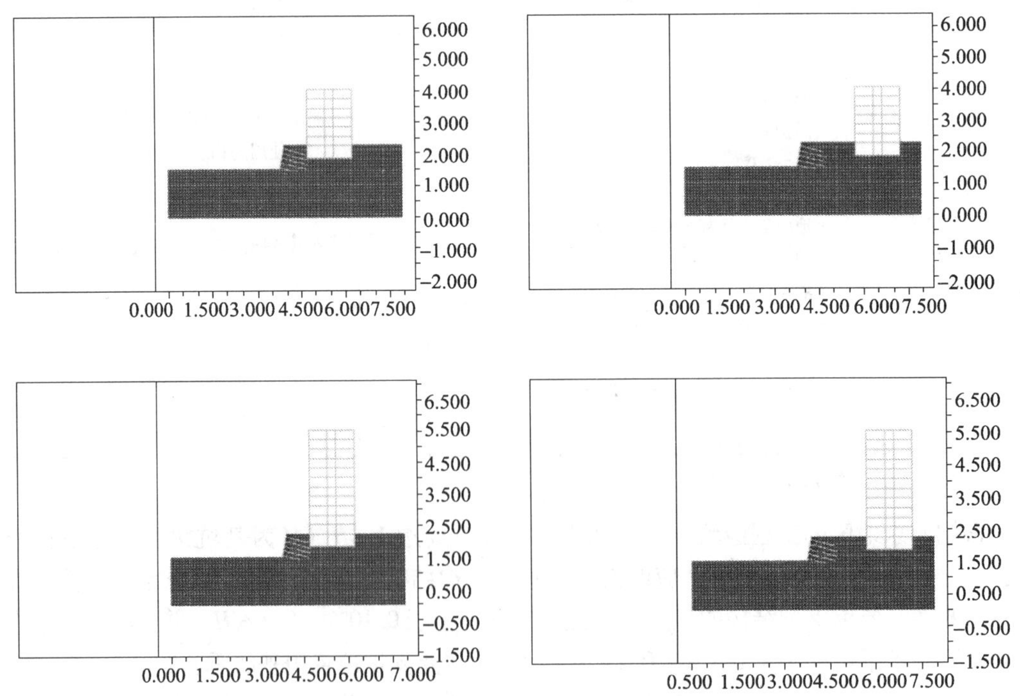

图 1-2-35　基坑支护数值分析示意

为数值分析可以模拟不同环境条件下的基坑-建（构）筑物体系的应力、位移，从而建立邻近建（构）筑物的倾斜值与其基坑相应变形值之间的相关关系。按照《建筑地基基础设计规范》（GB 50007—2002）规定的地基变形允许值，就可以找出基坑变形允许值。

总之，随着地下空间的开发，北京地区开挖基坑对周边环境影响问题日趋严重，主要原因是基坑变形控制不严格，需要研究基坑变形控制标准。降水引起的环境问题也较突出，开发地下空间降水设计时，需分析对周边环境的影响问题。地下空间开挖相互之间的影响与其开挖和支护顺序有密切关系，优化设计尤为重要。因此，地下空间开发需要合理地规划，在大量的分析与实测对比的基础上，合理地采用数值计算，有利于城市地下空间变形控制标准的研究。

第三章　地下岩土工程施工与支护技术

第一节　暗　挖　法

一、新奥法

1. 发展概况

所谓新奥法，即“新奥地利隧道施工法”（New Austrian Tunnelling Method），国际上简称为NATM。该法是在锚杆、喷射混凝土结合形成锚喷技术后，从1957~1965年，在欧州德文语系地区不良岩层中修筑隧道的实践基础上，逐渐发展起来的一套隧道设计、施工新技术。这种方法对传统的隧道施工法有许多重大变革，并以快速、优质、经济和安全的强大生命力迅速发展，并推广到其他大断面地下工程中。

1963年由奥地利工程师L. V. Rabcewicz著文首先提出该名称，因为其产生的建立初期大部分工程为奥地利学者和工程师所主持，当时就这样进行了命名。NATM命名以后的15年仍在不断地改进。直到1978年，新奥法权威L. 米勒（L · Muller）教授在日本参加国际隧道会议时，作了题为《新奥法原理22条》的演讲，新奥法首次得到最完整的总结。1980年5月，我国特别邀请L. 米勒教授来中国讲学，他又将上述22条原理全文讲学了两次。

1980年，奥地利土木工程学会地下空间利用分会把新奥法定义为：“在岩质、土砂质介质中开挖隧道，以使围岩形成一个中空筒状支撑环结构为目的的隧道设计施工方法”，并提出了应遵循的原则：

（1）考虑岩体的力学特性；

（2）在适宜的时机构筑适宜的支护结构，避免在围岩中出现不利的应力-应变状态；

（3）为使围岩形成力学上十分稳定的中空筒状支承环结构，必须构筑一个闭合的支护结构；

（4）由现场量测监控围岩动态，根据允许变形量求得最适宜的支护结构。

新奥法提出了与传统方法完全不同的新概念和新观点，指导着构筑隧道的全过程。它发展至今大致经历了三个阶段：1964~1969年，从理论上分析了岩压影响下的隧道的破坏过程，阐明了用薄壁柔性支护结构支护隧道的合理性；1969~1975年，在设计理论问题上提出了按剪切破坏条件来进行计算的原则，并提出支护结构应与围岩贴紧以便保护和对围岩施加约束压力；1975年至今，主要探讨了用有限元法解决隧道设计的数解法问题，其他还有一些应用方面的成果。

日本从1976~1979年正式推广应用新奥法，并迅速占据日本隧道工程的主导地位。美国对新奥法也极为重视，在纽约的地铁隧道中就已采用。据报道，若按美国惯用的钢拱架与厚壁混凝土被覆来计算比较，其经济效益是很可观的。世界上其他一些国家应用新奥法设计施工的隧道，在1978年以前已达几十条之多，至今用新奥法建成的隧道已在很多国家建成，且制定了相应的设计标准。90年代我国学者灵活运用新奥法理论提出了联合支护理论，从而运用于隧道与巷道支护。

2. 原理与技术要点

新奥法最核心的问题——利用围岩支护隧道，使围岩本身形成一定的支撑环。新奥法摒弃了传统隧道工程中应用厚壁混凝土结构支护松动围岩的理论。岩体开挖出隧道后从产生变位到岩体破坏总有一个时间过程，完全可构筑能与围岩贴紧的柔性薄壁支护结构，与围岩形成坚固的支承环，共同形成一个长期稳定的洞室。新奥法采用的主要支护手段是喷射混凝土结构和打锚杆。

（1）新奥法原理

可以把新奥法的基本原理表述为以下几点：

1）围岩岩体是隧道承载的主要部分；

2）用最小的支护阻力设计支护结构；

3）控制围岩的初始变形；

4）适应围岩的特性，采用薄层柔性的支护结构；

5）采用量测来检验设计并指导施工。

（2）新奥法基本要点

新奥法不同于传统隧道工程中应用厚壁混凝土结构支护松动围岩的理论，其技术基本要点如下：

1）开挖作业多采用光面爆破和预裂爆破，并尽量采用大断面或较大断面开挖，以减少对围岩的扰动；

2）隧道开挖后，尽量利用围岩的自承能力，充分发挥围岩自身的支护作用；

3）根据围岩特征采用不同的支护类型和参数，及时施作密贴于围岩的柔性喷射混凝土和锚杆初期支护，以控制围岩的变形和松弛；

4）适时进行衬砌，衬砌要薄，以防止产生弯矩，用钢筋网、锚杆加强衬砌而不要增加厚度；

5）在软弱破碎围岩地段，使断面及早闭合，以有效地发挥支护体系的作用，保证隧道稳定；

6）二次衬砌原则上是在围岩与初期支护变形基本稳定的条件下修筑的，围岩与支护结构形成一个整体，因而提高了支护体系的安全度；

7）尽量使隧道断面周边轮廓圆顺，避免棱角突变处应力集中；

8）通过施工中对用岩和支护的动态观察、量测，合理安排施工程序，进行设计变更及日常的施工管理；

9）采用排水的方法降低岩体中水的渗透压力。

二、浅埋暗挖法

1. 特点与适用条件

浅埋暗挖法是新奥法以加固、处理软弱地层为前提的技术发展。其可以表述为：采用足够刚性复合衬砌（由初期支护和二次衬砌及中间防水层所组成）为基本支护结构的一种用于软土地层近地表隧道的暗挖施工方法。它以施工监测为手段，指导设计与施工，保证施工安全，控制地表沉降。

1986 年北京提出用暗挖法修建长 358m 的复兴门地铁折返线，铁道部隧道工程局首次在粉质黏土、砂土和砂砾石地层中，用锚喷支护和新奥法建成隧道最大跨度达 14.3m 的地下折返线工程。由此总结出包括十八字诀（管超前、严注浆、短开挖、强支护、快封闭、勤量测）在内的基本经验，通过了铁道部和北京市科技成果鉴定，并正式取名为“浅埋暗挖法”。

浅埋暗挖法的最大优点是避免了大量拆迁和改建工作，减少对周围环境的粉尘污染和噪声影响，对城市交通的干扰小。另外，浅埋暗挖法与其他施工方法具有兼容性，它既可作为独立的施工方法采用，也可与其他施工方法相结合作为一种综合的施工方法采用。

浅埋暗挖法基本适用条件：① 浅埋暗挖法不允许带水作业，如果含水地层达不到疏干，带水作业会使开挖面的稳定性受到威胁甚至塌方；② 采用浅埋暗挖法要求开挖面有一定的自立性和稳定性，以保证施工安全。

2. 施工技术

施工技术包括以下几个方面：

1）施工降水；

2）竖井施工；

3）隧洞初期支护；

4）隧洞一次衬砌；

5）隧洞二次衬砌；

6）防水施工与回填注浆；

7）施工测量。

3. 常见问题及处理方法

1）采用浅埋暗挖法必须处理好地下水，包括地下管道渗漏水的处理；

2）深入领会和贯彻十八字诀“管超前、严注浆、短开挖、强支护、快封闭、勤量测”；

3）严格管理、监测及时采取有效措施。

三、管幕工法

1. 特点与适用条件

管幕工法在日本、西欧、马来西亚和我国台湾等地应用较普及，为大都市地下空间开发和利用积累了丰富的经验，是一种成功的暗挖方法。一般用于都市中为了避免交通中断的情形，如地下过街道、地铁车站与大厦地下室联通道、交通主干道下给排水管道和共同沟等。地下管道的长度不宜过长，一般在 30 ~ 60m 之间。其优点是施工时无噪声和振动，不必降低地下水位，不影响城市道路交通运行；可以在不采用气压条件下，使管道穿越饱和的砂土和淤泥质黏土；可以在既有建筑物邻近进行施工。但是，该工法成本较高。

2. 施工方法

管幕是指用小口径顶管机构筑的从推进井延伸至接收井形成的隔水挡土的钢管围幕，如图 1-3-1 所示。管幕工法的施工工序和方法如下：

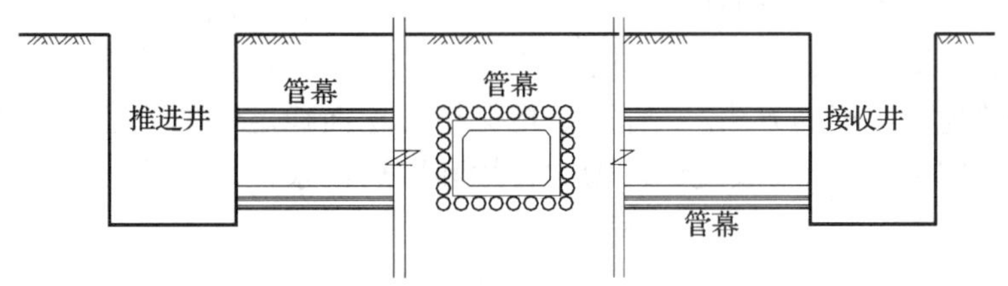

图 1-3-1　管幕工法

1）构筑顶管推进井和接收井；

2）将钢管分节依次顶入土层中，使钢管彼此搭接，形成管幕；

3）在钢管接头处注入树脂止水剂，使浆液沿纵向流动并充满接头处的间隙，防止开挖时地下水渗入；

4）在钢管内进行压力注浆或注入混凝土并进行养护，以提高管幕的刚度，减小开挖时管幕的向内变形；

5）在管幕内进行全断面开挖，边掘进边支撑，形成从推进井至接收井的通道；

6）依次逐段构筑混凝土内衬，并逐步拆除管幕内支撑，最终形成完整的地下通道。

第二节　盾构施工法

一、盾构施工法发展概况

随着经济发展，不断要求提高城市功能，开发和利用城市地下空间无疑是一条捷径。在城市地下工程施工中，经常会受到房屋建筑、道路交通、市政工程和施工场地等城市环境因素的限制，因此，近年来在城市地下工程施工中，对环境影响很小的盾构施工法被广泛的采用，使盾构施工技术得到了迅速的发展。

盾构主要是用来开挖土砂围岩的隧道机械，由切口环、支承环及盾尾三部分组成，也称为盾构机。如图 1-3-2 所示。

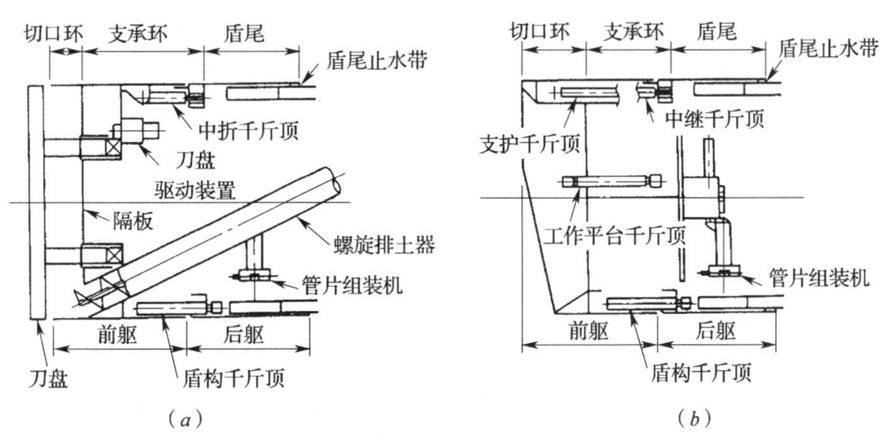

图 1-3-2　盾构机构造示意图

（a）闭胸式盾构；（b）敞开式盾构

所谓盾构施工技术，是指使用盾构机，一边控制开挖面及围岩不发生坍塌失稳，一边进行隧道掘进、出渣，并在盾构机内拼装管片形成衬砌、实施壁后注浆，从而在不扰动围岩的基础上修筑地下工程的方法。“盾”是指保持开挖面稳定性的刀盘和压力舱、支护围岩的盾型钢壳；“构”是指构成隧道衬砌的管片和壁后注浆体。与盾构相似的岩石掘进机（TBM），其施工对象是山岭隧道，这里不作赘述。

人类设想建造各种用途的隧道的历史已有上千年，而盾构法问世至今约有200年的历史。1802年，英国采矿工程师阿贝尔·马蒂厄提出修建英吉利海峡隧道的计划。1803年爆发的英法战争，使得该计划未能付诸实施。法国工程师布鲁诺尔（Mare Isambard Brunel）在伦敦从蛀虫在船板上蛀孔，再用分泌物涂在孔的四周中得到启示，发现了盾构法掘进隧道的原理。随后注册了专利，并逐步完善了盾构的机械系统。

1825～1911年为早期盾构法发展时期。1825年在穿越泰晤士河的隧道中第一次使用了矩形盾构技术。1830年Lord cochrance发明了施加压缩空气的“压气法”以解决盾构穿越饱和含水地层时防止涌水的问题。1840年，Greathead首创了在盾尾衬砌外部盾尾空隙中注浆以控制地基变形的壁后注浆方法，进一步推动了盾构法隧道在城市建设中的应用。1866年，莫尔顿申请“盾构”专利，在莫尔顿专利中第一次使用了“盾构”（shield）这一术语。1869年，工程师詹尼斯·亨利·格瑞海德（Janes Heary Greathead）用圆形盾构再次在泰晤士河底修建了一条隧道，隧道衬砌第一次采用了铸铁的衬砌管片。格瑞海德的圆形盾构成为后来大多数盾构的模型。1886年，格瑞海德在伦敦地下施工中将压缩空气方法与盾构掘进相组合使用。在压缩空气条件下施工，标志着在承压水地层中掘进隧道的一个重大进步，它填补了隧道施工中一项空白，并使得世界范围内采用盾构掘进隧道的数目有了很大增加。1891年，约瑟夫·霍布森承担建设的圣克莱河隧道通车。布鲁诺尔发明盾构法之后的另一个技术进步是用机械开挖代替人工开挖。第一个机械化盾构专利可追溯到1876年，英国人约翰·获克英森·布伦敦（John Dickinson Brunton）和姬奥基·布伦敦（George Brunton）申请专利。这台盾构有一个由几块板构成的半球形的旋转刀盘，开挖的土料落入径向装在刀盘上的料斗中，料斗将渣料转运至胶带输送机上，再将它转到后面从盾构中运出，这一构想后来被用于修建地铁隧道工程。

1917年，日本引进盾构施工技术，是欧美国家以外第一个引进盾构法的国家。1939年日本采用盾构法施工国铁关门隧道下行线门司方向的海底隧道部分工程。1942年6月，世界上第一条海峡隧道单线路（下行线）关门隧道完工。但由于战争及战后困难时期的缘故，盾构法技术一直没有得到发展。1957年，日本东京地铁丸之内线又一次采用盾构法施工技术修建了一段区间隧道。1963年，土压平衡盾构首先由日本SatoKogyo公司开发出来。1967年，第一台用切削轮和水力出土的泥水盾构在日本投入使用。至今，日本盾构法隧道技术有突飞猛进的发展，共制造了2000多台盾构掘进机，其盾构法隧道技术水平在世界上领先。

我国上世纪50年代初首次在东北阜新煤矿采用盾构法修建了直径2.6m的输水巷道，1963年开始在上海试验性地采用盾构法掘进隧道，1966年在上海采用网格式挤压盾构修建了直径达到10m的打浦路越江隧道，同年水利部杭州机械研究所研究试制了我国第一台隧道掘进机并应用于水电工程，1968年北京开始修建地铁盾构施工试验段工程，也取得了一些经验。1976年水利部杭州机械研究所又为郑州市设计了直径为6m的盾构掘进机，80年代初期上海开始使用土压平衡式盾构进行地铁隧道的修建，取得了丰富的工程实践经验。90 年代我国开始使用泥水加压式盾构，并在 1994 年成功地进行了上海延安东路南线越江隧道工程。1998 年由北京地铁建设公司和铁道部隧道局研究所组成的课题组，研制了半断面插刀结构，在地铁复八线区间隧道进行试验，取得了成功。目前，我国城市大量的地下工程采用了盾构法施工技术。

二、盾构分类及选型

选择盾构型式时，除考虑施工区段的围岩条件、地面情况、断面尺寸、隧道长度、隧道线路、工期等各种条件外，还应考虑开挖和衬砌等施工问题，必须选择能够安全而且经济地进行施工的盾构形式。

1. 盾构分类

根据盾构头部的结构，可将其大致分为闭胸式和敞开式。闭胸式盾构又可分为土压平衡式盾构和泥水加压式盾构；敞开式盾构又可分为全面敞开式盾构和部分敞开式盾构。如图 1-3-3 所示。

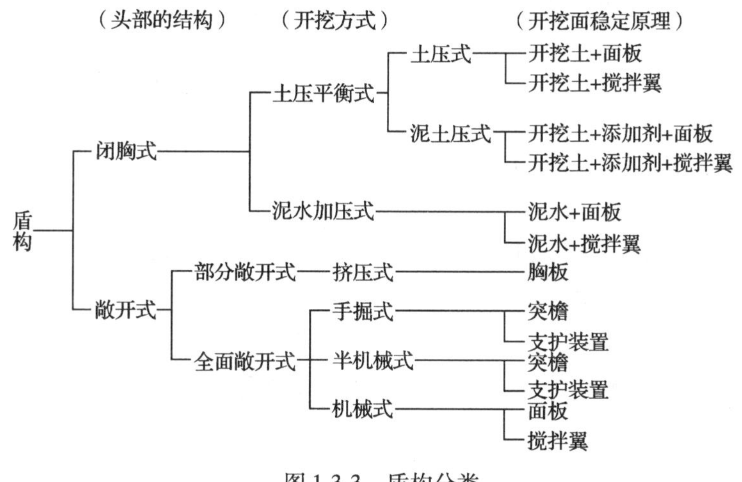

图 1-3-3　盾构分类

2. 盾构特征

（1）闭胸式盾构

通过密封隔板在隔板和开挖面之间形成压力舱，保持充满泥砂或泥水的压力舱内的压力，以保证开挖面稳定性的机械式盾构形式。

1）土压平衡式盾构：将开挖的泥砂进行泥土化，通过控制泥土的压力以保证开挖面的稳定性。由切削围岩的开挖机械、搅拌开挖土砂使其泥土化的搅拌机械、渣土的排出机械和保证开挖土具有一定压力的控制机械组成的盾构形式。又可根据是否具有为促进泥土化而使用添加剂的注浆装置分为土压式盾构和泥土压式盾构。

2）泥水加压式盾构：给泥浆以一定的压力以保持开挖面的稳定性，并通过循环泥浆将切削土砂以流体方式输送运出。由切削围岩的开挖机械、进行泥浆循环并给泥浆施加一定压力的送排泥机械、将运出的泥浆进行分离、调整、处理以保证泥浆性能的调泥、泥水处理机械组成的盾构形式。

（2）敞开式盾构

1）全断面敞开式盾构是指开挖面全部或大部分敞开的盾构形式，以开挖面能够自立稳定作为前提。对于不能自立稳定的开挖面，要通过辅助施工方法，使其能够满足自立稳定条件。

2）部分敞开式盾构是指开挖面的大部分是封闭的，只在一部分设置取土口并通过调节土的流出来维持开挖面的稳定性。

3．盾构选型

在选择盾构形式时，最为重要的是要以保持开挖面稳定为基点进行选择。为了选择合适的盾构形式，除对土质条件、地下水进行调查以外，还要对场地环境、竖井周围环境、安全性、经济性等作充分考虑。

三、盾构技术参数设计

1．承受荷载

设计盾构时需要考虑的荷载如：垂直和水平土压力、水压力、自重、上覆荷载的影响、变向荷载、开挖面前方土压力以及其他荷载。其中变向荷载简图如图 1-3-4 所示。

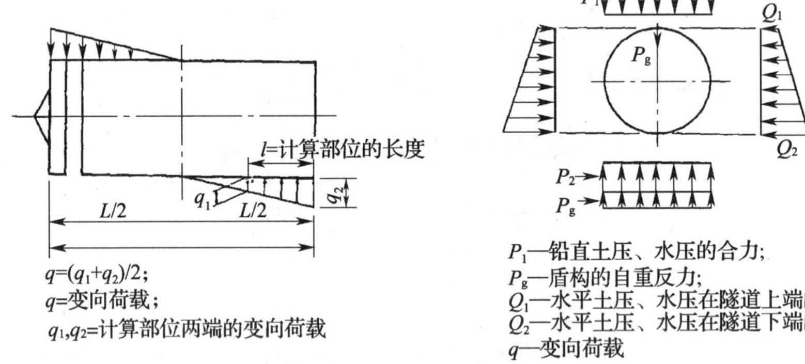

图 1-3-4　变向荷载简图

2．盾构外径

所谓盾构外径，是指盾壳的外径，不考虑超挖刀头、摩擦旋转式刀盘、固定翼、壁后注浆用配管等突出部分。盾构外径可按下式计算：

$$D = D_0 + 2(x + \delta) \tag{1-3-1}$$

式中　D ——盾构外径；

D_0——管片外径；

x ——盾尾空隙；

δ ——盾尾壳板厚度。

3．盾构长度

盾构本体长度 l_M 系指壳板长度的最大值，而盾构机长度 l_1 则指盾构的前端到盾尾端的长度如图 1-3-5 所示。它们分别可按下式计算：

$$l_1 = l_c + l_M \tag{1-3-2}$$

$$l_M = l_H + l_G + l_T \tag{1-3-3}$$

式中　l_1——盾构机长度；

l_M——盾构本体长度；

l_c——刀盘长度；

l_H——切口环长度；

l_G——支承环长度；

l_T——盾尾长度。

盾构总长 l 系指盾构前端至后端长度的最大值。

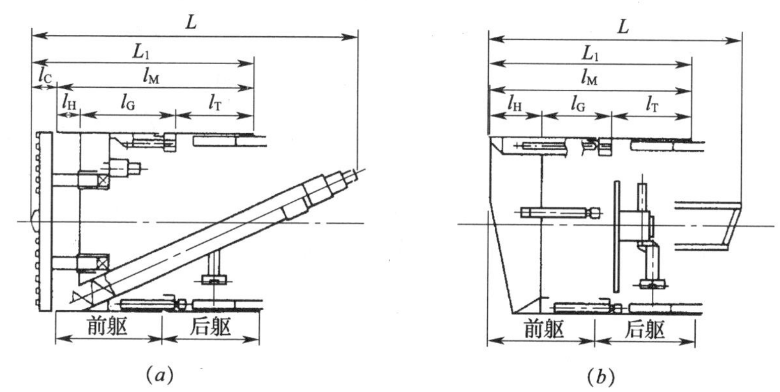

图 1-3-5　盾构长度

（a）闭胸式盾构（土压平衡式）；（b）敞开式盾构

4. 刀盘扭矩

刀盘扭矩可进行简便计算：

$$T = \alpha \times D^3 \tag{1-3-4}$$

式中　T——装备扭矩（kNm）；

D——盾构外径（m）；

α——扭矩系数（土压平衡式盾构 $\alpha = 8 \sim 3$；泥水加压式盾构 $\alpha = 9 \sim 5$）。

5. 总推力

盾构的推进阻力由下列阻力组成：

1）盾构四周外表面和土之间的摩擦阻力或粘结阻力 F_1；

2）推进时，切口环刃口前端产生的贯入阻力 F_2；

3）开挖面前方阻力 F_3；

4）变向阻力（曲线施工、蛇行修正、变向用稳定翼、挡板阻力等）F_4；

5）盾尾内的管片和壳板之间的摩擦阻力 F_5；

6）后方台车的牵引阻力 F_6。

以上各种推进阻力的总和 $\sum F$ 可用下式表示，但必须对所使用机械形式的各种影响因素仔细考虑，取值时要留出必要的富裕量。

$$\sum F = F_1 + F_2 + F_3 + F_4 + F_5 + F_6 \tag{1-3-5}$$

四、盾构施工技术

1. 主要施工部分

（1）竖井

1）竖井除了作为正式结构物的功能以外，必须按盾构推进时渣土的运出、衬砌材料的运入等来设置，以便能按计划进度进行。

2）竖井的结构，必须考虑盾构的大小、运入、组装、出发方法、出发时反力保障、出发部分的辅助施工法、同正式结构物的关系及周围环境等来进行设计。

3）在竖井施工时，必须在考虑地点的土质、路面条件、交通量、工程噪声和振动对周围的影响等基础上，采取安全且经济可行的施工法。

（2）出发与到达

1）在出发时，把盾构正确地安装在规定的位置后，要贯入围岩，沿着规定的路线周密地进行推进，切勿给竖井的挡土结构背面、周围路面、埋设物等带来不良影响。

2）在到达时，要一边正确地测定盾构的位置，一边沿着规定的路线，充分考虑到不对周围路面、埋设物等产生影响，直至到达预定的位置。

（3）推进

要根据围岩条件，正确地使用盾构千斤顶，在确保围岩稳定的同时，沿设计线路正确地进行盾构推进。

（4）土压平衡式盾构的开挖、开挖面的稳定和渣土处理

1）土压平衡式盾构的开挖，要考虑围岩条件、隧道断面大小等，以确保开挖面的稳定。

2）为了保持开挖面的稳定，要根据围岩条件适当注入添加剂，确保渣土的流动性和止水性，同时要慎重进行压力舱压力和排土量的管理。

3）渣土的处理，要适合于开挖、排土的方法和渣土的性质，需配置满足设计能力的排土设备，对污泥要选定适当的中间处理设备。

（5）泥水加压式盾构的开挖、开挖面的稳定及渣土的处理

1）泥水加压式盾构施工法的开挖，要考虑围岩条件、隧道断面大小等来进行，以便保持开挖面的稳定。

2）为保持开挖面的稳定，要根据围岩条件调整泥浆质量，在满足开挖面上能够形成充分的泥膜的同时，要慎重地进行开挖面泥浆压和开挖土量的管理。

3）渣土的处理，必须选定适合围岩粒度组成，并配置满足设计能力的泥浆处理设备进行。

（6）敞开式盾构的开挖、开挖面的稳定及渣土的处理

1）手掘式、半机械式、机械式盾构施工法的开挖，要考虑围岩条件、隧道断面大小等，以尽量不发生围岩松动为原则来选定适当的支护方式，一边确保开挖面的稳定一边进行推进。

2）渣土的处理，要选定开挖方法、适合渣土特性的处理方法和具有满足设计能力的处理系统。

（7）一次衬砌

一次衬砌，要在推进完成后，迅速按照设计的方法，正确而且坚固地施工。

（8）壁后注浆

壁后注浆施工应以最适合于围岩的注浆材料和注浆方法，在盾构推进的同时进行，并要做到完全填充盾尾空隙以防止围岩松弛和下沉。

（9）防水

防水水工程必须根据隧道的使用目的，用适合作业环境的方法施工。

（10）二次衬砌

二次衬砌，必须在充分进行了一次衬砌的防水清扫等前处理后，仔细进行施工。

（11）平行设置盾构的施工

平行设置两条以上的盾构隧道时，要特别留意盾构间的相互影响，充分监视围岩、盾构隧道的动态，根据需要采取相应的辅助施工法等措施。

（12）穿越河流

穿越河流施工时，必须考虑围岩条件及河流情况，进行充分的分析研究，以便能进行可靠的施工。

（13）小覆土施工

在小覆土情况下施工时，要充分进行开挖面压力管理或壁后注浆管理，以及尽量减少对地面和地下埋设物等的影响。另外，必要时采用辅助施工法等措施。

（14）大覆土施工

在施工大覆土地段时，要考虑地基条件，研究盾构、管片、施工设备等，制定充分有效的对策，以便能进行可靠的施工。

（15）急曲线施工

进行急曲线施工时，必须考虑围岩条件，制定出相应的对策，以便施工能顺利进行。另外，还要注意防止推进反力引起的隧道变形、移动等。

（16）急坡度施工

进行急坡度施工时，必须考虑围岩的条件配备有关器材、渣土的输送设备、安全设备，并采取充分的措施以使施工能顺利进行。

（17）长距离施工

用闭胸式盾构进行长距离施工时，必须考虑围岩条件，研究提高盾构及施工设备的耐久性、提高施工效率等问题，采取切实可行的措施以保证施工顺利进行。

（18）地中接合

地中接合时，必须事先调整双方的盾构位置，然后一边维持围岩的稳定，一边进行施工。

（19）地中扩挖

地中扩挖，必须考虑围岩条件，用适当的方法进行施工。另外，还必须防止偏压引起的衬砌变形。

（20）地中障碍物撤除

撤除地中障碍物时，要根据障碍物调查结果采取相应的对策，以保障施工顺利进。

2. 辅助施工部分

（1）一般原则

当围岩不稳定，有可能发生开挖面坍塌、地表面下陷时，应根据围岩条件、盾构形式、环境等因素，采用化学加固法、高压喷射搅拌法、冻结法、降低地下水位法、压气施工法、或这几种方法并用以维持围岩的稳定。

在盾构出发、到达部位，急曲线部位，小覆土部位以及近接施工部位由于围岩易出现不稳定现象，也应根据情况采取同样的措施。

(2) 化学加固施工

化学加固施工，必须留意围岩条件、施工环境等来选择能满足其目的的注入方法、注入材料、注入范围等。

(3) 高压喷射搅拌施工

实施高压喷射搅拌施工时，必须注意围岩条件，并充分考虑该施工法的特点。

(4) 冻结施工

冻结施工法，必须注意围岩条件、施工环境，并充分考虑该施工法的特点进行。

(5) 降低地下水施工

降低地下水施工，必须注意围岩条件、施工环境等，充分考虑该施工法的特点来进行，以满足加固围岩的目的。

(6) 压气施工

采用压气施工时，必须对围岩的影响效果、压气压与空气消耗量、漏气和停气等问题进行充分的考虑。

五、地基变形和邻近建筑物防护

1. 地基变形及其预防

地基变形受设计条件、地基条件、施工条件的影响，因此应通过采取适当的施工方法，周密地进行施工管理，力求减少地表下沉。

(1) 地基变形原因与发生机理

1) 开挖时的土、水压力不均衡；

2) 推进时围岩的扰动；

3) 盾尾出现空隙和壁后注浆不充分；

4) 一次衬砌的变形及变位；

5) 地下水位下降。

(2) 地基变形的规律

随着盾构推进所发生的地基变形，上述诸原因引起的地基隆起或下沉现象重叠发生，其时序过程如图1-3-6中①~⑤所示。其中，①、②是盾构通过前；③是通过中；④、⑤是通过后发生的下沉（隆起）现象。①~⑤的现象并非不可避免，如果选择了适合地基的盾构型式，进行良好的施工，是可以控制在最小限度以内的。

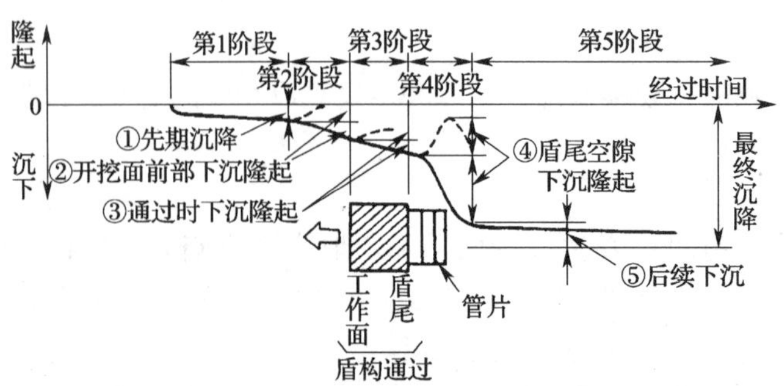

图1-3-6　盾构推进时地基变形示意

(3) 地基变形的大小及分布

由盾构的推进引起的横断方向的最终地基下沉分布，一般以隧道为中心单向横坡，近似于倒立的标准概率曲线的形状。

(4) 防止变形的对策

为了防止地基变形，要尽量排除各种因素的影响。施工对策如下：

1) 防止开挖过程中的土水压力不均衡的对策：土压平衡式盾构可通过调整推进速度和螺旋式排土器的转速，使压力舱压力与开挖面土水压力相对应。另外根据需要，注入适当的添加剂增加开挖土的塑性流动化，使压力舱内不产生空隙。泥水加压式盾构可根据围岩的透水性来调整泥浆性状，并仔细进行泥浆管理，使压力舱压力始终对应于开挖面的土水压力。

实施这些开挖面稳定管理的同时，还应根据需要考虑采用辅助施工方法以保证围岩的稳定。

2) 推进中围岩扰动的防止对策：为了减少推进中盾构与围岩之间的摩擦，尽量不扰动围岩，必须减少盾构机偏转及横向偏移等防止蛇行发生。

3) 防止盾尾空隙下沉与壁后注浆引起的地基隆起的对策：根据围岩状态来选择渗透性好、固结强度大的壁后注浆材料，并尽量与盾构推进的同时进行壁后注浆。另外，还要进一步降低由二次注浆引起的下沉。但是，特别是冲积黏性土时，必须进行控制由二次压力引起地基隆起或地基扰动。

4) 防止一次衬砌的变形对策：为了防止管片环变形，必须使用形状保持装置等来确保管片组装精度，同时充分紧固接头螺栓。

5) 防止地下水位下降的对策：为了防止从管片接头、壁后注浆孔等漏水，必须仔细进行管片的组装以及防水作业。

(5) 地基变形的预测与测定

为了减少地基变形，推进前应事先根据过去的实例和有限单元法等进行预测，以预测结果为依据来设定管理基准值。同时，在推进时要在隧道中心线上及其两侧范围内设定测点，进行水准测量，把这一结果应用到后续区段的施工管理中，尤为重要。

2. 邻近施工和既有建筑物的防护措施

邻近已建建筑物施工时，必须根据需要采取防护对策。另外，还必须进行计测管理，监视对已建建筑物的影响。主要应注意以下几点：

1) 事前调查；

2) 近接施工影响度的判断与评价；

3) 对策施工方法；

4) 计测管理。

第三节　顶管施工技术

一、顶管施工技术发展概况

顶管施工技术被认为最早应用于古罗马时代。当时人们利用杠杆的原理，通过地下将一根木制的管道从侧面顶进一条罗马的供水渠道来非法窃取水资源。第一个有记录可查的关于顶管技术的描述最早在美国（1892 年）。

1896 ~ 1900 年间为早期的顶管施工作业，由美国北太平洋铁路公司（Northem Pacific Railroad Company）完成。随后这项技术逐渐被许多铁路公司确定为在铁道下面顶进铸铁管道的标准方法。1906 ~ 1918 年，Augustus Griffin 在 California 从事灌溉研究工作时，发明了在铁道下面施工铸铁管道的顶管施工技术。在 20 世纪 20 年代早期，波纹钢管开始取代铸铁管，在 1922 ~ 1947 年间，美国采用顶管施工方法共完成 830 项工程，工作量共计 16800m，管道直径范围为 700 ~ 2400mm。到 1948 年所能达到的施工长度已达 60m 或更长。20 年代的后期，开始使用混凝土管道。30 年代，北太平洋铁路公司对所顶进的混凝土管道进行了规范化，将其内径限定在 108 ~ 1800mm 范围内。

当时的顶管施工方法和现在的简单手掘式顶管作业方法类似，管道的前部都要安装两个钢制的先导切削装置，但是并没有采用单独的可调式的顶管机。土的挖掘在当时主要利用镐和铲，当遇到坚韧的土层时，辅以气动黏土铲并借助于气动锤来破碎孤石和漂石；当遇到坚硬的岩石时，可以首先用喷火器对岩石进行加热，然后浇水使之冷却，岩石强度下降。顶进直径为 1500 ~ 1800mm 的混凝土管道的效率为 1.5 ~ 2.1m/d，在降水后的砂质土中顶进直径为 1200mm 的管道的效率为 4.3 ~ 5.2m/d。直到 1960 年代后期，美国制造出了多点长行程液压顶管系统，顶进能力达到 400t，施工长度可达 152m。

1957 年，德国 EdZublin 公司首次进行了混凝土管道的顶进施工，到 1970 年，在德国采用顶管技术完成的作业量已达 200km。20 世纪 30 年代在英国有一项关于顶进铸铁管道的记录，是由一个供水公司完成的。在 1958 年，英国重新采用顶管施工方法，第一项工程是在英格兰中东部自治市彼得伯勒（Peterborough）以北的 Glenton 主线铁路下面进行的穿越工程，该工程是以顶进 30m 长的 Armco 波纹钢管作为保护管。随后，在铁路和公路下面完成了许多类似的工程项目。60 年代，英国有更多的公司进入该技术领域，有力地推动了该技术的进步。日本的第一个顶管施工项目是在 1948 年采用手动千斤顶在铁路下面顶进的一条直径为 600mm 的铸铁管道。在随后的大约 10 年中，采用顶管技术完成的主要是铸铁管道或钢套管在道路下面的横越工程。到 50 年代末，开始顶进混凝土管道。

我国的顶管施工最早始于 1953 年的北京，1956 年上海也开始顶管试验。但一开始设备比较简陋。1984 年前后，北京、上海、南京等地先后开始引进国外先进的机械式顶管设备，从而使我国的顶管技术上了一个新台阶。1988 年，上海研制成功我国第一台 ϕ2720mm 多刀盘土压平衡掘进机，先后在虹漕路、浦建路等许多工地使用，取得了令人满意的效果。1992 年，余彬泉主持研制成功国内第一台加泥式 ϕ1440mm 土压平衡掘进机。2001 年，扬州广鑫自动化设备制造有限公司设计制造的 TPQ 2000、TPQ2400、TPQ2600 等系列土压平衡顶管机，在广东东莞由北京市政四公司承包的污水治理施工工地中，进行顶管施工均获得成功。目前，顶管施工随着城市建设的发展，应用的领域也越来越宽。

在 20 世纪 60 年代和 70 年代，顶管施工技术得到了较大的改进，奠定了现代顶管施工技术的基础。其中最重要的技术进步有以下三个方面：① 专门用于顶管施工的带橡胶密封环的混凝土管道的出现；② 带有独立的千斤顶可以控制顶进方向的掘进机研制成功；③ 中继站的使用。

二、顶管法施工技术

1. 顶管施工的基本原理

顶管施工就是借助于主顶油缸及管道间中继间等的推力，把工具管或掘进机从工作坑内穿过土层一直推到接收坑内吊起。与此同时，也就把紧随工具管或掘进机后的管道埋设在两坑之间，这是一种非开挖的敷设地下管道的施工方法，如图 1-3-7 所示。

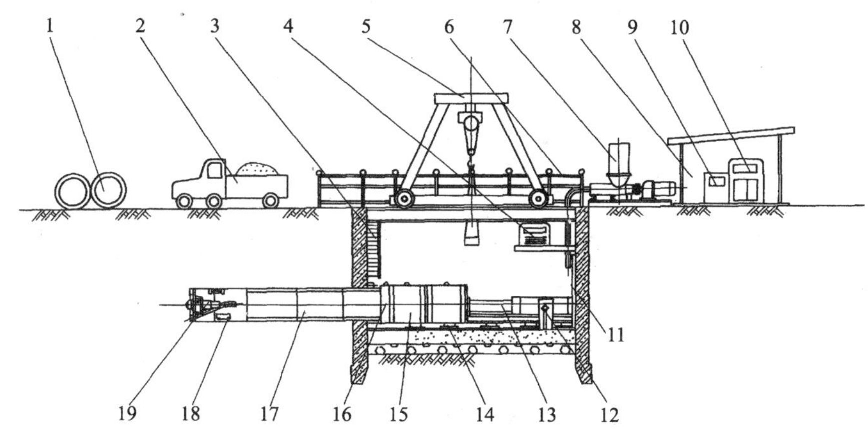

图 1-3-7 顶管法施工示意

1—混凝土管；2—运输车；3—扶梯；4—主顶油泵；5—行车；6—安全扶栏；7—润滑注浆系统；8—操纵房；9—配电系统；10—操纵系统；11—后座；12—测量系统；13—主顶油缸；14—导轨；15—弧形顶铁；16—环形顶铁；17—混凝土管；18—运土车；19—机头

2. 顶管法施工

一个完整的顶管施工包括以下 16 部分。顶管施工流程如图 1-3-8 所示。

(1) 工作坑和接收坑

工作坑也称基坑。工作坑是安放所有顶进设备的场所，也是顶管掘进机的始发场所。工作坑还是承受主顶油缸推力的反作用力的构筑物。

接收坑是接收掘进机的场所。通常管子从工作坑中一只只推进，到接收坑中把掘进机吊起以后，再把第一节管子推出一定长度后，整个顶管工程才基本告结束。有时在多段连续顶管的情况下，工作坑也可当接收坑用，但反过来则不行，因为一般情况下接收坑比工作坑小许多，顶管设备是无法安放的。

(2) 洞口止水圈

洞口止水圈是安装在工作坑的出洞洞口和接收坑的进洞洞口，具有制止地下水和泥砂流到工作坑和接收坑的功能。

(3) 顶管机

顶管机是顶管掘进用的机器，也称顶管掘进机或掘进机。它总是安放在所顶管道的最前端，它有各种形式，是决定顶管成败的关键所在。在手掘式顶管施工中是不用掘进机而只用一只工具管。不管哪种形式，顶管机的功能都是取土和确保管道顶进方向的正确性。

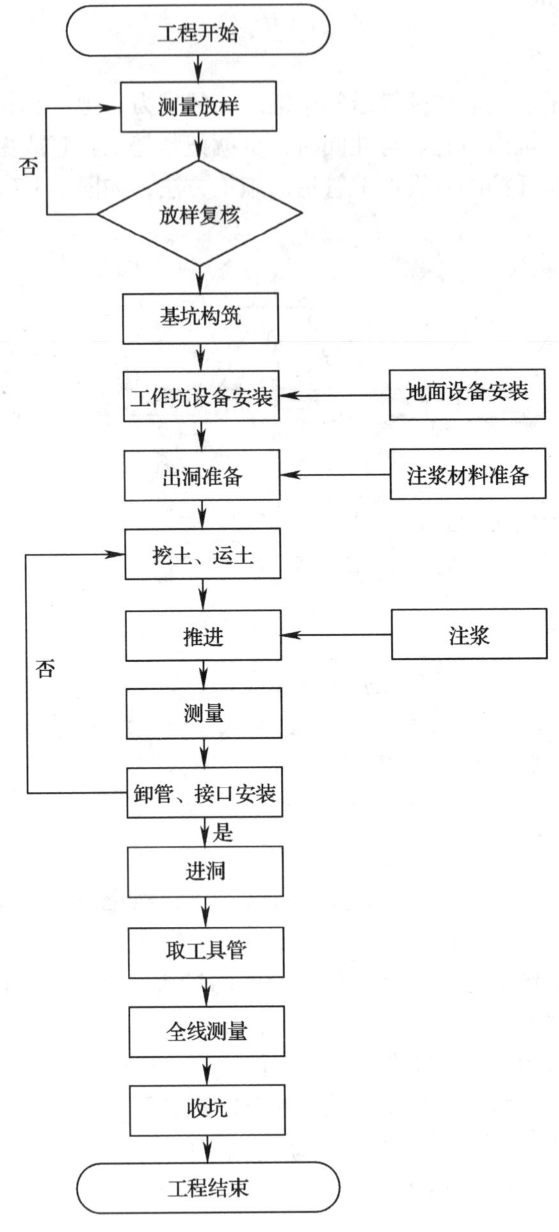

图 1-3-8　顶管施工流程

（4）主顶装置

主顶装置由主顶油缸、主顶油泵和操纵台及油管等四部分构成。主顶油缸是管子推进的动力，它多呈对称状布置在管壁周边。在大多数情况下都成双数，且左右对称。主顶油缸的压力油由主顶油泵通过高压油管供给。常用的压力在 32～42MPa 之间，高的可达 50MPa。主顶油缸的推进和回缩是通过操纵台控制的。操纵方式有电动和手动两种，前者使用电磁阀或电液阀，后者使用手动换向阀。

（5）顶铁

顶铁有环形顶铁和弧形或马蹄形顶铁之分。环形顶铁的主要作用是把主顶油缸的推力较均匀地分布在所顶管子的端面上。

弧形或马蹄形顶铁是为了弥补主顶油缸行程与管节长度之间的不足。弧形顶铁用于手掘式、土压平衡式等许多方式的顶管中，它的开口是向上的，便于管道内出土。而马蹄形顶铁则是倒扣在基坑导轨上的，开口方向与弧形顶铁相反。它只用于泥水平衡式顶管中。

（6）基坑导轨

基坑导轨是由两根平行的箱形钢结构焊接在轨枕上制成的。它的作用主要有两点：一是使推进管在工作坑中有一个稳定的导向，并使推进管沿该导向进入土中；二是让环形、弧形顶铁工作时能有一个可靠的托架。

基坑导轨有的用重轨制成，但重轨较脆，容易折断。重轨制成的基坑导轨的优点是耐磨性好，但现已不常使用。

（7）后座墙

后座墙是把主顶油缸推力的反力传递到工作坑后部土体中去的墙体。它的构造会因工作坑的构筑方式不同而不同。在沉井工作坑中，后座墙一般就是工作井的后方井壁。在钢板桩工作坑中，必须在工作坑内的后方与钢板桩之间浇筑一座与工作坑宽度相等的厚度为0.5～1.0m的钢筋混凝土墙，目的是使推力的反力能比较均匀地作用到土体中去，尽可能地使主顶油缸的总推力的作用面积大些。

由于主顶油缸较细，对于后座墙的混凝土结构来讲只相当于几个点，如果把主顶油缸直接抵在座墙上，则后座墙极容易损坏。为了防止此类事情发生，在后座墙与主顶油缸之间，我们再垫上一块厚度在200～400mm之间的钢结构件，称之为后靠板。通过它把油缸的反力较均匀地传递到后座墙上，这样后座墙也就不太容易损坏。

（8）推进用管及接口

推进用管分为多管节和单一管节两大类。多管节的推进管大多为钢筋混凝土管，管节长度有2.0～3.0m不等。这类管都必须采用可靠的管接口，该接口必须在施工时和施工完成以后的使用过程中都不渗漏。这种管接口形式有企口形、T形和F形等多种形式。

单一管节的是钢管，它的接口都是焊接成的，施工完工以后变成一根刚性较大的管子。它的优点是焊接接口不易渗漏，缺点是只能用于直线顶管，而不能用于曲线顶管。

除此之外，有些PVC管、夹砂玻璃纤维管也可用于顶管，但一般顶距都比较短。铸铁管在经过改造后也可用于顶管。

（9）输土装置

输土装置会因不同的推进方式而不同。在手掘式顶管中，大多采用人力劳动车出土；在土压平衡式顶管中，有蓄电池拖车、土砂泵等方式出土；在泥水平衡式顶管中，都采用泥浆泵和管道输送泥水。

（10）地面起吊设备

地面起吊设备最常用的是门式行车，它操作简便、工作可靠，不同口径的管子应配不同吨位的行车。它的缺点是转移过程中拆装比较困难。

汽车式起重机和履带式起重机也是常用的地面起吊设备。它们的优点是转移方便、灵活。

（11）测量装置

通常用得最普遍的测量装置就是置于基坑后部的经纬仪和水准仪。使用经纬仪来测量管子的左右偏差，使用水准仪来测量管子的高低偏差。有时所顶管子的距离比较短，也可只用上述两种仪器的任何一种。

在机械式顶管中，大多使用激光经纬仪。它是在普通的经纬仪上加装一个激光发射器而构成的。激光束打在掘进机的光靶上，观察光靶上光点的位置就可判断管子顶进的高低和左右偏差。在复杂的顶管中也用自动测量装置进行测量。

（12）注浆系统

注浆系统由拌浆、注浆和管道三部分组成。拌浆是把注浆材料兑水以后再搅拌成所需的浆液。注浆是通过注浆泵来进行的，它可以控制注浆的压力和注浆量。管道分为总管和支管，总管安装在管道内的一侧。支管则把总管内压送过来的浆液输送到每个注浆孔去。

（13）中继站

中继站亦称中继间，它是长距离顶管中不可缺少的设备。中继站内均匀地安装有许多台油缸，这些油缸把它们前面的一段管子推进一定长度以后，如300mm，然后再让它后面的中继站或主顶油缸把该中继站油缸缩回。这样一只连一只，一次连一次就可以把很长的一段管子分几段顶。最终依次把由前到后的中继站油缸拆除，一个个中继站合拢即可。

（14）辅助施工

顶管施工有时离不开一些辅助的施工方法，如手掘式顶管中常用的井点降水、注浆等。又如进出洞口加固时常用的高压旋喷施工和搅拌桩施工等。不同的顶管方式以及不同的土质条件应采用不同的辅助施工方法。顶管常用的辅助施工方法有井点降水、高压旋喷、注浆、搅拌桩、冻结法等，要因地制宜地使用才能达到事半功倍的效果。

（15）供电及照明

顶管施工中常用的供电方式有两种。在距离较短和口径较小的顶管中以及在用电量不大的手掘式顶管中都采用直接供电。

（16）通风与换气

通风与换气是长距离顶管中不可缺少的一环，不然的话，则可能发生缺氧或气体中毒现象，千万不能大意。顶管中的换气应采用专用的抽风机或者采用鼓风机。通风管道一直通到掘进机内，把混浊的空气抽离工作井，然后让新鲜空气自然地补充。或者使用鼓风机，使工作井内的空气强制流通。

三、顶力计算

顶推力的计算是顶管施工中最常用的、最基本的计算之一，共介绍五种计算方法。

1. 一般情况

总推力为初始推力与各种阻力之和：

$$F = F_0 + [(\pi B_c q + W)\mu' + \pi B_c c']L \tag{1-3-6}$$

式中 F ——总推力（kN）；

F_0——初始推力（kN）；

B_c——管外径（m）；

q ——管周边均布荷载（kPa）；

W ——单位长度管的重力（kN/m）；

μ' ——管与土之间的摩擦系数；

c ——管与土之间的黏聚力（kPa）；

L ——推进长度（m）。

2. 采用了降水等辅助措施

在采用了降水等辅助施工措施以后，挖掘面的土体稳定而且能自立，这时的手掘式顶管施工的推力可以用下述方法计算。

$$F = F_0 + \alpha\pi B_c \tau_a L + W\mu' L \tag{1-3-7}$$

式中 α ——考虑摩擦的折算系数（$\alpha = 0.50 \sim 0.75$）；

τ_a——管与土之间的剪切应力（kPa）；

3. 泥水顶管

如果在泥水顶管中，推力也可以采用下述方法求出：

$$F = F_0 + \alpha\pi B_c \tau_a L + W\mu' L \tag{1-3-8}$$

4. 土压式顶管施工

在一般的土压式顶管施工中，推力可以采用下述的方法求得：

$$F = F_0 + f_0 L \tag{1-3-9}$$

式中 f_0——单位长度管的综合阻力（kN/m）；

5. 经验公式

为了简化计算程序，对于手掘式顶管有时也可采用经验公式：

$$F = F_0 + RSL \tag{1-3-10}$$

式中 R——综合摩擦阻力（kPa）；

S——管外周长（m）。

第四节 逆 作 法

一、逆作法发展概况

逆作法是以地下结构本身作为挡墙同时又作支撑体系，从上往下分步依次开挖和构筑地下结构体系的施工方法。

1935 年，在日本东京都千古代田区开工的第一生命保险相互会社大厦，其地下施工方法可称为逆作法的原型。经历了 60 余年的研究和工程实践已得到广泛应用。日本、美国、英国对逆作法设计理论和施工工艺方面研究较多，法国、德国、意大利、加纳等国大量地进行了工程应用。

逆作法是施工高层建筑多层地下室和其他多层地下结构的有效方法。国外如美、日、德、法等国家，在多层地下结构施工中已广泛应用，收到较好的效果。如美国一 75 层、高 203m 的芝加哥水塔广场大厦的 4 层地下室，就是用 18m 深的地下连续墙和 144 根大直径钻孔灌注桩做中间支承柱，以逆作法进行施工的。此外，日本读卖新闻社大楼 6 层地下室、法国巴黎拉弗埃特百货大楼 6 层地下室等亦是用逆作法施工的。

另外在地铁车站施工方面，自 20 世纪 50 年代末意大利米兰地铁站首次采用逆作法以来，欧洲、日本等许多地铁车站采用这种方法建造，1965 年到 1989 年德国慕尼黑地铁共建车站 57 座，其中采用逆作法施工就有 20 座。

90 年代中期，上海市建公司研究开发了逆作法信息化施工技术，我国在试验的基础上亦将逆作法正式用于多层地下室施工，如上海基础工程科研楼的两层地下室、高 116m 上海电信大楼的 3 层地下室、上海延安东路黄浦江越江隧道 1 号风塔的地下室、上海合流污水治理 4. 1 标主泵房地下直径 63m 的圆井、海口国际金融大厦的两层地下室、上海明天广场 58 层地下 3 层、广州新中国大厦 43 层地下 5 层等等，都成功地应用了逆作法，全国由北京、上海、辽宁、深圳、广州等地全面推广采用了逆作法。到 2001 年我国已有 60 多项工程采用了逆作法，1997 年逆作法列入冶金工业部发布的行业标准《建筑基坑工程技术规范》（YB 9258—97），2002 年逆作法列入国家标准《建筑地基基础设计规范》（GB 50007—2002），2002 年徐至钧、赵锡宏编著《逆作法设计与施工》（机械工业出版社）一书。实践证明：利用逆作法施工开挖深度较大的地下空间十分有效。

传统的施工多层地下室的方法是开敞式施工，即大开口放坡开挖，或用支护结构围护后垂直开挖，挖至设计标高后浇筑钢筋混凝土底板，再由下而上逐层施工各层地下室结构，待地下结构完成后再进行地上结构施工。

高层建筑多采用补偿性基础，有较深的多层地下室，它一方面利用补偿原理能有效地利用地基承载力，另一方面亦可充分利用地下空间作为地下停车场、设备层用房等，增加使用面积。这也为利用逆作法提供了条件。

对于深度大的多层地下室，用上述传统方法施工存在一些问题。首先支护结构的设置存在一定困难，由于基坑很深、支护结构的挡墙长度很大，费用大大增加，尤其是基坑内部支护结构的支撑用量大，一方面需用大量大规格的钢材，另一方面也增加了地下结构施工的难度；其次如用井点设备降低地下水时，水位的降低会引起土体固结，使周围地面产生沉降，如不采取特殊措施，亦会危及基坑附近的建筑物、地下管线和道路。深基坑的开挖、基坑的变形和周围地面的沉降是施工中亟待解决的问题之一。

二、逆作法施工原理与施工程序

建筑深基坑支护采用逆作法，是地面以下各层地下室自上而下施工，并借助于地下结构自身的能力对基坑产生支护作用，来保证基坑土方开挖，并利用地下各层的钢筋混凝土楼板的水平刚度和抗压强度，使各层楼板成为基坑围护桩（墙）的水平支撑点，并利用基坑外不同方向的土压力（包括被动土压力）的互相平衡来抵消对坑壁围护桩（墙）的不利影响。因此在施工时一般先施工楼板，再挖楼板下面的土方，目前在基坑工程基本逆作法的基础上进一步发展实现各种形式的逆作法施工。

逆作法的工艺原理是：先沿建筑物地下室轴线（地下连续墙也是地下室结构承重墙）或周围（地下连续墙等只用作支护结构）施工地下连续墙或其他支护结构，同时在建筑物内部的有关位置（柱子或隔墙相交处等，根据需要计算确定）浇筑或打下中间支承桩和柱，作为施工期间于底板封底之前承受上部结构自重和施工荷载的支撑。然后施工地面一层的梁、板、楼面结构，作为地下连续墙刚度很大的支撑，随后逐层向下开挖土方和浇筑各层地下结构，直至底板封底。与此同时，由于地面一层的楼面结构已完成，为上部结构施工创造了条件，所以可以同时向上逐层进行地上结构的施工。如此地面上、下同时进行施工（图 1-3-9），直至工程结束。但是在地下室浇筑钢筋混凝土底板之前，地面上的上部结构允许施工的层数要经计算确定。

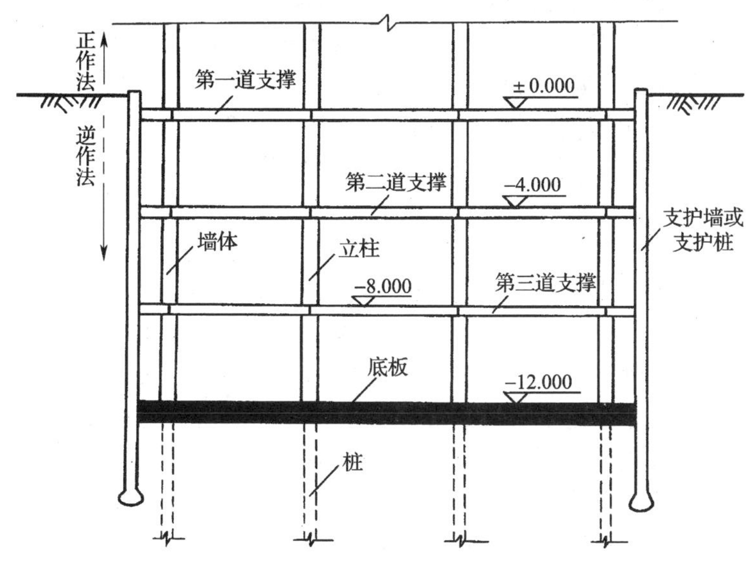

图 1-3-9　逆作法示意图

逆作法施工，以地面一层楼面结构是封闭还是敞开，分为“封闭式逆作法”和“开敞式逆作法”。前者可以从地面上、下同时进行施工；后者上部结构不能与地下结构同时进行施工，只是地下结构自上而下逐层施工。逆作法施工程序如图 1-3-10 所示。

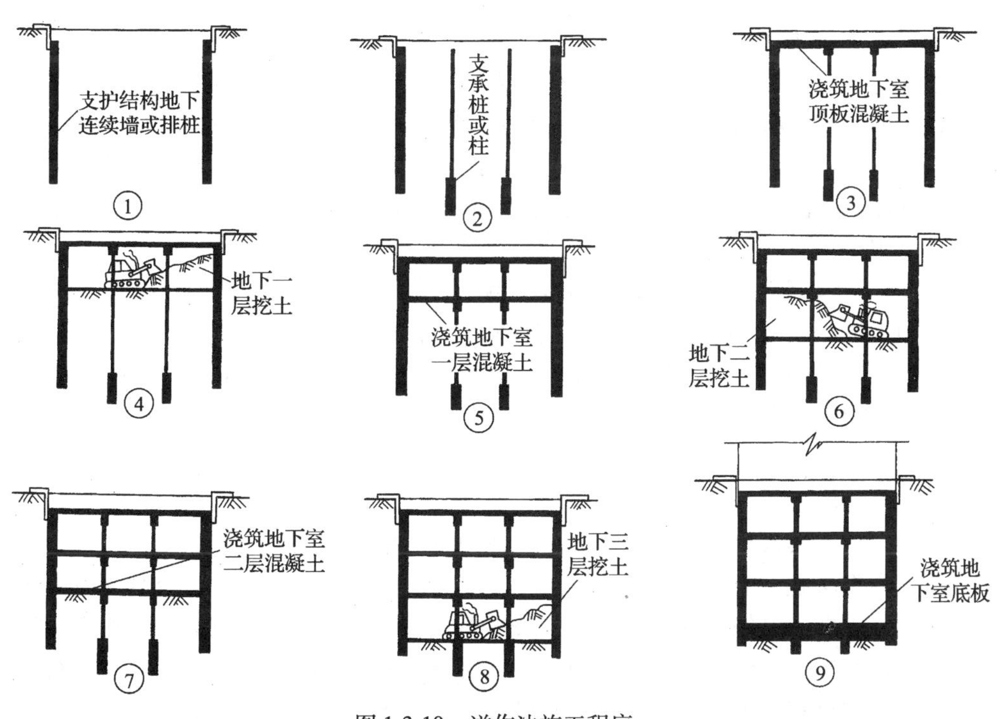

图 1-3-10　逆作法施工程序

根据图 1-3-10 所示，逆作法施工程序如下：

① 按基础外围面积，先施工四周的支护结构，支护体系采用地下连续墙或排桩支护，排桩采用冲孔桩、钻孔桩或挖孔桩等。

② 按设计图施工中间支承柱和基础，若有地下水可作降水处理后再施工挖孔桩。基础若是桩基，采用上述排桩施工桩的方法，基础若是天然地基可采用挖孔墩。中间支承柱目前在逆作法施工时大部分是临时采用钢管柱或型钢柱（宽翼面工字钢）支承，挖土完成后再作外包混凝土。当采用挖孔桩时可支模采用钢筋混凝土柱。

③ 利用地下室一层的土方夯实修正后作地模，浇灌地下室一层顶钢筋混凝土的梁和板，并在此层预留出挖土方的出土洞若干个。

④ 进行地下室一层土方的推土、挖土，运到室外卸土区。

⑤ 重复程序③进行地下室二层梁板混凝土的浇筑，同样要在楼板中预留出土洞。

⑥ 重复程序④进行地下室二层的土方外运。

⑦ 重复程序③、⑤进行地下三层的梁板混凝土的浇筑。同样要在楼板中预留出土洞。

⑧ 重复程序④、⑥进行地下室三层的土方外运。

⑨ 重复程序③、⑤、⑦进行地下室底板混凝土的浇筑。在上述各程序施工中一定要预埋或预留出逆作法施工的特殊预埋件和预留孔。

三、技术特点与分类

1. 逆作法施工的技术特点

与传统施工方法比较，用逆作法施工高层建筑多层地下室或地下结构有下述技术特点：

（1）缩短工程施工的总工期

带多层地下室的高层建筑，如采用传统方法施工，其总工期为地下结构工期加地上结构工期，再加装修等所用工期。而用逆作法施工，一般情况下只有地下 1 层占绝对工期，其他各层地下室可与地上结构同时施工，不占绝对工期，因此可以缩短工程的总工期。如上述的日本读卖新闻社大楼，地上 9 层、地下 6 层，用封闭式逆作法施工，总工期只用了 22 个月，比传统施工方法缩短工期 6 个月。

又如有 6 层地下室的法国巴黎拉弗埃特百货大楼，用逆作法施工，工期缩短 1/3。如广州新中国大厦，地上 43 层，地下 5 层，平均开挖深度达 19m，由于采用上、下同时施工的逆作法，建筑的总体工期比常规施工法缩短工期 11 个月。地下结构层数愈多，用逆作法施工则工期缩短愈显著。

（2）基坑变形小，减少相邻建筑物的沉降

采用逆作法施工，是利用逐层浇筑的地下室结构作为周围支护结构，地下连续浇筑后的底板成为多跨连续板结构，与无中间支承柱的情况相比跨度减小，从而使底板的隆起减少。因此，逆作法施工能减少基坑变形，使相邻的建（构）筑物、道路和地下管线等的沉降减少，在施工期间可保证其正常使用。表 1-3-1 是用逆作法施工的德意志联邦银行大楼与相同深度、用地下连续墙作支护结构、用五层土锚拉结构的原联邦德国国家银行总部大楼的施工变形的比较，由此可以清楚地看出，用逆作法施工的结构的变形小得多。

逆作法施工与传统方法施工的变形比较 表 1-3-1

施工方法	变形量（mm）		
	地下连续墙的水平变形	底板隆起	邻近建筑物的沉降
逆作法	26 ~ 35	≤18	4 ~ 12
传统施工方法	20 ~ 60	60	25 ~ 50

（3）可节省地下室外墙及外墙下工程桩费用

多层地下室采用常规的临时支护结构施工，地下室需设置外墙及外墙下工程桩，花费工程费用亦相当可观。而采用逆作法施工，地下连续墙既作基坑开挖挡土阻水的支护结构，又与内衬墙组成复合结构作为地下室永久性承重外墙，把临时性支护结构与永久性地下室承重外墙合为一体，材料得到充分利用，同时还可利用地下连续墙承受地下室各楼层、地下室底板和地下室外墙的上部结构的垂直荷载。所以，采用逆作法施工可省掉地下室外墙及外墙下工程桩的工程费用。根据分析可节省地下室工程总造价的 1/3 左右。

（4）使底板设计趋向合理钢筋混凝土底板要满足抗浮要求

用传统方法施工时，底板浇筑后支点少、跨度大，上浮力产生的弯矩值大，有时为了满足施工时抗浮要求而需加大底板的厚度，或增强底板的配筋。而当地下和地上结构施工结束，上部荷载传下后，为满足抗浮要求而加厚的混凝土，反过来又作为自重荷载作用于底板上，因而使底板设计不尽合理。用逆作法施工，在施工时底板的支点增多，跨度减小，较易满足抗浮要求，甚至可减少底板配筋，使底板的结构设计趋向合理。

（5）可节省支护结构的支撑深度

较大的多层地下室，如用传统方法施工，为减少支护结构的变形，需设置强大的内部支撑或外部拉锚，不但需要消耗大量钢材，施工费用亦相当可观。如上海电信大楼深 11m、地下 3 层的地下室，用传统方法施工，为保证支护结构的稳定，约需临时钢围栓和钢支撑 1350t。而用逆作法施工，土方开挖后是利用地下室结构本身来支撑作为支护结构的地下连续墙，可省去支护结构的临时支撑，不需要拆除内支撑的爆破及其废渣的外运，避免了环境污染。

（6）可节省土方挖填方费用

施工提供操作面，一般情况下基坑临时支护结构与地下室外墙之间要留 1m 净距的施工操作空间，所以基坑土方势必要多增加开挖土方量，待地下室施工好后，又要增加地下室外墙四周围超挖的回填土方量。而采用逆作法施工，就可在地下室外墙处构筑地下连续墙，因此就可节省此部分土方挖填方工程量及其费用，据统计可节省土方 1/4 左右。

（7）简化基坑的施工工序，有明显的经济效益

采用逆筑法施工，一般地下室外墙与基坑围护墙采用两墙合一的形式，一方面省去了单独设立的围护墙，另一方面可在工程用地范围内最大限度扩大地下室面积，增加有效使用面积。此外，围护墙的支撑体系由地下室楼盖结构代替，省去大量支撑费用。而且楼盖结构即支撑体系，还可以解决特殊平面形状建筑或局部楼盖缺失所带来的布置支撑的困难，并使受力更加合理。由于上述原因，再加上总工期的缩短，因而在软土地区对于具有多层地下室的高层建筑，采用逆作法施工具有明显的经济效益。一般可节省地下结构总造价的 25% ~35% 。

（8）可节省地下室外墙建筑防水层费用

多层地下室采用常规的临时支护结构施工，一般情况下，建筑设计往往要做地下室外墙防水层。而采用逆作法施工，是以地下连续墙与内衬墙组成复合式结构做成结构自防水的地下室外墙，从而也节省地下室外墙建筑防水层费用。

（9）可最大限度利用城市规划红线内地下空间，扩大地下室建筑面积

多层地下室采用常规的临时支护结构施工，地下室外墙势必要退至城市规划红线内，留有临时支护结构截面尺寸和上面所述的施工操作面空隙距离，而缩小地下室建筑面积。采用逆作法施工，在满足室外管线或构筑物布置的条件下，作为地下室外墙的地下连续墙可紧靠规划红线，甚至踩规划红线构筑地下连续墙作地下室永久性外墙。从而达到最大限度利用地下空间，扩大地下室建筑面积的目的。

（10）有利于结构抵抗水平风力和地震作用

多层地下室采用常规的临时支护结构施工，一般情况下临时支护结构与地下室外墙之间预留空间小，进行基坑四周回填土不容易夯填密实，甚至有的施工单位没有意识到高层建筑地下室外墙四周基坑回填土重要性，往往利用建筑垃圾随意回填了事，从而削弱了地下室结构对高层、超高层建筑嵌固约束的作用。采用逆作法施工，地下连续墙与地下原状土体粘结一起，地下连续墙与土体之间粘结力和摩擦力不仅可利用它来承受垂直荷载，而且还可充分利用它承受水平风力和地震作用所产生建筑物底部巨大水平剪力和倾覆力矩，主要由地下室外墙的地下连续墙通过侧壁和底部的摩擦力承受，抗倾覆力矩由墩基、挖孔桩及其锚杆共同承受。大大提高了抗震效应。

（11）施工方案与工程设计密切配合，使逆作施工方案更趋合理

按逆作法进行施工，中间支承柱位置及数量的确定、施工过程中结构受力状态、地下连续墙和中间支承柱的承载力以及结构节点构造、软土地区上部结构施工层数控制等，都与工程设计密切配合有关，需要施工单位与设计单位密切结合研究解决，才能实施逆作法施工。

2．分类

根据对围护结构的支撑方式，基坑工程逆作法，可分为以下几类作法：

1）全逆作法　利用地下各层钢筋混凝土肋形楼板对四周围护结构形成水平支撑。

2）半逆作法　利用地下各层钢筋混凝土肋形楼板中先期浇筑的交叉格形肋梁，对围护结构形成框格式水平支撑，待土方开挖完成后再二次浇筑肋形楼板。

3）部分逆作法　利用基坑内四周暂时保留的局部土方对四周围护结构形成水平抵挡，抵消侧向压力所产生的一部分位移。在基坑中部按正作法施工，基坑边四周用逆作法。这种方法也叫盆状开挖逆作法。

4）分层逆作法　此方法与上述各种所述的逆作法不同，主要是针对四周围护结构，是采用分层逆作，不是先一次整体施工完成。分层逆作四周的围护结构是采用土钉墙，采用这种分层逆作法造价较低，施工进度又快。但一般在土质较好的地区施工，采用分层逆作法效果较好。

除了上述几种逆作法施工地下结构外，还有部分正作法、部分逆作法、土方盆状开挖逆作法、土方抽条开挖逆作法、考虑时空效应的逆作法等等。

四、发展前景与存在的问题

高层建筑深基坑支护，过去需设置施工庞大的支护结构，工程费用高、工期长，拆除支撑结构费工费时。而逆作法施工技术，可以解决施工环境比较困难、场地四周有密集的建筑群、对开挖基坑变形有严格的要求等。应用施工逆作法可以大大节约工程造价、缩短施工工期，是一种很有发展前途和推广价值的深基坑支护技术。

随着高层和超高层建筑的发展和人们对地下空间的开发和利用日益增多，基坑工程不仅数量增多，而且深度增加。目前国内用逆作法施工的深基坑已到5层，－19m深，而且大量深基础工程集中在市区，施工场地狭小，施工条件复杂，如何减小基坑开挖对四周建（构）筑物、道路和地下管线及市政设施的影响，发展基坑开挖扰动环境稳定控制理论和方法将越来越引起人们进一步的关心和重视。

逆作法施工虽然在全国不同地区、不同的土质条件下取得了不少成功的经验，但要完善这项工艺的配套技术还有许多课题尚待解决，要大力推广和发展，还应当在以下方面进一步的研究和突破。

（1）提高认识，加强设计施工一体化

逆作法施工的地下结构设计与逆作支护设计是统一的，而地下连续墙的受力主要是以施工阶段控制，原来设计部门是不参与施工组织设计的，这样，由于设计与施工协调上的麻烦，往往使一些可以搞逆作法的工程无法进行。在还没条件实现由施工总承包单位来设计施工图的情况下，逆作法工程应加强设计与施工的合作，在保证结构原设计功能受力状况下，允许施工单位按逆作法工艺重新对地下室结构进行优化。

（2）研究开发地下挖运土设备

现在逆作法施工还是以人工挖土为主，效率不高，今后必须大力研究开发小型灵活、地下挖土专用设备，以提高挖土效率。

（3）结构受力机理与沉降分析的进一步研究

首先，逆作法施工时有一圈插入地下一定深度的地下连续墙，这部分地下连续墙与基底桩土承受垂直力的比例如何计算，如能较精确的分析确定，就可以比一般设计减少工程桩。第二，在逆作法各工况条件下，结构已逐步形成刚性箱体，如何计算受力与变形？另外，挖土过程可以减少桩与墙的摩阻力，增加沉降，而挖土又使地基减荷，造成反弹上升，这些复杂因素在理论分析上还不能定量，如果能快速正确估算，可以更准确地实现施工动态信息化控制。

（4）逆作法施工中的墙、柱、梁、板节点优化

如前所述，逆作法使节点二次形成，钢筋通过支座及交叉点时施工很不方便，往往要放大断面，这在设计与施工上都有不尽合适的地方。所以节点要从整体设计、施工体系上加以研究解决，使设计计算符合实际而施工又比较方便。

（5）加强监测力度，重视实测工作

目前全国推广应用60多项逆作法施工项目中，真正进行实测或详细的观测项目，为数较少，这是推广逆作法中的一个缺陷。施工单位往往认为基坑支护是一项临时工程，只要完成基坑工程任务就行，不重视实测监护工作，开发商往往着重考虑经费，认为工程中尽量少花工程费用，所以不重视施工过程中的监测，不少基坑事故就是在不重视监测情况

下发生的。今后一定要重视现场监测，积累逆作法施工的经验，并从理论上不断加以提高。

(6) 开展巨型桩研制，加大桩的承载力

逆作法施工受桩承载力的限制很大，如有的高层建筑因为结构跨度大，工程桩承载力小，采用逆作法时不能采用一柱一桩，而是采用一柱多桩（即一个工程柱在逆作施工时加做三根、四根工程桩上的临时钢柱），这样增加了成本与施工难度。如果桩的承载力大大提高，沉降又小，就可以一桩一柱，而且上部结构施工速度可以放开限制，更能加快施工速度，缩短总工期。

五、采用"逆作法"施工实例

王府井大厦位于北京王府井百货大楼北侧，紧贴着百货大楼，建成后将打通两楼连接为一体，两楼基础间隔只有8.5cm。北面穆斯林大厦和平和商厦相距也只有50cm左右。采用传统方法施工，极易引起周围建筑物的沉降。为保障大厦周围其他建筑的的安全和黄金地段的正常营业，该工程采用保护型"逆作法"施工。就是施工时不挖基坑，在地下室周围用钢筋混凝土筑起一圈高25m、厚度为0.6m，局部0.8m的地下连续墙，它起着支撑、围护、止水的功能。然后再根据结构情况设计施工99根中间支撑桩，做好以后先进行首层楼板的浇筑，与其墙、桩、板连为一体，之后由±0.000地板分头向上下两个方向施工。北京市地质基础工程公司经大量的调查研究与论证分析的基础上，精心设计、精心施工。施工中的难题全部采取新方法和新技术给予解决。

沈阳新闻中心大厦基坑与七层砖混住宅的山墙基础相距仅0.5m，基坑内有两层地下室，采用半逆作法取得很好的效果。又如沈阳信宏大厦也是两层地下室，地下水位很高，坑周土为饱和状粉质黏土，基坑的南侧与5层框架建筑（柱子为浅基础）相靠，用冲孔灌注桩作围护时，不得不先在柱下的扩展基础上凿孔，然后穿过已凿出的孔洞($D=800$mm)再作灌注桩，基坑的东侧相距2.5m为7层砖混住宅，在这种困难条件下采用半逆作法施工取得成功。

部分逆作法一般用于面积较大的地下室，如地下车库、地下商场等。在基坑的四周保留部分土方作为对围护桩的临时反支档，中央部分为正作法，待楼盖与围护桩相连接并形成水平支撑后再挖除基坑四周部分的保留土方。沈阳农贸大厦地下室尺寸100m×100m，作农产品交易市场用，采取部分逆作法比采取锚杆支护法节省造价一百多万元。辽阳商业大厦基坑深两层本来采取大直径挖孔桩作悬壁支护，由于桩入土深度不够造成悬臂桩向坑内倾斜，基坑有失稳危险，这时改为向坑内四周回填土，使悬臂长由9m变成4m，首先控制住围护排桩的侧向变形，然后改用部分逆作法，先用正作法作好主楼中央核心筒部分的挖孔桩基础和地下筒身，筒身通过楼盖梁与四周的围护桩连结形成水平支撑后再挖除坑内四周的回填土，补作四周的挖孔桩基础，最后浇筑整体底板和侧墙。这是一个用部分逆作法处理基坑事故的成功实例。

第四章　地下工程防水技术

第一节　概　　述

地下工程防水最早是参照屋面防水的做法来进行的。然而，地下和地上环境是截然不同，随着工程的实践，人们认识到地下工程防水设计和施工应遵循“防、排、截、堵相结合，刚柔相济，因地制宜，综合治理”的原则。

我国地下工程防水技术发展的基本状况与特征是：随着石油、化工、建材工业的快速发展和科技事业取得的成就，防水材料已从少数品种迈向多类型、多品种格局。合成高分子材料、高聚物改性沥青材料、防水混凝土、聚合物水泥砂浆、水泥基防水涂层材料和各类堵漏、止水材料，已在各类防水工程中被广泛应用。

20 世纪 80 年代制订的国家标准，长期以来，为设计、施工单位选取防水标准和防水方法提供了可遵循的依据与准则。2001～2002 年相继修订的《地下工程防水技术规范》（GBJ 50108—2001）和《地下防水工程质量验收规范》（GBJ 50208—2002）为地下工程防水技术的发展和提高地下工程的防水质量以及其可靠性发挥了重要作用。

第二节　地下工程防水设计

地下工程一般必须进行防水设计，应考虑地表水、地下水和毛细管水等的作用，以及由于人为因素引起的附近水文地质改变的影响。地下工程的钢筋混凝土结构，应采用防水混凝土，并根据防水等级的要求采用其他防水措施。地下工程的变形缝、施工缝、诱导缝、后浇带、穿墙管（盒）、预埋件、预留通道接头、桩头等细部构造，应加强防水措施。地下工程的排水管沟、地漏、出入口、窗井、风井等，应有防倒灌措施，寒冷及严寒地区的排水沟应有防冻措施。

一、地下水与环境分析

地下工程防水设计，首先应根据工程的特点搜集并分析该地段地下水变化状况、工程地质、环境影响和防水材料等，包括：① 最高地下水位的高程、出现的年代，近几年的实际水位高程和随季节变化情况；② 地下水类型、补给来源、水质、流量、流向、压力；③ 工程地质构造，包括岩层走向、倾角、节理及裂隙；含水地层的特性、分布情况和渗透系数；溶洞及陷穴、填土区、湿陷性土和膨胀土层等情况；④ 历年气温变化情况、降水量、地层冻结深度；⑤ 区域地形、地貌、天然水流、水库、废弃坑井以及地表水、洪水和给水排水系统资料；⑥ 工程所在区域的地震烈度、地热、含瓦斯等有害物质的资料；⑦ 施工技术水平和材料来源。

二、防水设计内容

1）防水等级和设防要求；
2）防水混凝土的抗渗等级、其他技术指标和质量保证措施；
3）其他防水层选用的材料及其技术指标、质量保证措施；
4）工程细部构造的防水措施、选用的材料及其技术指标、质量保证措施；
5）工程的防排水系统、地面挡水、截水系统及工程各种洞口的防倒灌措施。

三、防水等级与适用范围

根据《地下工程防水技术规范》（GBJ 50108—2001），地下工程的防水等级分为四级，各级的标准和其适用范围见表 1-4-1。

地下工程防水等级标准与适用范围　　表 1-4-1

防水等级	标　准	适 用 范 围
一级	不允许渗水，结构表面无湿渍	人员长期停留的场所； 因有少量湿渍会使物品变质、失效的贮物场所及严重影响设备正常运转和危及工程安全运营的部位； 极重要的战备工程
二级	不允许漏水，结构表面可有少量湿渍 工业与民用建筑：总湿渍面积不应大于总防水面积（包括顶板、墙面、地面）的 1/1000；任意 $100m^2$ 防水面积上的湿渍不超过 1 处，单个湿渍的最大面积不大于 $0.1m^2$ 其他地下工程：总湿渍面积不应大于总防水面积的 6/1000；任意 $100m^2$ 防水面积上的湿渍不超过 4 处，单个湿渍的最大面积不大于 $0.2m^2$	人员经常活动的场所； 在有少量湿渍的情况下不会使物品变质、失效的贮物场所及基本不影响设备正常运转和工程安全运营的部位； 重要的战备工程
三级	有少量漏水点，不得有线流和漏泥砂 任意 $100m^2$ 防水面积上的漏水点数不超过 7 处，单个漏水点的最大漏水量不大于 2.5L/d，单个湿渍的最大面积不大于 $0.3m^2$	人员临时活动的场所； 一般战备工程
四级	有漏水点，不得有线流和漏泥砂 整个工程平均漏水量不大于 $2L/(m^2 \cdot d)$；任意 $100m^2$ 防水面积的平均漏水量不大于 $4L/(m^2 \cdot d)$	对渗漏水无严格要求的工程

四、防水设防要求

地下工程的防水设防要求，应根据使用功能、结构形式、环境条件、施工方法及材料性能等因素合理确定，见表 1-4-2 和表 1-4-3。

对于处于侵蚀性介质中的工程，应采用耐侵蚀的防水混凝土、防水砂浆、卷材或涂料等防水材料；处于冻土层中的混凝土结构，其混凝土抗冻融循环不得少于 100 次；结构刚度较差或受振动作用的工程，应采用卷材、涂料等柔性防水材料。

<table>
<caption>明挖法地下工程防水设防　　表 1-4-2</caption>
<tr><td colspan="2">工程部位</td><td colspan="6">主　体</td><td colspan="5">施工缝</td><td colspan="4">后浇带</td><td colspan="7">变形缝、诱导缝</td></tr>
<tr><td colspan="2">防水措施</td><td>防水混凝土</td><td>防水砂浆</td><td>防水卷材</td><td>防水涂料</td><td>塑料防水板</td><td>金属板</td><td>遇水膨胀止水条</td><td>中埋式止水带</td><td>外贴式止水带</td><td>外抹防水砂浆</td><td>外涂防水涂料</td><td>膨胀混凝土</td><td>遇水膨胀止水条</td><td>外贴式止水带</td><td>防水嵌缝材料</td><td>中埋式止水带</td><td>中贴式止水带</td><td>可卸式止水带</td><td>防水嵌缝材料</td><td>外贴防水卷材</td><td>外涂防水涂料</td><td>遇水膨胀止水条</td></tr>
<tr><td rowspan="4">防水等级</td><td>一级</td><td>应选</td><td colspan="5">应选一至二种</td><td colspan="5">应选二种</td><td>应选</td><td colspan="3">应选二种</td><td>应选</td><td colspan="6">应选二种</td></tr>
<tr><td>二级</td><td>应选</td><td colspan="5">应选一种</td><td colspan="5">应选一至二种</td><td>应选</td><td colspan="3">应选一至二种</td><td>应选</td><td colspan="6">应选一至二种</td></tr>
<tr><td>三级</td><td>应选</td><td colspan="5">宜选一种</td><td colspan="5">宜选一至二种</td><td>应选</td><td colspan="3">宜选一至二种</td><td>应选</td><td colspan="6">宜选一至二种</td></tr>
<tr><td>四级</td><td>宜选</td><td colspan="5">—</td><td colspan="5">宜选一种</td><td>应选</td><td colspan="3">宜选一种</td><td>应选</td><td colspan="6">宜选一种</td></tr>
</table>

<table>
<caption>暗挖法地下工程防水设防　　表 1-4-3</caption>
<tr><td colspan="2">工程部位</td><td colspan="4">主　体</td><td colspan="5">内衬砌施工缝</td><td colspan="5">内衬砌变形缝、诱导缝</td></tr>
<tr><td colspan="2">防水措施</td><td>复合式衬砌</td><td>离壁式衬砌、衬套</td><td>贴壁式衬砌</td><td>喷射混凝土</td><td>外贴式止水带</td><td>遇水膨胀止水条</td><td>防水嵌缝材料</td><td>中埋式止水带</td><td>外涂防水涂料</td><td>中埋式止水带</td><td>外贴式止水带</td><td>可卸式止水带</td><td>防水嵌缝材料</td><td>遇水膨胀止水条</td></tr>
<tr><td rowspan="4">防水等级</td><td>一级</td><td colspan="3">应选一种</td><td rowspan="2">—</td><td colspan="5">应选二种</td><td>应选</td><td colspan="4">应选二种</td></tr>
<tr><td>二级</td><td colspan="3">应选一种</td><td colspan="5">应选一至二种</td><td>应选</td><td colspan="4">应选一至二种</td></tr>
<tr><td>三级</td><td colspan="2" rowspan="2">—</td><td colspan="2">应选一种</td><td colspan="5">宜选一至二种</td><td>应选</td><td colspan="4">宜选一种</td></tr>
<tr><td>四级</td><td colspan="2">应选一种</td><td colspan="5">宜选一种</td><td>应选</td><td colspan="4">宜选一种</td></tr>
</table>

五、防水措施

地下工程采取的防水措施是多种多样。按工程分类，其设计采用的围护结构形式、主体防水方案和选用防水材料种类，见表 1-4-4。

地下工程的防水措施　　表 1-4-4

工程类别	围护结构（主体）形式	重要防水部位	主体防水方案	主要防水材料种类
隧道工程	喷锚结构 衬砌结构（复合式衬砌、离壁式衬砌、衬套、贴壁式衬砌）	内衬砌的垂直施工缝 内衬砌的变形缝（诱导缝） 衬砌管片及接缝、灌浆孔 预留通道接头	喷射防水混凝土衬砌 防水混凝土衬砌 注浆防水 衬砌防水砂浆抹面 衬砌防水涂层 自流、机械排水系统 渗沟排水与盲沟排气	喷射防水混凝土，防水混凝土衬砌及管片，防水剂，防水砂浆，防水卷材，防水板，防水涂料，各类堵漏，注浆，止水材料，各类接缝与密封材料（外贴式、中埋式、可卸式止水带，密封膏，遇水膨胀止水条）等
地下构筑物	钢筋混凝土结构 防爆结构 砌体结构	施工缝 变形缝 构造节点 穿墙管（盒） 埋设件	防水混凝土结构 防水层（包括防水砂浆、卷材、涂膜、金属防水层） 构造节点等部位止水 堵漏处理 排水系统	防水混凝土，堵漏，注浆，止水材料，弹性体接缝与密封材料，各类防水剂，防水砂浆，防水卷材，防水板，金属板，防水涂料等

续表

工程类别	围护结构（主体）形	重要防水部位	主体防水方案	主要防水材料种类
地下建筑物	防水混凝土结构 钢筋混凝土结构 砌体结构 衬套结构	桩头 施工缝 后浇带 变形缝 穿墙管（盒） 埋设件 预留孔洞 孔口 出入口	防水混凝土结构 防水层（包括防水砂浆、卷材、涂膜防水层） 构造节点等部位止水堵漏处理 排水系统	防水混凝土，膨胀混凝土，普通防水砂浆与聚合物防水砂浆，高聚物改性沥青防水卷材、防水涂料，合成高分子防水卷材、防水涂料、弹性体接缝与密封材料（金属、橡胶类止水带，遇水膨胀止水条，密封膏）等

注：对不同类别工程应首先根据工程性质、用途及规范规定的防水等级与防水标准要求，确定防水方案和选用防水材料。

（1）地下建（构）筑物

由于多数地下建筑物工程建在城市，场地狭窄，施工困难，因此工程设计和防水方案都需结合场地环境和施工条件综合考虑。

除围护结构已较普遍采用掺外加剂的防水混凝土外，防水等级为一、二级的围护结构主体迎水面还应选用一种或两种防水材料防水层，满足多道设防的要求。

外防外贴法、外防内贴法仍是卷材防水层的基本施工方法。为保证卷材防水层搭接边的粘结质量，需选用可供热熔法、焊接法施工的防水卷材及防水板，以确保接缝防水的可靠性。

地下构筑物防止渗漏的关键仍然在于必须采取综合措施，重点处理好工程的施工缝、变形缝、构造节点、出入口、穿墙管件、预埋件等部位的防水，精心施工是十分重要的环节。

（2）隧道工程

隧道工程围护结构的衬砌材料主要是钢筋混凝土，因此必须采取各种措施提高混凝土自身的防水性能，所用防水混凝土的抗渗等级不得低于 P8。同时还应周密处理衬砌各部位的接缝防水，尤其是现浇混凝土衬砌的施工缝和变形缝，以及预制混凝土衬砌管片的接缝与注浆孔。

第三节　地下建（构）筑物区域防水

建（构）筑物的地下室的防水一般可采用 3 种方案：结构混凝土主体防水、附加防水层防水、结构混凝土自防水与附加防水层防水结合等。

一、结构混凝土主体防水

地下室的渗透主要是从混凝土的裂缝、孔隙及细部处理不当中产生。抑制孔隙、减少裂缝、增加混凝土的密实度是提高混凝土抗渗性的关键。须做好以下几个方面：

（1）选用防水材料

首先选用防水材料应做到：① 要考虑侵蚀性介质和冻融作用，选用合适的水泥品种，水泥等级不宜过低；② 严禁使用锈蚀钢筋；③ 选用优质骨料及洁净水。

(2) 混凝土配合比

混凝土配合比应通过实验确定，适宜的水灰比、水泥用量、含砂率、塌落度等对混凝土的抗渗性、和易性、耐久性具有良好的作用。在多数情况下使用外加剂能大大提高混凝土的抗渗性能，尤其在抗渗要求较高和大体积混凝土的施工中，减水剂、加气剂、膨胀剂、三乙醇胺等都可以减少混凝土的孔隙率和因水化热过大引起的温差裂缝。

(3) 合理的方案和施工

地下混凝土施工的要求比普通混凝土高，因此混凝土应连续浇筑，宜少留施工缝。必须留施工缝时，要做好合理的留设和后浇带处理；外墙模板不宜采用对穿螺栓，如需采用时须加焊止水环；如果配合比有掺加外加剂，必须充分搅拌，保证搅拌时间；注意运输和振捣；采用合理的养护方法，保证混凝土表面湿润不少于14d，不宜采用干热养护和蒸热养护。

(4) 施工缝与细部

根据延长渗水路线和堵塞进水途径原则，将施工缝做成企口缝或钢板止水缝，预埋铁件加焊止水钢板，预埋管道加焊止水环或止水套管，只有这样才能降低这些薄弱环节的渗透可能性。后浇缝的施工要严格按规范控制好浇筑时间，宜采用补偿收缩混凝土，并在迎水面加强附加处理。

二、附加防水层防水

附加防水层有水泥砂浆防水层、表面防水层、涂料防水层和金属防水层等。其步骤为：选择材料、清理基层、搭接严密、焊接或留搓、保证厚度和遍数以及细部处理等。

水泥砂浆防水层需注意灰浆的加水量，保证层次分明，厚度均匀，施工缝的位置和做法严格按要求处理，所有阴、阳角都需做成圆角，湿润养护要达到14d以上。根据防水等级的要求可以在水泥砂浆中掺适量的外加剂，如：氯化物、金属盐类、膨胀剂、聚合物等，以增强水泥砂浆的和易性，减少毛细孔通道和收缩裂缝，提高抗渗性能。

金属防水层在水利工程中使用较多，主要是保证焊接质量。

卷材防水有内、外防水两种，目前采用较多的是外防外贴法施工。卷材的铺贴要注意铺贴顺序、足够的搭接宽度、收头处理、粘贴牢固和表面平整等。卷材防水容易在管道埋设处和变形缝等处形成渗漏，因此必须做好特殊处理。

涂料防水对自然施工环境要求更加严格，这样才能保证它的干燥过程，形成优良的防水膜层。涂料防水与基层的粘结尤其困难，在施工中须做好基层的清洁工作，保持干燥，这样可减少气孔、气泡、起鼓、翘边等现象发生。

三、全封闭防水措施

由于地下工程不仅有地下水的侵袭，而且还有地表水、裂隙水等渗透与迁移，有些含有多种侵蚀性介质，对混凝土的危害很大。因此在结构主体防水的同时，采取全封闭的柔性附加防水层是完全必要的。有些地下工程由于设计时考虑单一的结构主体防水，当混凝土出现裂缝，随之伴有严重的渗漏水现象。而另一些地下工程，由于地下水位较低，地下水的压力不大，认为只需在立墙部位增加柔性附加防水层，结果也造成渗漏。大量的工程经验表明：必须采取全封闭防水方案，并且对于分期施工搭接部位，还要设置可靠的加强与保护措施。

四、注意事项

地下防水工程在施工阶段必须满足清洁、干燥和防水施工时间等条件，否则就难以保证工程质量。

在外防先贴（或先涂）、外防后贴（或后涂）的施工中，目前较好的办法是采用软保护层。这样既可在回填土时，保护柔性防水层免遭破坏；同时当主体结构产生不均匀沉降时，由于两者刚度相差较大，而不致互相损坏。软保护层的材料有多种，如聚苯、纸胎油毡和沥青板等。

在内防水中则要注意防水层与装饰层之间结合问题。当采用涂膜防水层时，一般可用铺复界面材料加以解决，如黄麻织成的网格布或无纺涤纶布等。

在地下水位较高的地区，要特别注意抗浮力的验算。从工程实践来看，设置倒滤（渗排水）层的做法比较简便，这样既可解决结构物的漂浮问题，又可减少主体结构的厚度，并降低工程造价。当然这一措施要有特定条件，即地下室的底板下面要有一定厚度的不透水的黏性土层。

沥青是一种传统的防水材料，尽管有其不足之处，但也有不少优点，尤其是采用叠层的沥青卷材防水层，其良好的抗渗性能以及粘结力是不少材料无法比拟的。而一流式喷火技术和改性的柏油网材料，就可以成功地将改性的沥青材料渗透到混凝土结构内部，使之具有根着性、追踪性和弥合性等众多特性。加上现有热熔机具与操作工艺，上述改进的防水技术完全可以用于各类防水工程。

导致地下工程产生渗漏的原因很多，如设计方案不合理、使用材料不合格以及施工企业在施工过程中未按有关规范施工等，都可能造成地下工程产生渗漏。地下工程渗漏的预防在设计、施工、材料选用等各个环节上均应严格把关。

第四节　地下隧道工程区间防水

地下隧道工程一般防水采用的措施为：超前注浆、初期支护、铺设防水层、结构自防水技术和结构外防水技术等。

一、浅埋暗挖法区间隧道防水

浅埋暗挖法隧道施工应优先采用复合式衬砌结构。由于防水要求衬砌厚度不能小于30cm，不得随意减薄衬砌厚度。

1. 复合式衬砌防水技术

(1) 复合式衬砌防水机理

复合式衬砌系分内外两层先后施做的隧道衬砌，即在隧道开挖后立即施作初期支护，经监控量测确认围岩及初期支护基本稳定后，铺设防水隔离层（防水隔离层多采用不透水、表面光滑的塑料板材），然后立即灌注防水混凝土，作为二次衬砌。复合式衬砌防水构成三道防水线：初期支护、防水层及二次衬砌模注防水混凝土。大量工程实践证明，采用复合式衬砌结构，在初期支护喷射混凝土和二次衬砌模注防水混凝土之间采用高分子树脂板材作防水隔离层，其防水效果好。复合式衬砌防水层做法如图1-4-1、图1-4-2所示。

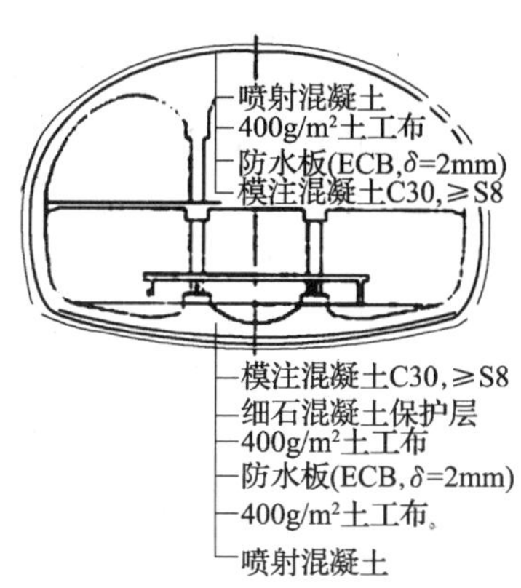

图 1-4-1 浅埋暗挖法修建地铁车站复合式防水做法

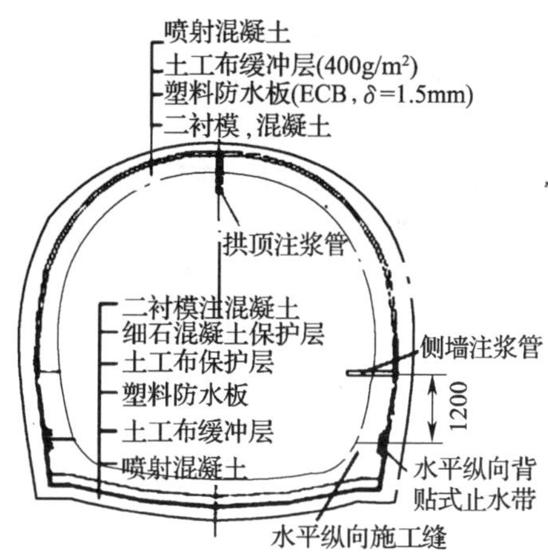

图 1-4-2 浅埋暗挖法修建区间隧道复合式衬砌防水做法

（2）防水层材料的选择

北京地铁新线工程区间复合式衬砌隧道防水除二次衬砌仍采用抗渗等级不小于 P8 的自防水混凝土外，在初期支护与二次衬砌之间所设置的全包防水板宜采用抗拉强度高、断裂伸长率大、具有一定抗刺穿性能的 ECB 防水板，厚度不得小于 15mm。铺设防水层前需在喷射混凝土初衬表面铺设缓冲层，缓冲层采用不小于 $400g/m^2$ 的土工布。

2. 防水做法

车站及区间隧道主体结构应全部采用防水混凝土进行结构自防水，防水混凝土强度等级为 C30，抗渗等级根据结构的埋置深度确定，但不得小于 P8；防水混凝土结构底板的混凝土垫层强度等级不应小于 C15，厚度不应小于 150mm；防水混凝土结构的厚度不得小于 25cm；裂缝宽度不得大于 0. 2mm，并且不得出现贯通裂缝；防水混凝土结构迎水面钢筋保护层的厚度不应小于 50mm；结构自防水混凝土在设计和施工过程中，要求采取切实有效的防裂、抗裂措施，并保证混凝土良好的密实性、整体性，减少结构裂缝的产生，提高结构自防水能力。

3. 衬砌背后注浆

（1）铺设防水层的初期支护表面不得有明水流，否则应对喷射混凝土初衬背后进行注浆堵漏处理或表面刚性封堵处理。底板喷射混凝土基面上如有积水，可在初支表面的最低处设置排水盲管进行引排。

（2）防水板铺设须应用无钉铺设工艺，板间接缝为热熔双焊缝。

（3）区间隧道内设置防水封闭区，利用在施工缝部位设置的背贴式止水带将隧道分割成各自独立的防水区域。

（4）对车站顶纵梁初支背后进行注浆处理，防止此部位形成积水区域。

（5）暗挖车站顶、底纵梁部位的防水措施。

4. 施工缝和变形缝防水措施

（1）施工缝

车站与区间隧道分段浇注的混凝土施工缝分为纵向和环向两种。采用遇水膨胀腻子条和预埋注浆管的方法加强防水处理，当施工缝部位出现渗漏水时，可利用预埋注浆管进行注浆堵漏处理。

（2）变形缝

车站的变形缝设置在车站和区间、车站和出入口以及车站和风道的接口部位，区间隧道的变形缝则设置在区间隧道与车站、区间隧道与联络通道接口部位。变形缝的宽度一般为20～30mm。采取以下处理措施：

1）在变形缝部位的模注混凝土外侧设置背贴式止水带，利用背贴式止水带表面突起的齿条与模注防水混凝土之间的密实咬合进行密封止水，同时在背贴式止水带两翼的最外侧齿条的内侧根部固定注浆管，利用注浆管表面的出浆孔将浆液均匀地填充在止水带齿条与混凝土的空隙部位，达到密封止水的目的。注浆液可以采用水泥浆，也可以采用化学浆液；

2）在变形缝部位设置中埋式止水带，可采用橡胶止水带或钢边橡胶止水带；

3）变形缝内侧采用密封膏进行嵌缝密封止水，密封膏要求沿变形缝环向封闭。

二、盾构法防水技术

1. 衬砌接缝防水

盾构法隧道衬砌管片防水的基本措施，按构造形式分为单层衬砌防水和双层衬砌防水两大类。

（1）单层衬砌

接缝防水构造是隧道衬砌构造的永久组成部分，选用的防水材料要求具备良好的粘着力、弹性复原力和较强的耐老化性能。

（2）双层衬砌

由于隧道内衬层起主要防水作用，衬砌接缝防水对防水材料要求较低，仅起临时止水作用。钢筋混凝土管片接缝防水防线由接缝密封垫、注浆防水沟糟、内表面嵌缝槽三道防线组成。此外，螺栓孔防水衬砌背后注浆防水都是不可忽视的防水环节。基于圆形隧道衬砌结构受力要求，在纵向缝中还要加承力衬垫。

2. 北京地铁新线工程防水实例

采用盾构法修建的区间隧道为圆形，内径5.4m，外径6.0m，管片厚0.3m，长12m，每环由6片管片组成，管片间用弯螺栓连接，环向每接缝有2个螺栓，纵向设16个螺栓。钢筋混凝土管片采用防水混凝土，管片接缝采用橡胶密封垫止水，对螺栓孔、注浆孔等特殊部位要进行防水密封处理。

（1）衬砌自身应具有良好的防水能力，管片混凝土强度等级为C50、抗渗等级为P10。

（2）盾构区间隧道与旁通道接口的防水要重点加强，因区间隧道的联络通道采用浅埋暗挖法施工，因此可按复合式衬砌防水做法进行处理。

（3）应加强盾构隧道与端头井的接头防水，包括施工阶段的临时接头与竣工后的永久接头防水。临时接头主要由帘布橡胶圈及其压紧装置构成，辅以井圈注浆堵水。永久接头为钢筋混凝土接头，它与井壁、管片的接缝也应由多道柔性防水材料密封。

（4）特殊部位防水措施

1）衬砌管片外弧设置一道防水弹性密封垫，弹性密封垫在管片张开量为5mm时应能承受0.6MPa的水压；

2）衬砌管片内弧侧预留嵌缝槽，管片拼装完毕后在预留凹槽内采用密封胶进行嵌缝密封；

3）对每个螺栓孔、注浆孔均设置密封垫圈；

4）衬砌管片环向密封垫圈选用三元乙丙橡胶，螺栓孔密封垫圈和注浆孔密封垫圈选用缓膨胀遇水膨胀橡胶；

5）在盾构隧道变形缝部位的密封垫表面粘贴一道遇水膨胀橡胶条加强防水处理；

6）区间联络通道两端采用背贴式止水带和预埋注浆管的方法进行防水处理。

第五节　渗漏治理技术

地下工程渗漏水是严重的病害，是工程隐患，危害极大。目前我国隧道与地下工程渗漏较普遍，有的在建设之中就发生了渗漏，造成的后果颇为严重。据不完全统计约有三分之一的隧道存在渗漏。京津沪已建成的地铁工程或其他城市地下工程也存在不同程度渗漏。隧道与地下工程存在渗漏，不仅影响使用，而且治理渗漏的费用也颇大。

一、混凝土裂缝及防水

混凝土裂缝是常见的现象，裂缝的产生与防水设计有密切关系。实践表明，在具有一定厚度（如30cm左右）和承受水压不太大的防水混凝土建（构）筑物中，表面裂缝宽度小于或等于0.2mm时，尚不致造成影响使用的明显渗漏。当水压不大、轻微渗漏时，这种混凝土的裂缝具有自愈能力，同时对钢筋锈蚀影响也不明显。因此，处于地下水（淡水中）的混凝土允许裂缝宽度，其上限可定为0.2mm，在特殊重要工程裂缝允许宽度可控制在0.1～0.15mm。

二、地下工程渗漏水治理

目前，治理渗漏的技术有较大的进步。对城市地下工程的渗漏，根据工程具体条件，采用先堵漏、再施作防水层或采用灌浆技术（应用超细水泥浆、改性硅酸盐浆液、丙烯酰胺类浆液、环氧树脂类浆液及聚氨酯类浆液）治理渗漏水，均可取得较好效果。而对于其他地下工程的渗漏，隧道方面实例较多。例如，在治理川黔铁路隧道漏水中采用双快水泥作注浆堵水和喷抹防水层取得较明显效果；枝柳罗依溪隧道不仅渗漏水严重，且衬砌有程度不一的腐蚀，经因地制宜综合治理，在保证行车安全的前提下采取了衬砌背后注浆、衬砌内化学压浆、衬砌表面涂抹聚合物水泥砂浆防水层、边墙凿排水槽以及集中排水等技术措施进行综合整治，取得了较满意的效果。

综上所述，近年来我国隧道与地下工程防水技术取得了新的进展，满足了各行业的使用要求。但也应该清楚地看到，当前隧道与地下工程防水技术存在的问题还很多，有的还很严重，与国外相比，还有较大的差距。因此，应该研究探讨有效的解决办法。地下工程防水是一项系统工程，涉及材料、设计、施工、管理等各个方面，应积极吸收国外先进技术与经验，把我国城市地下工程防水技术提高到一个新的水平。

参考文献

1 钱七虎．现代城市地下空间开发利用技术及其发展趋势．铁道建筑技术（5），2000
2 王梦恕．21世纪是隧道及地下空间大发展的年代．岩土工程3（6），2000
3 （西班牙）J. J. Cano-Hurtado，J. Canfo-Perello著．用于公用事业的城市地下空间可持续发展．马积新译．丁济新校．地下空间21（3），2001
4 李相然，苗延威，王笃国．基坑开挖中的环境岩土工程问题研究．中国地质灾害与防治学报12（2）2001
5 唐孟雄，赵锡宏．深基坑周围地表沉降及变形分析．建筑科学，1996（4）
6 刘建航，侯学渊．基坑工程手册．北京：中国建筑工业出版社．1997
7 顾晓鲁，陆培毅．基坑的稳定性和变形．岩土工程技术，1997（4）
8 刘启琛，邵根大．北京地铁建设中采用的浅埋暗挖法，铁道建筑，1998（12）
9 中华人民共和国国家标准《地下铁道施工与验收规范》（GB 50299—1999）．北京：中国建筑工业出版社，1999
10 铁道部第二工程局编《铁路隧道施工规范》（TBJ 204—96）
11 施仲衡等．地下铁道设计与施工．西安：陕西科学技术出版社，1996
12 孙钧等．地下结构．北京：科学技术出版社，1998
13 中华人民共和国国家标准《锚杆支护喷射混凝土支护技术规范》，（GBJ 86—85）
14 齐景岳等．隧道爆破现代技术．北京：中国铁道出版社，1995
15 王梦恕等．工程机械施工手册—隧道机械施工．北京：中国铁道出版社，1992
16 日本土木学会编．隧道标准规范（质构篇）及解说．朱伟译．北京：中国建筑工业出版社，2001
17 朱伟，陈仁俊．盾构隧道施工技术现状及展望第1～3讲．岩土工程界4（11）
18 徐至钧．高层建筑新逆作法的工程设计与施工．建筑结构，1994
19 李承刚，我国地下工程防水技术发展述评．建筑技术31（4）
20 余彬泉，陈传灿．顶管施工技术．北京：人民交通出版社．2003.
21 周文波编著．盾构法隧道施工技术及应用.
22 中华人民共和国国家标准《地下工程防水技术规范》（GB 50108—2001）
23 中华人民共和国国家标准《建筑地基基础设计规范》（GB 50007—2002）
24 中华人民共和国国家标准《建筑边坡工程技术规范》（GB 50330—2002）

第 二 篇

地下空间暖通空调技术

第一章　地下建筑热湿负荷计算

第一节　国内外现状分析

通风空调系统对地下建筑内部环境的优劣起着重要的作用，而合理地确定地下建筑热湿负荷是设置好通风空调系统的基础。地下建筑热湿负荷主要由如下几部分构成：围护结构传热形成的负荷、室内热源散热形成的负荷、新风负荷、湿负荷。

一、围护结构传热

地下建筑围护结构传热过程是一个不稳定过程。地下建筑围护结构传热主要受室内的空气温度变化的影响，还受地表温度周期性变化的影响。

文献［1］按地表面温度年周期性变化对地下建筑围护结构传热影响大小将其分为深埋和浅埋两类，对地下建筑围护结构传热影响较小的为深埋建筑。一般当地下建筑覆盖层厚度大于6～7m时，地表面温度年周期性变化对地下建筑围护结构传热的影响可以忽略不计，并对深埋和浅埋的地下建筑壁面传热给出了不同的计算公式。

忻尚杰等[2]通过对浅层地下建筑结构进行简化，并根据空调系统实际运行特点，建立了传热过程的数学模型。用气象模型产生作用于工程的地面空气温度，用线上求解实现传热过程的动态模拟，并通过两个实际工程的同步实测与模拟，确认了模拟模型的有效性和可行性。

庞伟等[3]介绍了计算地下建筑热负荷的平均地温衰减法［Decremented Average Ground Temperature（DAGT）］。平均地温衰减法是根据地温的变化，来估算地下建筑的热负荷。应用这一方法，可求得不同导热系数的土壤和不同墙体相应月份的衰减因子。衰减因子是土壤深度的敏感函数，越接近地面，其值越大。恰当选取衰减因子，可计算出较好的近似结果。但是若要取得更精确的计算结果，必须实测其输入数据。

朱培根等[4]针对地下建筑风冷热泵空调系统（UBHPAC）的特点，编制了UBHPAC应用软件，对单建式或附建式多房间地下设施进行了动态模拟，并与静态设计方法进行了比较，指出了地下建筑风冷热泵空调系统的仿真与动态设计的优越性。

宋翀芳等[5]基于地下建筑的传热机理，建立了深埋地下建筑壁面动态传热的数学模型，在边界条件的处理上引进了反应系数，使动态问题得以解决。依据建立起的传热微分方程及边界条件，编制了相应的计算机程序，应用此程序对地下厂房的热工环境进行了模拟，计算出洞室全年壁面吸放热量以及全年逐日出口温度。

W. Maref等[6,7]建立了三维传热模型的理论及数值模拟方法，并选择Implicit Spline Method作为解决方法，以不同材料的温度分布测量值检验了模型的有效性。然后将该模型用于估计侧面热流的影响，同时给出了简要的实验细节和模型验证结果。

袁艳平等[8]将地下工程拱形结构的断面等周长地简化为矩形断面，并采取大型通用有限元分析软件ANSYS对原模型与简化模型进行分析。通过对不同时刻断面的平均温度及断面瞬态传热量的比较，得到结论说明简化模型与原模型的计算结果相差很小。

Igor Skrjanc等[9]分析了建筑物热动态模拟方法，即理论模拟与实验模拟的优缺点。理论模拟以能量平衡方程为基础，并应用了MATLAB等工具。在实验模拟中，得到了输入、输出变量之间的一个非线性模糊模拟模型。

王丹宁[10]利用控制容积法的原理分析了通风系统间歇运行时的地道壁体的传热过程。即在计算区域内划分网格，定义网格线的交点为控制节点，并以节点为中心建立单元体。然后，根据控制容积法的原理，用热平衡法，推导出每个单元体内节点的关系式，从而求解出计算区域内的温度场分布。

朱培根等[11]在浅埋地下建筑风冷热泵空调系统围护结构传热动态模拟的基础上，通过对南京市太园地下旅社围护结构传热的实时测试，验证动态传热模型及计算机模拟方法的可行性和正确性，为浅埋地下建筑风冷热泵空调系统的装机容量、节能指标和设计计算提供一定的理论依据。

二、室内热源散热形成的负荷

与围护结构传热不同，室内热源散热形成的负荷在地下建筑空调负荷中所占比例较大，主要包括设备、照明和人体等散热形成的负荷。文献［1］详细介绍了各种不同类别地下建筑内的设备、照明、人体和热介质管道等散热量的简化计算公式，并附有各种相关的计算参数。

王海文[12]认为对负荷计算影响较大的是地下商场内同时停留的人数，这由两部分组成，一是售货员，二是顾客。经观察不同类别的商场，根据简化计算的结果，得出地下商场内同时停留的人员密度为0.7~1.3人/m^2。

三、湿负荷计算

建筑围护结构有散湿，且不受太阳的照射，所以地下建筑比地面建筑潮湿。在夏季，室内温度比室外气温低。室外空气进入地下建筑后，当地下建筑内壁面和物体表面温度低于露点时，就有凝结水出现。因此正确分析和计算地下建筑的散湿量，是暖通空调设计的一个重要依据。地下建筑的湿源主要包括：①施工水；②裂缝水；③壁面散湿；④室外空气带入的水分；⑤人员散湿；⑥工艺散湿等。

陈友明等[13]给出了一个考虑室内表面材料吸放湿过程的建筑热湿过程简化模型，并对室内空气湿度及空调负荷进行了仿真分析。仿真结果表明，室内表面材料吸放湿过程有明显的降低湿度变化幅度的作用，对潜热负荷的影响较大。

Jarek Kurnitiski[14,15]为确定地面的散湿量和湿交换系数，对一地道采用自然通风和机械通风两种通风方式进行了监测。得到如下结果：裸露地面的散湿量平均值为3.6~5.7g/(h·m^2)，相应的湿交换系数为0.0012~0.0018m/s。由蒸发作用决定的湿交换系数要考虑温度的变化。测试表明：通常条件下，只需考虑自然对流。但在强烈的通风换气条件下，要考虑强迫对流。较高的换气次数增加了散湿量，但仍可维持较低的相对湿度。夏季，在换气次数为3次/h的条件下，地道中的相对湿度为75.4%。因此，控制散湿量和热作用是维持湿平衡的关键因素。

程绍仁[16]以地下建筑维护管理的内容为重点，论述了地下建筑内潮湿的原因及各种湿源的散湿量计算方法，并给出了地下建筑防潮除湿的方法。

耿世彬等[17]从地下建筑围护结构散湿、人体散湿、自由液面散湿、人为散湿、外部空气带湿五个方面阐述了地下建筑内湿负荷的主要来源和计算方法。

I. Samuelson[18]指出夏季室外空气的温度和含湿量都高于地道中的空气，此时室外空气进入地道就会导致地道中空气的相对湿度升高。在夏季，地道中空气相对湿度高达85% ~95%，甚至有些时候能达到100%。因此，必须对地道采取改进措施。

Aberg O[19]提出在不通风地道中，可以通过切断湿源来解决地道内空气相对湿度过高的问题，即隔绝室外空气进入地道。但实际上这样做是很困难的，因为轻微程度的密闭不严都可能导致室内相对湿度的升高。

Hagentoft CE[20]则提出利用室内的排风来改善夏季地道内的潮湿问题，但这也要求具备一定程度的密闭性。

Elmroth A[21]分析了地道内湿空气的特性，提出了以湿交换系数来计算地面水分蒸发量的建议。目前有很多研究人员在使用这种方法。

Trethowen HA[22]在实验室通过对地面水分蒸发所作的实验，获得了一些实测结果。但实验时控制实验对象表面条件和消除实验区域内潜热的影响是很困难的。

四、新风负荷

建筑物最重要的方面是为人类提供一个舒适、安全、健康的环境。潮湿和通风不充分的室内环境对人的健康有着严重的负面影响。因此，新风对整个建筑室内环境的优劣起着举足轻重的作用。

在确定新风量的环节上，目前多是采用依据建筑类别，根据建筑内人数和每个人的新风量指标来确定新风量。而在地下建筑内，由于其封闭的特点，室内空气品质与地面建筑有很大差别，室内空气中的有害物、污染物等的浓度通常也要高于地面建筑。

新风冷负荷与室外空气状态参数有关，室外空气状态参数是逐时变化的，所以相应的新风冷负荷也是逐时变化的。但目前大多数设计人员仍然采用室外空气计算状态参数计算新风冷负荷（定值）。由于新风冷负荷与室内冷负荷最大值出现时间不同，这样就会造成空调设计计算冷负荷偏大。新风量越大，两者最大值出现时间偏离越大，这种影响就越显著。

刘朝贤[23]、向献红等[24]认为计算夏季空调冷负荷时，将新风焓值按常量考虑，既与新的空调冷负荷计算方法不匹配，又增大了空调计算冷负荷，提出了以日为周期的夏季新风（包括渗透风）“逐时”冷负荷计算方法，给出了全国几个主要城市的夏季空调室外空气逐时湿球温度和逐时焓值。并得出结论：在一天中，新风最大焓值出现的时间为9:00，最小焓值出现的时间在21:00。只要建筑物综合最大负荷出现的时间与新风焓值最大值出现的时间不重合，采用新风逐时冷负荷计算方法都可减少设计计算冷负荷，降低装机容量。

余晓平、付祥钊[25]根据夏热冬冷地区潮湿建筑气候的特点确定了判定建筑潮湿气候的简便指标，从合理利用当地气候资源和有利建筑节能角度提出了夏季新风逐时冷负荷的分析方法，定义了新风焓时数、度时数和湿时数，并以重庆为例，计算了新风显热冷负荷、潜热冷负荷和全热冷负荷，强调了潮湿气候地区由于新风湿负荷大、除湿期长带来的新风冷负荷显热比低的特点。

吴大军[26]认为人员密度是影响热湿负荷、产尘、产菌、异味发生量的主要因素，关系到空调系统的规模和设备容量的大小。因此，这个参数的确定应该认真、准确。地下商场的空调负荷特点是热湿比较小，一般在4000kJ/kg左右。由于热湿比较小，空气处理一般采用减湿冷却（表冷器或冷水喷雾）后再进行二次加热。

M. Hayashi 等[27]以维持日本室内舒适环境的计算温度、热负荷、通风率和室内空气品质来评价通风系统的效果。并使用CO_2、CO、甲醛浓度等作为室内空气品质的指标，对通风系统进行了模拟。

第二节　围护结构传热的数学模型

对某一地下建筑，当我们需要分析其围护结构传热时，我们就需要了解其传热的基本过程。

一、传热的数学模型

1. 控制方程

地下建筑围护结构传热过程是一个非稳态过程。地下建筑围护结构传热主要受室内的空气温度变化的影响，还受地表温度周期性变化的影响。

地面建筑围护结构的冷热负荷随气温的变化而变化，而地下建筑则不完全如此。地温的变化既受大气温度的影响，又受地层深度的影响，地温随着深度的增加而衰减和延迟。地下建筑围护结构在传热过程的同时，还伴随有复杂的传湿过程。原重庆建筑工程学院对地下建筑围护结构的传热传湿问题进行的理论推导和实验验证，结果表明蒸汽渗透的存在对壁面温度的变化没有多大影响。因此，在地下建筑围护结构传热计算中，湿传导对热传导的影响可以忽略不计（严重的地下水运动和裂缝水除外）[1]。这说明围护结构防潮措施完善的情况下，湿传导对地下建筑围护结构的热物性影响不大。因此，在地下建筑围护结构传热计算中，假设湿传导对热传导的影响可以忽略不计。

因此，如图2-1-1所示的地下建筑围护结构传热过程是一个三维非稳态无内热源的导热过程，可以用导热微分方程来描述该过程，即：

$$c\rho\frac{\partial t(x,y,z,\tau)}{\partial \tau}=\frac{\partial}{\partial x}(\lambda\frac{\partial t}{\partial x})+\frac{\partial}{\partial y}(\lambda\frac{\partial t}{\partial y})+\frac{\partial}{\partial z}(\lambda\frac{\partial t}{\partial z}) \tag{2-1-1}$$

式中　$t(x, y, z, \tau)$——τ时刻位于点$P(x, y, z)$的温度值（℃）；

λ——点$P(x, y, z)$处导热系数［W/(m·℃)］。

我们对图2-1-1所示的地下建筑建立这样的坐标系：坐标原点位于地表面处，y轴垂直于地表面，通过地下建筑的地面和顶板的中心，x轴和z轴平行于地表面。这样，该地下建筑就关于y轴对称，因而我们可以把该建筑划分为关于y轴对称的四部分。因为地下建筑无朝向问题，因此在计算地下建筑围护结构传热时，我们可以只计算如图2-1-2所示的部分，即只算整个地下建筑的四分之一即可。

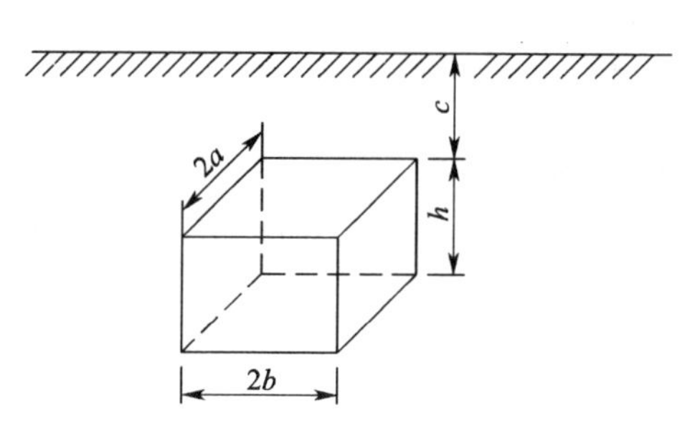

图 2-1-1　地下建筑简图

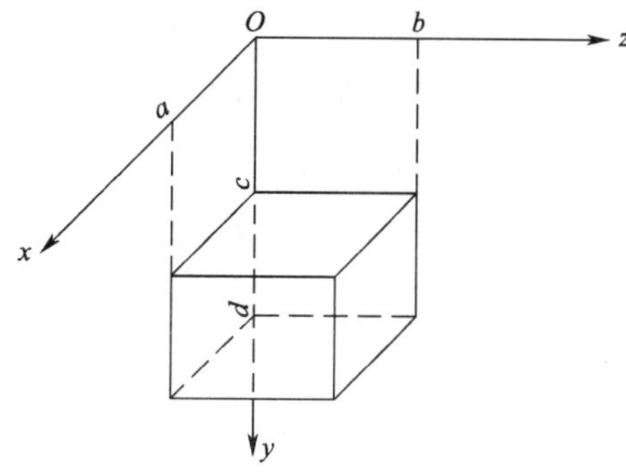

图 2-1-2　地下建筑坐标系

2. 边界条件及初始条件

根据地下建筑暖通空调系统运行特点给出边界条件及初始条件如下：

(1) 内边界条件

理想工况下，在空调系统作用下，地下建筑室内空气温度场较为均匀。在对流换热的作用下，室内各处空气温度也比较接近，因此假定室内空气各点温度都相等。于是有：

$$\begin{cases} \lambda \dfrac{\partial t(x,y,z,\tau)}{\partial x}\Big|_{x=a} + \alpha_1 (t_a(\tau) - t(x,y,z,\tau)|_{x=a}) = 0 & (2\text{-}1\text{-}2) \\ \lambda \dfrac{\partial t(x,y,z,\tau)}{\partial y}\Big|_{y=d} + \alpha_1 (t_a(\tau) - t(x,y,z,\tau)|_{y=d}) = 0 & (2\text{-}1\text{-}3) \\ \lambda \dfrac{\partial t(x,y,z,\tau)}{\partial y}\Big|_{y=c} + \alpha_1 (t_a(\tau) - t(x,y,z,\tau)|_{y=c}) = 0 & (2\text{-}1\text{-}4) \\ \lambda \dfrac{\partial t(x,y,z,\tau)}{\partial z}\Big|_{z=b} + \alpha_1 (t_a(\tau) - t(x,y,z,\tau)|_{z=b}) = 0 & (2\text{-}1\text{-}5) \\ \lambda \dfrac{\partial t(x,y,z,\tau)}{\partial x}\Big|_{x=0} = 0 & (2\text{-}1\text{-}6) \\ \lambda \dfrac{\partial t(x,y,z,\tau)}{\partial y}\Big|_{z=0} = 0 & (2\text{-}1\text{-}7) \end{cases}$$

式中　$t_a(\tau)$——τ 时刻地下建筑室内空气温度（℃），在使用期 $t_a(\tau)=t_n$；

α_1——地下建筑室内空气与壁面之间的对流换热系数［$W/(m^2\cdot℃)$］。

(2) 外边界条件

地温受地表面温度周期性变化的影响，发生周期性变化。地温周期性变化的幅值随地层深度的增加按自然指数规律减小。

$$\begin{aligned} t(x,y,z,\tau)|_{x\to\infty} &= t(x,y,z,\tau)|_{z\to\infty} \\ &= t_0 + \theta_d \exp\left[-\sqrt{\frac{\omega_1}{2a}}y\right]\cos\left(\omega_1\ \tau_0 - \sqrt{\frac{\omega_1}{2a}}y\right) \end{aligned} \quad (2\text{-}1\text{-}8)$$

[1]

$$t(x,y,z,\tau)|_{y\to\infty} = t_0 \quad (2\text{-}1\text{-}9)$$

$$\lambda \frac{\partial t(x,y,z,\tau)}{\partial y}\Big|_{y=0} + \alpha_2\left[t(x,y,z,\tau)\Big|_{y=0} - t_e(\tau)\right] = 0 \quad (2\text{-}1\text{-}10)$$

式中　t_0——地表面年平均温度（℃）；

θ_d——地表面温度年周期性波动振幅（℃）；

ω_1——温度年周期性波动频率（1/h），$\omega_1 = \frac{2\pi}{T} = \frac{2\pi}{8760} = 0.000717$；

τ——模拟的时间（h）；

τ_0——$\tau=0$ 时从地面温度年波幅出现算起的时间（h）；

$t_e(\tau)$——τ 时刻考虑太阳辐射的地下建筑室外空气综合温度（℃）[28]，可由式（2-1-11）计算。

$$t_e(\tau) = \frac{\alpha_s \cdot Q}{\alpha_w} + t_w(\tau) \tag{2-1-11}$$

式中 α_s——土壤表面对太阳总辐射值的吸收率；

α_w——室外空气和地表面之间的对流换热系数，一般情况下可取为 23.3W/(m^2·℃)；

Q——逐时太阳总辐射值［W/(m^2)］；

$t_w(\tau)$——室外空气逐时温度（℃）。

（3）初始条件

$$t_a(0) = t_n \tag{2-1-12}$$

$$t(x,y,z,\tau)\Big|_{\tau=0} = t_0 + \theta_d \exp\left[-\sqrt{\frac{\omega_1}{2a}}y\right]\cos\left(\omega_1\tau_0 - \sqrt{\frac{\omega_1}{2a}}y\right) \tag{2-1-13}$$

二、数学模型及边界条件的简化

上述数学模型在应用时会带来大量的计算，从而引起诸多的不便，因此对其进行相应的简化是很有必要的。

1. 简化的数学模型

W. Maref 等[6]对地下建筑的围护结构的温度场进行了实测与数值模拟，得出了这样的结论：地下建筑围护结构的温度沿深度方向变化明显，而除了墙角周围的极小部分区域，在同一墙面上相同深度处各点的温度几乎相等。也就是说在室内各处空气温度较为接近的情况下，围护结构相同深度各处的热流密度基本相等。文献［6］还对地下建筑围护结构传热分别进行了二维和三维模拟，两者相差不超过 7%。说明二维计算与三维计算结果是比较接近的。这与忻尚杰等[2]的研究是一致的。由于我们的主要研究目标是围护结构的传热量，因此，我们可将地下建筑传热的三维问题简化为二维问题，即把三维模型简化为二维模型。而因此边界条件也可以得到相应的简化。

此外，袁艳平等[8]将地下工程拱形结构的断面等周长地简化为矩形断面，并采取大型通用有限元分析软件 ANSYS 对原模型与简化模型进行分析。通过对不同时刻断面的平均温度及断面瞬态传热量的比较，得出结论说明简化模型与原模型的计算结果相差很小。因此，在对拱形断面结构的地下建筑进行计算时，我们可以将其拱形断面等周长地简化为矩形断面。

根据以上分析，将式（2-1-1）简化为：

$$c\rho\frac{\partial t(x,y,\tau)}{\partial \tau} = \frac{\partial}{\partial x}\left(\lambda\frac{\partial t}{\partial x}\right) + \frac{\partial}{\partial y}\left(\lambda\frac{\partial t}{\partial y}\right) \tag{2-1-14}$$

式中 $t(x, y, \tau)$——τ 时刻位于点 $P(x, y)$ 的温度值（℃）；

λ——点 P（x，y）处导热系数［W/(m·℃)］。

这样，我们就可以将图 2-1-2 所示的空间三维的地下建筑的坐标系简化为二维坐标系，如图 2-1-3 所示。在这种情况下，该地下建筑的温度场就是关于 y 轴对称的，我们可以只研究如图 2-1-3 所示部分的一半。

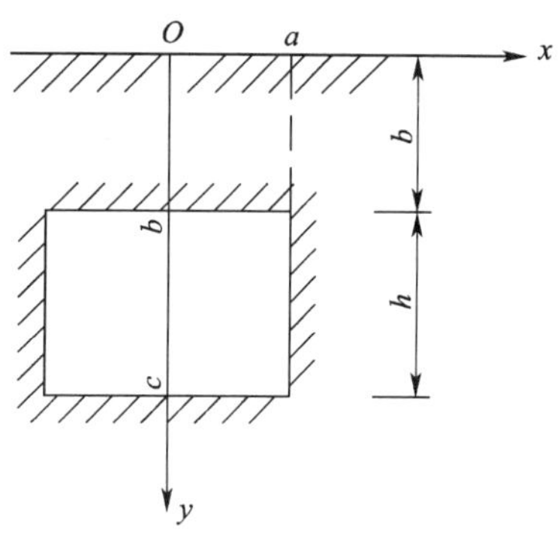

图 2-1-3　简化后的地下建筑坐标系

2. 简化的边界条件及初始条件

（1）内边界条件

空气的蓄热能力很小，吸放的热量可以很显著地改变其温度。假设空调设备开始使用后地下建筑室内空气温度迅速达到设计值，在计算开始后，在空调系统的作用下，室内空气温度维持在设计值，即 $t_a(\tau)=t_n$，则内边界条件简化如下：

$$\begin{cases} \lambda \dfrac{\partial t(x,y,\tau)}{\partial x}\Bigg|_{x=a} + \alpha_1(t_n - t(x,y,\tau)|_{x=a}) = 0 & (2\text{-}1\text{-}15) \\ \lambda \dfrac{\partial t(x,y,\tau)}{\partial y}\Bigg|_{y=b} + \alpha_1(t_n - t(x,y,\tau)|_{y=b}) = 0 & (2\text{-}1\text{-}16) \\ \lambda \dfrac{\partial t(x,y,\tau)}{\partial y}\Bigg|_{y=c} + \alpha_1(t_n - t(x,y,\tau)|_{y=c}) = 0 & (2\text{-}1\text{-}17) \\ \lambda \dfrac{\partial t(x,y,\tau)}{\partial x}\Bigg|_{x=0} = 0 & (2\text{-}1\text{-}18) \end{cases}$$

式中符号意义同前。

（2）外边界条件

外边界条件简化如下：

$$t(x,y,\tau)\Big|_{x\to\infty} = t_0 + \theta_d \exp\left[-\sqrt{\frac{\omega_1}{2a}}y\right]\cos\left(\omega_1\tau_0 - \sqrt{\frac{\omega_1}{2a}}y\right) \tag{2-1-19}$$

$$t(x,y,\tau)\Big|_{y\to\infty} = t_0 \tag{2-1-20}$$

$$\lambda\frac{\partial t(x,y,\tau)}{\partial y}\Bigg|_{y=0} + \alpha_2\left(t(x,y,\tau)\Big|_{y=0} - t_e(\tau)\right) = 0 \tag{2-1-21}$$

式中符号意义同前。

（3）初始条件

初始条件简化如下：

$$t(x,y,\tau)|_{\tau=0} = t_0 + \theta_d \exp\left[-\sqrt{\frac{\omega_1}{2a}}y\right]\cos\left(\omega_1\tau_0 - \sqrt{\frac{\omega_1}{2a}}y\right) \tag{2-1-22}$$

式中符号意义同前。

三、方程的离散

1. 计算传热学常用的数值方法

目前在传热计算中应用较为广泛的主要包括有限差分法（Finite Difference Method，FDM）、有限元法（Finite Element Method，FEM）、有限容积法（Finite Volume Method，

FVM）等。

有限差分法是将求解区域用与坐标轴平行的一系列网格线的交点所组成的点的集合来代替，在每个节点上，将控制方程中每一个导数用相应的差分表达式来代替。因而在每个节点形成一个代数方程，每个方程中包含了该节点和与之相邻的节点上的未知量。这样，就形成了一个代数方程组。求解这个代数方程组，就可以得到所需未知量的数值解。有限差分法是历史上最早采用的数值方法，对简单几何形状中的流动与换热问题也是一种最易实施的数值方法。因各阶导数的差分表达式可以由 Taylor 展开式来导出，故此方法又称为建立离散方程的 Taylor 展开法。有限差分法偏重于从数学角度进行推导。其优点是易于对离散方程进行数学特性的分析，缺点是变步长网格的离散方程形式较为复杂，导出过程的物理概念不清晰。而有限容积法侧重于从物理角度来分析，其推导过程物理概念清晰，离散方程的系数具有一定的物理意义。

有限元法将求解区域划分成一系列元体，每个元体上取数个节点，通过对控制方程做积分来导出离散方程。有限元法与有限容积法区别在于：

1）要选定一个形状函数，并用元体各节点的被求变量表示这个形状函数。

2）控制方程在积分之前要乘上一个权函数，使整个计算区域上控制方程余量的加权平均值为零，从而得到一组节点上被求变量的代数方程组。有限元法对不规则区域的适应性好，但其计算量一般较有限容积法要大。

有限容积法将求解区域划分成一系列控制容积，每个控制容积都有一个代表节点。通过将守恒型的控制方程对控制容积做积分来导出离散方程。在此过程中，需要对界面上的被求函数及其一阶导数的构成作出假设。用有限容积法导出的离散方程可以保证具有守恒特性，而且离散方程系数的物理意义明确，是目前流动和传热问题的数值计算中应用最广泛的一种方法[29]。

本章主要针对一般地下建筑工程的实际需要出发，在兼顾精度的同时，要求尽量简单实用，方便快捷。故此综合考虑上述方法，我们选用有限容积法中的控制容积积分法来建立离散方程。

2. 内节点处控制方程离散形式的导出

采用控制容积积分法可以得到在直角坐标系中二维非稳态导热微分方程的全隐离散格式。假定在控制容积界面上热流密度均匀、控制容积 P 内各处热物性均匀一致，将导热微分方程在 $[\tau,\tau+\Delta\tau]$ 内，对图 2-1-4 所示的控制容积 P 作积分。具体实施过程如下：

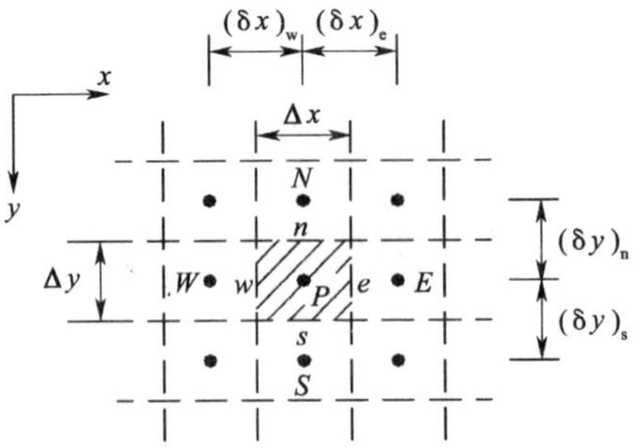

图 2-1-4　直角坐标网格划分

非稳态项的积分：

$$\int_w^e\int_s^n\int_\tau^{\tau+\Delta\tau} c\rho\frac{\partial t(x,y,\tau)}{\partial\tau}\mathrm{d}x\mathrm{d}y\mathrm{d}\tau=(c\rho)_P(t_P-t_P^0)\Delta x\Delta y \tag{2-1-23}$$

扩散项的积分：

$$\int_\tau^{\tau+\Delta\tau}\int_s^n\int_w^e\frac{\partial}{\partial x}\left(\lambda\frac{\partial t}{\partial x}\right)\mathrm{d}x\mathrm{d}y\mathrm{d}\tau=\left[\lambda_e\frac{t_E-t_P}{(\delta x)_e}-\lambda_w\frac{t_P-t_W}{(\delta x)_w}\right]\Delta y\Delta\tau \tag{2-1-24}$$

$$\int_{\tau}^{\tau+\Delta\tau}\int_{w}^{e}\int_{s}^{n}\frac{\partial}{\partial y}\left(\lambda\frac{\partial t}{\partial y}\right)\mathrm{d}x\mathrm{d}y\mathrm{d}\tau=\left[\lambda_{n}\frac{t_{N}-t_{P}}{(\delta y)_{n}}-\lambda_{s}\frac{t_{P}-t_{S}}{(\delta y)_{s}}\right]\Delta x\Delta\tau \tag{2-1-25}$$

由式（2-1-23）~式（2-1-25）得：

$$\frac{(c\rho)_{P}(t_{P}-t_{P}^{0})\Delta x\Delta y}{\Delta\tau}=\lambda_{e}\frac{t_{E}}{(\delta x)_{e}}\Delta y+\lambda_{w}\frac{t_{W}}{(\delta x)_{w}}\Delta y+\lambda_{n}\frac{t_{N}}{(\delta y)_{n}}\Delta x+\lambda_{s}\frac{t_{P}}{(\delta y)_{s}}\Delta x$$
$$-t_{P}\left\{\left[\frac{\lambda_{e}}{(\delta x)_{e}}+\frac{\lambda_{w}}{(\delta x)_{w}}\right]\Delta y+\left[\frac{\lambda_{n}}{(\delta y)_{n}}+\frac{\lambda_{s}}{(\delta y)_{s}}\right]\Delta x\right\}$$

即

$$t_{P}\left\{\frac{(c\rho)_{P}\Delta x\Delta y}{\Delta\tau}+\left[\frac{\lambda_{e}}{(\delta x)_{e}}+\frac{\lambda_{w}}{(\delta x)_{w}}\right]\Delta y+\left[\frac{\lambda_{n}}{(\delta y)_{n}}+\frac{\lambda_{s}}{(\delta y)_{s}}\right]\Delta x\right\}$$
$$=\frac{\lambda_{e}\Delta y}{(\delta x)_{e}}t_{E}+\frac{\lambda_{w}\Delta y}{(\delta x)_{w}}t_{W}+\frac{\lambda_{n}\Delta x}{(\delta y)_{n}}t_{N}+\frac{\lambda_{s}\Delta x}{(\delta y)_{s}}t_{S}+\frac{(c\rho)_{P}\Delta x\Delta y}{\Delta\tau}t_{P}^{0}$$

于是，内节点方程可整理成如下形式：

$$a_{P}t_{P}=a_{E}t_{E}+a_{W}t_{W}+a_{N}t_{N}+a_{S}t_{S}+b \tag{2-1-26}$$

上面等式中：

$$a_{P}=a_{P}^{0}+a_{E}+a_{W}+a_{N}+a_{P};$$

$$a_{P}^{0}=\frac{(c\rho)_{P}\Delta x\Delta y}{\Delta\tau};$$

$$a_{E}=\frac{\lambda_{e}\Delta y}{(\delta x)_{e}};$$

$$a_{W}=\frac{\lambda_{w}\Delta y}{(\delta x)_{w}};$$

$$a_{N}=\frac{\lambda_{n}\Delta x}{(\delta y)_{n}};$$

$$a_{S}=\frac{\lambda_{s}\Delta x}{(\delta y)_{s}};$$

$$b=a_{P}^{0}t_{P}^{0}。$$

3. 边界条件的处理

本文采用附加源项法来处理第二类或第三类边界条件。把由第二类或第三类边界条件所规定的进入或导出计算区域的热量作为与边界相邻的控制容积的当量源项。就整体而言，无论此热量从边界上导入还是从与边界相邻的控制容积发出，热平衡都不会被破坏。而作了这样的处理后，如果与边界相邻的控制容积中的节点是内节点，则对此控制容积建立起来的离散方程可以不包含边界上的未知温度。附加源项法的代数方程求解区域仅限于内节点，需计算的代数方程数量减少，可节省计算时间。同时，因为方程中不含边界节点，还可以简化计算程序。

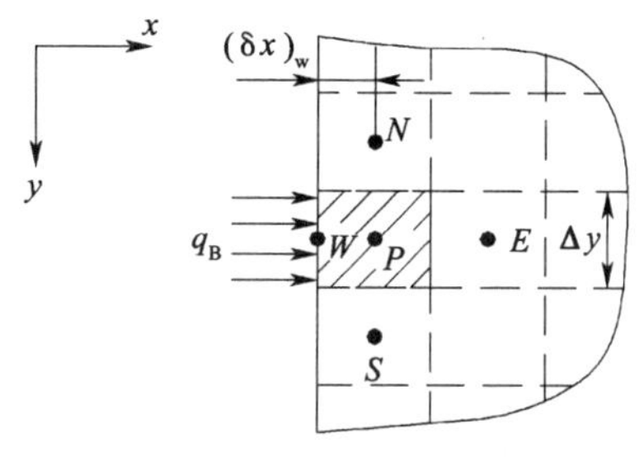

图 2-1-5　附加源项法示意简图

如图 2-1-5 所示，与边界相邻的控制容积的节

点为 P。

根据式（2-1-26）有：

$$a_P t_P = a_E t_E + a_W t_W + a_N t_N + a_S t_S + b$$

$$a_W = \frac{\lambda_w \Delta y}{(\delta x)_w}$$

由上面两式可以得到如下关系式：

$$(a_P - a_W) t_P = a_E t_E + a_W (t_W - t_P) + a_N t_N + a_S t_S + b$$

而

$$a_W (t_W - t_P) = \frac{\lambda_B \Delta y (t_W - t_P)}{(\delta x)_w} = q_B \Delta y$$

上式中 q_B 为进入该控制容积的热流密度，以进入为正。于是 P 点的方程变为：

$$(a_P - a_W) t_P = a_E t_E + a_N t_N + a_P t_P + q_B \Delta y + b \tag{2-1-27}$$

对第二类边界条件，q_B 已知，则式（2-1-26）不含有边界未知节点温度，代数方程组可解。

对第三类边界条件有：

$$q_B = \alpha_1 (t_a - t_W)$$

由傅立叶定律有：

$$q_B = \frac{\lambda_B (t_W - t_P)}{(\delta x)_w}$$

由这两个关系式可得：

$$q_B = \alpha_1 (t_a - t_W) = \frac{\lambda_B (t_W - t_P)}{(\delta x)_w} = \frac{t_a - t_P}{\frac{1}{\alpha_1} + \frac{(\delta x)_w}{\lambda_B}} \tag{2-1-28}$$

将式（2-1-28）代入式（2-1-27）有：

$$\left[a_P - a_W + \frac{\Delta y}{\frac{1}{\alpha_1} + \frac{(\delta x)_w}{\lambda_B}}\right] t_P = a_E t_E + a_N t_N + a_S t_S + b + \frac{t_a \Delta y}{\frac{1}{\alpha_1} + \frac{(\delta x)_w}{\lambda_B}} \tag{2-1-29}$$

经过上面的处理，就可以将边界节点处未知的温度排除在离散方程之外。在解得内部节点之后，可由式（2-1-29）求解边界节点的温度。

4. 界面上当量导热系数 λ_e 的确定

在本文涉及到交界面上当量导热系数的计算时，均选用调和平均法。如图 2-1-6 所示的交界面处，当交界面两侧为同一种材料时，交界面上的导热系数就是该材料的导热系数。但当交界面两侧材料不同时，就需要计算交界面上的当量导热系数，再以此来计算式（2-1-26）中的 a_E。

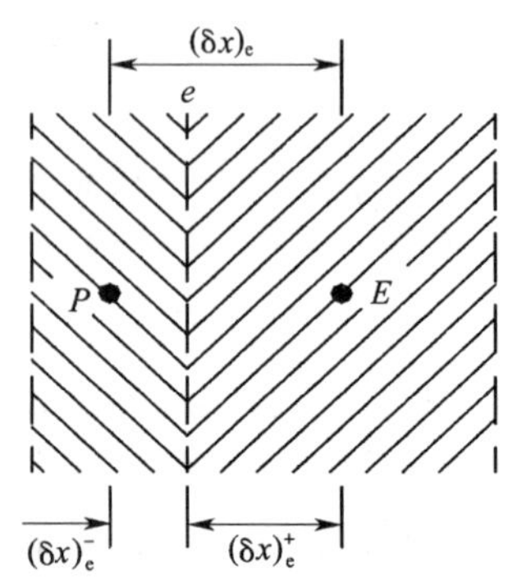

图 2-1-6　e 界面两侧的几何关系

在图 2-1-6 所示的控制容积 P、E 的导热系数不同，由于界面上热流密度连续，则

$$q_e = \frac{t_e - t_P}{\frac{(\delta x)_e^-}{\lambda_P}} = \frac{t_E - t_e}{\frac{(\delta x)_e^+}{\lambda_E}} = \frac{t_E - t_P}{\frac{(\delta x)_e^-}{\lambda_P} + \frac{(\delta x)_e^+}{\lambda_E}}$$

而根据界面上当量导热系数的含义应有如下关系式：

$$q_e = \frac{t_E - t_P}{\dfrac{(\delta x)_e}{\lambda_e}}$$

联立上面两式得：

$$\lambda_e = \frac{(\delta x)_e}{\dfrac{(\delta x)_e^-}{\lambda_P} + \dfrac{(\delta x)_e^+}{\lambda_E}} \tag{2-1-30}$$

5. 节点方程组

经过上述处理，我们就可以得到关于内部节点 P（i，j）（图 2-1-4）的节点方程如下：

$$a_{i,j}t_{i,j} - a_{i-1,j}t_{i-1,j} - a_{i+1,j}t_{i+1,j} - a_{i,j-1}t_{i,j-1} - a_{i,j+1}t_{i,j+1} = b_{i,j} \tag{2-1-31}$$

式中 $a_{i,j} = a_{i,j}^0 + a_{i-1,j} + a_{i+1,j} + a_{i,j-1} + a_{i,j+1}$；

$a_{i,j}^0 = \dfrac{(c\rho)_{i,j}\Delta x_{i,j}\Delta y_{i,j}}{\Delta \tau}$；

$a_{i-1,j} = \dfrac{2\Delta y_{i,j}}{\dfrac{\Delta x_{i-1,j}}{\lambda_{i-1,j}} + \dfrac{\Delta x_{i,j}}{\lambda_{i,j}}}$；

$a_{i+1,j} = \dfrac{2\Delta y_{i,j}}{\dfrac{\Delta x_{i+1,j}}{\lambda_{i+1,j}} + \dfrac{\Delta x_{i,j}}{\lambda_{i,j}}}$；

$a_{i,j-1} = \dfrac{2\Delta y_{i,j}}{\dfrac{\Delta y_{i,j-1}}{\lambda_{i,j-1}} + \dfrac{\Delta y_{i,j}}{\lambda_{i,j}}}$；

$a_{i,j+1} = \dfrac{2\Delta x_{i,j}}{\dfrac{\Delta y_{i,j+1}}{\lambda_{i,j+1}} + \dfrac{\Delta y_{i,j}}{\lambda_{i,j}}}$；

$b_{i,j} = a_{i,j}^0 t_{i,j}^0$。

第二类边界条件下与边界相邻的节点 P（i，j）（图 2-1-5）的节点方程如下：

$$(a_{i,j} - a_{i,j-1})t_{i,j} - a_{i+1,j}t_{i+1,j} - a_{i-1,j}t_{i-1,j} - a_{i,j+1}t_{i,j+1} = b_{i,j} \tag{2-1-32}$$

式中符号意义同前。

第三类边界条件下与边界相邻的节点 P（i，j）（图 2-1-5）的节点方程如下：

$$\left[a_{i,j} - a_{i,j-1} + \frac{\Delta y_{i,j}}{\dfrac{1}{\alpha} + \dfrac{\Delta x_{i,j}}{2\lambda_{i,j}}}\right]t_{i,j} - a_{i+1,j}t_{i+1,j} - a_{i-1,j}t_{i-1,j} - a_{i,j+1}t_{i,j+1} = b_{i,j} + \frac{t_a\Delta y_{i,j}}{\dfrac{1}{\alpha} + \dfrac{\Delta x_{i,j}}{2\lambda_{i,j}}} \tag{2-1-33}$$

式中 α——空气和边界界面之间的对流换热系数［W/(m² · ℃)］；

其余符号意义同前。

第三节　围护结构传热的分析与计算

一、节点方程的求解

1. 节点方程的特点

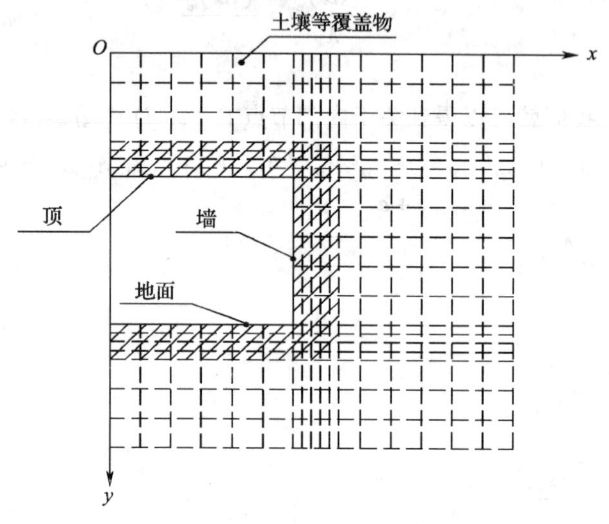

图 2-1-7　围护结构二维网格划分简图

图 2-1-7 为地下建筑围护结构网格划分的简图。

对于二维导热问题，在第二节我们得到了离散后的节点方程组。这些节点方程构成了一个线性代数方程组，可以表示为如下形式：

$$[A][T]=[B] \tag{2-1-34}$$

式中　[A]——系数矩阵，与各内节点有关的参数组成的方阵；

[T]——各内节点的温度组成的列向量；

[B]——与各内节点有关的参数组成的列向量。

系数矩阵 [A] 中各主对角元素都大于零。[A] 为除了主对角线及其上、下相邻两位置上的元素，和离开主对角元素一定距离（与围护结构网格划分有关）的对角线元素不为零外，其他元素位置上都为零的主对角占优的大型带状稀疏矩阵。

2. 节点方程的求解工具——MATLAB

由上面我们得到了各内节点温度为未知量的线性代数方程组。在求解这一方程组的时候，需要进行大量的数学计算。这就需要编制相应的程序，并借助于计算机强大的计算功能来实现。我们可以选择多种算法、使用不同的语言来实现。在此我们选择 MATLAB 作为求解工具。

MATLAB 有着丰富的函数资源，给用户提供最直观、最简洁的开发环境，使编程人员可以从烦琐的程序代码中解放出来。MATLAB 语言规定了矩阵的算术运算符、关系运算符、逻辑运算符以及赋值运算符，而且这些运算符大部分可以照搬到数组的运算，并且不需要定义数组的维数。MATLAB 给出了矩阵函数、特殊矩阵专门的库函数，使之在使用时十分简洁、高效。

另外，MATLAB 具有很严格的解题规范，它会根据矩阵的特征选择适合方程的求解算法，所以不用担心 MATLAB 解题的准确性[30]。在 MATLAB 环境下，许多复杂的数学运算，如求矩阵的逆及特征值等，都有现成的库函数可以调用，并且各个库函数是根据不同的应用情况采用不同的优化算法的，保证了结果的可靠性和求解的快速性。

因此，我们在此选用 MATLAB 作为求解节点方程组的工具，并编写了 MATLAB 程序，将系数矩阵 [A] 和 [B] 提炼出来，利用 MATLAB 强大的矩阵计算能力来求解方程。

二、传热模型及计算程序的检验

在前面，我们对地下建筑围护结构的传热进行了分析之后，得到了围护结构传热的模型。之后，我们又对模型进行了相应的假设与简化，导出了离散的节点方程组，并确定了方程组的求解方法，选择了求解工具。

在这些工作都结束之后，我们对南京市太园地下旅社围护结构传热进行了动态模拟，并与朱培根等[11]对太园地下旅社实测的传热数据相比较，验证了传热模型和计算方法的有效性。

1. 模拟工程概况

太园地下旅社是附建式地下建筑，位于南京郑和公园内，埋深 1.5m，使用面积约 350m^2。地下建筑内各房间为走廊单侧布置，地下建筑外墙围护结构直接与岩土相接，其平面布局如图 2-1-8 所示[11]。

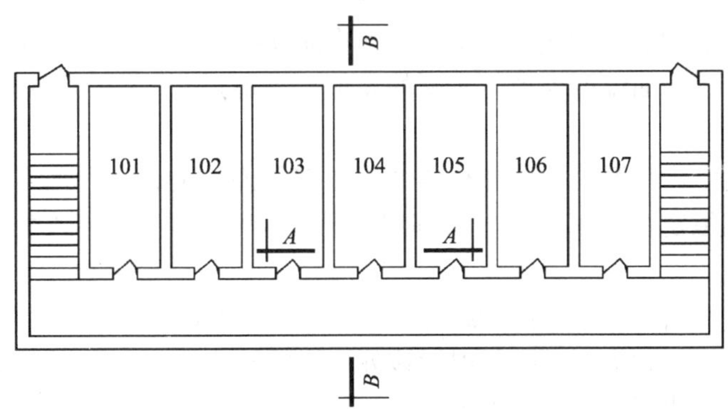

图 2-1-8　太园地下旅社平面简图

朱培根等[11]对太园地下旅社 104 房间进行实测，获得了该房间围护结构传热的逐时数据以及相关的物性参数。104 房间净高 3.00m，外墙长 3.50m，其结构形式及相关尺寸如图2-1-9 所示。其围护结构导热系数为 1.52W/(m·℃)，导温系数为 0.003m^2/h。

根据上述相应资料，采用上述建立的传热模型对 104 房间进行了传热的动态模拟，并将部分模拟结果与实测值作了比较。

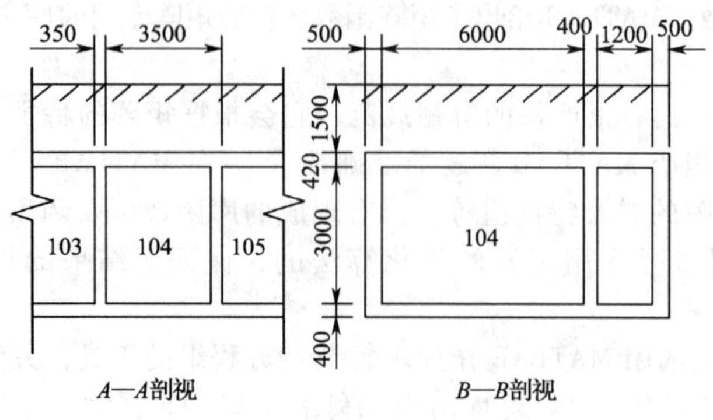

图 2-1-9 104 房间结构尺寸简图

2. 模拟值与实测值的比较

图 2-1-10 所示的是 104 房间外墙内表面温度，为 2000 年 9 月 24 日 20: 30 的模拟值与实测值，横坐标表示外墙内表面自屋顶内表面算起的沿深度方向的距离，纵坐标表示壁面温度值。

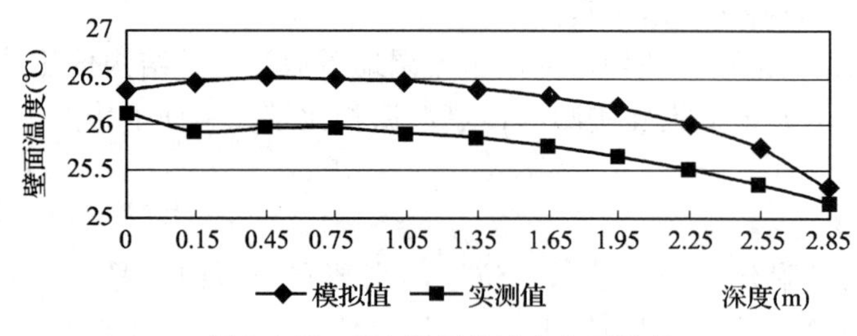

图 2-1-10 104 房间外墙内表面温度

由图 2-1-10 可以看出模拟值与实测值沿深度方向的变化趋势基本是一致的，相同位置处的模拟值与实测值相差不超过 0.6℃，且随着深度的增加，两者差值逐渐减小。在 104 房间内接近地面处，墙面温度模拟与实测的差值已不超过 0.2℃。形成这种趋势的原因是多方面的。

首先，实测时室内气温是由电加热器维持在 27℃左右的，室内气温必然有波动。而模拟时假设室内气温恒定在 27℃，是一种理想情况。这种差异必然导致壁面温度模拟值和实测值之间存在差值。

其次，室外气温对地下建筑围护结构及土壤温度场的影响是沿深度方向衰减的。其他条件相同时，土壤深度越大，室外气温对该处地温的影响越小。图 2-1-10 也说明对地下建筑温度场的模拟，室内近地面处温度模拟值更接近实测值。

图 2-1-11 所示的是 9 月 24 日 20: 00 至 9 月 25 日 19: 00 期间 104 房间的围护结构总传热量的模拟值与实测值，横坐标表示时刻，纵坐标表示总的传热量。它反映了围护结构传热量的模拟值与实测值在一天内的变化趋势与差异。

从图 2-1-11 中我们可以看出模拟值较为稳定，模拟值与实测值相差不超过 12W，即不超过 10% 。这是因为室内气温假设为恒定 27℃，而室外气温对地下建筑内壁面温度的影响由于围护结构及土壤的削减在一天之内体现不出来，室外气温对地下建筑围护结构传热的影响主要表现在传热量的年变化上。

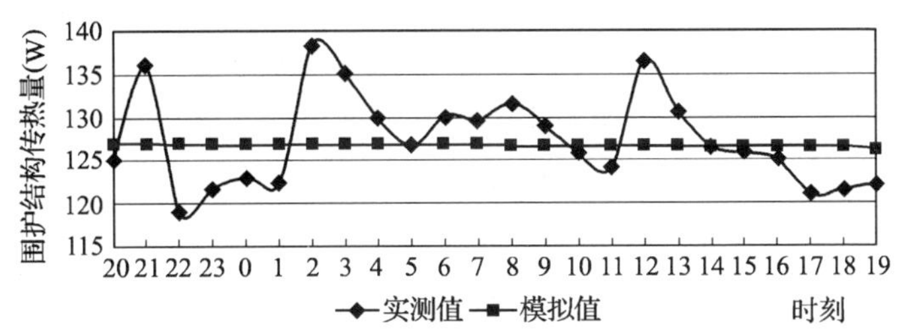

图 2-1-11　104 房间围护结构传热量

由图 2-1-10 及图 2-1-11 可以看出，地下建筑室内地表面处温度比外墙更接近实测值，即地面的传热模拟效果要好于外墙。虽然外墙内表面处温度模拟值与实测值有差距，但差距较大的部位面积不大，总的模拟结果还是比较令人满意的，这从总的传热量上也能体现出来。因此，我们建立的地下建筑围护结构传热模型及求解方法是有效的，可以满足要求。

三、对地下建筑围护结构传热的模拟与分析

验证了模型及其求解方法的有效性之后，我们以之为工具对哈尔滨市某地下商场[31]的围护结构传热进行了模拟计算。

该地下商场位于哈尔滨市区内，建筑面积近 2 万 m^2，分为上下两层，以经营服装、百货为主。该商场长 180m，宽 50m，高 9m，围护结构厚 0.5m，覆土厚 1.0m。建筑围护结构及工程地质情况如下：围护结构（顶板、墙、地面）均为钢筋混凝土，$\lambda = 1.74$W/(m·℃)，$\rho = 2500$kg/m^3，$c = 920$J/(kg·℃)；地下商场周围为黏土，$\lambda = 1.16$W/(m·℃)，$\rho = 2000$kg/m^3，$c = 1000$J/(kg·℃)。

1．室内设计温度为 22℃ 的情况

我们将室内温度设定在 22℃，模拟该地下建筑围护结构一年内的传热情况，结果如下：

1）图 2-1-12 是该地下商场围护结构传热的模拟结果，图中三条曲线分别是一年内该地下建筑总传热量、地下一层传热量、地下二层传热量。计算结果显示地下围护结构的传热量中地下一层所占的份额较大，即埋深较浅的部位对围护结构传热量的影响较大，且波动较大。

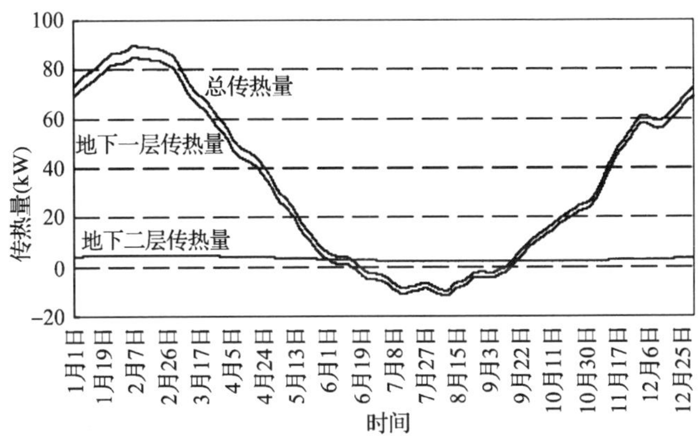

图 2-1-12　室温恒定时围护结构传热量

2）由图 2-1-12 可知，总传热量、地下一层的传热量变化比较明显，而地下二层传热量的变化趋势则相对较小。这是因为，大地对室外空气温度波动在其中的传递有衰减和延迟的作用，地下一层埋深较浅，土壤对室外空气温度波动的衰减较小，其传热量受室外空气温度波动的影响就较大；而地下二层埋深较大，土壤对室外空气温度波动的衰减也较大，其传热量受室外空气温度波动的影响就较小。

3）图 2-1-13 是哈尔滨市月平均干球温度，由此我们可以看出哈尔滨市全年最低气温出现在一月，最高气温出现在七月。而由图 2-1-12 可以看出，地下商场的传热量冬季计算的最大值出现在二月中旬，夏季最大值出现在八月初。这是由于温度波在土壤中传递时受到土壤的延迟作用，在地下商场围护结构处出现最高或最低温度的时间要滞后于室外气温出现最高或最低值一段时间，因而围护结构传热量的波动要滞后于室外气温的波动。

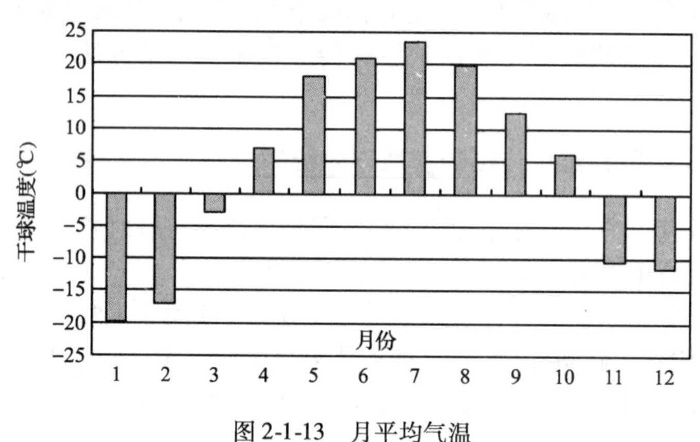

图 2-1-13　月平均气温

图 2-1-14、图 2-1-15 分别是该地下商场地下一层和地下二层围护结构全年的传热量。可以看出，在围护结构传热量最大时，地下一层顶板的传热量占该层传热量总额的 75% 以上；顶板的传热量占围护结构传热总量的 70% 以上。

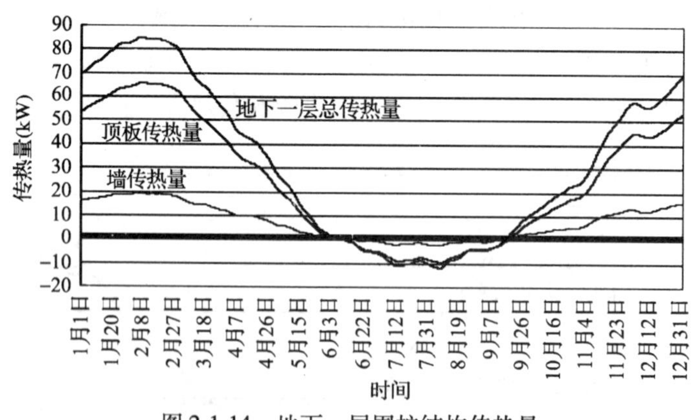

图 2-1-14　地下一层围护结构传热量

2. 室内设计温度随季节设定的情况

根据空调设计原则，将室内温度设定为冬季 18℃，夏季 26℃，过渡季由 18℃逐渐过渡到 26℃，再次模拟该地下建筑围护结构一年内的传热情况。图 2-1-16 ~ 图 2-1-18 是本次计算的结果。

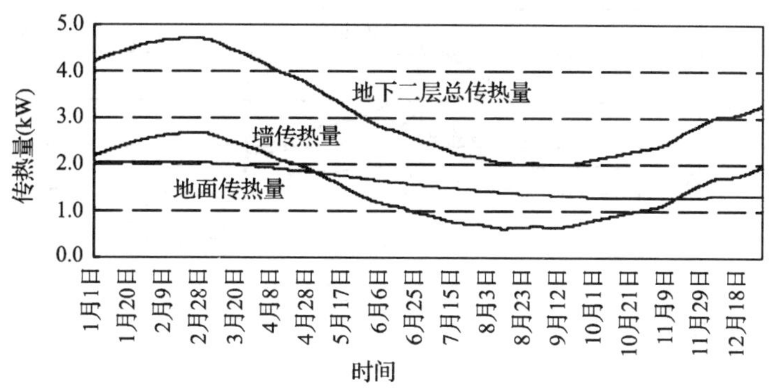

图 2-1-15　地下二层围护结构传热量

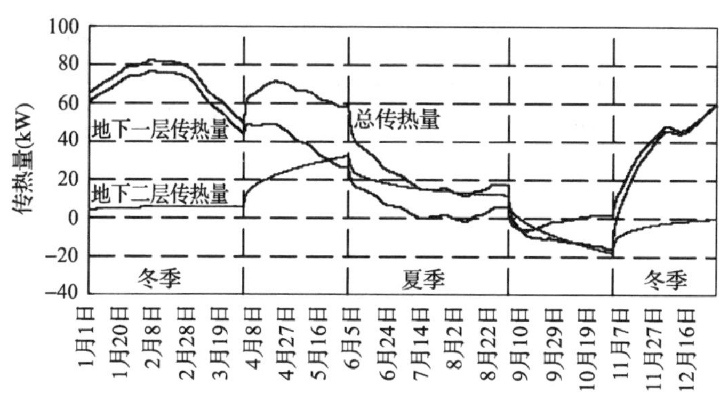

图 2-1-16　室温按季节设定时围护结构传热量

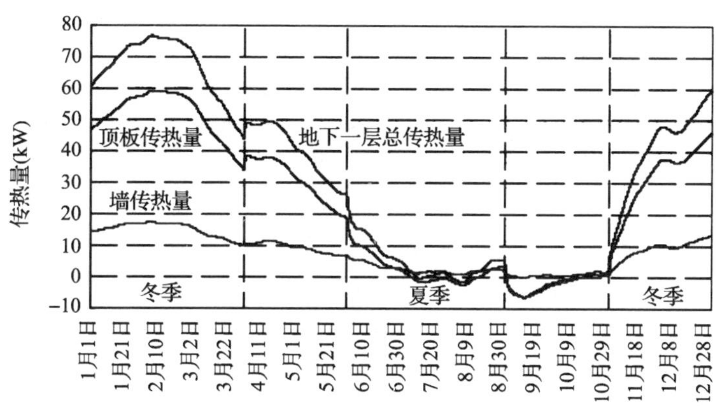

图 2-1-17　地下一层围护结构传热量

如图 2-1-16 ~ 图 2-1-18 所示，地下商场围护结构传热量的年变化规律及趋势与室温设定为 22℃时基本是一致的，图中曲线发生突变是因为室温设计值在过渡季节发生改变的缘故。这部分因室温改变而造成传热量的改变量主要产生在季节过渡的时期，对冬夏两季设计负荷的影响不大，确定围护结构负荷时基本可以不必考虑。但这部分改变量却使地下建筑内围护结构的夏季最大传热量比室外气温的最大值延迟了两个月。这也是因为地下建筑围护结构及周围土壤的蓄热所致。图 2-1-17 是地下一层围护结构传热量的年计算结果，其变化规律与室温设定为 22℃时也是相近的。

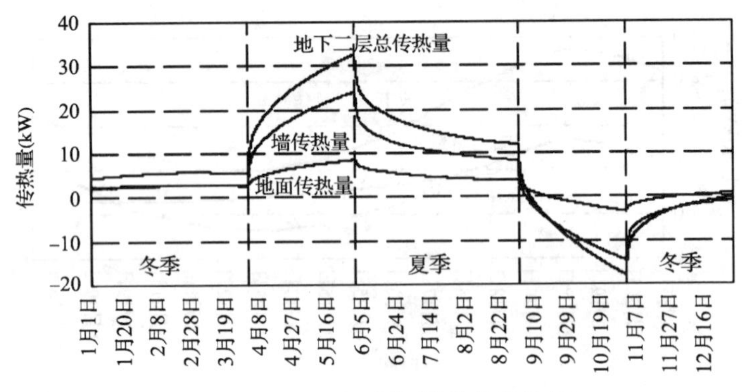

图 2-1-18　地下二层围护结构传热量

而由图 2-1-18 可知，地下二层围护结构的传热量在冬季较小，在夏季较大。这主要也是因为受土壤蓄热的影响，夏季壁面温度低于室温设计值。由此可以看出，在某些情况下，在夏季，可以利用地下建筑围护结构的传热量来抵消一部分其他热源形成的空调冷负荷。

3．两者的比较

图 2-1-19 ~ 图 2-1-21 是上述两种情况下围护结构传热量的比较。与室内温度设定为常数相比，按季节设定室温所造成的传热量在冬夏两季都要小，但基本规律大致相同（表 2-1-1）。

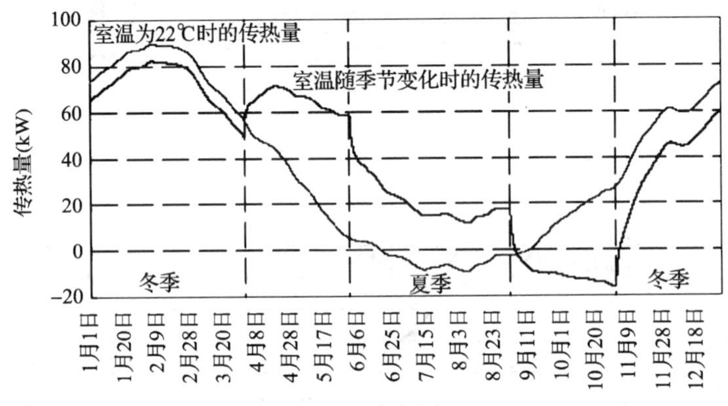

图 2-1-19　总传热量的比较

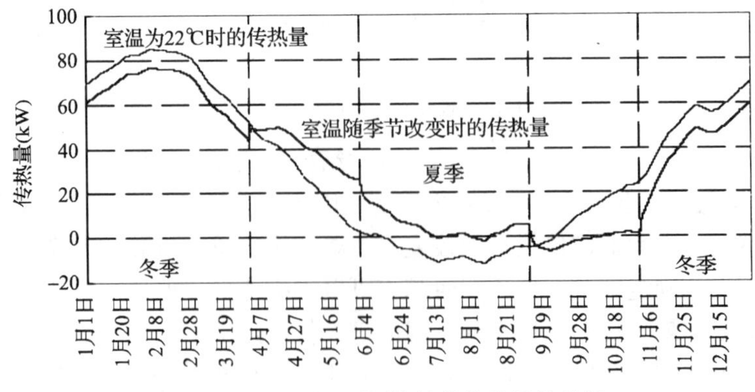

图 2-1-20　地下一层围护结构传热量的比较

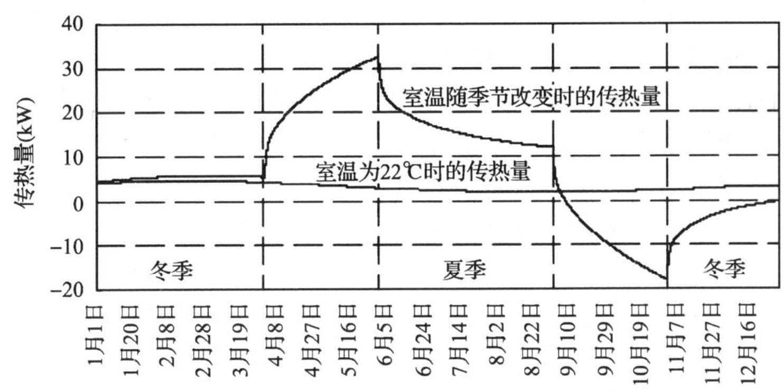

图 2-1-21　地下二层围护结构传热量的比较

围护结构传热计算指标　　表 2-1-1

室内气温	地下一层传热量指标（W/m²）		地下二层传热量指标（W/m²）	
	冬季	夏季	冬季	夏季
22℃	9.44	-1.31	0.53	0.22
按季节设定	8.45	-0.33	0.64	1.44

在本例中，由于哈尔滨市土壤的年平均温度较低并且土壤对传热的延迟影响，所以夏季室外气温最高时土壤深处的温度较低，壁面温度接近或低于室内温度设计值，故该地下商场围护结构夏季传热量很小。在这种情况下，室内设计温度若选取合适，围护结构传热量对商场夏季总负荷的影响甚至可以忽略不计。

第四节　围护结构传热量的简化计算

前两节我们对地下建筑围护结构传热的模拟计算作了一些简要介绍。但是在实际工作中，有些情况往往比较复杂，难以模拟计算。而地下建筑围护结构传热形成的负荷在总负荷中所占比重不大，所以对地下建筑围护结构传热量的简化计算也是很有意义的。

一、浅埋地下建筑

1. 有恒温要求的地下建筑

$$Q = Q_1 + Q_2 \mp Q_3 \tag{2-1-35}$$

$$Q_1 = (t_{nc} - t_0)N \tag{2-1-36}$$

$$N = \alpha l(b + 2h)(1 - T_{pb}) \tag{2-1-37}$$

$$Q_2 = blK(t_{nc} - t'_{np}) \tag{2-1-38}$$

$$Q_3 = 2\alpha hl\theta_d \Theta_{db} \tag{2-1-39}$$

式中　Q——恒温浅埋地下建筑壁面传热量（W）；

Q_1——室内空气年平均温度与年平均地温之差引起的壁面传热量（W）；

Q_2——地面建筑与地下建筑室内温差引起的顶板传热量（W）；

Q_3——地表面温度年周期性波动通过地下建筑侧墙传递的热量（W）；

t_{nc}——地下建筑室内空气恒定温度（或年平均温度）（℃）；

t_0——地下建筑周围年平均温度（℃）；

N——壁面年平均传热计算参数（W/℃）；

α——换热系数［W/(m² · ℃)］，一般取5.8～8.7；

l——地下建筑长度（m）；

b——地下建筑宽度（m）；

h——地下建筑高度（m）；

T_{pb}——年平均温度参数，根据土壤的导热系数、建筑的宽度和高度确定，见表2-1-2；

K——楼板传热系数，$K=\dfrac{\alpha_b\lambda_b}{\alpha_b\delta+2\lambda_b}$［W/(m² · ℃)］；

α_b——地下建筑与地面建筑的换热系数［W/(m² · ℃)］；

δ——地下建筑与地面建筑之间楼板的厚度（m）；

λ_b——楼板材料的导热系数［W/(m · ℃)］；

t'_{np}——地面建筑内空气日平均温度（℃）；

θ_d——地表面温度年周期性波动振幅（℃）；

Θ_{db}——地表面温度年周期性波动引起的侧壁面温度参数，根据土壤的导热系数和壁面导温系数以及地下建筑高度确定，见表2-1-2；

$\mp$——夏季取“－”，冬季取“＋”。

2. 无恒温要求的地下建筑

$$Q=Q_1+Q_2 \tag{2-1-40}$$

$$Q_2=\mp\theta_{nl}M \tag{2-1-41}$$

$$M=\alpha l\left[(b+2h)(1-\Theta_{nb})+\frac{bk}{\alpha}\right] \tag{2-1-42}$$

式中 Q——非恒温浅埋地下建筑壁面传热量（W）；

Q_1——室内空气年平均温度与年平均地温之差引起的壁面传热量（W），见式（2-1-36）；

Q_2——壁面年波动传热量（W）；

θ_{nl}——室内空气温度年波幅（℃），$\theta_{nl}=t_{np}-t_{nc}$；

t_{np}——夏季室内空气日平均温度（℃）；

t_{nc}——夏季室内空气年平均温度（℃）；

M——壁面周期性波动传热计算参数（W/℃）；

Θ_{nb}——地下建筑市内温度年周期性波动的温度参数，根据土壤的导热系数和导温系数以及（$0.5b+h$）值确定，见表2-1-4；

$\mp$——夏季取“＋”，冬季取“－”。

年平均温度参数 T_{pb} 表 2-1-2

λ [W/(m·℃)]	b (m)	h (m)								
		2	3	4	5	6	7	8	9	10
1.163	18	0.9417	0.9433	0.9448	0.9464	0.9480	0.9495	0.9511	0.9526	0.9542
	12	0.9250	0.9292	0.9334	0.9375	0.9417	0.9458	0.9471	0.9490	0.9505
	8	0.9083	0.9167	0.9208	0.9267	0.9292	0.9333	0.9375	0.9417	0.9458
	6	0.8958	0.9071	0.9133	0.9208	0.9250	0.9293	0.9333	0.9375	0.9417
	4	0.8792	0.8933	0.9042	0.9125	0.9179	0.9238	0.9283	0.9325	0.9358
	2	0.8500	0.8729	0.8879	0.8958	0.9042	0.9125	0.9196	0.9250	0.9300
1.512	18	0.9467	0.9487	0.9507	0.9526	0.9546	0.9566	0.9586	0.9605	0.9625
	12	0.9333	0.9379	0.9421	0.9451	0.9492	0.9508	0.9521	0.9542	0.9562
	8	0.9196	0.9279	0.9329	0.9375	0.9417	0.9454	0.9478	0.9500	0.9521
	6	0.9083	0.9208	0.9248	0.9291	0.9333	0.9375	0.9415	0.9454	0.9492
	4	0.8917	0.9042	0.9125	0.9188	0.9250	0.9292	0.9342	0.9383	0.9440
	2	0.8667	0.8875	0.8992	0.9083	0.9167	0.9242	0.9292	0.9350	0.9396
1.744	18	0.9542	0.9563	0.9584	0.9604	0.9625	0.9646	0.9667	0.9687	0.9708
	12	0.9456	0.9478	0.9499	0.9521	0.9543	0.9564	0.9586	0.9607	0.9629
	8	0.9310	0.9375	0.9417	0.9458	0.9500	0.9529	0.9558	0.9588	0.9617
	6	0.9241	0.9300	0.9375	0.9417	0.9458	0.9500	0.9542	0.9584	0.9626
	4	0.9083	0.9208	0.9292	0.9333	0.9375	0.9417	0.9458	0.9500	0.9542
	2	0.8917	0.9042	0.9146	0.9221	0.9288	0.9333	0.9400	0.9450	0.9498

Θ_{db}值（侧墙平均） 表 2-1-3

λ [W/(m·℃)]	a (m^2/h)	侧墙高度 h (m)					
		1	2	3	4	5	6
1.163	0.0010	0.1395	0.0900	0.0623	0.0464	0.0365	0.0298
	0.0016	0.1435	0.0921	0.0659	0.0502	0.0398	0.0325
	0.0020	0.1457	0.0965	0.0700	0.0537	0.0430	0.0355
	0.0025	0.1466	0.0976	0.0716	0.0556	0.0447	0.0371
1.512	0.0010	0.1710	0.1111	0.0770	0.0574	0.0451	0.0369
	0.0016	0.1765	0.1173	0.0839	0.0638	0.0507	0.0416
	0.0020	0.1790	0.1196	0.0870	0.0670	0.0535	0.0443
	0.0025	0.1805	0.1211	0.0890	0.0693	0.0557	0.0462
1.744	0.0010	0.1910	0.1246	0.0865	0.0643	0.0506	0.0413
	0.0016	0.1965	0.1313	0.0940	0.0716	0.0569	0.0468
	0.0020	0.1990	0.1338	0.0975	0.0749	0.0598	0.0494
	0.0025	0.1992	0.1349	0.1030	0.0774	0.0622	0.0517

Θ_{nb}值 **表 2-1-4**

λ [W/(m·℃)]	a (m²/h)	0.5b+h, (m)				
		8	12	18	20	24
1.163	0.0010	0.1395	0.0900	0.0623	0.0464	0.0365
	0.0016	0.1435	0.0921	0.0659	0.0502	0.0398
	0.0020	0.1457	0.0965	0.0700	0.0537	0.0430
	0.0025	0.1466	0.0976	0.0716	0.0556	0.0447
1.512	0.0010	0.1710	0.1111	0.0770	0.0574	0.0451
	0.0016	0.1765	0.1173	0.0839	0.0638	0.0507
	0.0020	0.1790	0.1196	0.0870	0.0670	0.0535
	0.0025	0.1805	0.1211	0.0890	0.0693	0.0557
1.744	0.0010	0.1910	0.1246	0.0865	0.0643	0.0506
	0.0016	0.1965	0.1313	0.0940	0.0716	0.0569
	0.0020	0.1990	0.1338	0.0975	0.0749	0.0598
	0.0025	0.1992	0.1349	0.1030	0.0774	0.0622

二、深埋地下建筑

1. 有恒温要求的地下建筑

$$Q = Q_1 + Q_2 \tag{2-1-43}$$

$$Q_1 = \alpha m F(t_{nc} - t_0)[1 - f(F_0, B_i)] \tag{2-1-44}$$

式中 Q——恒温深埋地下建筑壁面传热量（W）；

Q_1——室内空气年平均温度与年平均地温之差引起的壁面传热量（W）；

Q_2——地面建筑与地下建筑室内温差引起的顶板传热量（W），见式（2-1-38）；

θ_{nl}——室内空气温度年波幅，$\theta_{nl} = t_{np} - t_{nc}$（℃）；

t_{nc}——地下建筑室内空气恒定温度（或年平均温度）（℃）；

t_0——当地地表面年平均温度（℃）；

$f(F_0, B_i)$——壁面恒温传热计算参数，根据 $F_0 = a\tau / r_0^2$ 及 $B_i = \alpha r_0/\lambda$ 确定，见表 2-1-5～表 2-1-8；

a——壁面导温系数（m²/h）；

τ——预热时间（h）；

α——换热系数 [W/(m²·℃)]；

λ——导热系数 [W/(m·℃)]；

r_0——地下建筑当量半径（m）；

m——壁面传热修正系数，衬砌结构 $m=1$；衬套结构、岩石 $m=0.72$；土壤 $m=0.86$；

F——传热壁面面积（m²）；

$\mp$——夏季取“+”，冬季取“-”。

当量圆柱体地下建筑壁面传热计算参数 f（F_0，B_i） 表 2-1-5

F_0	B_i						
	2.0	2.5	3.0	3.5	4.0	5.0	6.0
0.1	0.4178	0.4697	0.5500	0.5906	0.6267	0.6900	0.7233
0.2	0.5179	0.5750	0.6233	0.6627	0.6900	0.7472	0.7756
0.3	0.5625	0.6167	0.6600	0.6933	0.7250	0.7719	0.8000
0.5	0.6087	0.6633	0.7000	0.7321	0.7596	0.8000	0.8333
0.7	0.6367	0.6933	0.7250	0.7564	0.7813	0.8192	0.8462
1.0	0.6667	0.7143	0.7464	0.7756	0.7964	0.8368	0.8608
2.0	0.7179	0.7660	0.7872	0.8132	0.8331	0.8656	0.8831
5.0	0.7667	0.8000	0.8275	0.8479	0.8638	0.8925	0.9046
6.0	0.7756	0.8086	0.8357	0.8544	0.8688	0.8963	0.9100
8.0	0.7872	0.8179	0.8436	0.8619	0.8756	0.9019	0.9141
10	0.7962	0.8286	0.8538	0.8688	0.8813	0.9071	0.9192
20	0.8179	0.8464	0.8719	0.8769	0.8825	0.9192	0.9321
30	0.8317	0.8575	0.8750	0.8906	0.9026	0.9244	0.9370
40	0.8392	0.8631	0.8831	0.8963	0.9077	0.9269	0.9405
60	0.8465	0.8713	0.8894	0.9032	0.9135	0.9314	0.9423
80	0.8528	0.8750	0.8919	0.9064	0.9160	0.9333	0.9455
100	0.8564	0.8788	0.8938	0.9083	0.9185	0.9353	0.9474

当量圆柱体地下建筑壁面传热计算参数 f（F_0，B_i） 表 2-1-6

F_0	B_i					
	8.0	10	13	18	24	32
0.1	0.7844	0.8269	0.8659	0.8997	0.8714	0.9429
0.2	0.8308	0.8618	0.8888	0.9143	0.9357	0.9567
0.3	0.8531	0.8765	0.9000	0.9250	0.9429	0.9633
0.5	0.8708	0.8911	0.9144	0.9363	0.9547	0.9700
0.7	0.8819	0.9000	0.9208	0.9410	0.9583	0.9722
1.0	0.8910	0.9097	0.9292	0.9465	0.9646	0.9778
2.0	0.9120	0.9273	0.9407	0.9576	0.9715	0.9840
5.0	0.9309	0.9436	0.9521	0.9639	0.9778	0.9854
6.0	0.9333	0.9453	0.9548	0.9664	0.9781	0.9863
8.0	0.9385	0.9500	0.9575	0.9699	0.9788	0.9870
10	0.9397	0.9514	0.9586	0.9707	0.9800	0.9893
20	0.9481	0.9593	0.9664	0.9757	0.9843	0.9907
30	0.9514	0.9636	0.9707	0.9785	0.9785	0.9921
40	0.9529	0.9650	0.9721	0.9788	0.9880	0.9929
60	0.9543	0.9664	0.9757	0.9814	0.9888	0.9936
80	0.9557	0.9686	0.9786	0.9843	0.9921	0.9943
100	0.9564	0.9707	0.9814	0.9850	0.9929	0.9950

当量球体地下建筑壁面传热计算参数 f（F_0，B_i） **表 2-1-7**

F_0	B_i					
	4.0	5.0	6.0	7.0	8.0	10
0.1	0.5533	0.6110	0.6559	0.6906	0.7250	0.7721
0.2	0.6234	0.6644	0.7114	0.7414	0.7693	0.8091
0.3	0.6409	0.6909	0.7378	0.7664	0.7914	0.8256
0.5	0.6719	0.7250	0.7650	0.7986	0.8134	0.8427
0.8	0.6925	0.7443	0.7857	0.8091	0.8305	0.8575
1.0	0.7043	0.7571	0.7964	0.8229	0.8372	0.8631
2.0	0.7300	0.7871	0.8119	0.8311	0.8506	0.8769
3.0	0.7435	0.7924	0.8189	0.8394	0.8569	0.8825
4.0	0.7504	0.7964	0.8243	0.8427	0.8613	0.8869
6.0	0.7607	0.8043	0.8305	0.8497	0.8656	0.8900
8.0	0.7679	0.8079	0.8360	0.8525	0.8688	0.8391
10	0.7807	0.8122	0.8384	0.8563	0.8694	0.8938
20	0.7857	0.8195	0.8439	0.8619	0.8750	0.8963
30	0.7921	0.8244	0.8476	0.8650	0.8769	0.8981
40	0.7942	0.8256	0.8488	0.8663	0.8800	0.8986
50	0.7964	0.8280	0.8497	0.8675	0.8813	0.8991
80	0.7938	0.8311	0.8503	0.8681	0.8819	0.8994
100	0.8006	0.8335	0.8506	0.8688	0.8825	0.8997

当量球体地下建筑壁面传热计算参数 f（F_0，B_i） **表 2-1-8**

F_0	B_i					
	13	17	24	32	45	60
0.1	0.8183	0.8575	0.8906	0.9150	0.9381	0.9539
0.2	0.8476	0.8813	0.9088	0.9313	0.9519	0.9636
0.3	0.8622	0.8919	0.9188	0.9381	0.9578	0.9695
0.5	0.8756	0.9031	0.9281	0.9462	0.9634	0.9740
0.8	0.8856	0.9113	0.9344	0.9506	0.9656	0.9760
1.0	0.8906	0.9137	0.9378	0.9545	0.9675	0.9772
2.0	0.8997	0.9231	0.9437	0.9565	0.9695	0.9792
3.0	0.9056	0.9256	0.9463	0.9610	0.9708	0.9811
4.0	0.9075	0.9288	0.9497	0.9623	0.9720	0.9818
6.0	0.9125	0.9313	0.9500	0.9630	0.9727	0.9825
8.0	0.9131	0.9319	0.9506	0.9636	0.9734	0.9827
10	0.9144	0.9325	0.9513	0.9640	0.9737	0.9830
20	0.9184	0.9350	0.9545	0.9656	0.9747	0.9832
30	0.9191	0.9359	0.9552	0.9662	0.9753	0.9384
40	0.9194	0.9363	0.9558	0.9666	0.9756	0.9838
50	0.9200	0.9369	0.9565	0.9669	0.9760	0.9840
80	0.9213	0.9375	0.9568	0.9673	0.9763	0.9844
100	0.9225	0.9394	0.9571	0.9676	0.9766	0.9847

2. 无恒温要求的地下建筑

$$Q = Q_1 + Q_2 \tag{2-1-45}$$

$$Q_2 = \frac{1}{r_0}\theta_{nl}\lambda mFf(\xi,\eta)\cos[\overline{\omega}_1\tau + \beta(\xi,\eta)] \tag{2-1-46}$$

式中 Q——非恒温深埋地下建筑壁面传热量（W）；

Q_1——壁面恒温传热量（W），见式（2-1-44）；

Q_2——壁面年波动传热量（W）；

$f(\xi, \eta)$，$\beta(\xi, \eta)$——壁面年周期波动传热计算参数和壁面热流超前角度，根据 $\xi = r_0\sqrt{\frac{\overline{\omega}_1}{a}}$ 和 $\eta = \frac{\lambda}{\alpha}\sqrt{\frac{\overline{\omega}_1}{a}}$ 确定，见表 2-1-9 ~ 表 2-1-12；

θ_{nl}——室内空气温度年波幅，$\theta_{nl} = t_{np} - t_{nc}$（℃）；

t_{nc}——地下建筑室内空气恒定温度（或年平均温度）（℃）；

t_0——当地地表面年平均温度（℃）；

$f(F_0, B_i)$——壁面恒温传热计算参数，根据 $F_0 = a\tau/r_0^2$ 及 $B_i = \alpha r_0/\lambda$ 确定；

ω_1——温度年周期性波动频率（1/h），$\omega_1 = \frac{2\pi}{T} = \frac{2\pi}{8760} = 0.000717$；

τ——自地下建筑室内空气温度年波动出现最大值为起点的时间（h）。

当量圆柱体地下建筑年周期波动传热计算参数 $f(\xi, \eta)$ **表 2-1-9**

η	ξ							
	0.5	1.0	1.5	2.0	2.5	3.0	3.5	4.0
0.02	0.83	1.32	1.81	2.30	2.78	3.27	3.76	4.25
0.08	0.78	1.25	1.72	2.19	2.66	3.13	3.60	4.07
0.14	0.71	1.16	1.62	2.07	2.52	2.97	3.43	3.88
0.20	0.65	1.09	1.53	1.97	2.42	2.88	3.30	3.74
0.28	0.60	1.01	1.43	1.84	2.25	2.66	3.07	3.49
0.36	0.55	0.94	1.34	1.73	2.12	2.51	2.91	3.30

当量圆柱体地下建筑年周期波动传热超前角度 $f(\xi, \eta)$ **表 2-1-10**

η	ξ							
	0.5	1.0	1.5	2.0	2.5	3.0	3.5	4.0
0.02	27.33	32.00	34.89	36.67	37.80	38.60	39.20	39.78
0.08	24.89	29.87	32.60	34.33	35.56	36.40	37.00	37.56
0.14	23.00	27.78	30.60	32.40	33.60	34.44	35.27	35.47
0.20	21.67	26.01	28.67	30.60	31.69	32.53	33.11	33.56
0.28	19.67	24.02	26.78	28.44	29.56	30.40	31.00	31.44
0.36	17.50	22.40	24.89	26.53	27.40	28.44	29.00	29.36

当量球体地下建筑年周期波动传热计算参数 $f(\xi, \eta)$ 表 2-1-11

η	ξ								
	1	2	3	4	5	6	7	8	9
0.02	1.76	2.73	3.70	4.68	5.65	6.62	7.60	8.57	9.54
0.08	1.63	2.56	3.50	4.43	5.37	6.30	7.23	8.17	9.10
0.14	1.50	2.40	3.30	4.20	5.10	6.00	6.89	7.78	8.68
0.20	1.33	2.18	3.03	3.88	4.73	5.58	6.43	7.28	8.13
0.28	1.25	2.06	2.87	3.68	4.49	5.30	6.11	6.92	7.73
0.36	1.10	1.88	2.67	3.45	4.23	5.01	5.80	6.58	7.36

当量球体地下建筑年周期波动传热超前角度 $f(\xi, \eta)$ 表 2-1-12

η	ξ							
	1	2	3	4	5	6	7	8
0.02	23.25	33.15	38.15	41.60	44.00	45.50	47.00	47.60
0.08	21.00	30.75	36.00	39.50	41.60	43.50	44.75	45.50
0.14	19.58	29.50	34.50	37.50	39.50	41.25	43.00	43.75
0.20	18.17	27.40	32.50	35.50	37.70	39.10	40.40	41.25
0.28	16.00	25.50	30.50	33.50	35.75	37.10	38.00	38.80
0.36	15.88	23.65	28.50	31.60	33.50	35.25	36.00	36.90

第五节 室内热源散热形成的负荷及新风负荷

室内热源包括工艺设备散热、照明散热及人体散热等。室内热源散热包括显热和潜热两部分，显热散热中对流热成为瞬时冷负荷，辐射热部分则先被围护结构等物体表面所吸收，然后再以对流方式散出，形成冷负荷。而潜热散热为瞬时负荷。

与围护结构传热形成的负荷不同，设备、照明和人体等室内热源散热所形成的负荷相对来说比较稳定，而且在地下建筑空调负荷中所占比例较大。但是由于某些因素的不确定性，导致了这部分负荷在计算时容易产生较大的波动。正确计算出室内的设备、照明和人体等散热所形成的负荷，对于正确计算地下建筑的热湿负荷，确定降湿方法及设备，保证地下建筑室内热湿环境及室内空气品质，特别是对于地下建筑室内的防潮除湿尤为重要。

空调负荷的计算方法很多，我国较多采用的是冷负荷系数法和谐波反应法的简化计算方法。冷负荷系数法是建立在传递函数法的基础上，便于工程计算的一种简化算法。本章采用的是冷负荷系数法的计算方法。

一、室内热源散热形成的负荷

1. 热设备散热形成的负荷

热设备及热表面散热形成的计算时刻冷负荷，可由下式计算[32,33]：

$$Q_{\tau 1} = Q_{s1} \cdot C_{LQ1} \tag{2-1-47}$$

式中　$Q_{\tau 1}$——热设备及热表面散热形成的冷负荷（W）；

Q_{s1}——热设备及热表面实际显热散热量（W）；

C_{LQ1}——热设备及热表面显热散热的冷负荷系数，若空调系统不连续运行，则取 $C_{LQ1}=1.0$。

2. 照明设备散热形成的负荷

$$Q_{\tau 2} = Q_{s2} \cdot C_{LQ2} \tag{2-1-48}$$

式中　$Q_{\tau 2}$——照明设备散热形成的负荷（W）；

Q_{s2}——照明设备的散热量（W）；

C_{LQ2}——照明设备散热的冷负荷系数。

3. 人体散热形成的负荷

（1）人体显热负荷

人体散热的显热负荷的辐射部分约占2/3[32]，也存在蓄热滞后的问题。人体散热形成的计算时刻冷负荷，可由下式计算[33]：

$$Q_{\tau 3} = Q_{s3}C_{LQ3} = q_s n\phi C_{LQ3} \tag{2-1-49}$$

式中　$Q_{\tau 3}$——人体显热散热形成的冷负荷（W）；

Q_{s3}——人体显热散热量（W）；

C_{LQ3}——人体显热散热的冷负荷系数；

q_s——不同室温和劳动性质的成年男子显热散热量（W）；

n——空调房间内的人员总数；

ϕ——某些建筑内的群集系数，见表2-1-13。

某些工作场所的群集系数

（Table 5-1　The percentage of men, women and children）　　**表 2-1-13**

工作场所	群集系数	工作场所	群集系数
影剧院	0.89	旅馆	0.93
百货商场（售货）	0.89	图书馆阅览室	0.96
工厂轻劳动	0.90	工厂重劳动	1.0
体育馆	0.92	银行	1.0

对于人员特别密集的场所，如电影院、剧场、会堂等，人体对围护结构和室内家具的辐射热量相对较少，可取 $C_{LQ3}=1$。若单位体积内人员很少，人体冷负荷占总负荷的比例很少，则也可取 $C_{LQ3}=1$。在上述情况下，即可按稳定负荷计算人体负荷。即

$$Q_{\tau 3} = Q_{s3} = q_s n\phi \tag{2-1-50}$$

式中符号意义同前。

（2）人体潜热散热负荷

人体潜热散热负荷可按即时负荷考虑，即与潜热散热量相等，可按下式计算：

$$Q_q = q_q n\phi \tag{2-1-51}$$

式中　Q_q——人体潜热散热形成的冷负荷（W）；

q_q——不同室温和劳动性质下成年男子的潜热散热量（W）；

其余符号意义同前。

（3）人体总冷负荷

综上所述，人体散热形成的总冷负荷为显热负荷与潜热负荷两部分之和，即

$$Q = Q_{\tau 3} + Q_q \tag{2-1-52}$$

式中 Q——人体散热形成的总冷负荷（W）；

其他符号意义同前。

二、新风负荷

$$Q_w = G_w(i_w - i_n) \tag{2-1-53}$$

式中 Q_w——空调新风负荷（kW）；

G_w——新风量（kg/s）；

i_w——室外空气焓值（kJ/kg）；

i_n——室内空气焓值（kJ/kg）。

第六节 湿 负 荷

与地面建筑相比，地下建筑一个很突出的问题就是潮湿。潮湿，一般指的是相对湿度大于75%的空气[16,34]。人员长期在潮湿的空气环境里生活和工作，会影响人的身体健康，使体质下降，引起一些疾病。而且由于破坏了人体的热平衡，使人感到不舒适，影响人们的正常生活和工作，降低工作效率。物品在潮湿的环境中存放，会使金属生锈、粮食发霉变质、木材吸湿变形、纸张吸水变软发霉等。对于设备，空气的相对湿度在75%以下基本上可以满足要求；对于元件、仪器、仪表，空气的相对湿度在75%以上时，就会使精度下降，电器设备绝缘参数降低。因此，维持地下工程内部空气相对湿度小于75%是最起码的条件。目前，地下建筑普遍存在的主要问题之一是潮湿，有的地下建筑被覆层漏水、壁面结露、地面冒水、积水，空气相对湿度高达90%～100%[16]。

湿负荷指空调房间内各湿源向室内的总的散湿量。地下建筑围护结构有散湿，且不受太阳的照射，所以比地面建筑潮湿。在夏季，室外空气的温度和含湿量比室内高。室外空气进入地下建筑后，温度下降，相对湿度升高，当壁面温度低于露点时，就有凝结水出现，在地下建筑的出入口常常发生壁面结露现象。因此正确分析和计算地下建筑内各湿源的散湿量，是暖通空调设计的一个重要依据。

地下建筑的湿源主要包括：围护结构散湿、外部空气带入的水分、材料含水蒸发、设备及化学反应散湿、人体散湿、人为散湿以及敞开水表面散湿等[1,16]。

一、围护结构散湿及散湿量计算

围护结构散湿主要是指施工水分、地下水及被覆层外的湿空气通过围护结构散发到地下建筑室内。

围护结构内表面散湿量的多少与当地地质条件、围护结构的类型、室内空气温湿度及风速等有直接关系，在设计中应尽量采用该工程的实测数据。

一般围护结构内表面散湿量的计算，可按下式计算：

$$W_1 = Fw \tag{2-1-54}$$

式中　W_1——围护结构内表面散湿量（g/h）；

F——围护结构内表面积（m^2）；

w——围护结构内表面单位面积的散湿量［$g/(m^2 \cdot h)$］，对于一般混凝土贴壁衬砌，取1~2；对于衬套、离壁衬砌，可取0.5[17]（可参见文献［1］表4-26）。

二、外部空气带入的水分

夏季或潮湿季节，室外的热湿空气进入温度较低的地下建筑物内，由于其含湿量高于建筑内空气含湿量，会增加建筑内空气的相对湿度。当接触到低于空气露点温度的壁面时，就会在壁面上结露，形成凝结水。当进入地下建筑的热湿空气在壁面处凝结时，会在凝结处形成负压，即壁面附近空气的水蒸气压力低于室内空气的水蒸气压力，使更多的水蒸气流向凝结处凝结[17]。即使未出现凝结现象，只要室外空气的含湿量大于室内空气含湿量，在室外空气进入室内后，就会使地下建筑内部的相对湿度增加，导致室内空气潮湿。深埋地下建筑内空气的温度由于受地下岩石或土壤的调节，受外界气温的影响较小，几乎可以认为是一恒定值。但室外空气湿度的变化对地下建筑内空气的含湿量却影响很大。当室外空气含湿量大时，建筑内空气的含湿量就高，反之亦然。程绍仁[16]在同一地点对两个同一情况的地下建筑进行了试验。结果表明，一工程在夏季来临之前就进行了严格的密闭，并辅以一定的除湿措施，结果工程内相对湿度保持在75%左右；而另一工程虽然采取了同样的除湿措施，但没有实行严格的密闭，结果工程内相对湿度高达90%以上。由此可见，在防水防潮等措施完善而内部湿源也控制得比较好的情况下，竣工多年的地下建筑潮湿的主要原因是外界热湿空气侵入造成的。

室外空气带入的水分可用下式计算：

$$W_2 = L\rho(d_w - d_n) \tag{2-1-55}$$

式中　W_2——室外空气带入的湿量（g/h）；

L——进入建筑物内未经处理的室外空气量（m^3/h）；

ρ——某一温度下空气的密度，$\rho = \dfrac{353B_q}{101.3\ (t_{w\cdot\tau} + 273)}$（$kg/m^3$）[17]；

d_w——室外空气含湿量（g/kg 干空气）；

d_n——室内空气含湿量（g/kg 干空气）；

B_q——计算条件下的大气压力（kPa）。

三、人体散湿量

人员在地下建筑物内工作、活动，会通过呼吸、排汗向空气中散湿，其散湿量与周围环境温度、空气流动速度及人员的衣着和活动程度有关。人体散湿量可按下式计算[32]：

$$W_3 = nw \tag{2-1-56}$$

式中　W_3——人体散湿量（g/h）；

n——建筑物内人数；

w——每人每小时散湿量［g/(h·人)］。

四、人为散湿量

人为散湿是指地下建筑物内人员日常生活如洗脸、吃饭、喝水形成的水分蒸发，出入盥洗室、厕所等带出的水分等，以及湿衣、湿鞋、雨具等带入地下建筑引起的散湿。这部分散湿量很难从理论上准确计算，根据试验测定，人员 24h 在建筑物内生活、工作时，可按下式计算[17]：

$$W_4 = nm \tag{2-1-57}$$

式中 W_4——人为散湿量（g/h）；

n——建筑物内人数；

m——每人每小时散湿量，可取 30～40g/(h·人)，预防措施较好的可以取下限，预防措施不完善的可以取上限。

五、敞开水表面或潮湿表面散湿量

根据传湿原理，水分蒸发的过程就是水表面的水分子脱离水面进入空气的过程。只要敞开水表面周围的空气没有达到饱和状态，水分就会蒸发。由于水不断蒸发，紧贴水面总是有一层饱和空气层，它的水蒸气分压力始终大于周围未饱和空气的水蒸气分压力，所以水蒸气就不断向周围空气中扩散，直到水分蒸发完毕或周围一定范围内的空气达到饱和状态为止。在地下建筑物内部，存在着水箱、水池、卫生设备存水、地面水洼等自由液面，这些液面会不断地向空气中散湿，其散湿量可由下式计算[17]：

$$W_5 = 1000F(a + 0.00363v)(p_{b \cdot q2} - \phi \cdot p_{b \cdot q1})\frac{B_0}{B} \cdot 10^{-5} \tag{2-1-58}$$

式中 W_5——自由水面散湿量（g/s）；

F——水分蒸发的总表面积（m^2）；

v——蒸发表面的空气流动速度，建议取 0.1～0.3m/s；

$p_{b \cdot q1}$——空气的饱和水蒸气分压力（Pa）；

$p_{b \cdot q2}$——相应于水表面温度的饱和水蒸气分压力（Pa）；

ϕ——相对湿度；

B_0——标准大气压（Pa）；

B——当地实际大气压（Pa）；

a——不同水温下的蒸发系数，见表 2-1-14。

不同水温下的蒸发系数 **表 2-1-14**

水温（℃）	<30	40	50	60	70	80	90	100
蒸发系数 a	0.022	0.028	0.033	0.037	0.041	0.046	0.05	0.06

第七节 地下建筑热湿负荷计算软件

由前面所述内容可知，地下建筑的热、湿负荷计算涉及的因素众多，若涉及到计算逐时负荷时，计算就更加繁琐；若用手工计算，工作量大且准确率难以保证。所以，编制了地下建筑热湿负荷计算软件。

一、软件的编制思想

1．采用面向对象的界面设计

面向对象的设计方法通过对实际问题的分析，从中抽象出我们需要的目标，然后再用面向对象的程序语言来表现它。采用面向对象的界面设计，可以使界面美观醒目，可视化程度高，人机接口友好，软件操作简单。

2．模块化程序设计

将问题由整体到局部层层分解，划分为若干彼此相互独立且可以实现的问题，建立若干个独立的大模块，各大模块下又有具体实现其功能的小模块，模块按照从上向下的原则构成层次系统。本软件主要是针对研究与设计计算的实际需要而开发，力求做到准确可靠、便于使用，而地下建筑的空调负荷又可以大致上分为地下建筑围护结构传热形成的负荷、室内热源散热形成的负荷、新风负荷以及湿负荷几部分，各部分计算结果之间几乎没有因果关系。因此，在开发此软件时，按前述几部分内容建立与之相对应的几大模块，每个模块按各自内容再划分为几个小模块。在此基础上，可以针对每项计算内容编写相互独立的计算程序，这样就可以对每个小模块进行单独的调试而对其他模块无影响或影响很小，可以减少很多不必要的重复。

3．输入、输出简洁直观，便于使用

为了方便用户使用，本软件尽可能地减少输入参数，避免重复输入或不必要输入。采用了直观的窗体参数选择与输入方式，并设置了用户输入有误时的纠错功能。此外，参数输入数据库具有开放性、可扩展性，用户可根据自己的需要来修改和调整某些内部参数。输出则主要以表格形式显示计算结果，便于用户对计算结果的存储、分析、比较和打印。

二、软件开发的平台与工具

同许多软件一样，本软件的开发也是以 Windows 为平台的。Windows 操作系统简单，支持网络，能够为其应用程序提供统一的窗口和菜单界面，为用户提供一个基于图形的多任务、多窗口的操作环境，为程序开发者提供丰富的应用程序设计接口 API（Application Programming Interface）集合，对用户和程序员来说都是一个不错的选择。在 Windows 环境下运行的程序具有良好的交互性，可供用户存取所有可用内存资源，并实施自动内存管理。

Visual Basic 是微软公司开发的应用程序开发工具，具有采用面向对象的程序设计方法、事件驱动的编程方式、结构化的程序设计语言及支持多种数据库系统访问等特点。基于这些特点，本软件选用 Visual Basic 作为开发工具。

三、软件的构成

根据计算内容的需要，本软件由四大模块组成，即围护结构传热计算模块、室内热源散热形成的负荷计算模块、新风负荷计算模块与湿负荷计算模块，而每个模块又由数个小模块构成。

四、软件的简单说明与算例

软件用户与计算软件之间的交流主要是通过软件界面来进行的，软件的功能最终是通过软件界面传递给用户的，其计算结果也要通过软件的界面来表达。本软件根据计算内容的需要，共设置了多个计算界面。在各个主要界面，本软件根据需要都设置了参数输入、计算等功能的使用向导，便于用户进行计算操作。

本软件的主要功能是计算地下建筑冷热负荷与湿负荷。下面，我们仍以哈尔滨市某地下商场[31]夏季的空调负荷计算为例来简要说明本软件的主要功能。

1. 设计参数设置

在计算之前，我们首先要设置基础的设计参数。在启动后的界面上点击“设计参数配置”按钮，就会弹出如图2-1-22所示的设计参数设置界面。用户可以根据界面提示输入室内空气的设计值，并选择建筑所在地区。在此，我们输入如下室内设计参数：室内空气温度为26℃，相对湿度为65%。

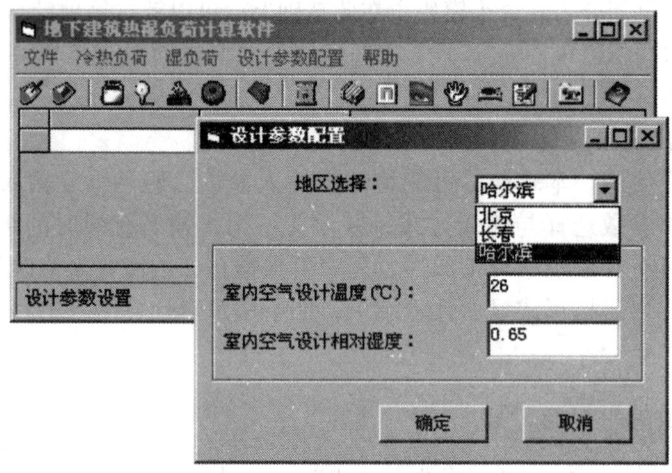

图2-1-22 设计参数配置界面

2. 冷热负荷计算

该地下商场位于哈尔滨市区内，建筑面积近2万m^2，分为上下两层，以经营服装、百货为主，营业时间为7:00~17:00。不难看出，该地下商场的空调负荷主要由以下几方面构成：① 围护结构传热形成的负荷；② 照明设备散热形成的负荷；③ 室内人员人体散热形成的负荷；④ 新风负荷。

围护结构传热形成的负荷只需在软件窗体中按提示输入各项参数即可，软件将调用模拟计算程序自动求解围护结构传热量。该模拟计算内容在第三节已经叙述过了，在此就不再重复了。下面，我们先来计算照明设备散热形成的负荷。

（1）照明设备散热形成的负荷

设计参数配置完毕后，在软件界面上直接点击“照明设备散热形成的负荷”的快捷键或在“冷热负荷”的下拉菜单中选择“室内热源形成的负荷”中的“照明设备散热形成的负荷”命令（图2-1-23）。

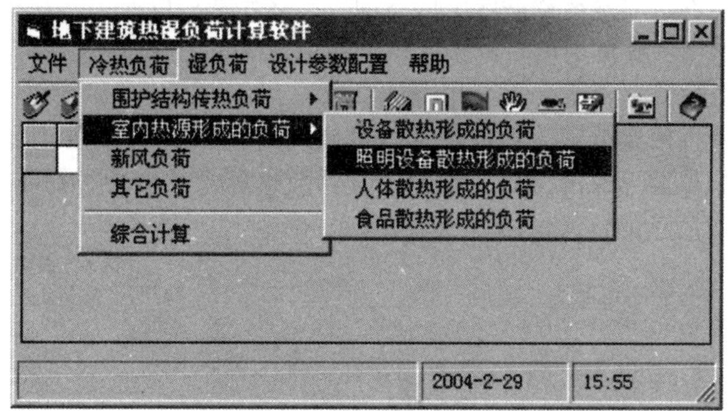

图 2-1-23 负荷计算内容的选择

根据该地下商场的概况，输入照明设备散热量为540kW，灯具类型为暗装荧光灯，照明设备开始运行时刻为7:00，输入结束后按确定键即可。计算结果以表格的形式列出（图 2-1-24），照明设备散热形成的负荷日变化趋势如图 2-1-25 所示。

地下建筑热湿负荷计算软件

文件 冷热负荷 湿负荷 设计参数配置 帮助

时刻	负荷(kW)
3	81
4	75.6
5	64.8
6	59.4
7	183.6
8	297
9	329.4
10	351
11	367.2
12	383.4
13	399.6
14	415.8

照明设备散热形成的负荷 2004-3-14 22:55

图 2-1-24 照明设备形成负荷的计算结果显示窗体

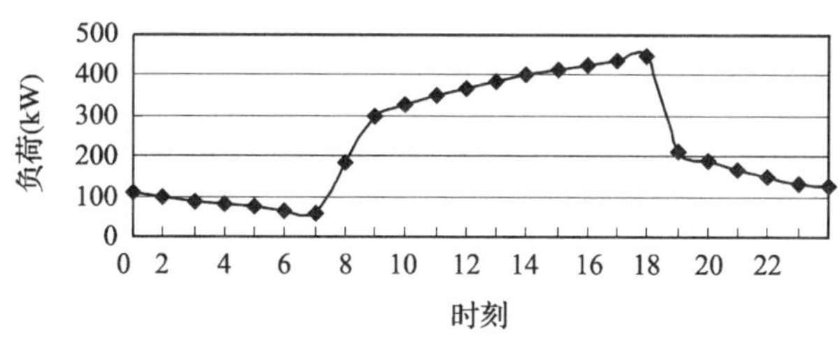

图 2-1-25 照明设备散热形成的负荷

（2）室内人员人体散热形成负荷

照明设备散热形成的负荷计算完成之后，再来看一看室内人员人体散热形成负荷的计算。在照明负荷计算之前，我们曾经在图 2-1-22 所示的设计参数设置界面中设定了基础的室内设计参数。这些输入数据将会存储到数据库中，其他内容的计算涉及到这些基本参数时就不必再重新输入，只要从数据库中读取即可。这样就可以避免用户在使用时的重复输入，有利于提高效率。在此前的计算中，我们已设定了室内空气的基本参数，故在此可直接进入计算过程。

在软件界面中直接点击“人体散热形成的负荷”的快捷键或在“冷热负荷”的下拉菜单中选择“室内热源形成的负荷”中的“人体散热形成的负荷”命令（图 2-1-23），都会弹出如图 2-1-26 所示的输入窗体。

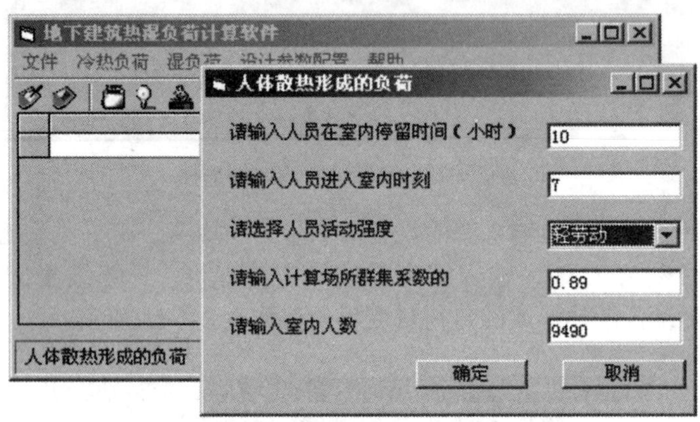

图 2-1-26　人体散热形成负荷计算的输入窗体

路福和[31]对地下商场的客流量做过统计，并选取设计客流密度为 0.73 人/m^2，此结论与王海文[12]的研究结果是一致的。在此，根据这一数据得到该商场内人数约为 9490 人，商场内人员的活动强度一般为轻劳动，群集系数为 0.89。如图 2-1-26 所示的各项参数输入结束后按确定键即可，计算结果以表格的形式列出，如图 2-1-27，室内人员人体散热形成的负荷日变化趋势如图 2-1-28 所示。

地下建筑热湿负荷计算软件

文件 冷热负荷 湿负荷 设计参数配置 帮助

时刻	群集系数	显热负荷 (kW)	潜热负荷 (kW)	全热负荷 (kW)
4	.89	39.189904	0	39.189904
5	.89	34.291166	0	34.291166
6	.89	29.392428	0	29.392428
7	.89	259.633114	1038.8703	1298.503414
8	.89	303.721756	1038.8703	1342.592056
9	.89	338.012922	1038.8703	1376.883222
10	.89	362.506612	1038.8703	1401.376912
11	.89	377.202826	1038.8703	1416.073126
12	.89	391.89904	1038.8703	1430.76934
13	.89	406.595254	1038.8703	1445.465554

人体散热形成的负荷　2004-3-2　13:13

图 2-1-27　人体散热形成负荷的计算结果显示窗体

（3）新风负荷

考虑到地下建筑室内环境，取新风指标为 20m^3/(h·人)，即新风量为 189800m^3/h。进入新风负荷计算界面的方法与前面相同，只需要输入新风量即可。新风负荷的逐时计算结果以图 2-1-29 的表格形式显示，负号表示室外空气焓值低于室内设计值。造成冬季新风负荷值很大的原因主要是哈尔滨市冬季室外空气温度、相对湿度较低。

1600
1400
1200
1000
800
600
400
200
0
负荷(kW)
0 1 2 3 4 5 6 7 8 9 10 11 12 13 14 15 16 17 18 19 20 21 22 23
显热
潜热
总负荷
时刻

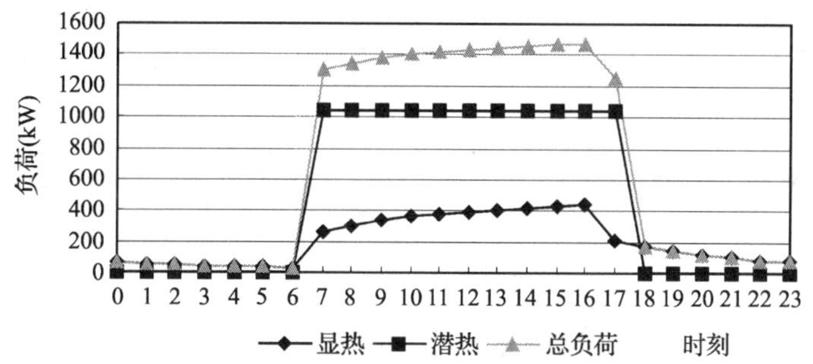

图 2-1-28　夏季人体散热形成的负荷

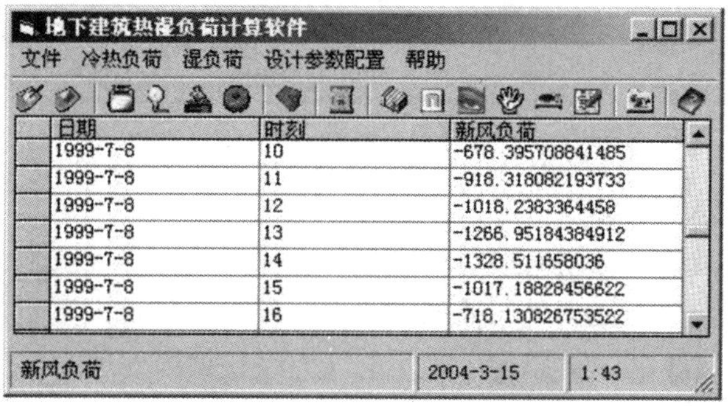

地下建筑热湿负荷计算软件
文件 冷热负荷 湿负荷 设计参数配置 帮助
日期 时刻 新风负荷
1999-7-8 10 -678.395708841485
1999-7-8 11 -918.318082193733
1999-7-8 12 -1018.2383364458
1999-7-8 13 -1266.95184384912
1999-7-8 14 -1328.511658036
1999-7-8 15 -1017.18828456622
1999-7-8 16 -718.130826753522
新风负荷
2004-3-15
1:43

图 2-1-29　新风负荷的计算结果显示窗体

（4）空调负荷总和

图 2-1-30 是该地下商场在一年内的逐时负荷计算值。由图 2-1-29、图 2-1-30 可以看出对该地下商场空调负荷影响最大的是新风负荷。

6000
5000
4000
3000
2000
1000
0
−1000
−2000
−3000
−4000
负荷值(kW)
总负荷
1月1日
1月21日
2月10日
3月2日
3月22日
4月11日
5月1日
5月21日
6月10日
6月30日
7月20日
8月9日
8月29日
9月18日
10月8日
10月28日
11月17日
12月7日
12月27日

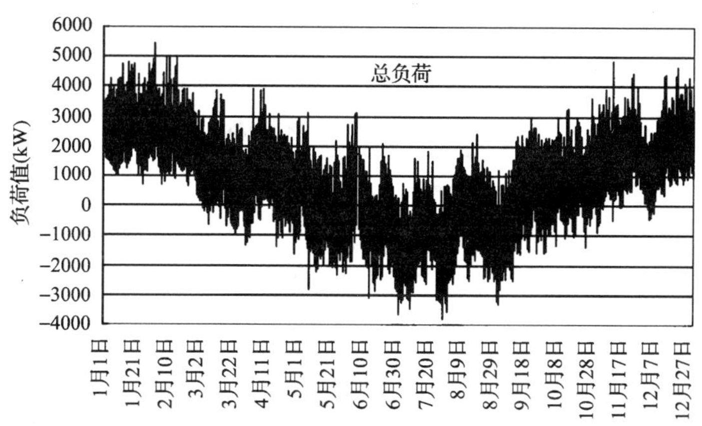

图 2-1-30　商场的总负荷

3. 湿负荷计算

该地下商场内的湿源主要包括：人体散湿、外部空气带入的水分、围护结构散湿等。

（1）人体散湿量计算

在软件界面上直接点击“人体散湿量”的快捷键或在“湿负荷”的下拉菜单中选择“人体散湿量”命令（图 2-1-31）。

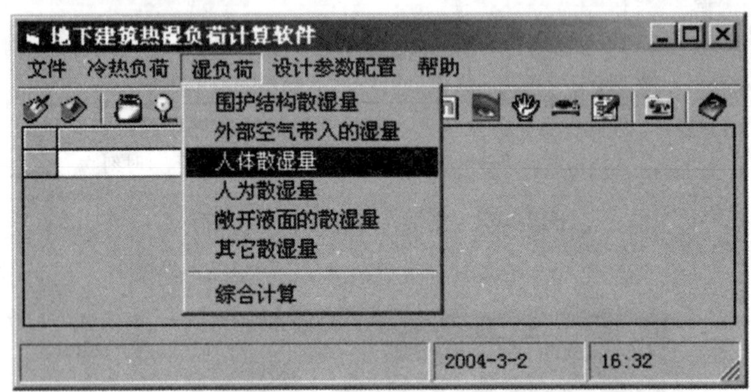

图 2-1-31　人体散湿量计算的选择

（2）外部空气带入的湿量

此项计算的输入及输出都与新风负荷相似，在输入窗体中，我们只需要输入新风量即可，如有必要也可以调整当地大气压值的输入值。外部空气带入湿量的逐时计算结果以图 2-1-32 所示的表格形式显示，负号表示室外空气应经过加湿处理。

地下建筑热湿负荷计算软件

文件　冷热负荷　湿负荷　设计参数配置　帮助

日期	时刻	室外空气带入的湿量 (kg/h)
1999-7-17	14	551.104327956095
1999-7-17	15	490.821750857447
1999-7-17	16	394.0878197044
1999-7-17	17	317.998958423922
1999-7-17	18	460.762756214566
1999-7-17	19	1301.79538849817
1999-7-17	20	1024.84568921291
1999-7-17	21	623.081495820502

外部空气带入的湿量　2004-3-15　2:05

图 2-1-32　外部空气带入湿量计算的输出窗体

参 考 文 献

1　地下建筑暖通空调设计手册编写组. 地下建筑暖通空调设计手册. 北京：中国建筑工业出版社，1983：1～123，258～319

2　忻尚杰，朱培根. 浅层地下建筑围护结构传热模拟的一种新方法. 暖通空调 27（增刊），1997：15～18

3　庞伟，吕绍勤. 节译，计算地下建筑热负荷的新方法. 暖通空调 16（5），1986：31～32

4　朱培根，虞维平，张小松. 地下建筑风冷热泵空调系统优化设计与应用. 流体机械 30（2），2002：

58～60
5 宋翀芳，赵敬源，赵秉文．地下建筑壁面动态传热的数值分析研究．西北建筑工程学院院报（自然科学版）18（2），2001：32～35
6 W. Maref, M. C. Swinton, M. K. Kunmaran, M. T. Bamberg. Three-dimensional analysis of thermal resistance of exterior basement insulation systems（EIBS）. Building and Environment, 2001, 36: 407～419
7 Bamberg MT, Muzychka YS, Stevens DG, Kumaran MK. A comparative test method to determine thermal resistence under field conditions. Thermal Insul and Bldg Envs 1994, 18: 163～182
8 袁艳平，程宝义，茅靳丰．浅埋工程围护结构传热简化模型误差的有限元分析．制冷空调与电力机械 24（6），2003：10～12
9 Igor Skrjanc, Borut Zupancic, Bostjan Furlan, Ales Krainer. Theoretical and experimental FUZZY modeling of building thermal dynamic response. Building and Environment, 2001, 36: 1023～1038
10 王丹宁．空气经地下风道降温的动态模拟与分析：［硕士学位论文］．哈尔滨：哈尔滨工业大学，2002：8～37
11 朱培根，周永红，苏辉．浅埋地下建筑风冷热泵空调系统传热模型与试验研究．制冷与空调 3（2），2003：19～23
12 王海文．地下商场空调负荷计算与节能的浅见．地下空间 8（3），1988：51～55
13 陈友明，陈在康，陈晓晖．建筑内表面吸放湿过程对室内环境和空调负荷影响的仿真研究．暖通空调 29（5），1999：5～9
14 Jarek Kurnitiski. Ground moisture evaporation in crawl spaces. Building and Environment, 2001, 36: 359～373
15 Jarek Kurnitiski. Crawl space air change, heat and moisture behaviour. Energy and Building, 2000, 32: 19～39
16 程绍仁．地下工程防潮除湿．北京：国防工业出版社．1990
17 耿世彬，郭海林．地下建筑湿负荷计算．暖通空调 32（6），2002：70～71
18 I. Samuelson. Moisture control in crawl space. ASHRAE Technical Data Bull. 1994, 10（3）: 58～64, Louisiana
19 Aberg O. The unventilated crawl-space foundation. Heat and Moisture Transfer in Buildings-Research Papers 1990. Report TVBH-3016, Lund Institute of Technology, Lund, 1991, 41～45
20 Hagentoft CE, Harderup LE. Temperature and moisture conditions in a crawl space ventilated by indoor air. Building Physics' 93-3rd Nordic Symposium, Proceedings 1993, 1: 261～268
21 Elmroth A. Crawl space foundation. Construction Research, Stockholm, 1975, Report 12
22 Trethowen HA. Three surveys of subfloor moisture in New Zealand. ASHRAE Technical Data Bulletin, Louisiana, 1994, 10（3）: 65～76
23 刘朝贤．夏季新风"逐时"冷负荷计算方法的探讨．暖通空调 29（6），1999：65～67
24 向献红，胡益雄，陈焕新．夏季空调动态新风负荷的分析与计算．通风除尘（1），1998：18～20
25 余晓平，付祥钊．夏热冬冷地区新风冷负荷计算方法的研究．成都纺织高等专科学校学报，2002，19（2）：23～26
26 吴大军．浅谈地下商场的通风与空调设计．节能技术 18（5）．2000：10～11
27 M. Hayashi, M. Enai, Y. Hirokawa. Annual characteristics of ventilation and indoor air quality in detached houses using a simulation method with Japanese daily schedule model. Building and Environment, 2001, 36: 721～731
28 李家伟．对土壤源热泵装置的研究：［硕士学位论文］．哈尔滨：哈尔滨工业大学，1995，6：27～48
29 陶文铨．数值传热学．第 2 版．西安：西安交通大学出版社，2001．5～18，28～43

30 尹泽明，丁春利等. 精通 MATLAB 6. 北京：清华大学出版社，2002，6：1～193，307～335
31 路福和. 哈尔滨市地下街余热回收方案的研究与评价：[硕士学位论文]. 哈尔滨：哈尔滨工业大学，1999，6：5～12
32 电子工业部第十设计研究院. 空气调节设计手册. 北京：中国建筑工业出版社，1995，11
33 马最良，姚杨. 民用建筑空调设计. 北京：化学工业出版社，2003，7：17～72
34 李相然，岳同助. 城市地下工程实用技术. 中国建材工业出版社，2000，7：1～8，259～280

第二章　通风空调系统和设备

第一节　暖通空调系统

一、空调系统的分类

地下建筑的空调系统与地上建筑相比，不能同地上建筑那样，采用全水系统（通过开窗换气）等通过门窗来补充新风，同时其换气量或新风量较地上建筑高。具体分类如下：

按负担室内热湿负荷所用的介质分为全空气系统、空气-水系统和空气-冷剂系统。

按空气处理设备的集中程度可分为集中式空调系统、半集中式空调系统和分散式空调系统。

按热量移动（传递）的原理来分可分为对流方式空调系统和辐射方式空调系统。

按被处理空气的来源来分又可分为直流式系统和混合式系统。

它们之间的主要关系见表 2-2-1。

地下空间工程空调系统的分类表　　表 2-2-1

<table>
<tr><th rowspan="2">主要传热方式</th><th rowspan="2">负担热湿负荷的介质</th><th rowspan="2">空 调 方 式</th><th colspan="3">分散程度</th><th rowspan="2">备　　注</th></tr>
<tr><th>集中</th><th>半集中</th><th>分散</th></tr>
<tr><td rowspan="8">对流</td><td rowspan="4">全空气</td><td>单风道定风量方式</td><td>○</td><td></td><td></td><td rowspan="4">末端空气混合箱方式与全空气诱导空调方式近似</td></tr>
<tr><td>单风道变风量方式</td><td>○</td><td></td><td></td></tr>
<tr><td>双风道方式</td><td>○</td><td></td><td></td></tr>
<tr><td>全空气诱导器空调方式</td><td></td><td>○</td><td></td></tr>
<tr><td rowspan="2">空气-水</td><td>风机盘管</td><td></td><td>○</td><td></td><td rowspan="2">设新风系统</td></tr>
<tr><td>空气-水诱导器空调方式</td><td></td><td>○</td><td></td></tr>
<tr><td rowspan="2">空气-冷剂</td><td>分体式（一拖多）</td><td></td><td></td><td>○</td><td>设新风系统</td></tr>
<tr><td>闭环式水源热泵方式</td><td></td><td></td><td>○</td><td>设新风系统</td></tr>
<tr><td>辐射</td><td>空气-水</td><td>低温辐射空调</td><td>○</td><td></td><td></td><td>设新风系统</td></tr>
</table>

1. 按负担室内热湿负荷所用的介质分类

按负担室内负荷的介质不同分类表　　表 2-2-2

名称	特征	应用
全空气系统	1. 室内及新风负荷全部由集中空气处理设备来承担； 2. 空气比热、密度小，需空气量多，风道断面大，输送耗能大	以普通的低速单风道系统为代表，应用广泛，可分为一次回风及二次回风方式
空气-水系统	1. 新风集中处理，室内负荷由末端换热设备承担； 2. 输送风管管路断面小	1. 风机盘管与新风相结合的系统； 2. 辐射板供冷、供热与新风相结合的系统； 3. 诱导空调系统
冷剂-新风系统	1. 制冷系统蒸发器或冷凝器直接向房间吸收（或放出）热量； 2. 冷、热量的输送损失少	1. 水冷柜机； 2. 多台室内机的分体式空调机组（一拖多）； 3. 闭环式水源热泵机组系统

2. 按空气处理设备的集中程度分类

按集中程度分类表　　表 2-2-3

名称		特征	应用
集中式空调系统		室内及新风负荷全部由集中空气处理设备（AHU）来承担。冷热源集中设置。是空调最基本的方式	普通方式为单风道定风量（或变风量）系统；此外有双风道系统
半集中式空调系统		除由集中的AHU处理新风外，在各个空调房间还分别有处理空气的“末端换热装置”（如风机盘管等），冷热源集中设置	新风集中处理结合诱导器送风； 新风集中处理结合风机盘管送风
分散式系统	个别独立型	各房间的空气处理由独立的带冷热源的空调机组承担	水冷柜机等，需有满足要求的新风系统
	构成系统型	个别带冷热源的空调机组通过水系统构成环路，或有集中的室外机组的冷剂系统	有热回收功能的闭环路水源热泵机组系统及分体空调（一拖多），需有满足要求的新风系统

3. 按被处理空气的来源分类

集中式全空气系统的分类表 **表 2-2-4**

名　称		特　征	应　用
直流式		全部用新风，不使用循环空气	室内含有害气体，不能循环使用的空调系统
混合式	一次回风	除部分新风外使用相当数量的循环空气（回风）；在 AHU 前混合	应用最多的全空气空调系统
	二次回风	除部分新风外使用相当数量的循环空气（回风）；在 AHU 前混合一次外，在 AHU 后再混合一次	为减小送风温差而又不用再热器时的空调方式

上面列举的是三种最主要的分类方法。实际上空调系统还可以根据另外一些原则进行分类。例如：

根据系统的风量固定与否，可分为定风量和变风量空调系统；

根据系统风道内空气流速的高低，可分为低速（$v<8\mathrm{m/s}$）和高速（$v=20\sim30\mathrm{m/s}$）空调系统；

根据系统的用途不同，可分为工艺性和舒适性空调系统；

根据系统精度不同，可分为一般性空调系统和恒温恒湿系统；

根据系统运行时间不同，可分为全年性空调系统和季节性空调系统等。

二、地下空间常用空调系统的比较和适用性

分别以定风量全空气系统、风机盘管（加新风系统）和单元式空调器为代表，对集中式空调、半集中式空调和分散式空调系统的特点和适用性进行比较（表 2-2-5）。

典型空调系统的比较 **表 2-2-5**

		集　中　式	分　散　式	半　集　中　式
风管设备与布置	风管系统	1. 空调送回风管系统复杂，布置困难； 2. 支风管和风口较多时不易均衡调节风量； 3. 风道要求保温，影响造价	1. 系统小，风管短，各个风口风量的调节比较容易达到均匀； 2. 直接放室内明装时，可不接送回风管； 3. 小型机组余压小，有时难于满足风管布置； 4. 另外设置新风系统，新风管较小	1. 放室内时，送、回风管较小或不接风管； 2. 新风管较小
	设备布置与机房	1. 空调与制冷设备可以集中布置在机房； 2. 机房面积较大，层高较高； 3. 有时可以布置在屋顶上或安设在车间柱间平台上	1. 设备成套，紧凑，可以放在房间内，也可以安装在空调机房内； 2. 机房面积较小，只及集中系统的 50%，机房层高较低； 3. 机组分散布置，敷设各种管线较麻烦	1. 只需要新风空调机房（或吊顶）及制冷机房，机房面积小； 2. 风机盘管可以设在空调房间内； 3. 机组分散布置，敷设各种管线较麻烦
	风管互相串通	空调房间之间有风管连通，使各房间互相污染。当发生火灾时会通过风管迅速蔓延	各空调房间之间不会互相污染，只有新风管相通，发生火灾时通过风管蔓延的可能性小	各空调房间之间不会互相污染，只有新风管相通，发生火灾时通过风管蔓延的可能性小

续表

		集 中 式	分 散 式	半 集 中 式
空调控制品质	温湿度控制	可以严格地控制室内温度、相对湿度、洁净度及平均风速	各房间可以根据各自的负荷变化与参数要求进行温湿度调节。对要求全年需保证室内相对湿度允许波动范围 < ±5% 或要求室内相对湿度较大时，较难满足。多数机组按 17 ~ 21kJ/kg 的最大焓降设计，对室内温度要求较低、室外湿球温度较高、新风量要求较多时，较难满足	对室内温湿度要求较严时，难于满足
	空气过滤与净化	可以采用初效、中效和高效过滤器，满足室内空气洁净度的不同要求。采用喷水室时，水与空气直接接触，易受污染，需常换水	过滤性能差，室内洁净度要求较高时需另加过滤机组	过滤性能差，室内清洁度要求较高时难于满足
	空气分布	可以进行理想的气流分布	气流分布受制约	气流分布受一定制约
安装与维护	安装	设备与风管的安装工作量大，周期长	安装投产快； 对旧建筑改造和工艺变更的适应性强	安装投产较快，介于集中式空调系统与单元式空调器之间
	消声与隔振	集中设空调机房，隔声效果好，并可集中设置消声段，容易满足噪声要求，可以有效地采取隔振措施	机组分散布置，空调压缩机的噪声较大，噪声不易控制，振动不好处理	空调的噪声源主要是风机盘管的风机，宜选用低噪声风机，并注意减振
	维护运行	空调与制冷设备集中安设在机房，便于管理和维修	机组易积灰与油垢，清理比较麻烦，使用二三年后，风量、冷量将减少；采用风冷热泵时，难于满足室内温度要求；分散维修与管理较麻烦	布置分散，维护管理不方便。水系统复杂，易漏水
经济性	节能与经济性	1. 可以根据室外气象参数的变化和室内负荷变化实现全年多工况节能运行调节，充分利用室外新风，减少与避免冷热抵消，减少冷冻机运行时间； 2. 对于热湿负荷变化不一致或室内参数不同的多房间，不经济； 3. 部分房间停止工作不需空调时，整个空调系统仍需运行，不经济	1. 不能按室外气象参数的变化和室内负荷变化实现全年多工况节能运行调节，过渡季不能用全新风； 2. 灵活性大，各空调房间可根据需要停开； 3. 加热大多采用热泵方式，经济性好	1. 灵活性大，节能效果好，可根据各室负荷情况自行调节； 2. 盘管冬夏兼用，内壁容易结垢，降低传热效率； 3. 无法实现全年多工况节能运行调节
	造价	除制冷机、锅炉设备外空气处理箱和风管造价均较高	采用一拖多分体机或水冷柜机造价比集中系统低	与分散式系统差不多
	使用寿命	使用寿命长	使用寿命较短	使用寿命较长
适用性		1. 建筑空间大，可布置风道； 2. 室内温湿度、洁净度控制要求严格的生产车间； 3. 空调容量很大的大空间公共建筑，如商场、影剧院	1. 空调房间布置分散； 2. 空调使用时间要求灵活； 3. 无法设置集中式冷热源	1. 室内温湿度控制要求一般的场合； 2. 多层或高层建筑而层高较低的场合，如旅馆和一般标准的办公楼

三、地下空间常用的空调系统形式

1. 集中式全空气一次回风系统

普通集中式空调系统就是低速、单风道集中式空调系统，它是最典型、出现最早、至今仍采用最广泛的空调系统。常用的为一次或二次回风方式，一次回风方式的夏冬季空气处理过程和冷热负荷计算方法，见表 2-2-6。

一次回风方式的空气处理过程及冷热量计算 **表 2-2-6**

系统		一次回风方式	
冷却处理方式		用淋水室处理空气	用表冷器处理空气
i～d 图上的处理过程		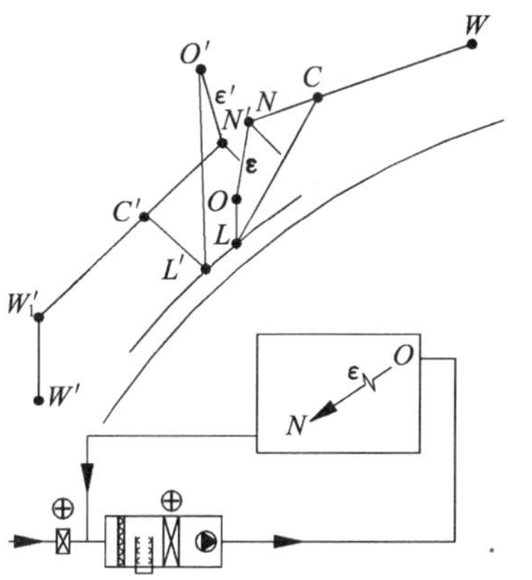	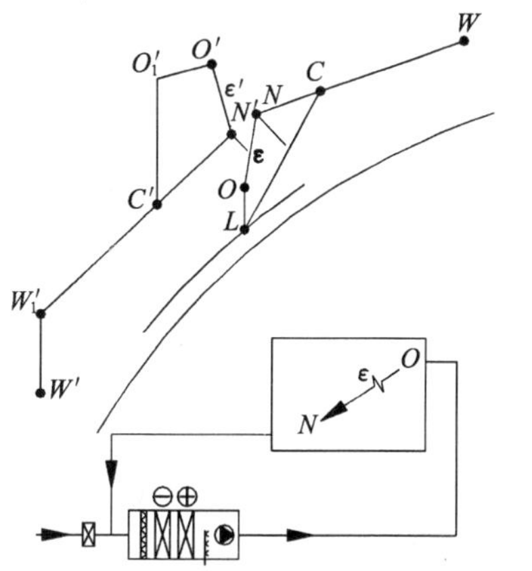
夏季过程与计算	处理过程	$\begin{matrix}W\\N\end{matrix}$ 一次混合 → C 冷却干燥 → L 二次加热 → O ～ε～ → N	$\begin{matrix}W\\N\end{matrix}$ 一次混合 → C 冷却干燥 → L 二次加热 → O ～ε～ → N
	耗冷量计算（kW）	$Q_0 = G\ (i_C - i_L)$	$Q_0 = G\ (i_C - i_L)$
	再加热量计算（kW）	$Q'_2 = G\ (i_0 - i_L)$	$Q'_2 = G\ (i_0 - i_L)$
冬季过程与计算	处理过程	W′ 一次加热 → $\begin{matrix}W'_1\\N'\end{matrix}$ 一次混合 → C′ 绝热加湿 → L′ 二次加热 → O′ ～ε′～ → N′	W′ 一次加热 → $\begin{matrix}W'_1\\N'\end{matrix}$ 一次混合 → C′ 二次加热 → O'_1 等温加湿 → O′ ～ε′～ → N′
	一次加热量计算（kW）	$Q_1 = G_{W'}\ (i_{W'_1} - i_{W'})$	$Q_1 = G_{W'}\ (i_{W'_1} - i_{W'})$
	二次加热量计算（kW）	$Q_2 = G\ (i_{O'} - i_{L'})$	$Q_2 = G\ (i_{O'_1} - i_{C'})$
	加湿量计算（g/s）	$W = G\ (d_{L'} - d_{C'})$	$W = G\ (d_{O'} - d_{O'_1})$
式中符号		G_W—新风量；G—总送风量（kg/s）	

注：根据设计地点的冬季室外参数确定是否采用一次加热的空气预热器。

2. 集中式全空气二次回风系统

二次回风方式的夏、冬季空气处理过程和冷热容量的确定方法，见表 2-2-7。

二次回风方式的空气处理过程及冷热量计算　　表 2-2-7

系统		二次回风方式	
冷却处理方式		用淋水室处理空气	用表冷器处理空气
i ~ d 图上的处理过程		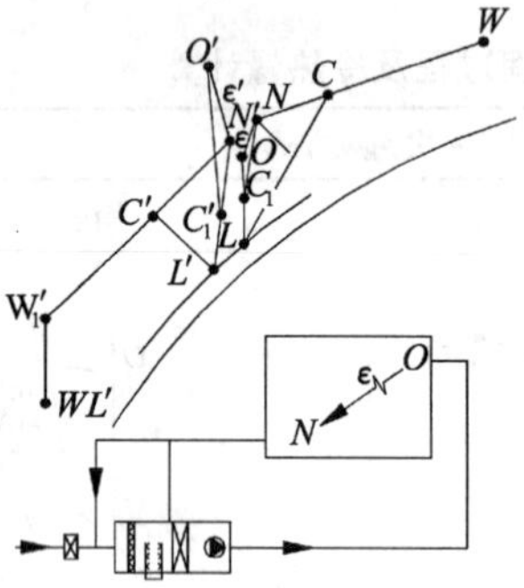	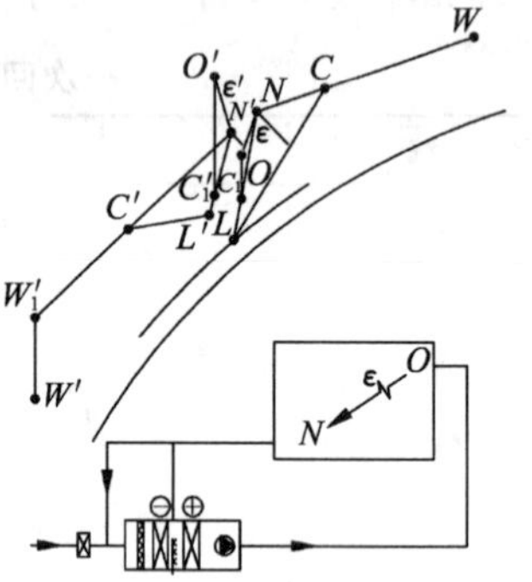
夏季过程与计算	处理过程	W、N →(一次混合) C →(冷却干燥) L、N →(二次混合) C_1 →(二次加热) O ~ε~→ N	W、N →(一次混合) C →(冷却干燥) L、N →(二次混合) C_1 →(二次加热) O ~ε~→ N
	耗冷量计算（kW）	$Q_0 = G_1(i_C - i_L)$	$Q_0 = G_1(i_C - i_L)$
	再加热量计算（kW）	$Q'_2 = G(i_0 - i_{C_1})$	$Q'_2 = G(i_0 - i_{C_1})$
冬季过程与计算	处理过程	W' →(一次加热) W'_1、N' →(一次混合) C' →(冷却干燥) L'、N' →(二次混合) C'_1 →(二次加热) O' ~ε'~→ N'	W' →(一次加热) W'_1、N' →(一次混合) C' →(等温加湿) L'、N' →(二次混合) C'_1 →(二次加热) O' ~ε'~→ N'
	一次加热量计算（kW）	$Q_1 = G_{W'}(i_{W'_1} - i_{W'})$	$Q_1 = G_{W'}(i_{W'_1} - i_{W'})$
	二次加热量计算（kW）	$Q_2 = G(i_{O'} - i_{C'_1})$	$Q_2 = G(i_{O'} - i_{C'_1})$
	加湿量计算（g/s）	$W = G(d_{L'} - d_{C'})$	$W = G_1(d_{L'} - d_{C'})$
	式中符号	i—kJ/kg；d—总送风量（g/kg）	

地下空间室内的产湿量较大，当采用一次回风系统的再热量过大或二次回风系统的方式不能满足室内空气参数时，可以考虑采用除湿机、调温除湿机和除湿空调器。

3. 一次回风和二次回风方式的选定

一次回风和二次回风方式的选择，可根据两种方式的特征和适用性确定（表 2-2-8）。

一、二次回风方式的比较 **表 2-2-8**

方　式	一次回风方式	二次回风方式
特征	1. 回风仅在热湿处理设备前混合一次； 2. 可利用最大送风温差送风，当送风温差受限制或热湿比较小时，利用再热满足送风温差的要求	1. 回风在热湿处理设备前后各混合一次，第二次回风量并不负担室内负荷，仅提高送风温度，或增加室内空气循环量； 2. 相同条件下与一次回风方式相比，可节省再热热量
适用性	1. 可以用最大送风温差送风的公共民用建筑； 2. 室内散热量较大（热湿比小）的场合	1. 送风温差受限制，而不容许利用热源进行再热时； 2. 室内散湿量较大（热湿比小），用最大送风温差送风的送风量不满足换气次数时； 3. 对室内有恒温要求的场合，可采用固定比例的一、二次回风，辅以调温用的再热器；对室内参数控制不严的场合，可利用变动的一、二次回风以调节负荷

4. 地下空间空调系统的风量平衡

在一次或二次回风系统中，冬夏设计工况采用最小新风比受经济因素的制约，但在春秋季节时应尽可能提高新风比，从而可利用新风的冷量和热量以减小运行能耗。因此，除某些工业空调全年采用固定的新风比外（如洁净空调），一般地下空间工程均可采用全年新风量可变的系统。当采用变新风系统时，地下空间工程的封闭性决定了应采用双风机系统，即回风机兼做排风机，通过调节排风阀和回风阀的开度来实现室温的控制。在冬夏季，采用最小新风比来运行。当采用定新风量系统时，也应进行风量平衡计算。

对于空调系统中风量的平衡可用下式分析：

（1）对于房间，送风量 $G=G_{吸}+G_{渗}$（或 $G_{局排}$）；

（2）对于空气处理机，$G=G_{回}+G_{新}$。

其中，$G_{吸}$—空调房间的回风量；$G_{渗}$—由正压通过门窗缝隙渗出的风量；$G_{局排}$—为局部排风设备的排风量；$G_{回}$—空调箱回风总管的风量；$G_{新}$—进入空调箱的新风量。

表 2-2-9 说明了两种条件下风量平衡的原则关系。

空调系统的风量平衡 **表 2-2-9**

条　件	全年新风量固定的系统	全年新风量变化的系统
	室内有局部排风	室内无缝隙排风
图式	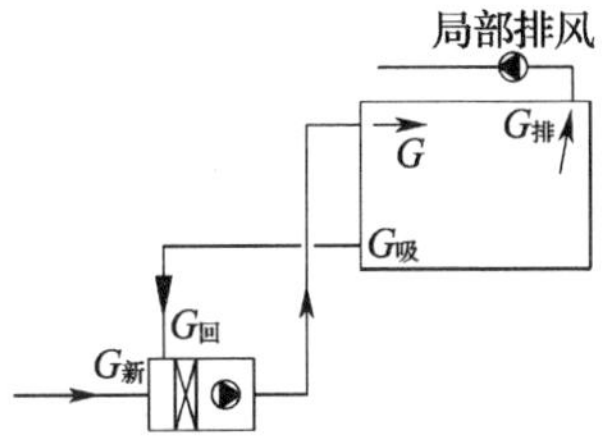 局部排风；G；$G_{排}$；$G_{吸}$；$G_{回}$；$G_{新}$	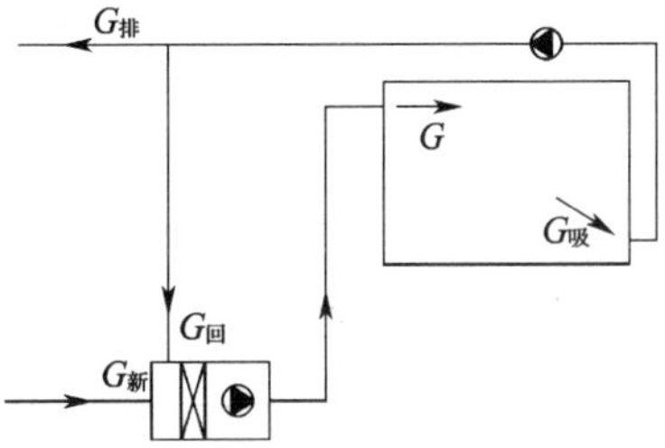 $G_{排}$；G；$G_{吸}$；$G_{回}$；$G_{新}$
空气量平衡	$\begin{cases}G=G_{吸}+G_{局排}\\G=G_{回}+G_{新}\end{cases}$	$\begin{cases}G=G_{回}+G_{新}\\G_{吸}=G_{排}+G_{回}\end{cases}$

续表

条 件	全年新风量固定的系统	全年新风量变化的系统
	室内有局部排风	室内无缝隙排风
适用性	室内有局部排风的房间，为避免有害物对邻室影响，一般考虑相对负压，如厨房。地下空间工程中，排风不能靠室外的渗透，应有相应的新风系统	空调设备容量较大的使用对象，为节约冷量要求全年新风可变时，常用这种形式，称“双风机系统”。对地下工程，无法在室内靠正压渗透排风，同时又要求全年新风量可以变化，回风机风量应与送风机匹配

5．风机盘管系统

（1）系统构造、分类和特点

风机盘管机组（Fan Coil Unit，简写为FCU）在空调工程中的应用多是和集中处理的新风系统相结合的，即风机盘管加新风系统。风机盘管由盘管（即表冷器，一般为2～3排）和风机（前向多翼离心风机或贯流风机）组成，其风量在250～2500m^3/h范围内。不同类型、特点和使用范围见表2-2-10。

风机盘管的类型、特点和运用范围　　表2-2-10

分 类	类 型	特 点	适 用 范 围
风机类型	离心式风机	前向多翼型，效率较高，每台机组风机单独控制，采用单相电容调速低噪声电机，调节电机输入电压改变风机转速，高、中、低三档变速（风量）	宾馆客房、办公室等
	贯流式风机	前向多翼型，端面封闭，全压系数较大，效率较低（$\eta=30\%\sim50\%$），进、出口易与建筑相配合，调节方法同上	为配合建筑布置时用
结构形式	立式L	暗装可设在窗台下，出风口向上或向前。明装可安设在地面上，出风口向上、向前或向斜上方。可省去吊顶	要求地面安装、全玻璃结构的建筑物、一些公共场所及工业建筑
	卧式W	节省建筑面积，可与室内建筑装饰相协调，吊顶时不宜用吊顶作为回风箱	宾馆客房、办公室、商业建筑等
	顶棚式D	节省建筑面积，可与室内建筑装饰协调，维护方便	办公室、商业建筑等
安装形式	明装M	维护方便；卧式明装机组吊在顶棚下，可作为建筑装饰品；立式明装安装简便，不美观，可加装饰面板成为立式半明装	卧式明装用于客房、酒吧、商业建筑等要求美观的场合；立式明装用于旧建筑改造或要求省投资、施工快的场合
	暗装A	维护麻烦，卧式机组暗装在顶棚内，送风口在前部，回风口在下部或后部。立式机组暗装在窗台下，较美观，占地少	要求整齐美观的房间

（2）风机盘管系统的新风供给方式和新风终状态的选定

新风供给方式有多种，表2-2-11分析了各种方式的适用性。

风机盘管新风供给方式 **表 2-2-11**

新风供给方式	示意图	特点	适用范围
单设新风系统，独立供给室内		1. 设新风机组。可随室外气象变化进行调节，保证室内湿度与新风量要求； 2. 新风口可紧靠风机盘管，也可不在一处，以前者为佳	要求卫生条件和舒适的房间，目前最常用
单设新风系统供给风机盘管		1. 单设新风机组。可随室外气象变化进行调节，保证室内湿度与新风量要求； 2. 新风接至风机盘管，与回风混合后进入室内，减小了房间的送风量	要求卫生条件和舒适的房间，目前较少使用

确定新风处理系统终状态对于“风机盘管+新风系统”空调方式的运行关系较大，表2-2-12给出了多种方式的分析。从原则上讲，新风应负担较大的湿负荷，使室内风机盘管尽可能在析湿量小的工况下运行，则对卫生和运行安全较有利。

（3）风机盘管机组的选择

由表2-2-12可知，当确定新风终态方案，绘出新风+风机盘管系统在i-d图上的处理过程图后，风机盘管的夏季供冷量即为 $Q=G_F(i_n-i_m)$ kW，因此风机盘管的选择即实现 $N \to M$ 的处理过程。检查所选定的风机盘管在要求风量、进风参数和水初温-水量（或水温差）等条件下，能否满足出风参数，即对表冷器进行校核计算。国内外FCU产品样本资料完善者，都提供出上述不同条件下表冷器的总冷量和显热冷量，实际上也可推知其出风参数。上述数据大多用表格形式列出，但也可用线解图来求解，便于对某一型号FCU各种参数（风量、水量、风温、水温等）改变后对空气出口参数以及总冷量和显热冷量等的变化和影响，可进行比较直观的分析。

风机盘管+新风系统的不同处理方式 **表 2-2-12**

新风处理终态方案	基本关系式	特点和适用性
W N L ε M O 新风处理到 i_n 线(ϕ=90%) 控制新风AHU的温度为等焓线的机器露点温度	1. 房间空调风量 $G=\dfrac{\Sigma Q}{i_n-i_0}$ 2. FCU风量 $G_F=G-G_W$ 3. $\dfrac{G_W}{G_F}=\dfrac{i_0-i_m}{i_L-i_0}$ 4. $\begin{cases} i_m=i_0-\dfrac{G_w}{G_F}(i_L-i_0) \\ i_0=i_n-\dfrac{\Sigma Q}{G} \end{cases}$ 5. $Q_F=G_F(i_n-i_m)$ 6. $Q_{FS}=CG_F(t_n-t_m)$	1. 新风处理到室内状态的等焓线 $i_L=i_n$，新风不承担室内冷负荷； 2. 对现在有新风AHU提供的冷冻水温约12.5～14.5℃； 3. 该方式易于实现，但FCU为湿工况

续表

新风处理终态方案	基本关系式	特点和适用性
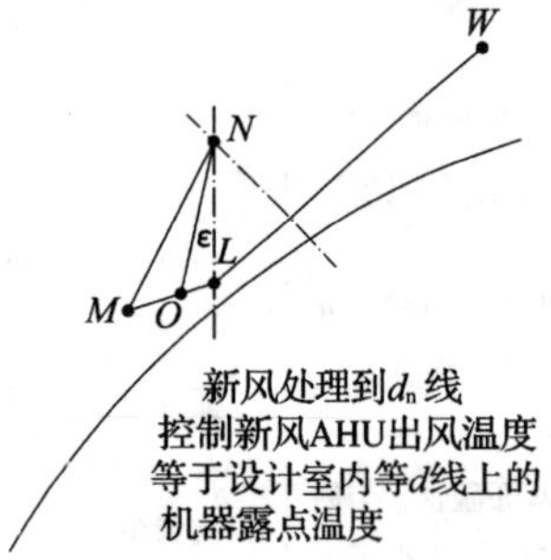 W N ε L M O 新风处理到d_n线 控制新风AHU出风温度 等于设计室内等d线上的 机器露点温度	1. 房间空调风量 $G=\frac{\sum Q}{i_n-i_0}$ 2. FCU 风量 $G_F=G-G_W$ 3. $\frac{G_W}{G_F}=\frac{i_0-i_m}{i_L-i_0}$ 4. $i_m=i_0-\frac{G_W}{G_F}(i_L-i_0)$ 5. FCU 承担的冷量 $Q_F=\sum Q-G_W(i_n-i_L)$ 6. 新风 AHU 承担的冷量 $Q_W=G_W(i_W-i_L)$	1. 新风处理到室内状态的等含湿量线（$d_L=d_n$）； 2. FCU 仅负担一部分室内冷负荷，新风 AHU 不仅负担新风冷负荷，还负担部分室内冷负荷，其量为 $G_W(i_n-i_L)$ 3. 对现有新风 AHU 提供的冷冻水温约 7～9℃； 4. 新风 AHU 控制出风露点
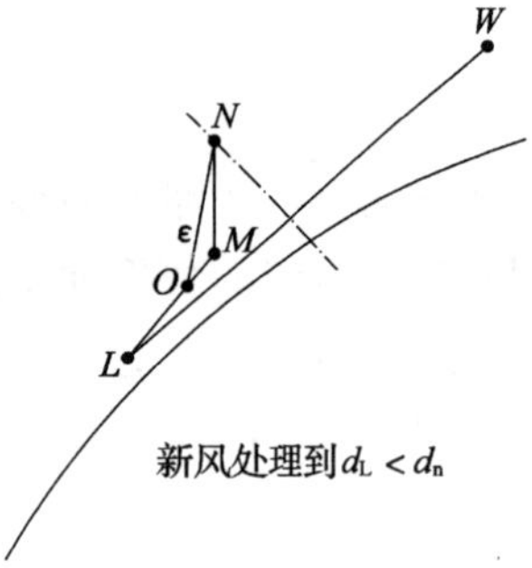 W N ε M O L 新风处理到$d_L<d_n$	1. 房间空调风量 $G=\frac{\sum Q}{i_n-i_0}$ 2. FCU 风量 $G_F=G-G_W$ 3. $\frac{G_W}{G_F}=\frac{i_m-i_0}{i_0-i_L}$ 4. $\begin{cases} i_m=i_0+\frac{G_W}{G_F}(i_0-i_L) \\ i_m=i_n-\frac{\sum Q}{G_F} \end{cases}$ 5. $\begin{cases} i_L=i_0-\frac{G_F}{G_W}(i_m-i_0) \\ d_L=d_n-\frac{\sum W}{G_W} \end{cases}$	1. 新风处理到 $d_L<d_n$； 2. 新风 AHU 不仅负担新风冷负荷，还负担部分室内显热冷负荷和全部潜热冷负荷； 3. FCU 仅负担一部分室内显热冷负荷（人、照明、日射）可实现 FCU 的干工况运行； 4. 新风 AHU 处理焓差大，水温要求5℃以下，要采用特制的 AHU（排数多，面风速小）
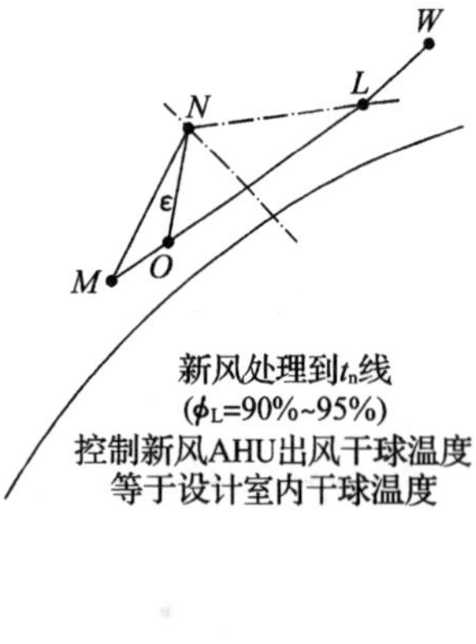 W L N ε M O 新风处理到t_n线 (ϕ_L=90%～95%) 控制新风AHU出风干球温度 等于设计室内干球温度	1. 房间空调风量 $G=\frac{\sum Q}{i_n-i_0}$ 2. FCU 风量 $G_F=G-G_W$ 3. $\frac{G_W}{G_F}=\frac{i_0-i_m}{i_L-i_0}$ 4. $Q_F=\sum Q+G_W(i_L-i_n)$ 5. $\begin{cases} i_m=i_0-\frac{G_W}{G_F}(i_L-i_0) \\ i_0=i_n-\frac{\sum Q}{G} \end{cases}$ 6. FCU 负担的湿负荷 $D=\sum W+G_W(d_L-d_N)$ 7. 新风 AHU 负担的负荷 $Q_W=G_W(i_w-i_L)$	1. 新风处理到 t_n 线； （$t_L=t_n$） 2. FCU 负担的负荷很大，特别是湿负荷很大，造成卫生问题和水患，故不建议采用

续表

新风处理终态方案	基本关系式	特点和适用性
W N C L ε O 新风处理到等焓i_n线	1. 房间空调风量 $G=\dfrac{\sum Q}{i_n-i_0}$ 2. FCU 风量 $G_F=G$ 3. $\dfrac{G_W}{G_F}=\dfrac{d_c-d_n}{d_L-d_N}$	1. 新风处理到等焓 i_n 线，并与 N 直接混全进入 FCU 处理； 2. FCU 处理的风量比其他方式大（包括了新风），产品不易选型； 3. 当 FCU 不工作时，新风从回风口送出，造成对过滤器反吹，于卫生不利； 4. 不必在室内为新风设置单独的送风口

注：$\Delta t_0=t_n-t_0$—送风温差；G—总空调风量；G_W—新风风量；
G_F—FCU 风量；Q_F—FCU 的冷量；Q_{FS}—FCU 的显热冷量；
Q_W—新风 AHU 的冷量；$\sum Q$—房间的总冷负荷；$\sum Q_s$—房间的总显热负荷。

参考文献

1 赵荣义. 简明空调设计手册. 北京：中国建筑工业出版社，1998
2 中华人民共和国建设部. 全国民用建筑工程设计技术措施（暖通空调·动力）. 北京：中国计划出版社
3 地下建筑暖通空调设计手册. 北京：中国建筑工业出版社，1983
4 中华人民共和国国家标准《采暖通风与空气调节设计规范》（GB 50019—2003）. 北京：中国建筑工业出版社，2003
5 首届全国人防工程内部环境与设备学术研讨会论文集，2001
6 第二届全国人防工程内部环境与设备学术研讨会论文集，2003
7 陆耀庆主编. 实用供热空调设计手册. 北京：中国建筑工业出版

第二节　空气热回收技术

地下建筑明显的优势是冬暖夏凉。独具的热稳定性，使地下空间内的温度环境不存在多大问题。而湿度环境则存在较大问题。每年6～9月的潮湿季节，如果通风除湿措施不力或设置不当，地下环境空气的相对湿度极难控制在允许范围内。而相对湿度过高，人体散热困难，会使人感到闷热，不舒服，同时促使霉菌生长。如果加上通风不良、人员拥挤和吸烟等原因，将导致地下空气环境中的二氧化碳、一氧化碳、灰尘、异味、碳氢化合物等成分增加，空气严重污浊。在无阳光直接照射的地下环境里，微生物污染加剧。据现场测试，地下环境中的微生物种类和数量均高于地面。微生物污染，又往往会引起呼吸道传染病的传播，增加过敏性反应，危害人体健康。特别是潮湿的夏季，污浊的空气、明显的霉味以及其他难闻的异味，极易使人产生头晕、疲倦、精神不振等不良反应。

为了满足人的舒适要求，最基本的手段就是采用空调通风。但是存在的问题是，为了尽量减少地下空间病态建筑综合症（SBS），减少地下空间的空气污染物（微生物、VOCS、颗粒物等对人体有害的微量物质），需要加大新风量甚至是采用全新风的空调系统，由于地下空间和室外存在很大的温差（尤其是冬夏两季），如果不采用节能措施，由此带来的能量消耗是非常大的。根据上海的气象资料计算，当室内设计值在26℃，60%时，对于公共建筑，处理$1m^3/h$新风量，整个夏季需要投入的冷能能耗累计约9.5kWh左右[2]。可见加大新风量后，能量消耗就有很大增加。因此，需要在新风与排风之间加设能量回收设备，采用节能装置对地下空间能量的回收与资源可持续利用具有重要意义。

目前市场上的能量回收设备有两类：一类是显热回收型；一类是全热回收型。显热回收型回收的能量体现在新风和排风的温差上所含的那部分能量；而全热回收型体现在新风和排风的焓差上所含的能量。单从这个角度来说，全热型回收的能量要大于显热回收型的能量，这里没有考虑回收效率的因素。因此全热回收型是更加节能的设备。

热回收器按结构分为回转型热交换器（转轮式全热交换器）、热回收环热交换器（中间热媒式换热器）、热管式热交换器、静止型板翅式热交换器、板式显热交换器。

在以上几种热交换器中，热回收环型和热管型及板式显热交换器一般只能回收显热。回转型是一种蓄热蓄湿型的全热交换器，但是它有转动机构，需要额外提供动力。而静止型板翅式全热交换器属于一种空气与空气直接交换式全热回收器，它不需要通过中间媒质进行换热，也没有转动系统，因此静止型板翅式全热交换器（也叫固定式全热交换器）是一种比较理想的能量回收设备。这几种热回收方式的性能比较见表2-2-13。

各种热回收方式的比较　　　　表2-3-13

热回收方式	效　率	设 备 费	维 护 保 养
转轮式全热交换器	优	中等	中等
板式显热交换器	良	中等	易
板翅式全热交换器	优	中等	易
中间热媒式换热器	中	低	易
热管换热器	良	中等	易

能量回收处理时，如果进风温度高于排风的露点温度，则在板式、回转式或含有中间媒质的换热器中无凝结水生成，仅涉及显热回收；如果外界温度低于排风的露点温度，那么向外排风中会发生凝露，可通过板式或乙二醇换热器进行显热和潜热回收；对于带非吸湿性转子的回转式换热器，如果外界温度低于排风的露点温度，空气会被显热和潜热加热。排风中的水蒸气凝结在转子上，旋转后进入送风区蒸发，使得送风的湿度增大。

一、转轮全热交换器

转轮全热交换器是一种空调节能设备。它是利用空调房间的排风，在夏季对新风进行预冷减湿；在冬季对新风进行预热加湿。它分金属制和非金属制两种不同形式。

1. 结构和工作原理

转轮全热交换器的结构如图2-2-1所示，利用喷涂氯化锂（硅胶、分子筛）的铝箔及非金属膜、特殊纸等材质做成蜂窝状，外形成轮形并能转动的全热交换器。轮子上半部通过新风、下半部通过室内排风。冬季排风的温、湿度高于新风。排风经过转轮时，使转芯材质的温度升高，水分含量增多。当转芯材质经过清洗扇转至与新风接触时，转芯便向新风放出热量与水分，使新风升温增湿。如图2-2-2所示。

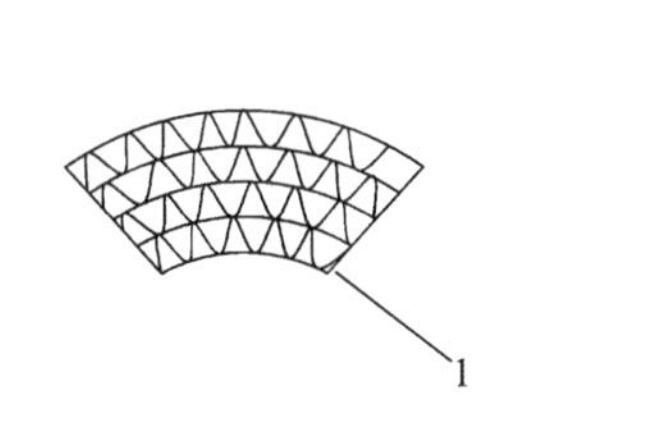

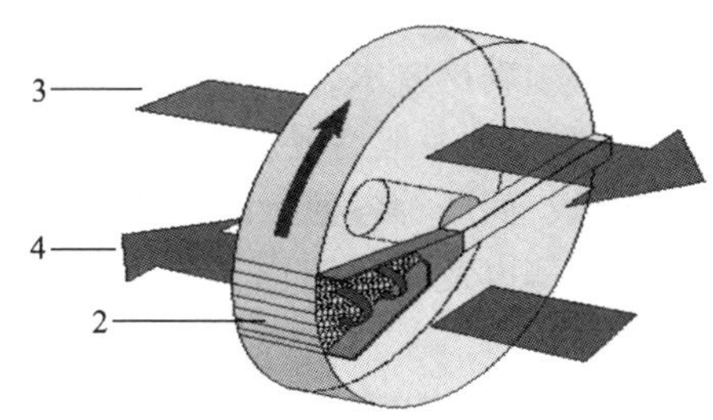

图 2-2-1　转轮全热交换器

1—蜂窝状转芯；2—清洗扇；3—新风；4—排风

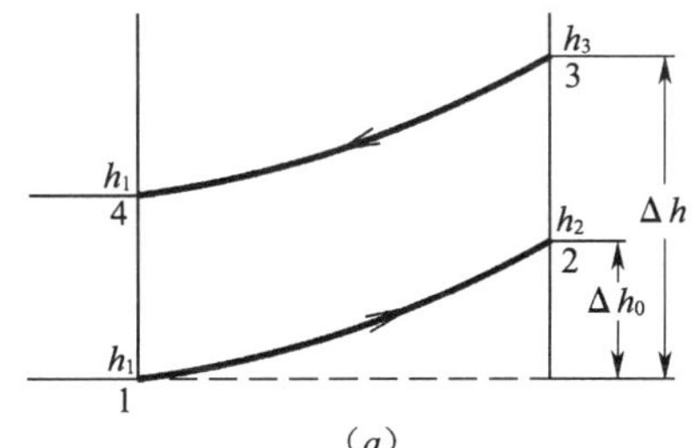

(*a*)

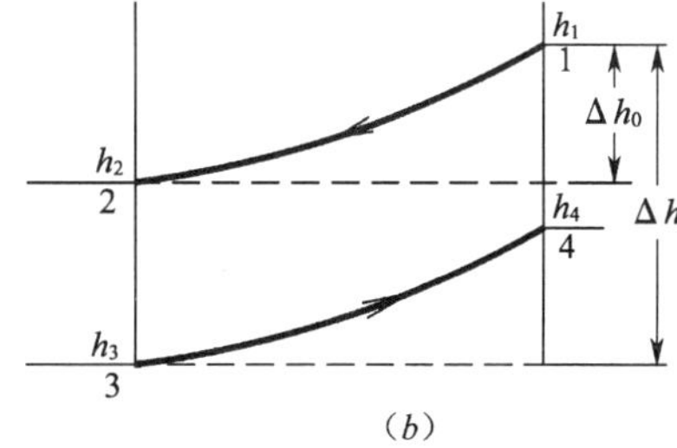

(*b*)

图 2-2-2　全热交换器内空气焓的变化

(*a*) 冬季；(*b*) 夏季

在旋转过程中让排风与新风以相逆方向流过转轮，由于中间有清洗扇，本身有自净作用，可使排风几乎不会漏入新风，能同时进行热湿交换，热回收率高。

清洁扇面是使部分的新风气流为达到清洁效果而反吹。以同样的方式，避免了排风的转动携带部分。清洁扇面的效率只有在提供正确的静压时才能保证。

2．热回收效率

影响热回收效率的因素可分为三类：第一类是转芯的结构尺寸参数，如转芯的宽度 L、蜂窝层的高度 h；第二类是转芯材料的蓄热特性参数，如比热容 c_r、单位面积质量 m；第三类是运行参数，如空气流动面速 V_y、新风与排风量之比 C、转轮的转速 n、空气的物理特性参数（如比热容 c_p、密度 ρ）。

转轮式全热交换器比显热交换器回收能量大得多，转轮式全热交换器在同类设备中，热回收效率最高。全热回收装置中转轮式换热器是通过排风与新风交替逆向流过转轮，轮中间有清洗扇，本身对转轮有自净作用。转速控制能适应不同的室外空气参数，而且能使效率达到 70% ~80% 以上。

3．选用转轮全热交换器时的注意事项

1）全热回收转轮一般按照 70% 以上的全热效率选型，转轮本身阻力损失约为 300Pa。

2）在新风侧以及回风侧，气流进入转轮之前，一定要有过滤器。其中新风过滤器最好为初中效。另外，在一些特殊应用场合，回风过滤器也最好为初中效。

3）设计时，必须计算校核转轮上是否会出现结霜、结冰现象。必要时应在新风进风管上设空气预热器，或在热回收器后设温度自控装置，当温度达霜冻点时，就发信号关闭新风阀门或开启预热器。

4）由于全热交换器转轮需要动力，并且增加了阻力，从而增加输送动力和增加投资。

因此，必须计算回收效应，当总能耗节约显著时，方可选用。

5）风机的布置必须满足要求，以使转轮清洁扇能正常工作。同时风机风压应相互匹配，各风量达到设计要求。一般情况下，全热交换器宜布置在负压段。

6）在新风、排风、回风等各处应设计良好的风阀以调节各风量。

7）在转轮的新风侧以及排风侧均安装压差表，以监测转轮风量情况，并预留检测孔以测量温湿度。

8）适用于排风不带有害或有毒物质。

9）采用转轮换热器时的结冰危险

在冬季，在排风中含有很高的水分且温度低于0℃时，可能会发生结冰现象。如图2-2-3所示，转动预热交换时，进风工况A与B的混合直线与饱和线等于1时相交，于是便认为在转轮中将有过量的水分。这种运行条件采用图中所示的防结冰措施来预防。

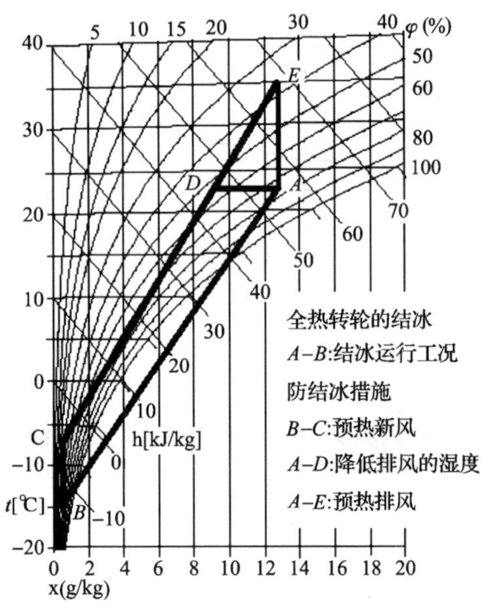

图 2-2-3　转轮换热器的结冰现象

4. 转轮式全热交换器经济分析

下面通过一个实例来对采用转轮式全热交换器的空调系统进行经济分析。系统图如图2-2-4所示，该系统的总送风量为80000m^3/h，新风量为16000m^3/h。设计参数为

室外计算温度：干球温度34℃，相对湿度70%，焓95kJ/kg，密度1.13kg/m^3；

室内计算温度：干球温度27℃，相对湿度50%，焓55kJ/kg，密度1.17kg/m^3。

对于一套处理风量为16000m^3/h的全热交换器，如果选择迎面风速为3m/s，则其换热效率为75%左右，系统阻力约为160Pa，换热器马达消耗功率约为1kW。

$$\eta_{焓}(焓效率) = [(h_{新风} - h_{送风})/(h_{新风} - h_{回风})] \times 100\%$$

$$(h_{新风} - h_{回风}) = 95 - 55 = 40kJ/kg$$

$$(h_{新风} - h_{送风}) = \eta_{焓}(h_{新风} - h_{回风}) = 0.75 \times 40 = 30kJ/kg$$

$$h_{送风} = h_{新风} - 30 = 95 - 30 = 65kJ/kg$$

未安装转轮式全热交换器前所需要的新风负荷为：

$$Q_{新} = 16000 \times 1.13 \times (95 - 55)/3600 = 200.9kW$$

安装转轮式全热交换器后的新风负荷为：

$$Q'_{新} = 16000 \times 1.13 \times (65 - 55)/3600 = 50.2kW$$

节约新风负荷为：200.9 − 50.2 = 150.7kW

热回收系统消耗送（排）风风机的功率：$N_1 = 160 \times 16000/3600 = 711W = 0.711kW$

热回收转轮的马达功耗为1kW，热回收相同耗电量为：$P = 2 \times 0.71 + 1 = 2.42kW$。

增加一次性投资：

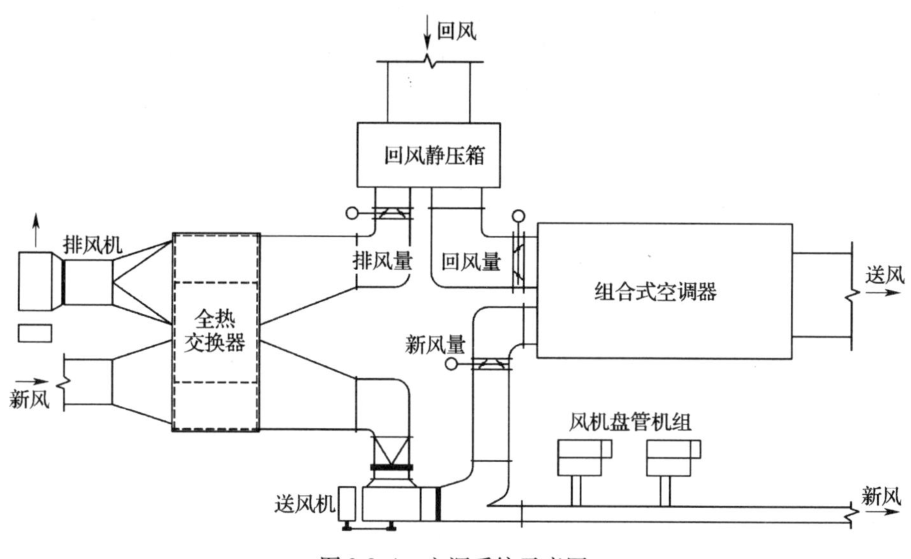

图 2-2-4　空调系统示意图

1）转轮式全热交换机组：170000 元；

2）风管、阀门、风口等：8000 元；

3）电气及控制：2000 元；

4）安装费：10000 元　共计增加 190000 元。

减少投资：

1）节约空调负荷 150. 7kW，相同负荷空调系统的造价约为 200000 元；

2）运行费用减少

节省新风负荷：150. 7kW；

节省电力（工作系数 COP 取常用值 2. 3）：65. 5kW；

全热交换器耗电：2. 42kW；

共计省电：63. 1kW；

电价：0. 67 元；

每小时节省费用：42. 3 元。

每年夏季按 8h/d，120d 运行计算，节省运行费用：42. 3 ×8 ×120 =40608 元。若为全年性空调，则依以上方法可计算出每年冬季（按 8h/d，90d 运行）节省运行费用为 29195 元，全年共节省运行费用 69803 元。

但是转轮式换热器是两种介质交替转换，不能完全避免交叉污染，因此流过气体必须是无害物质。另外设备装置较大，占有较多面积和空间；接管固定；带传动设备，消耗一定的动能。

二、板式显热交换器

1. 结构特点

板式显热交换器可以由光滑板装配而成，形成平面通道（a）；在光滑平板间通常构成三角形、U 形、∩形截面，在同样的设备体积 $V = abc$ 情况下，使空气与板之间的接触表面大为增加。从热交换特性来看，换热介质的逆流运动是效率最高的。但是逆流交换器的结构复杂及难于实现气密性，因而常常采用叉流结构方案。板式热交换器如图 2-2-5 所示。

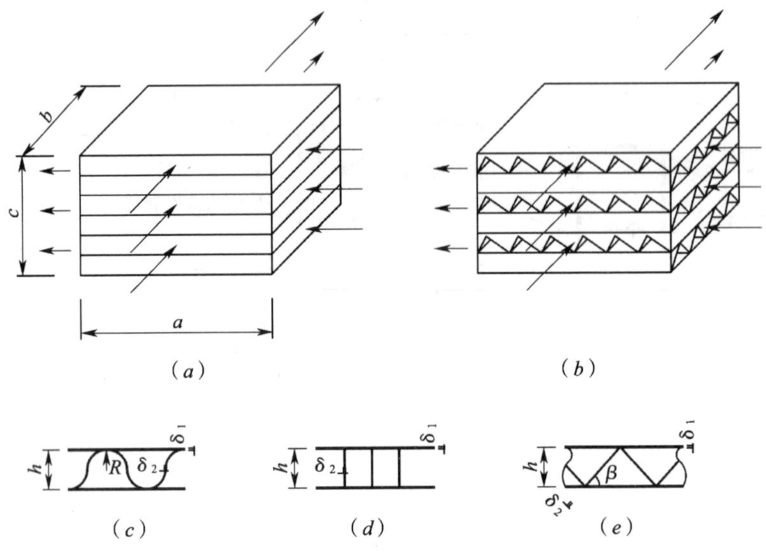

图 2-2-5　板式热交换器结构示意图

如板式空气-空气热交换器的单位体积的换热表面积为 F_d（m^2/m^3）和空气通道单位迎风表面积的通道净截面积为 f_d（m^2/m^2），则其通道的当量直径 D_d（mm）为

$$D_d = 4f_d/F_d(m) \tag{2-2-1}$$

其肋化系数 ψ，为总换热表面积 F 与光滑板表面积 F_g（m^2）之比，如三角形通道的 ψ 为

$$\psi = F/F_g = 1/\cos\beta + 1 \tag{2-2-2}$$

各种形状通道的 F_d、f_d、D_d 值列于表 2-2-14。

各种形状通道的特性　　**表 2-2-14**

间隙 h (mm)	正三角形通道 $\beta = 60^\circ, \delta_1 = \delta_2 = 0.15$mm			U 形通道 $h = 2R, \delta_1 = \delta_2 = 0.15$mm			平面通道 $\delta_1 = \delta_2 = 0.15$mm		
	F_d (m^2/m^3)	f_d (m^2/m^2)	D_d (mm)	F_d (m^2/m^3)	f_d (m^2/m^2)	D_d (mm)	F_d (m^2/m^3)	f_d (m^2/m^2)	D_d (mm)
1	5100	0.595	0.466	4371	0.665	0.595	1738	0.869	2
2	2775	0.786	1.133	2378	0.820	1.373	930	0.930	4
3	1900	0.855	1.800	1628	0.877	2.150	634	0.952	6
5	1164	0.912	3.134	998	0.925	3.700	398	0.971	10
6	975	0.926	3.800	836	0.937	4.46	324	0.976	12
10	591	0.955	6.464	506	0.962	7.60	196	0.985	20

2. 选用板式显热交换器的注意事项

1）新风温度不宜低于 -10℃，否则排风侧出现结霜。

2）当新风温度低于 -10℃，应在热交换器之前设置新风预热器。

3）新风进入热交换器之前，必须先经过过滤器净化。排风进入热交换器之前，一般也应装过滤器，但当排风较干净时，可不装。

三、板翘式全热交换器

1. 结构与工作流程

板翘式全热交换器的结构与板式显热交换器基本相同（图 2-2-5），并且工作原理也相同，仅是构成热交换器材质不同。显热交换器的基材为铝箔等仅能使排风与新风之间进行热交换；而全热交换器的隔板材质采用特殊加工的纸或膜，当隔板两侧气流之间存在温度差和水蒸汽分压力差时，两气流之间就产生传热和传质的过程，进行全热交换。

2. 板翅式全热交换器使用时注意事项

1）当排风口含有害成分时，不宜选用。

2）实际安装时，最好在新风侧和排风侧分别设有风机和粗过滤器，用次风机来克服全热交换器的阻力。

3）板翅式全热交换器的安装方法与转轮式相比，不同的仅是风道的连接方式。转轮式全热交换器的连接分割成上、下两部分，其他要求均相同。

4）为了节能，在过渡季或冬季采用新风供冷时，不能用全热交换器。因此，必须采用新风供冷时，应在新风道和排风道上分别设旁通风道，并装密闭型要好的风阀，使空气绕过全热交换器。

四、中间热媒式热交换器

1. 间接式中间热媒式热交换器

这类热回收器如图 2-2-6 所示，采用普通盘管式换热器，利用水泵使水作为介质在两个换热器内循环，将排风中的热量（冷量）传递给新风，从而实现热能的回收。中间热媒通常采用水，为了降低水的冰点，通常在水中加入一定比例的乙二醇。不同质量百分比时，乙二醇水溶液的凝固点如图 2-2-7 所示。并在图 2-2-8 ~ 图 2-2-11 中分别给出乙二醇水溶液密度、导热系数、黏度、比热容等物理参数。

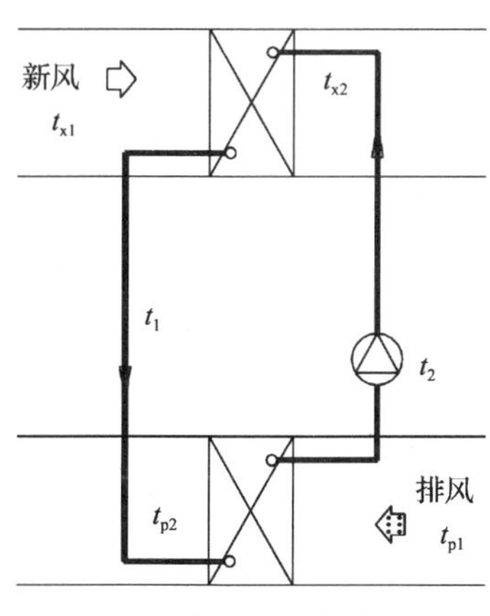

图 2-2-6　中间热媒式热交换器的工作原理图

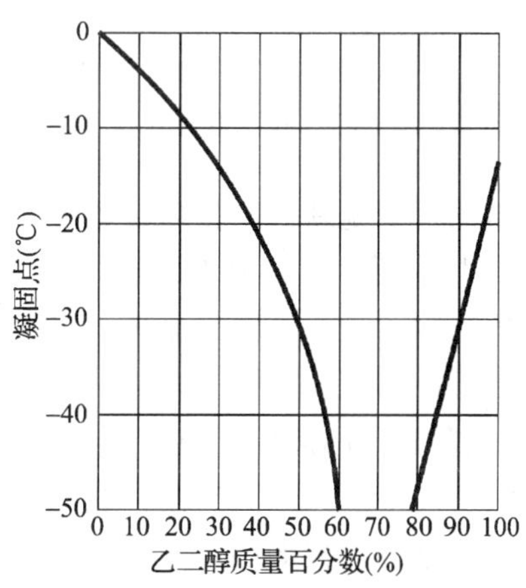

图 2-2-7　乙二醇水溶液的凝固

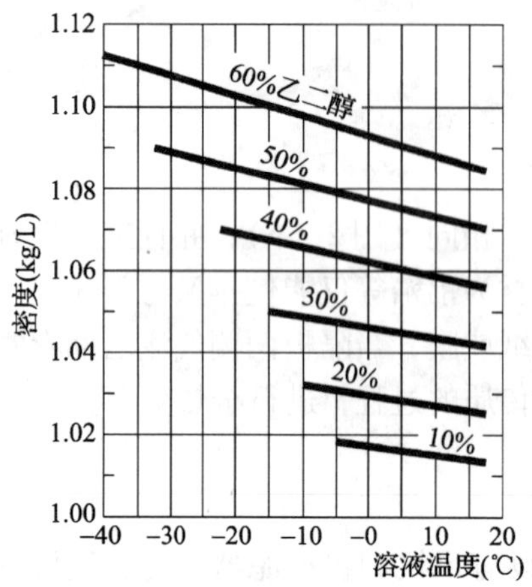

图 2-2-8　乙二醇水溶液的密度

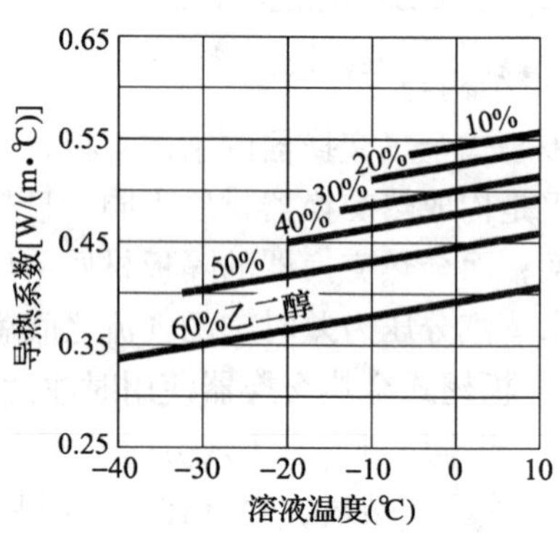

图 2-2-9　乙二醇水溶液的导热系数 λ［W/(m·℃)］

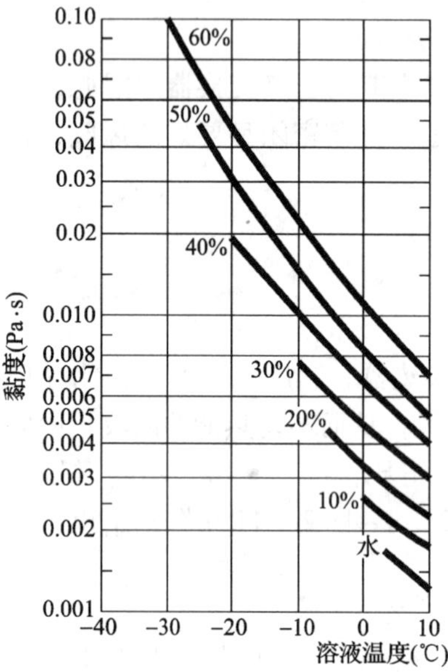

图 2-2-10　乙二醇水溶液的黏度

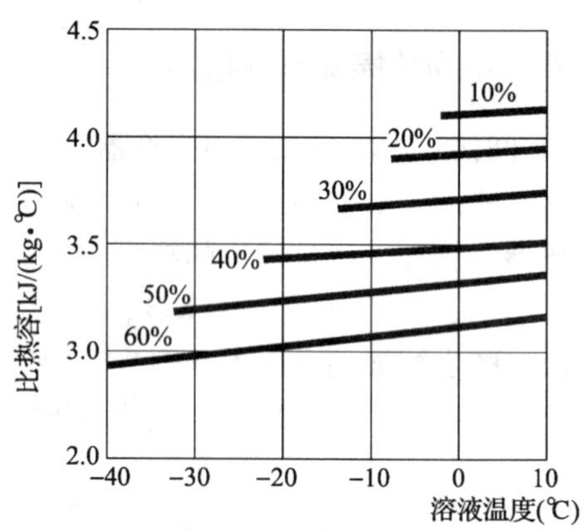

图 2-2-11　乙二醇水溶液的比热容

此法的优点是新风与排风位置可以不在一处。新风与排风不会产生交叉污染，而且可以在市场上购到换热器及水泵。如果使用恰当的盘管排数，其显热回收效率可达 40% ~ 60%。此法缺点是只能回收显热，当增加盘管排数，回收效率有所增加，但同时被水泵和风机耗电量的增大所抵销。

2．接触式中间热媒式热交换器

这类中间热媒式热交换器，通常采用喷淋式热回收系统。这种系统热媒与新风或排风直接接触，基本流程如图 2-2-12 所示，不采用盘管未冬季防冻，热媒采用氯化锂水溶液或其他卤族盐水溶液。两个喷淋塔冬夏季均可使用。采用空气逆向与溶液接触。冬季时，溶液吸收排风得显热和潜热，排风温度由 t_{p1} 降至 t_{p2}，且有部分水凝结出来，溶液温度由 t_{w2} 升至 t_{w1}，吸收凝结水，浓度变小一些；在另一个喷淋塔中，新风被溶液加热，由 t_{x1} 升至

t_{x2}，且被加湿，溶液温度由 t_{w1} 降至 t_{w2}，损失水分，溶液变浓。夏季对新风预冷时，则工作相反。全热交换效率达 55% ~70%。当系统稳定工作时，在喷淋塔中新风和排风含湿量变化达到相等，即 $\Delta d_1 = \Delta d_2$。溶液从排风获得并放给新风相等的湿量，所以在这系统中，务必要为恢复溶液的浓度而消耗热能。

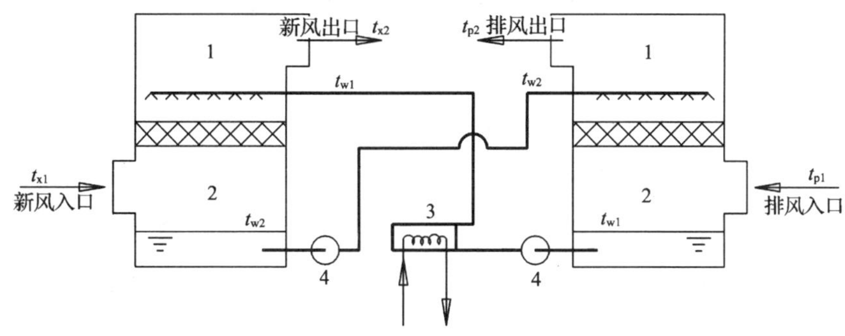

图 2-2-12　接触式中间热媒式热交换器

1—喷淋管与喷嘴；2—增大接触表面的填充层；3—冬季预加热器；4—溶液泵

吸湿溶液喷淋塔由于新风、排风可以距离较远，因此设计布置和安装方便。在冬季运行时，由于排风含湿量较低，两塔之间的湿交换量失去平衡，因而易于引起溶液浓度增加。当溶液浓度大到 50% 以上时，则产生结晶以致引起喷嘴、管道甚至泵体内的堵塞。另外，应注意氯化锂等卤族盐溶液对金属表面的腐蚀。

五、热管换热器

1. 热管的工作原理及构造

热管是蒸发-冷凝器型的换热设备，中间热媒在自然对流或毛细管压力作用下实现其中的循环。

一个单根热管是由铜、铝等管材两头密封经过抽真空后充填相变工质（如氟利昂-12 等）制成。水平安装的热管，在管内装有紧贴管内的毛细芯层。热管的一端接触热源，另一端接触冷源，毛细芯层是把放热冷凝的液态工质传输到受热蒸发端去的通道，如图 2-2-13 所示。

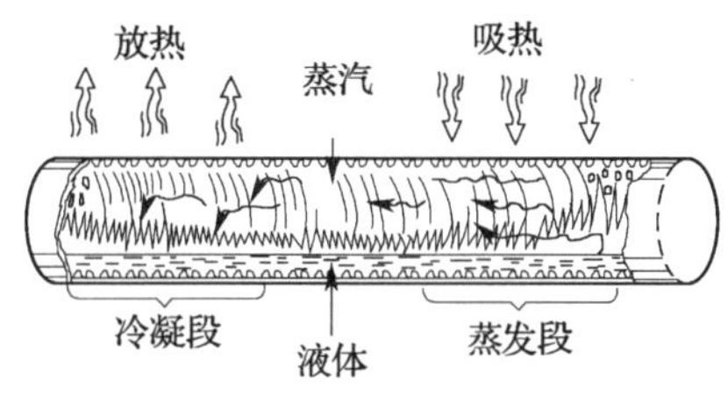

图 2-2-13　热管的结构和工作原理示意

热管在投入运行之前，内部工作介质的状态取决于环境的温度和介质在该温度下对应的饱和压力。这就是热管工作前介质的初始参数。热量自高温热源（T_1）传入热管时，处于与热源接触的热管内壁吸液芯中的饱和液体吸热气化，蒸气进入热管空腔，该段成为蒸发段（也叫加热段或气化段）。当蒸气分子不断进入气化段空腔，空腔内的压力不断升高，蒸气分子便由气化段传输段流向热管的另一端。蒸气在这里遇到冷源（T_2）凝结成液体，同时对冷源放出潜热，液体为吸液芯层所吸收。这段叫冷凝段（也叫冷却段）。由于热管内气相和液相工质同时存在，所以管内压力由气液分界面的温度所决定。如果热管的蒸发段和冷凝段由于外界的加热和冷却作用引起一个温差，而管内又存在这个气液分界面，那么两段之间的蒸气压力就会不同，在此蒸气压差的推动下，蒸气就从蒸发段流向冷凝段，并在冷凝段冷凝成液体，经毛细芯层流回蒸发段，从而完成一个循环。

通常，热管换热器由多根热管组成，为了增大传热面积，管外加有翅片，肋化系数（翅化比）一般为 10 ~25。沿气流方向得热管排数通常为 4 ~10 排。

空调工程热回收系统应用的大都是重力热管，其性能受工作时热管倾斜角度的影响，所以，选取和控制倾斜角度，是一个很关键的问题。一般热管换热器倾角为 5° ~7°，倾角坡向热端。

利用热管进行空调热回收时，由于冷、热空气的温差很小，为了提高换热效率，必须选择热阻小的管芯结构，如轴向槽道或周向槽道管芯、金属烧结管芯。图 2-2-14 所示为低温热管换热器，图 2-2-15 所示为热管能量回收空调机组。

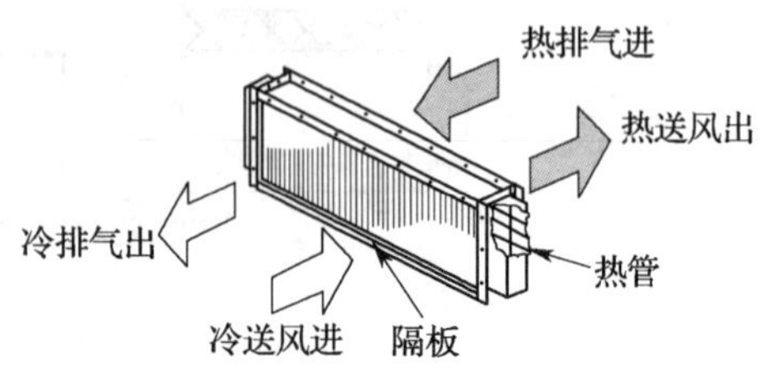

图 2-2-14　低温热管换热器

2. 选用热管换热器注意事项

（1）当水平安装时，低温侧上倾 5° ~7°，由于热管换热器全年使用，冬季的低温侧夏季成高温侧，用手动方法，使其下倾 10° ~14°。

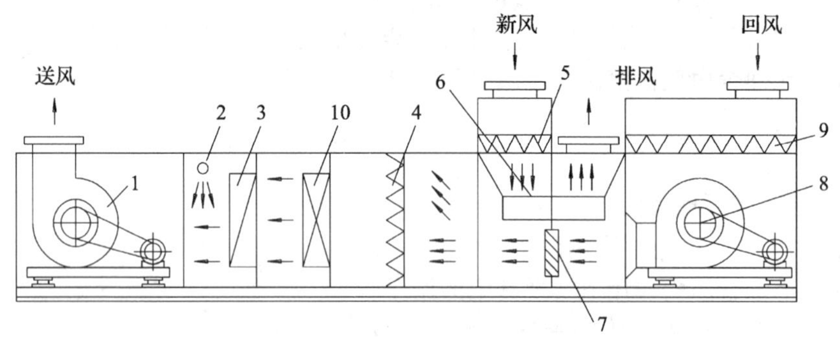

图 2-2-15　JNK1 型能量回收空调机组装配图

1—送风级；2—加湿器；3—加热器；4—中效过滤器；5—新风过滤器；
6—热管换热器；7—多叶调节阀；8—回风机；9—回风过滤器；10—表冷器

（2）排风应含尘量小，且无腐蚀性物质。

（3）温度范围在 -40 ~80℃之间。

（4）迎风面风速宜采用 1.5 ~3.5m/s。

（5）冷、热端之间的隔板，宜采用双层结构，以防止因漏风而造成交叉污染。

（6）换热器可以垂直或水平安装，既可以几个并联，也可以几个串联。

（7）当热气流的含湿量较大时，应设计凝水排除装置。

（8）启动换热器时，应使冷、热气流同时流动，或使冷气流先流动；停止时，应使冷、热气流同时停止，或先停热气流。

（9）考虑热管及翅片上积灰等因素，应考虑一定的安全因素。

（10）对于冷却端为湿工况时，加热端的 η 值应增加，即回收热量增加。亦可按上述公式计算（增加的热量作为安全因素）。需要确定冷却端（热气流）的终参数时，可按下式确定处理后的焓值，并按处理后的相对湿度为90%左右。

$$h_2 = h_1 - \frac{3.6Q}{L\rho} \tag{2-2-3}$$

式中 h_1、h_2——热气流处理前、后的焓值（kJ/kg）；

Q——按冷气流计算出的回收热量（W）；

L——热气流的风量（m^3/h）；

ρ——热气流的密度（kg/m^3）。

第三节　空气消毒除菌技术

一、纤维过滤细菌技术

1. 生物微粒的等价直径

细菌过滤清除问题是否比过滤灰尘难得多？人们直觉是细菌太小了，其实不然。这里涉及一个概念——细菌等价直径。

细菌、螺旋体、立克次氏体和病毒这些微生物在空气中是不能单独存在的，常在比它们大数倍的尘粒表面发现，而且也不是以单体的形式存在，是以菌团或孢子的形式存在。因为空气缺乏养料，又受到日光特别是紫外线的照射，只有能产生芽孢和色素的细菌及真菌和对日光与干燥抵抗力较强的菌类，才能在空气中生存。所以如果单就空气中大部分浮游菌来说，它的裸体大小并没有多大意义，而有意义的是等价直径或当量直径。等价直径可有三种含义：

（1）从偏安全考虑，令等价直径等价于最大穿透率的微粒粒径，也就相当于带菌尘粒通过过滤器的下限（最小）直径，可称为尘粒所带生物微粒的穿透等价直径。

（2）从过滤效果考虑，令其等价于该细菌群过滤效率的粒径，可称为效率等价直径。

李恒业根据实测资料，得出空气中菌浓与3.5μm尘粒浓度之间有一定的相关关系，如图2-2-16～图2-2-18所示，并认为几种纤维滤料对大气菌的过滤效率与对4～5μm微粒的过滤效率相当。但涂光备等得出纤维对大气菌的过滤效率与其≥5μm的大气尘的计数效率有较好的线性相关关系，如图2-2-19所示。可以近似地把对大气菌效率看成对≥5μm大气尘的计数效率，或者用下式计算：

$$\eta_b = 1.07\eta_d - 5.02 \tag{2-2-4}$$

式中 η_b——对大气浮游菌过滤效率；

η_d——对大于等于5μm大气尘计数效率。

这就是说，大气菌的效率等价直径约为7μm，因为只有7μm的效率才相当于大于等于5μm的效率。

（3）从沉降速度考虑，令其等价于和该细菌群具有相同沉降量即相同沉降速度时的粒径，可称为沉降等价直径。

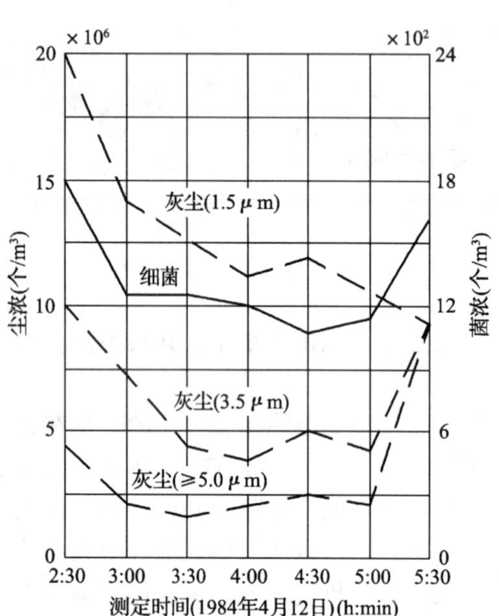

图 2-2-16　医院空气中菌尘浓度变化曲线

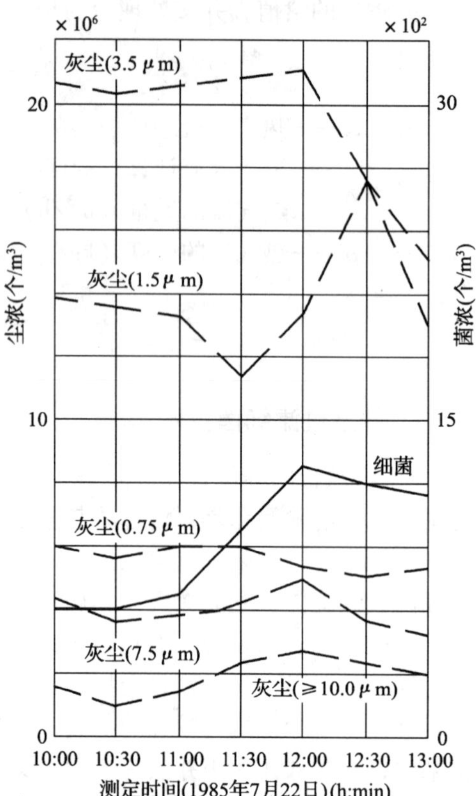

图 2-2-17　办公场所菌、尘浓度变化曲线

注：① 3.5μm 的灰尘浓度为图中坐标数据乘 10；
② 0.75μm 和 1.5μm 的灰尘浓度为图中坐标数据乘 100。

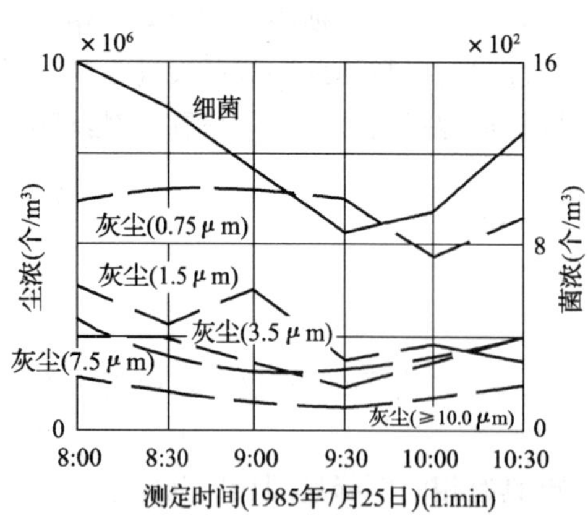

图 2-2-18　大气菌、尘浓度变化曲线

注：① 1.5μm 的灰尘浓度为图中坐标数据乘 10；
② 0.75μm 的灰尘浓度为图中坐标数据乘 100。

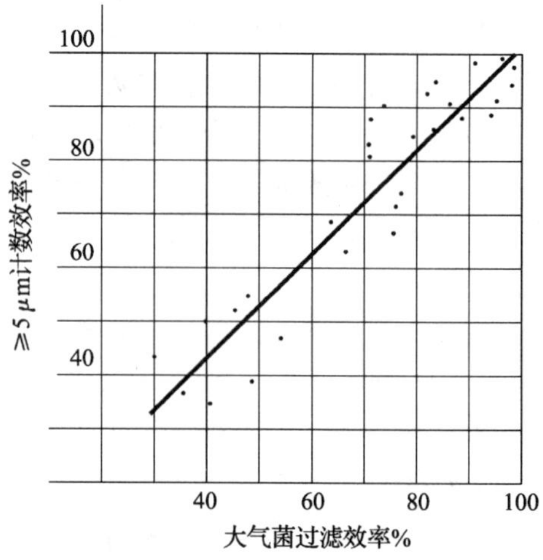

图 2-2-19　菌尘效率的相互关系

病毒虽然只有0.01～0.1μm，但也适用上述等价直径的原则。王毓明等在全国六大味精厂采细菌的病毒噬菌体时，主要落到安德逊（Andersen）采样器的Ⅲ、Ⅳ节上，即主要大小是2～5μm，平均可取3μm。

因为尘粒常作为细菌的载体，所以，空气中尘粒越多，细菌与之接触的机会也越多，附着于其上的机会也就越多，所以除菌的重要措施之一是空气过滤。

用喷含菌溶液来试验，由于溶液的最后液滴大小也都大于细菌自身大小，所以可获得极高的效率。对于常用的高效过滤器，当以每升细菌浓度为$8.2\times10^2\sim6\times10^4$个的含菌空气通过它时，对于不同大小菌浓、不同滤速条件的过滤效率反映在表2-2-15。从表中可见，对于自身大小约0.1～0.5μm的细菌，过滤效率和对0.3μmDOP微粒的效率一致。表2-2-16是各类过滤器过滤黏质沙雷氏细菌的效率，表中“DOP”即表示对0.3μm的DOP微粒的效率，“NBS”即表示比色法效率。

高效过滤器对细菌的过滤效率 **表2-2-15**

年　份	所用菌种大小（μm）	效率（%）	滤速（m/s）
1960	0.01～0.012	99.999	0.1
1966	>1	99.999	0.2
1966	0.094～0.17	99.97	0.3
1966	1	99.9993	0.3
1968	0.05～0.45	99.97	0.5
1977	0.5～1.0	99.97～99.95	0.1
1977	1	100	0.13

高效过滤器对细菌的过滤效率 **表2-2-16**

过滤器种类	实验次数	效率（%）	滤速（m/s）
DOP99.97	20	99.9999	0.025
DOP99.97	19	99.9994±0.0007	0.025
DOP99.97	20	99.996±0.0024	0.025
DOP95	17	99.989±0.0024	0.025
DOP75	20	99.88±0.0179	0.05
NBS95	20	99.85±0.0157	0.09
NBS85	18	99.51±0.061	0.09
DOP60	20	97.2±0.291	0.05
NBS75	19	93.6±0.298	0.09
DOP40	20	83.8±1.006	0.05
DOP20～30	18	54.5±4.903	0.20

由于微生物的等价直径远大于0.5μm，所以高效过滤器的滤菌效率几近100%，高效过滤器出口菌浓皆可为“0”。但高效过滤器的阻力大，价格贵，对于要求不是很高的一般地下空间空调系统，都用这种过滤器是不合适的。从上述细菌的等价直径来看，使用亚高

效过滤器或者接近亚高效过滤器效率的中效过滤器也是可行的，这一观点也见于国外的一些研究报告。例如报道过末级过滤器是比色效率 90% 相当于高中效过滤器的乱流洁净手术室，换气次数只有 17 ~ 24 次，在三年运行中，手术期间的微生物浓度平均值只略高于 0.35 个/L。国内用中效过滤器的实验结果也证明其滤菌效率达到 80% 以上，作者用亚高效过滤器的实验结果，对大肠杆菌的过滤效率达 99.9% 。

对于病毒，它虽然比细菌小得多，由于它无完整的酶系统，和细菌相比甚至不能单独进行物质代谢，不能在无生命的培养基上生长，而必须寄生在某种活细胞内才能繁殖。因此，它在空气中是有载体的，可以认为它是以群体形式存在的，所以担心高效过滤器过滤不了病毒是不必要的，只是载体可能小些，过滤器对它的过滤效率低些。实验证明，高效过滤器对 0.1μm 以下的噬菌体或病毒的穿透率也远小于过滤器的额定穿透率（对 0.3μmDOP），见表 2-2-17。这说明高效过滤器对病毒的过滤效率远大于对 0.3μm 微粒的效率，这从另一方面也说明病毒的等价直径当比 0.3μm 大得多。

过滤器穿透率比较 **表 2-2-17**

高效过滤器	风量（m^3/h）	阻力（Pa）	穿透率（%）				文　献
			对噬菌体 T_1（0.1μm）	对病毒（0.3μm）	对口蹄疫病毒（0.01 ~ 0.012μm）	对 DOP（0.3μm）	
A	42.5	264	0.0039			0.011	
B	42.5	175	0.00085			0.02	[24]
C	42.5	135	0.00085			0.006	
D	—	—	0.003	0.036	0.001	0.01	[27]

2. 微生物在滤材上的繁殖

这是技术人员和医护人员所共同关心的问题。细菌的繁殖应有合适的温度、湿度和营养。对于以无机材料制成的滤材，由于缺乏必要的营养，细菌在其上生存是很困难的（虽然现在已经发现，几乎没有细菌不“吃”的东西）。有人把在手术室中使用了 13000h 以后的高效过滤器滤材取下一些作试样，按照以下三种条件处理；

1）把滤材的集尘面紧密置于培养基上。

2）按照 1）的方法再向滤材上滴下无菌蒸馏水，使其充分润湿。

3）按照 1）的方法，并保持相对湿度为 90% 。

培养结果是：

在 1）的条件下，可见到滤材上形成枯草菌和真菌的菌落（2 ~ 3 个/cm^2）；在 2）的条件下，仅有霉菌的小菌落形成；在 3）的高湿条件下，认为细菌完全不能发育。

这一试验结果表明，多数细菌在被过滤器捕集下来以后，由于湿度、营养源不适合（温度影响且不谈）立即趋于自然死亡，或者仅有一部分芽孢形成的菌落或者真菌一类生存下来。如果在高湿度下没有营养源，细菌也生存不下来。反之，只要有营养源，即使在普通环境中细菌也得以生存并发育。蒸馏水本身虽无营养，但可能有助于滤材上含营养微粒的溶解，这一点可能比高湿度条件对细菌还有利。

二、紫外线消毒灭菌

1．主要消毒灭菌方法

（1）干热法

这是在干燥空气中加热处理的方法，基于高热作用下的氧化作用破坏微生物的原理。一般需要的温度高达160℃以上，时间长达1～2h。

（2）湿热法

这是用高温湿蒸气（通常为饱和蒸气）的灭菌方法，基于湿热作用下使细菌细胞内蛋白质凝固的原理。一般需要的温度比干热法低，时间也短，例如121℃、12min或134℃、2min。

（3）药物法

它是用某种气体或药剂进行熏蒸或擦洗，其效果和药物种类及细菌对其敏感程度有关。但是设计人员必须了解，一些药物对一些材料有吸附侵蚀作用。例如常用的氧化乙烯，是一种很好的灭菌剂，虽然不能浸透固体，但可被塑料、橡皮之类吸收，且有毒性，这就需要根据生物洁净室的使用对象，选用合适的材料。

（4）电磁辐射法

它是基于破坏细菌的蛋白质、核酸（脱氧核糖核酸即DNA）以及被吸收后的热效应等原理。

2．紫外线消毒

紫外线消毒法是一个不可替代的普遍使用的消毒方法。它是基于破坏细菌的蛋白质、核酸（DNA）以及被吸收后的热效应等原理。紫外线消毒的波长特性是在2500～2600Å的范围内消毒效果最好。影响紫外线消毒灭菌效果的因素很多，因此在很多场合，紫外线消毒法的效果受到限制，甚至没有效果。以下是一些影响紫外线消毒灭菌效果的因素：

1）灯管启用时间。紫外灯管的额定处理一般是指使用100h后的概略值，初始出力要高于此值25%，而100～3000h之间出力逐步下降，仅为额定值的85%左右。

2）环境温度。在20℃时出力最大，0℃时仅剩下60%。

3）环境相对湿度。多数观点认为相对湿度为40%～60%条件下，灭菌效果最好；60%～70%以上，对微生物的杀灭率就要降低；80%以上甚至有激活作用。

4）照射距离。在距离灯管中心500mm以内，照射强度与距离成反比，而在500mm以上，则照射强度大约与距离平方成反比。图2-2-20是一支15W的紫外线灯的照射强度与距离的关系。

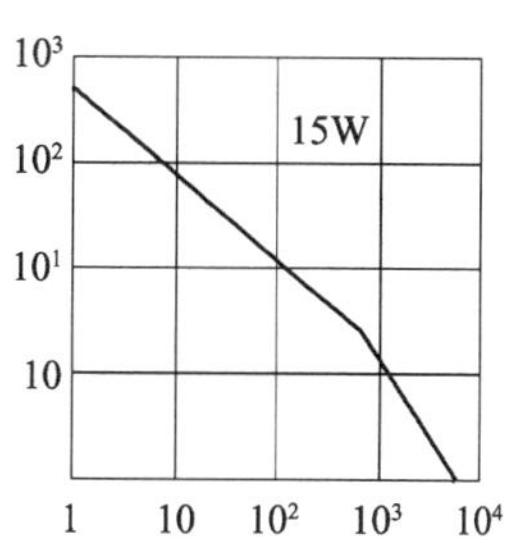

图2-2-20 距离与照射强度的关系

5）菌种。紫外线的杀菌作用是由DNA上形成嘧啶聚体，使DNA损伤而产生的，但是这种情况在各菌种间存在差异即杀菌率有不同。照射强度与照射时间的乘积为照射剂量，不同细菌的照射剂量是不同的。大肠杆菌所需剂量为1h，酵母菌约需4～8h，霉菌类约需要2～50h。

6）无论是在气相中还是在培养基上，气相中杀菌率比培养基上的高。

7）遮挡，紫外线透过率很低，其作用仅限于暴露对象。

8）“光复生”，由于接受紫外线照射，细菌 DNA 受损，但可因再受可见光照射而修复，即所谓“光复生”现象，这一点应给予考虑。

通过上述的灭菌效果的影响因素可以看出：

1）紫外线灭菌对暴露对象需要长时间照射，对一般细菌当要求灭菌率达到 99% 时的照射剂量约要 10000 ~ 30000μW · s/cm^2，而一支据地 2m 的 15W 紫外灯，其照射强度约 8μW/cm^2，则需要照射 1h 左右才行；而在这 1h 之内（实际上常为几小时）被照射场所不能进入，否则对人的皮肤细胞也要破坏，有明显的致癌作用。在空调空间内，紫外线除对地面等表面灭菌尚可发挥作用外，对于处于气相对流状态下的室内空气（自然对流状态）的灭菌作用就很小，而且所期待的灭菌效果也是不稳定的。但即使是对于地面，也很难一点不漏的都照射到，所以就这一点来说，并不如药液擦拭灭菌更方便。

2）对室内空气虽有一定灭菌作用，但一旦停止照射恢复人的活动，特别是不断进入室外空气或新风以后，原来的灭菌效果很快荡然无存。

3）一般紫外灯伴有很强的臭氧产生，停止照射后还要很长时间待臭氧气味稀释后才能进入，这就影响了使用后的效果。

为了解决上述问题，目前最好的方法是采用气相循环灭菌的方法。让空气有组织地循环流过紫外灯有效照射区，即增加了紫外线对空气的照射时间，而又设法不让紫外线外泄伤人，并且不产生臭氧，则紫外线对于空气的灭菌作用就大大提高了，而且具备了不关机（灯）使用的条件，这就是用紫外线对循环空气灭菌的思想。

3. 消毒器的理论公式

（1）矩形消毒器的理论公式

设有如图 2-2-21 所示的矩形容器，当空气流量为 Q 时，空气在该容器内被照射的时间 t 有

$$t = AB/Q \qquad (2\text{-}2\text{-}5)$$

式中 t——照射时间（min）；

Q——空气流量（m^3/min）；

B——空气流动断面高（m）；

A——流动方向上受到照射的容器的一个侧面积（m^2）。

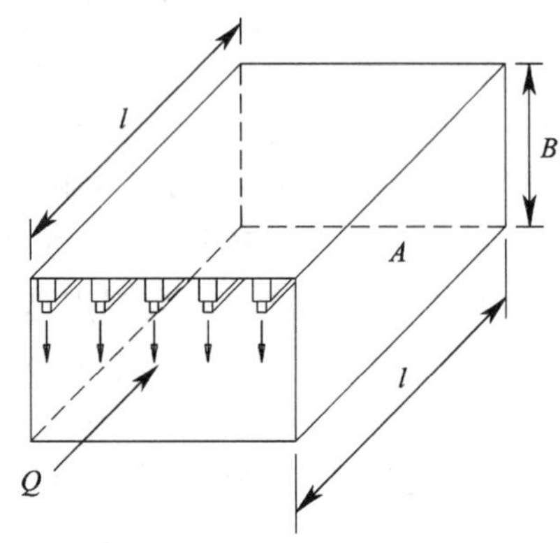

图 2-2-21 气相循环灭菌用矩形容器模型

在容器内的流速越大，被照射时间越短，但实验表明，从 0.37 ~ 0.76m/s 范围内，90% 灭菌率所需要的紫外线照射强度没有什么差别，见表 2-2-18。

在不同实验流速下，对灵杆菌灭菌率为 90% 所需的紫外线剂量的比较　　表 2-2-18

流速（m/s）	紫外线剂量［（mW · s）/cm^2］	相关系数	实验次数
0.37	1.06	0.96	5
0.66	0.95	0.95	6
0.76	0.97	0.83	10
平均值	1.03	0.88	—

设照射强度为 I，实验给出如图2-2-22所示的在单对数纸上细菌生存率和照射计量的直线关系，用公式表示为

$$\lg S = -It/E_0 \tag{2-2-6}$$

式中 S——细菌生存率；

I——照射强度（$\mu W/cm^2$）；

E_0——$S=10^{-1}$时的必要照射剂量〔（$\mu W \cdot min$）/cm^2或（$mW \cdot s$）/cm^2〕。

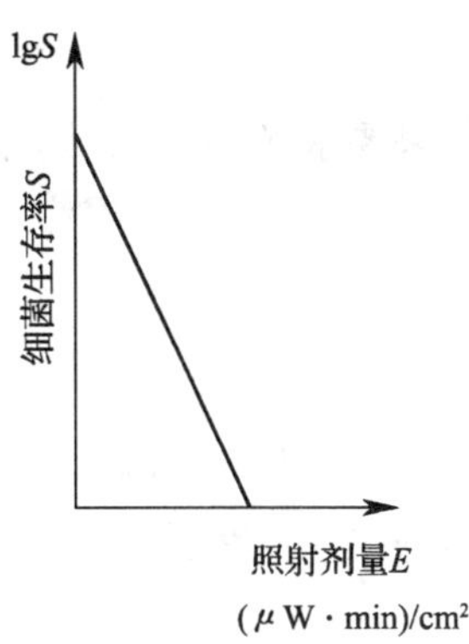

图2-2-22 细菌生存率和照射剂量的关系

由上式可知，生存率和照射剂量关系的负指数关系为：$S=10^{-It/E_0}$，式中除了 I 和 S 外，皆为常数。所以照射强度 I 增加1倍，生存率 S 即降低一个数量级。

由上述公式可得出矩形消毒器的理论公式

$$\lg S = \frac{-IAB}{E_0 Q} \tag{2-2-7}$$

所以

$$IA = \frac{-E_0 Q}{B}\lg S$$

式中 IA——紫外线强度和其照射面积的乘积，就是需要的紫外灯紫外线的出力（W）。

如以 $S=10^{-1}$的 E_0为准，则 $S=10^{-m}$时的

$$IA = \frac{-E_0 Q}{B}\lg S = \frac{mE_0 Q}{B} \tag{2-2-8}$$

令需要的出力和实际出力相等：

$$IA = W'_i \varphi n \tag{2-2-9}$$

式中 W'_i——每支紫外线的灯管的紫外线出力（W）；

φ——紫外线利用系数；

n——灯管数。

所以 $$n = \frac{mE_0 Q}{BW'_i \varphi} \tag{2-2-10}$$

如果要求对大肠杆菌灭菌率为99%（即 $S=10^{-2}$），则由式（2-2-8），要求紫外灯出力应为（注意将 m^2化为 cm^2，μW 化为 W）：

$$IA = -\frac{1000}{60}[(\mu W \cdot min)/cm^2]\ \frac{Q(m^3/min)}{B(m)} \times 10^4 \times \lg 10^{-2} \times 10^{-6}$$

$$= 33.4 \times 10^{-2}\frac{Q}{B} = 0.334\frac{Q}{B}(W)$$

据日本数据，一般15W紫外灯得紫外线额定出力平均为2.5W。由于灯管安装方法、位置和死角灯影响，通常对紫外灯管发生的紫外线利用率最低考虑50%，这显然是偏安全的。则由式（2-2-10）得

$$n = \frac{IA}{W'_i \varphi} = \frac{0.334}{2.5 \times 0.5} \times \frac{Q}{B} = 0.27\frac{Q}{B} \tag{2-2-11}$$

如果要求 $S=10^{-1}$，则相应

$$IA = 0.17\frac{Q}{B}$$

$$n = 0.13\frac{Q}{B} \tag{2-2-12}$$

又据同一日本文献，曾在 $E_0=11.5$（μW·min）/cm²（对干燥空气）条件下，导出矩形紫外线风筒在要求 $S=10^{-2}$时的灯管数（风速在 2m/s 左右），即

$$n = 0.18\frac{Q}{B} \tag{2-2-13}$$

显然这个结果不仅不能套用到圆形风筒上去，而且有限定条件，就是对于矩形容器也不能在任意参数下计算。所以，式（2-2-13）比式（2-2-11）具有很大的局限性。

（2）圆筒形消毒器的理论公式

从实用上看，圆筒形结构比矩形更好些。基于图 2-2-23 所示的长为 L 的圆筒式结构，导出了圆筒公式。因灯管布置在四周，通过圆筒的空气接受壁上灯管照射的面积是变化的，即 $A_i=D_i l$。为了简化起见，假定将圆面积挤成相同面积的方形（这样体积流量不变），则可近似认为 $\bar{D}_l \approx B$（B 为方形之边），因而照射的平均截面积可近似取 $A=Bl$。

因为 $B^2 = \frac{\pi}{4}D^2$　所以　$A = 0.886Dl$

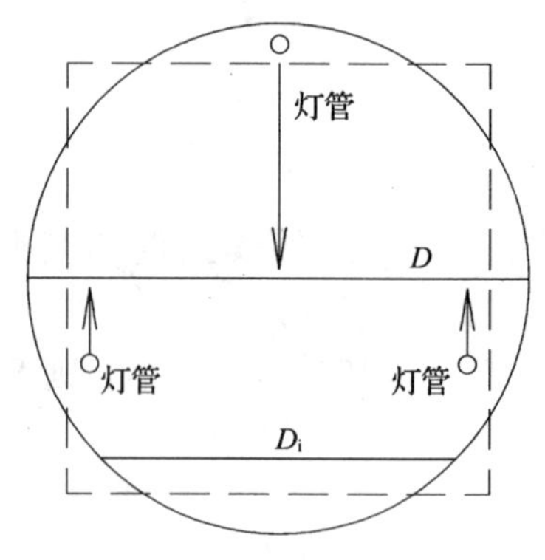

图 2-2-23　圆筒式消毒器灯管布置一例

若以此面上的照射强度为准，可导出圆筒公式如下：

$$\lg S = \frac{-I\frac{\pi}{4}D^2 l}{E_0 Q} \tag{2-2-14}$$

解出 I，并乘以被照射的平均面积 A，即是对圆筒结构的平均照度面积上要求的紫外线出力：

$$IA = I \times 0.886Dl = \frac{E_0 Q \lg S}{\frac{\pi}{4}D^2 l} \times 0.886Dl = \frac{-1.128E_0 Q \times 10^{-2}}{D}\lg S \tag{2-2-15}$$

对于大肠杆菌，$S=10^{-2}$时要求的紫外线出力为：

$$IA = I \times 0.886Dl = 0.38\frac{Q}{D}$$

由式（2-2-10）求灯管数 $n = 0.3\frac{Q}{D}$　(2-2-16)

$S=10^{-1}$时

$$IA = 0.19\frac{Q}{D}$$

$$n = 0.15\frac{Q}{D} \tag{2-2-17}$$

从以上公式可见，在相同风量下，圆筒越大，所需灯管数可减少，流速可在 1.5 ~ 2.5m/s 之间选用。

在 $D=B$ 时，由式（2-2-8）和式（2-2-15）比较可见，圆筒灯管数是方形的 1.13 倍，略多一些，但圆筒形具有结构和外观上的优点。

若反过来求圆筒形紫外线消毒器的灭菌率，则由式（2-2-10）并经过单位转换，得出

$$1.25n = mE_0 \frac{1.13Q}{D} \times 10^{-2}$$

所以

$$m = \frac{1.1nD}{E_0 Q \times 10^{-2}} \tag{2-2-18}$$

或 15W 的灯管数

$$n = \frac{mE_0 Q \times 10^{-2}}{1.1D} \tag{2-2-19}$$

所以，令灭菌率为 P，则

$$P = 1 - S = 1 - 10^{m} \tag{2-2-20}$$

现按以上计算公式复核实际的圆筒形紫外线消毒器的设计，见表 2-2-19。

圆筒形紫外线消毒器灯管数计算值 **表 2-2-19**

筒径 D（m）	实际风量 Q（m^3/min）	实验灵杆菌 E_0［（μW·min）/cm^2］	实际灯管数 n（$n\times$W）	m 的计算值	实际灯管数的理论灭菌率（%）	理论灭菌率为 99% 时的灯管数 n（$n\times$W）
0.264	5.33	17.1	3×30（按 6×5 计）	1.91	98.8	7×15

4. 循环风紫外线消毒装置

由中国建筑科学研究院空调所联合中国预防医学科学院卫生科技术开发公司、吴江空气净化设备厂共同开发一项有关紫外线对流动空气杀菌的设备——屏蔽式循环风紫外线消毒器。该专利产品由吴江空气净化设备厂负责加工生产。在加工过程中研制组委托上海城建学院负责加工同设计和加工中技术指导。

本消毒器有落地式（XK-1 型）和悬挂式（XK-2 型）两种，如图 2-2-24、图 2-2-25 所示。消毒器采用屏蔽室罩壳，有风机强制室内空气经紫外灯循环，这样既能有效屏蔽紫外线，室内工作人员无需回避和任何防护，又能源源不断地吸入室内含菌空气，送出杀菌消毒后的空气，并使灭菌范围迅速扩大到全室。室内工作过程中消毒器可以始终不停地运行，所以对室内环境空气的消毒杀菌效果优于常规紫外线灯直接照射。并可使室内细菌浓度一直维持在很低的水平上。同时，该消毒器基本上无臭氧产生，人闻不到异味，对人员更无伤害。

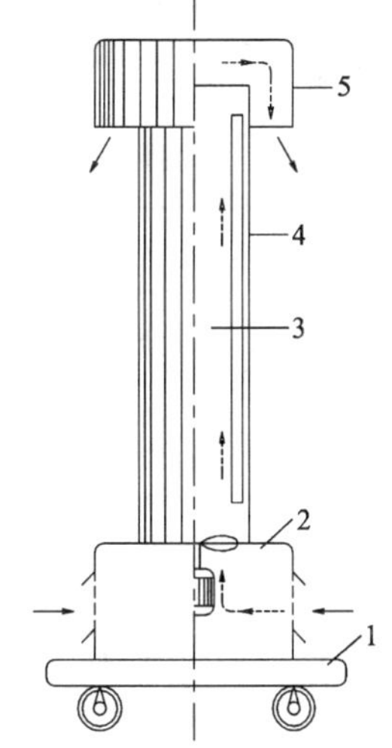

图 2-2-24 落地式循环风紫外线消毒器
1—可移动底座；2—进风箱；
3—消毒区；4—挡风圈；5—挡风帽

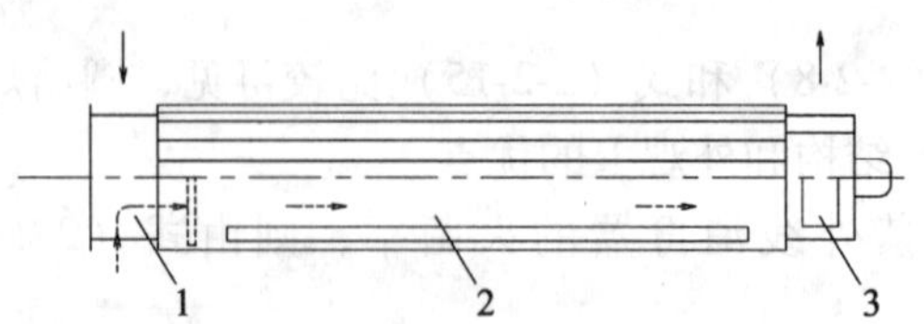

图 2-2-25　悬挂式循环风紫外线消毒器

1—进风区；2—消毒区；3—通风机

该消毒器实测循环风量：1 型为 $320m^3/h$，2 型 $354m^3/h$；噪声：1 型 55.7dB（A），2 型 54.9dB（A）；适用房间面积 15 ~ $20m^2$，灭菌效率（实验室）在开机 15min 后达 90% 以上。经北京医科大学血液病研究所单位试用，实际效果达到了预期目的。

5. 紫外线消毒装置消毒效果

表 2-2-20 给出的是用国产 XK-1 型屏蔽式圆筒形循环风紫外线消毒器对一间实验房间的消毒效果。房间原始菌浓用喷雾灵杆菌菌液形成，达到 1.16×10^7 个/m^3。换气次数为 11.6 次/h，温度 16.5℃，相对湿度 14%，开启消毒器后，不同时间不同高度处的消毒效果即时表中的数据。

圆筒形消毒器的实验室消毒效果　　　　**表 2-2-20**

时间（min）	层次	细菌去除率（%）					
		1	2	3	4	5	6
15	低	92.73	91.41	92.41	94.30	92.09	92.59
	中	92.86	90.04	93.53	93.26	93.21	92.58
	高	92.43	92.54	91.90	92.85	91.25	92.19
30	低	97.02	95.82	96.09	97.04	95.21	96.23
	中	95.77	95.98	97.25	96.21	95.04	96.05
	高	95.55	96.44	94.91	96.67	96.35	95.98
60	低	97.84	97.51	97.35	98.09	97.44	97.65
	中	98.24	97.67	97.90	98.22	97.59	97.92
	高	97.91	98.09	97.87	97.87	97.70	97.89
120	低	94.38	95.81	92.89	89.92	89.81	92.56
	中	93.69	91.98	94.62	91.70	91.38	92.67
	高	93.94	93.63	91.12	91.77	90.25	92.14

在开始的15min，灭菌率还未上升到最大，当消毒器充分发挥作用时，应达到最大灭菌率，也就是理论灭菌率，即60min时的平均值97.82%，这和计算值98.8%几乎一致。60min以后，由于室内总体菌数逐渐下降，通过紫外线风筒的细菌密度也下降，因而显得消毒效果可能降低。

在一家生物制药厂的11.6m^{2}的无菌室中，1台XK-1型消毒器和1台新风机组同时运行，由于该新风机组具有粗效、中效、亚高效的三级过滤，故其送入新风基本无菌，可以看成由消毒器担负室内循环灭菌任务，开机前后室内细菌测定结果表明实际灭菌效果为93%，略低于理论值，主要因为实际的无菌室比起只有循环风的实验室要复杂得多，细菌污染机会也多。

参考文献

1 中国工程院课题组．中国城市地下空间开发利用研究．北京：中国建筑工业出版社

2 许钟麟．空气洁净技术原理．上海：同济大学出版社

3 许钟麟，陈长镛，沈晋明等．筒式紫外线消毒器灯管数和灭菌率的计算方法．卫生研究，1993

4 《地下建筑暖通空调设计手册》编写组．地下建筑暖通空调设计手册［M］．北京：中国建筑工业出版社，1983

5 李晓燕、闫泽生编著．制冷空调节能技术．北京：中国建筑工业出版社．

6 Cenk Yavuzturk，Jeffrey D. Spitler，Simon J. Rees. A Transient two Dimensional Finite Volume Model for the Simulation of Vertical U-Tube Ground Heat Exchangers. ASHRAE Transactions. 1999，105（1）：465～474

7 Steve P. Rottmayer，William A. Beckman，John W. Mitchell. Simulation of a Single Vertical U-Tube Ground Heat Exchanger in an Infinite Medium. ASHRAE. 1997，BN-97-8-1：651～659

8 王海文．地下商场空调负荷计算与节能的浅见．地下空间8（3），1988：51～55

9 陈友明，陈在康，陈晓晖．建筑内表面吸放湿过程对室内环境和空调负荷影响的仿真研究．暖通空调29（5），1999：5～9

10 Jarek Kurnitiski. Ground moisture evaporation in crawl spaces. Building and Environment 36（2001）359～373

11 Jarek Kurnitiski. Crawl space air change，heat and moisture behaviour. Energy and Building 32（2000）19～39

12 刘朝贤．夏季新风“逐时”冷负荷计算方法的探讨．暖通空调29（6）．1999：65～67

13 向献红，胡益雄，陈焕新．夏季空调动态新风负荷的分析与计算．通风除尘（1）．1998：18～20

14 余晓平，付祥钊．夏热冬冷地区新风冷负荷计算方法的研究．成都纺织高等专科学校学报19（2）．2002：23～26

15 吴大军．浅谈地下商场的通风与空调设计．节能技术18（5）．2000：10～11

16 M. Hayashi，M. Enai，Y. Hirokawa. Annual characteristics of ventilation and indoor air quality in detached houses using a simulation method with Japanese daily schedule model. Building and Environment 36（2001）721～731

17 Thomas W C，Burch D M. Experimental validation of a mathematical model for predicting water vaper sorption at interior building surfaces. ASHRAE Trans，1990，96（1）：487～496

18 Hittle D C, Bishop R. An improved root-finding procedure for use in calculating transient heat flow through multi-layered slabs. Int J heat mass transfer, 1983

第四节　地源热泵在地下空间的应用

一、地源热泵简介

地源热泵供暖空调系统通过大地，包括土壤、井水、湖泊等天然能源，冬季吸收热量，夏季放出热量，再由热泵机组向建筑物供冷供热。该系统和常规的供热空调系统相比大约节能50%，是一种利用可再生能源，高效节能、无污染的，既可供暖又可制冷的新型空调系统，可广泛应用于商业楼宇、公共建筑、住宅公寓、学校、医院等建筑物。

地源热泵的系统形式如下：

1. 按照冷热源交换器的不同形式

（1）土壤热交换器地源热泵　土壤热交换器地源热泵（图2-2-26）包括一个土壤耦合地热交换器，它或是水平地安装在地沟中，或是以U形管状垂直安装在竖井之中。不同的管沟或竖井中的热交换器成并联连接，再通过不同的集管进入建筑中与建筑物内的水环路相连接。在液体温度较低时，系统中需加入防冻液。

图2-2-26　土壤热交换器地源热泵

（2）地下水地源热泵　地下水地源热泵系统分为两种，一种通常被称为开式系统，另一种则为闭式系统。开式地下水地源热泵系统（图2-2-27）是将地下水直接供应到每台热泵机组，之后将井水回灌地下。由于可能导致管路阻塞，更重要的是可能导致腐蚀发生，通常不建议在地源热泵系统中直接应用地下水。

在闭式地下水地源热泵系统中，地下水和建筑内热泵的循环水之间是用板式换热器分开的。通常系统包括带潜水泵的取水井和回灌井。

2. 按照系统末端形式的不同

（1）分散式系统　分散式系统即水-空气水源热泵系统，使用一种直接蒸发式的机组（图2-2-28），该类型机组相对较小，一般根据各个区域的使用功能和使用要求划分成很多小型系统，循环水在中央水泵房中换热后通过水泵输送到各单体建筑中的机组中，空调区域的回风通过机组加热/冷却后被送出，能量不需要二次输送，因此不再另行需要其他诸如风机盘管等的热湿处理机组。

图 2-2-27　开式地下水地源热泵系统

图 2-2-28　水-空气水源热泵系统

图 2-2-29　水-水水源热泵机组

（2）集中式系统　集中的水-水水源热泵机组与风机盘管结合。水-水水源热泵机组（图 2-2-29）最终产出的是冷热水，该类型机组相对较大，一般整个工程设一个水源热泵机房，所产出的冷热水通过泵输送到各单体建筑，根据需要也可以在各单体建筑内设置水-水水源热泵机房，将与地热水换热后的循环水输送到各单体建筑，各单体建筑的水-水水源热泵机组产出冷热水随后再通过水泵输送到楼内各个空调区域，通过风机盘管和空气处理机组将冷热水中的能量输送到向各个房间供冷/热。

上述两种系统各有自己的特点。水-水水源热泵系统是一种更为集中的空调方式，国内已有生产，由于机组较为集中因此水源热泵机组初投资较小，但热泵机组需要在建筑中设置专用的机房；水-空气水源热泵系统相对分散，目前成熟产品主要为国外品牌，机组初投资略高，但其室内的循环水管不需要保温，由于机组分散到末端，所需机房面积也较小。

就系统的综合造价而言，水-空气水源热泵机组系统造价较高，但水-水水源热泵系统所需的风机盘管和空调箱、保温费用、多占机房将带来的费用增加，综合比较二者相差不大。

从运行上来看，由于水-水水源热泵机组的能量调节只能分有限的级数进行，而且要同时供冷供热就必须采用四管制，因此比较适合于使用时间比较统一、用户负荷比较一致的场合；水-空气水源热泵机组自带温控器，可以根据使用要求进行独立的调节和运行，还可以在两管制的情况下实现四管制才有的同时供暖供冷的功能，因此比较适合使用时间多样化且使用要求也较多样的商用和公用建筑。

二、地源热泵在地下建筑中的应用

1. 地源热泵在地下建筑中应用的有利条件

与常规空调方式比较地源热泵不需要以下设备：

1）闭式环路冷却器或降温器（如冷却塔）。在大多数地源热泵系统中不需要，在地下建筑中冷却塔的位置是很难安排的。

2）燃气或电热锅炉。在传统的空调系统中一般需要，在地源热泵系统中不需要，在地下建筑中这些涉及运行安全的设备受到非常严格的限制。

3）机房。因为不需要锅炉，也就无需机房，占地相对减少。无论地上地下这个特点都是非常诱人的。

4）屋顶设备。无需屋顶设备，也就无需考虑屋顶的防水、检查维修口和建筑阁楼，同时与冷却塔的问题一样，这给地面的规划与设计带来更多的方便。

这些特点解决了地下建筑中暖通空调方式所受的限制，同时地源热泵空调系统还提供了除此以外常规暖通空调系统所能提供的其他功能。

2. 地源热泵需要增加的设备和投资

与常规空调方式比较，地源热泵需要增加以下设备和投资：

1）土壤热交换器。需要在地上开挖、钻孔和凿洞、挖沟、灌浆、敷设管子、装配，对于地下建筑，恰恰可以在地下建筑开挖时统一考虑。

2）较大的循环水泵。当寒冷气候下，周边区需要较大的热泵来采暖的情况下，需要增加循环水泵的能力。

3）低温型热泵机组。因为考虑在供水水温大约在0℃左右的北方气候下安装地源热泵，所以地源热泵会比传统的水环热泵昂贵。当然，这主要是因为与水环热泵比较，地源热泵机组有更高效的设计特性。

从上述比较来看，地源热泵很好地解决了常规空调方式在地下建筑中应用时遇到的各种限制。针对地下建筑的特点，本节重点讨论土壤源热泵系统。如果地下建筑的上下左右等方向有条件敷设土壤热交换器，尤其是埋深较深的地下建筑，地源热泵是非常适用于地下建筑的供暖空调形式。

三、地源热泵系统的设计

1. 现场勘察

在决定使用地源热泵之前，应对现场情况资料进行准确详实的掌握。以下将介绍在选择和设计地源热泵系统时所需掌握的现场资料和如何去获得这些资料。系统设计以这些资料为基础，其中现场勘察是设计环节的第一步。

一般来说对任何地点适应性的评估应基于当地地质的状况，包括松散土层在自然状态和在负载后的密度、含水土层在负载后的状况、岩石层岩床的结构，以及其他特点（如地下水质量和有无天然气及相关碳氢化合物等）。

2. 土壤热交换器系统

地热换热器所需的地面面积取决于是选择垂直方式还是水平方式（表2-2-21）。

地热交换器所需的地表面积估算（m^2/RT） **表2-2-21**

水平式	北方		南方
每管沟双管	200		350
每管沟四管	140		240
每管沟六管	140		240
垂直式		6~40	

1）垂直热交换器通常用在6层以下的建筑物，以满足所用管道的压力要求，除非选用耐压更高的管道，高强度管比较贵且难以加工。

2）对水平热交换器，建筑高度不是问题，埋设地热交换器的地面面积是惟一的限制。

3）如果使用闭路的水冷却器或其他类型的散热设备，不管是垂直的还是水平的热交换器，视不同的供热供冷负荷来确定散热设备以补充地热交换器的换热容量。

4）许多采用地源热泵系统的商用或公用项目还可考虑适合热交换器安装的其他有关地域，如运动场、草坪和公园。

5）水管需要保温以防夏季结露，除非水环路温度总是高于7~10℃。除了一些有大型内区/外区的建筑，以冷负荷为主，或位于南方的建筑以外，都要考虑防冻问题。

6）热泵选择时的使用进水温度，供热时从北方地区较小的以周边区为主的建筑的4℃到南方的12℃；供冷时从北方的32℃到南方的40℃。

3. 土壤热交换器选型

（1）热交换器构造的确定

在现场勘测结果的基础上，第一步工作是确定热交换器是采用垂直竖井布置方式还是水平布置方式。现场可用地表面积是一个需要考虑的因素，在一定程度上对可用地表面积的要求也受热交换器设计和布置影响。表2-2-21给出了不同水平式热交换器构造所需的地表面积。垂直竖井布置方式根据竖井的深度，每冷吨建筑负荷需要5~25m^2的地表面积，其位置不限，竖井深度由当地环境条件和现有钻孔设备决定。竖井深度可以在50~150m范围内选取。

另一个需要考虑的因素是建筑物高度。如果地下热交换器盘管和建筑物内管路间没有用热交换器隔开，则垂直式地热交换器被限制在九层或九层以下的建筑中使用。超过这个高度，系统静压将可能超过地埋管热交换器盘管的最大额定承压能力。这一经验规律未考虑地下水的静压抵消作用，考虑静压抵消后，垂直式地热交换器可以在更高的建筑物中使用。应进行相应计算以验证系统静压在管路最大额定承压范围内。

经过恰当选型后，水平式系统或垂直式系统的性能相当。也就是说，两种系统的运行费用近似相等。如果上述选择水平式或垂直式系统的限制因素都不存在，安装费用就成了主要考虑因素。

（2）垂直式热交换器选型

垂直式地埋管热交换器的数量取决于建筑物空调负荷。建筑物空调负荷是根据建筑物类型、大小、位置、内部负荷（即设备使用发热、照明、人体发热）、室外空气渗透、太阳辐射得热、维围护结构和通风情况确定的函数。其他影响地埋管热交换器盘管数量的因素还有平均土壤温度、覆盖层（土壤）和岩石多少、地下各层的热传导系数、热泵效率和热交换器管路大小。

地埋管热交换器的热工性能主要由热交换器从土壤中吸收的热量（供热）和排释放到土壤中的热量（供冷）决定。在一些商业建筑中，由于使用功能不同大多数时候可能在同时需要供冷和供热一天既有地下吸热和又有地下散热存在，而对住宅建筑，地下吸热和散释热的发生往往是跟季节联系在一起的。因此对商业建筑，应该利用逐时能量分析程序来计算建筑物的逐时冷热负荷。

为完善垂直式热交换器选型指南，人们已针对不同类型和规模的商业建筑和公共建筑进行了大量的计算机能量模拟分析。利用程序中的水环热泵模型，可以逐月计算各种情况下建筑物循环水环路的总得热量和总散释热量。此外，人们还研究了一系列有关内部负荷、热泵效率、气候和土壤温度的数值，以确定以上因素变化对负荷的影响，从而确定它们对垂直式热交换器选型的影响程度。

（3）垂直式地埋管热交换器长度计算

以下将讲述如何利用图 2-2-30 和图 2-2-31 来对垂直式热交换器进行选型。

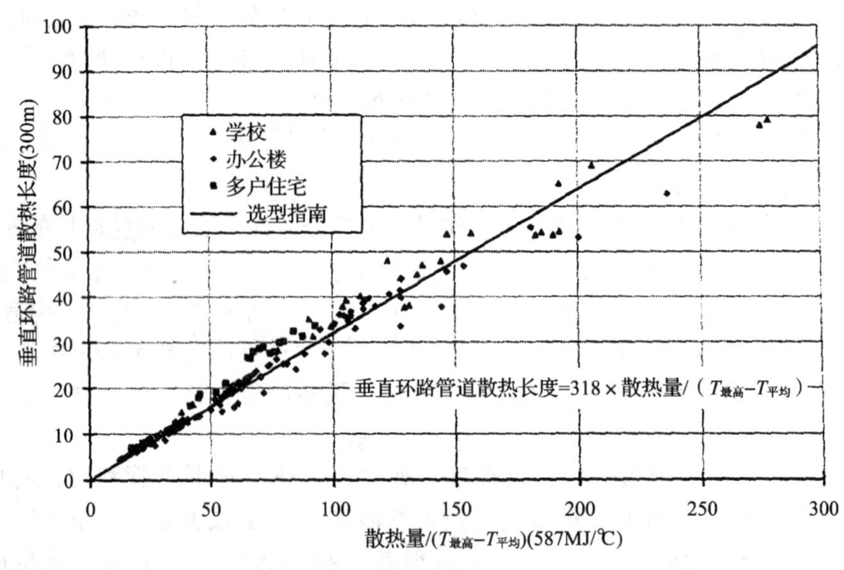

图 2-2-30　垂直环路管道散热长度与年散热量的关系

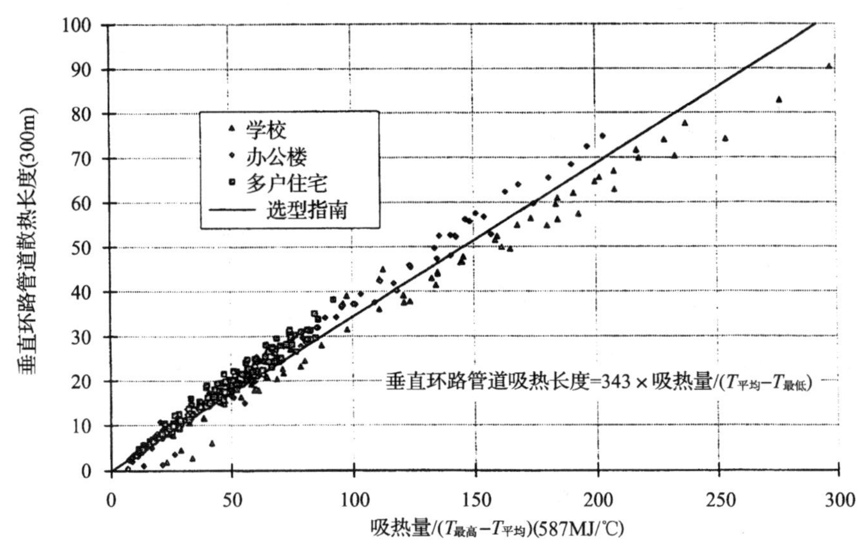

图 2-2-31　垂直环路管道吸热长度与年吸热量的关系

首先对提交的建筑物进行动态负荷计算逐时能量分析模拟，以确定热泵需从循环水环路吸收或向循环水环路排释放的净热量。每小时都将有净热量被吸入、或有净热量被放出、或由于建筑物环路已达到热平衡而不存在热交换、或系统处于停止状态。

1）全年所有 8760h 地热交换器的逐时净吸热量和散热值量应该分别计算总和。

2）为确定热交换器的大小，需要选择恰当的热泵最低和最高进液温度设计值。例如，如果该地区 $T_{平均}$（全年土壤平均温度）为 10℃，希望热泵进液温度不低于 0℃ 或不高于 30℃，则设定最低温度限制值 $T_{最低}$ 为 $T_{平均}$ - 10℃，设定最高温度限制值 $T_{最高}$ 为 $T_{平均}$ + 20℃。$T_{平均}$ 的值可以相关气象数据中得到。需要记住的是，在实际中温度只会达到最低或最高温度限制值中的一个，当降低最高温度限制值和升高最低温度限制值时，都需要增加热交换器长度。温度限制值不应该超过厂家的推荐值，通常大温度范围机组的最低和最高温度限制值分别为 -6℃ 和 43℃。

3）现有的逐时建筑物能量分析程序没有模拟从地埋管热交换器出来的回液温度（即热泵进液温度）。因为热泵进液温度会影响热泵效率，从而影响到地热交换器所担负的冷热负荷，所以设置计算机程序时，强制将进液温度或与此温度对应的热泵 COP 值设置为一个恰当的值就显得很重要了。本文推荐当热泵处于供暖工况，从水环路中吸热时，进液温度或 COP 值应与可应用的温度范围 ΔT 的中间值，即（$T_{平均}$ + $T_{最低}$）/2 相对应；当热泵处于供冷工况，向水环路中散热时，对应温度为（$T_{平均}$ + $T_{最高}$）/2。

4）针对所提交的建筑物运行逐时能量模拟程序以确定热泵向循环水环路的年散热量和从循环水环路的年吸热量。将以上数值分别除以（$T_{平均}$ - $T_{最低}$）或（$T_{最高}$ - $T_{平均}$），也就分别是前例中的 18℃ 或 36℃。将以上得到的值根据不同情况代入图 2-2-30 ~ 图 2-2-32 中确定热交换器的吸热和冷却长度。二者中较长者即为该建筑地热交换器设计长度。

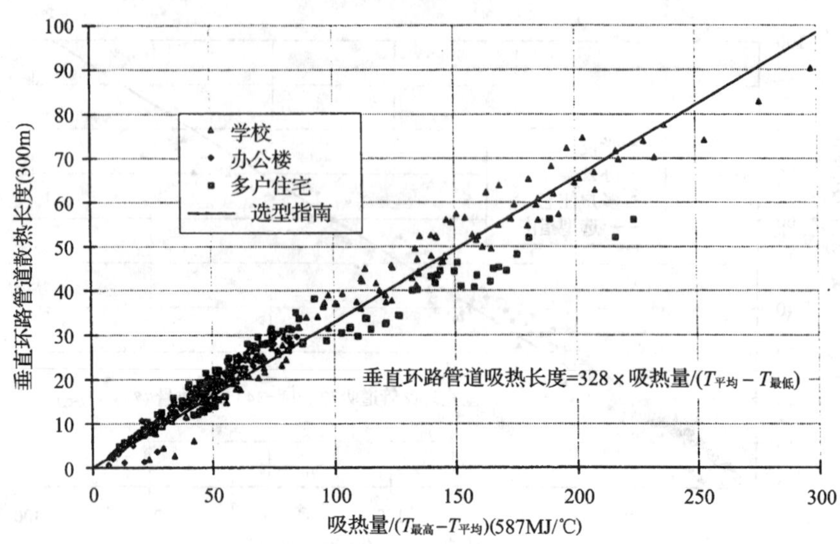

图 2-2-32　垂直环路管道吸热长度与年吸热量（含生活热水负荷）的关系

5）如果热交换器散热长度比吸热长度长，可以考虑采用辅助散热装置来加强所选地热交换器的散热以缩短其长度。如果吸热长度比散热长度长，所选热泵容量大于所需制冷量时，仍可选用其来供冷，在需要的分区可以用热泵内部的辅助电加热或另一套独立系统来作为供热的备用。

6）根据需要，按照当地覆盖层情况、土壤导热系数、覆盖层下岩石导热系数或管径对热交换器长度进行适当的修正，见表 2-2-22。

如果不能进行逐时能量模拟，表 2-2-22 为垂直系统提供了热交换器初步设计指南和现场障碍物与竖井之间的推荐最小距离。这些距离要求需要向当地权威部门进行核对。表2-2-22中的初步设计指南是在住宅建筑经验的基础上形成的，未考虑水文地质条件或年度平均温度，不推荐作为最终设计依据。

垂直环路长度修正系数　　　　表 2-2-22

环路管径	覆盖层厚度、土壤导热系数（K_s）和岩石导热系数（K_r）													
	10% 覆盖层				33% 覆盖层				66% 覆盖层				100% 覆盖层	
	K_s (.75$_W$.50$_S$)		K_s (.75$_W$.75$_S$)		K_s (.75$_W$.50$_S$)		K_s (.75$_W$.75$_S$)		K_s (.75$_W$.50$_S$)		K_s (.75$_W$.75$_S$)		K_s (.75$_W$.50$_S$)	K_s (.75$_W$.75$_S$)
	K_r = 1.4	K_r = 2.0	K_r = 1.4	K_r = 2.0	K_r = 1.4	K_r = 2.0	K_r = 1.4	K_r = 2.0	K_r = 1.4	K_r = 2.0	K_r = 1.4	K_r = 2.0	K_r = 1.4	K_r = 2.0
3/4in 环路管道	1.50	1.12	1.50	1.12	1.65 (1.66)	1.30 (1.31)	1.65	1.30	1.95 (1.99)	1.70 (1.72)	1.95	1.70	2.42 (2.52)	2.42
$1^{1/4}$in 环路管道	1.32	1.00	1.32	1.00	1.47	1.16 (1.17)	1.47	1.16	1.75 (1.79)	1.52 (1.54)	1.75	1.52	2.17 (2.27)	2.17

注：下标 W 和 S 分别表示冬季和夏季导热系数值。导热系数单位为 Btu/(h · ft · ℉)，1Btu/(h · ft · ℉) =0.534W/(m · ℃)。括号中的修正系数用于图 2-2-30 中散热长度修正。

（4）垂直式热交换器选型指南的局限性

这里所提供的垂直式热交换器选型指南是在12个月的选型期的基础上得到的。它假设热交换器竖井区域的地下水运动充分，足以防止在年度吸热和散热不平衡的区域地下温度在系统使用中逐年增加。

通常，通过观察所有的冲积沉淀物、冰河时代的冰水沉积区域或暴露的岩床接缝可以了解流经竖井区域的地下水流速是否足够高，也就是其带走的热量是否足够多。具有高渗透性的土壤，例如细砂砾层、粗型砂、中型砂或砂和砂砾，将意味着地下水具有足够高的流速。如果地下水年度移动距离与所建议的竖井区域大小相对应，这里所提供的选型指南和12个月的选型期应该是足够了。

另一方面，如果当地的土壤渗透性非常低，例如淤砂、淤泥或胶状泥，地下水流速可能会非常低。在这种情况下，垂直式热交换器按吸热要求选型，再辅以辅助散热装置。后者可以用来满足峰值散热需求并利用其他时间继续散热。

如果不能确定地下水流速或地下水年度移动距离，推荐在当地进行水力梯度或地下水流速评估。对竖井区域进行恰当的布置（窄长形优于方形，如果可能长边方向应垂直于水力梯度方向）后甚至可以在地下水流速不太高的情况下避免热量逐年积聚。

可用于商用/公用建筑垂直式热交换器选型的计算机程序有好几种。俄克拉荷马州立大学的GLHEPRO™程序基于瑞典隆德大学开发的热传导模型，它可以在一年或多年分析的基础上估算垂直式热交换器长度。这种仅考虑热传导的多年分析适用于无地下水流动、年度吸热和散热不平衡以及竖井区域扩充费用较低或有利于采用辅助散热装置的地区。亚拉巴马州塔斯卡卢萨的能源信息服务机构开发的GCHPCALC™程序根据设计条件下的吸热率和散热率对地热交换器进行选型。该程序采用的方法和本文所提供的方法都是在阿肯色大学Hart和Couvillion开发的热传导模型的基础上发展而成的。该程序可以针对多年进行分析，但目前仅用于一年期的分析。该程序还可以将覆盖层和岩石的多层结构考虑在内，也可同时对垂直式和水平式热交换器选型。以上方法均未考虑地下水流动导致的对流传热。

（5）水平式热交换器选型

水平式热交换器的选型过程实际上与前面所讲述的垂直式热交换器的设计类似。不同的是，埋设水平式热交换器所在的相对浅的地下土壤温度的季节性变化远远超过垂直式热交换器所在地层温度变化。地面条件也很重要，例如地面是否被雪覆盖。几乎在所有情况下，水平式热交换器系统需要使用闭式环路的热泵，这样在北方的气候条件下环路也可以得到防冻保护。

水平式热交换器需要的地表面积和对管路的要求与垂直式热交换器相比都要大许多，这使它们在大型的商用/公用建筑中的应用缺乏吸引力。最近研制出的许多热交换器，例如水平螺旋热交换器和其他各种曲线形状的热交换器，由于在设计过程中使用的管路数量远远高于从前，在应用水平式热交换器时可以大大降低管沟数量或减少所需地表面积，从而显示出了应用前景。遗憾的是，针对这些新型水平式热交换器的的通用设计方法还没有发展完善。

由于上述原因，本文的重点放在垂直式热交换器上，但表2-2-23也可以用于在潜在可用地表面积足够的情况下确定采用某种水平式热交换器的可行性。首先在热交换器最大吸热量或最大散热量的基础上简单选择所期望的构造形式和管道长度或管沟长度，热交换器最大吸热量或最大散热量以冷吨（RT）为单位表示（这不是热泵总装机容量，而是装机容量乘以同时使用系数或乘以热交换器负荷除以各部分峰值负荷之和得到的值）。另一方面，热交换器的负荷也可以通过对所提交的建筑进行逐时能量分析来确定，这样将自动考虑系统同时使用率（即最大吸热或散热负荷与装机容量不同）。作为最终设计，还需通过同生产厂家协商，使用有效的计算机程序或采用其他文献所推荐的方法来完成。

集（分）水管和集（分）水管管沟长度将随具体的现场条件而变化，在热交换器的选型过程中通常不考虑它们的热交换量。

4. 地热交换器的设计和布置

一旦热交换器的构造和盘管总长度被确定，热交换器设计过程的最后一步就是确定热交换器的最终位置和环路集管的数量和长度。

为降低造价，为热交换器找一个靠近建筑物的适当位置是非常重要的，这将缩短环路集管长度。在设计中，任何障碍物或埋地的设施应该纳入考虑，并让热交换器和它们保持适当的距离。表 2-2-23 给出了热交换器（水平式或垂直式）与电缆、煤气等生活用管道、污水系统等的最小距离。各地的具体要求需向当地权威相关部门咨询。

热交换器初步设计指南 **表 2-2-23**

水平式环路：

a）环路选型

环路构造	每冷吨管道长度（m/RT）		每冷吨管沟长度（m/RT）		每冷吨占地面积（m^2/RT）	
	北方	南方	北方	南方	北方	南方
串联单管/管沟：$1^{1/4}$in 或 2in cts 聚乙烯管	100		100		30	
串联双管/管沟：$1^{1/2}$in ips 聚丁烯管，$1^{1/4}$in 或 2in cts 聚乙烯管	130	230	65	110	200	350
并联双管/管沟：1in ips 聚丁烯管，3/4 英寸或 $1^{1/4}$in cts 聚乙烯管	150	250	75	125	200	350
并联四管/管沟：1in ips 聚丁烯管，3/4in 或 $1^{1/4}$in cts 聚乙烯管	180	300	45	75	150	240
并联六管/管沟：1in ips 聚丁烯管，3/4in 或 $1^{1/4}$in cts 聚乙烯管	216	350	360	60	150	240

b）管沟与现场障碍物的推荐最小间距

与其他管沟的最小距离	1.5m
环路最小埋设深度（以最上端管道为准）	0.6m
与公用设施和其他管路间的最小距离	1.5m
与场地边线、基础、排水沟、井、污水坑、饲养场、泻湖、厕所、渗流坑、化粪池和下水管网间的最小距离	3m

续表

垂直式环路						
c）环路选型						
环路构造	每冷吨管道长度（m/RT）		每冷吨竖井深度（m/RT）		每冷吨占地面积（m^2/RT）	
	北方	南方	北方	南方	北方	南方
并联单对管/竖井：1in ips 聚丁烯管，3/4in 或 $1^{1/4}$in cts 聚乙烯管	100	150	45	75	30	30
d）竖井与现场障碍物的推荐最小间距						
与相邻竖井的最小间距	4.5m					
与场地边缘、公共设施、基础和排水沟的最小间距	1m					
与非公用井的最小间距	6m					
与化粪池的最小间距	15m					
与公用井、污水坑、饲养场、泻湖、厕所、渗流坑和下水管网间的最小距离	30m					

热交换器的埋设深度取决于地表的用途。地面为草坪时对埋设深度的要求最低，而停车场的埋设深度则要大一些。运动场，例如足球场，需要的埋设深度介于前两者之间。热交换器的最小埋设深度（以最上端管道为准）应为两英尺或当地的冻土层以下。

管沟间的距离必须符合可用挖掘设备的要求，通常为 15～20m。管沟宽度通常在 0.6～1m 之间。上下垂直排列的构造形式例外，它们可以在较窄的管沟中安装。

设计中一般推荐采用多个环路集管，每个环路集管连接相同数量的环路。采用多个环路集管时可以使用更小管径的管道和连接件，从而降低造价，减少现场工作量。通常，环路集管都汇集到建筑物内设备机房中的分（集）水管中。这样设计可以在必要时使各环路集管相互独立运行，在系统冲洗时选择性地关闭其他管路，仅开启某一对环路集管，可以使整个工作更为容易。

5．计算地热交换器的压力损失

不管论是垂直式热交换器还是水平式热交换器，一旦最不利环路确定，就可以计算压力损失。计算最不利环路上不同管径管段的压力损失，将其相加就得到总的压力损失。查找最不利环路各个管段每个管道附件当量长度的压力损失，最后，将管道附件的当量长度和管道实际长度相加得到整个管路的当量长度。利用聚乙烯管道的水力比摩阻表和每段的流速就可以计算出每 30m 管路的压力损失。通过将该值与各管段管道附件和管道的总当量长度相乘，就可以得到热交换器每段的压力损失。将各段的压力损失加起来得到总的压力损失。塑料管道的制造厂家通常可以提供包含压力损失表在内的资料以帮助以上计算。

参 考 文 献

1 徐伟．地源热泵工程技术指南．北京：中国建筑工业出版社．2001

2 P. Andrew Collins P. E.，Carl D. Orio，& Sergio Smiriglio. Geothermal Heat Pump Manual. City Of New York：Departmant of Design and Construction. 2002

第五节　空气除湿技术

一、地下建筑除湿方式的选择

空气质量的控制包括物理污染、化学污染和微生物污染。微生物污染的控制，强调对室内相对湿度控制采取相应的技术措施。湿度是影响霉菌在建筑中生长的主要因素，因此控制湿度就可以达到抑制微生物生长的目的。地下建筑常用的除湿方法如下：

升温通风降湿、冷却除湿、液体吸湿剂除湿、固体吸湿剂除湿或联合使用这些方法。每种方法，各有特点，应根据当地自然条件、工程特点、造价和运行费等进行综合技术经济比较后选用。各种降湿方法的原理、优缺点、适用范围等见表2-2-24。

各种降湿方法的原理、优缺点、适用范围　　　　表 2-2-24

降湿方法		原理	优点	缺点	适用范围
升温、通风、升温通风法降湿	升温法	加热地下空间内空气，以降低相对湿度	简单、经济、短时间内维持一定的相对湿度较有效	不能减少空气中含湿量，由于地下空间散湿、相对湿度就会逐渐升高	临时性局部烘烤
	通风法	当地下空间外空气含湿量小于地下空间内空气含湿量，并且通风后不致造成因温度降低而使地下空间内相对湿度提高时，借助通风换气，达到防潮目的	简单、经济、操作容易、运行费低、空气新鲜	受大气温湿度参数制约，风量较大	地下空间温湿度无严格要求，并有足够的余热产生。可在热车间如锅炉房、发电站、柴油发电机房中采用
	升温通风降湿法	加热升温降湿；通风排除余湿	方法简单，比较经济，操作容易，运行费较低，空气新鲜	受大气温湿度参数制约，受地下空间内散湿量和升温程度的限制，所需的通风量较大	夏季地下空间外计算含湿量小于地下空间内计算含湿量的地区
液体吸湿剂除湿	氯化锂溶液	利用溶液水蒸汽分压力低的特性，吸收空气中水分，达到除湿目的	1. 能连续处理较大量的空气，温度、湿度可以同时调节到较小的波动范围 2. 可以获得低露点的空气参数 3. 装置除泵、风机以外，无转动部件，故障少，维修简便 4. 经过处理后的空气中细菌数可减少 90%以上	1. 需要较多的冷却水，必须具备热源、电源和水源 2. 装置点地面积较大 3. 氯化锂有腐蚀性，设备需有防腐措施 4. 三甘醇溶液再生温度过高时，可能引起聚合，产生树脂状的物质，再生过程有少量蒸发损失	1. 大风量和热湿比较小的场合 2. 需要露点温度在 4℃以下的场合 3. 有病菌等需要消除的地方 4. 需送大量具有一定湿度空气的地方
	三甘醇溶液				

续表

降湿方法		原　理	优　点	缺　点	适用范围
固体吸湿剂除湿		靠其水蒸汽分压力比空气水蒸汽分压力低的特性，吸收（或吸附）空气中水分	1．初投资低，设备简单 2．低温时仍有良好的降湿效果，最低的露点温度可以到 $-70℃$ 3．可直接用于对空气进行干燥升温处理	1．某些吸湿剂需要经常更换再生 2．处理期间空气参数不够稳定 3．对空气要冷却处理时，须加表面冷却器	1．要求常温低湿的场合 2．要求露点温度在 4℃ 以下的场合 3．硅胶常用于仪器贮存，如仪表箱内除湿
冷却除湿	表冷式、喷淋式	将空气冷却到露点温度以下，使水蒸凝结成水析出	除湿稳定、可靠。表冷式结构紧凑、简单、机房占地面积较小。喷淋式可作净化空气的辅助措施	初投资和运行费较高；不易获得低于 4℃ 以下的露点温度；有些表冷器消耗有色金属较多	要求降湿又需降温的场合；对温湿度有严格要求的场合

二、几种常用的空气除湿方式介绍

1．升温通风降湿

升温通风降湿应用的前提条件是地下建筑外空气含湿量小于地下建筑内空气含湿量（$d_w < d_n$），且地下建筑外空气温度等于或低于送风温度（$t_w \leqslant t_s$）的场合。

由于这种方法要求 $d_w < d_n$ 及要求对空气进行加热，因而它的应用往往受到地下建筑室外气象条件及地下建筑室内条件的制约。另外，当地下建筑室内外含湿量相差很小时，往往会使换气次数过大，增加了一次投资和运行管理费用，因此在选用降湿方法时应进行技术经济比较确定。

升温通风降湿法的应用地区一般包括大部分北方集中采暖地区；夏季空气相对湿度大，温度不高，空气含湿量较小的部分高寒地区，如云贵高原的一部分；空气含湿量较小的少部分过渡地区等。

2．冷冻除湿

以除湿为主的地下建筑采用冷冻除湿机是一种比较有效的除湿方法。

（1）除湿机的选择原则

应根据系统要求的湿湿度以及所需的总除湿量、除湿机技术经济指标先进、设备使用灵活性、维修简单、噪声小及设备来源等因素综合考虑确定。

（2）除湿系统

一般可分为直流式系统（全部地下建筑室外新风）、循环式系统（全部地下建筑室内回风）和混合式系统（部分地下建筑室外新风）。

（3）除湿机与加热装置配合问题

地下建筑余热量不大，除湿机通风降湿系统一般应辅以加热装置。这种方案的优点：

1）经除湿机处理后的空气送入地下建筑室内不能达到室温要求时，这时空气加热器投入运行，就可以适当地提高地下建筑室内空气温度，降低相对湿度。

2）除湿机一般都不考虑备用，一旦发生故障，地下建筑室内空气温度借加热装置可以起着一定作用。

3）一般情况下除湿机仅在夏季高温高湿时使用。为了节省电能，在其他时间开启加热器、升温通风降湿。

3．转轮除湿机

转轮除湿机由吸湿转轮、传动装置、风机、过滤器、再生用加热器等组成。转轮除湿机工作时，轮子慢慢转动（转速 8～10r/h），需要除湿的空气经转轮迎风面的 3/4 区域被吸入，通过转轮后空气中的水分即被吸湿材料吸收或吸附，随后经过除湿的干燥空气由风机送至待除湿的房间或空间。与此同时，另一部分空气（再生风）先经过空气加热器加热，然后经转轮迎面另 1/4 区域通过转轮，便将转轮从处理风中吸出的水分排走。由于转轮一直在缓慢转，所以吸湿和再生得以连续进行。

第三章　地下空间热湿环境和空气质量的检测与控制技术

要使城市地下空间的开发利用具有强大生命力，推动地下空间的利用和发展，吸引人们从地上走入地下，首要条件是要保证地下空间的热湿环境和空气质量符合人的生存和活动要求，为人们在地下营造一个理想的健康舒适的生活和活动环境。由于地下空间与地面建筑所处的环境不同，人们长期生活在地面，已适应于地面的环境条件，要使人们乐于进入地下空间，就必须提高并使地下空间内部环境质量接近地面环境。因此，必须采取有效措施，为地下空间内部创造适宜的热湿环境，保证良好的空气品质，使各种污染物降低到允许范围，建立起比较完善的内部环境保障体系。

虽然目前与热湿环境和空气质量相关的已有研究成果和标准规范大部分是在地上空间的基础上得到的，但只需针对地下空间的特点进行适当修正，它们同样适用于地下空间的同类用途建筑。本章的目的是在相关标准和规范基础上，根据地下空间空气质量的特点，确定适合人的生存和活动要求的热湿环境和空气质量的参数标准，提出地下空间相关参数的检测技术，用相关检测结果判断在单一参数方面该地下空间是否符合要求。同时，根据地下空间热湿环境、各受控污染物和其他参数的生成机理，研究地下空间热湿环境和空气质量的控制技术。

第一节　热湿环境和空气质量参数的确定

一、现有相关标准和规范

1. 代表性的国际相关标准

目前，在热湿环境和空气质量方面代表性的标准主要有国际标准化组织标准（ISO）、欧洲标准（EN）和美国空调供热制冷工程师协会标准（ASHRAE）。

（1）与热湿环境的舒适性相关的标准

1)《人居住的热环境条件》（ASHRAE 55—2004）；

2)《适度的热环境-PMV 和 PPD 指数的确定及热舒适条件的规定》（EN/ISO 7730—1994）；

3)《热环境-通过计算所需的出汗率精确确定和阐述热压》（ISO 7993—1989）。

（2）与室内空气质量相关的标准

1)《室内可接受空气质量的通风要求》（ASHRAE 62—2001）；

2)《建筑物通风-室内环境的设计准则》（CR 1752—1998）。

（3）与室内热湿环境参数测试相关的标准

1)《人居住的热环境条件》(ASHRAE 55—2004);

2)《房间气流组织的测试方法》(ASHRAE 113—1990);

3)《热环境下的人类工效-测试物理量的仪器》(ISO 7726—1998)。

其中最常用的有关热湿环境的舒适性标准为《适度的热环境-PMV 和 PPD 指数的确定及热舒适条件的规定》(ISO 7730) 和《人居住的热环境条件》(ASHRAE 55—2004)。以上标准的目的是明确室内环境和个体因素的综合作用，使该环境内的人群对该热湿环境条件的认可率大于或等于 80%。虽然两个标准在表述热舒适的方式上有所不同，但都采用了丹麦 Fanger 教授的热舒适方程，将影响热湿环境舒适性的主要参数归纳为六个方面：与热环境有关的是温度、热辐射（环境平均辐射温度)、湿度和风速；与人体有关的是人体的衣着和活动。热湿环境是以上因素综合作用的结果，对热湿环境的检测和控制归根到底就是对以上参数的检测和控制。本章将针对影响热湿环境的前四项参数的检测和控制技术进行重点讨论。

目前关于室内空气质量的最有影响的标准为《室内可接受空气质量的通风要求》(ASHRAE 62—2001)。该标准的目的是明确该环境类人群可接受且不会导致健康损害的最小通风量和室内空气质量。该标准将可接受的室内空气质量定义为：室内空气中的污染物没有达到权威部门认定的浓度且室内大多数人群（80% 或以上）对此感到满意。一般来讲，控制室内空气质量有三种途径：一是通过通风量来控制，即向环境提供满足要求的质量和数量的通风来保证空气质量；二是控制污染源，即控制环境内的已知污染源，尽可能降低污染的发生；三是对室内空气进行过滤消毒，使受污染空气还原为清洁空气。该标准还提供了通风有效性的评价方法。

2. 国内相关标准

国内虽然已等同采用了 ISO 7730 作为我国标准 GB/T 18049—2000，但 ISO 7730 主要是以欧美等国家的健康青年人为研究对象，通过实验建立的标准。这些标准未必适用于中国人，因为经济条件、生活习惯等导致的心理期望值不同，产生的热感觉不同。此外，虽然知道了影响热舒适的 6 个参数后，便可计算出预测平均热反应指标 PMV，从而对一个环境进行热感觉评价，但 PMV 的计算极其复杂，必须在计算机上迭代求解，这对工程应用极为不利。

我国在室内空气质量方面的研究主要放在室内空气污染物的成因和控制方面。早在 1988 年，基于对公共场所的室内空气监测和调研工作，我国颁布了第一套比较完整的公共场所室内卫生标准，1996 年又重新进行了修订和编写，即 GB 9663/9664/9665/9666/9667/9668/9669/9670/9671/9672/9673—1996 和 GB 16153—1996 共十一套标准；1996 年和 1997 年相继颁布了 GB/T 16146—1995、GB/T 16127—1995、GB/T 17093/17094/17095/17096/17097—1997 等针对室内空气污染物的控制标准；1998 年颁布了针对人防工程的卫生标准 GB/T 17216—1998，随后还相继颁布了《室内空气质量中臭氧卫生标准》(GB/T 18202—2000)、《公共场所卫生标准检验方法》(GB/T 18204. 1 ~ 30—2000) 和《室内空气质量规范》(GB/T 1883—2002)。以上卫生标准与 2002 年实施的十项“室内装饰装修材料有害物质限量”标准（GB 18580—18588 及 GB 6566—2001）和《民用建筑工程室内环境污染物控制规范》(GB 50325—2001) 以及 2003 年颁布实施的《室内空气质量标准》(GB/T 18883—2002) 一起构成了控制市内环境污染的相对完整的技术标准体系。并针对有关参数形成了一套相对完整的检测方法标准。

我国在 2003 年 3 月 1 日最新实施的推荐性国家标准《室内空气质量标准》（GB/T 18883—2002）中规定了室内空气中与人体健康有关的物理、化学、生物和放射性参数。该标准规定了室内空气质量参数的标准值见表 2-3-1，所适用的范围为住宅和办公建筑物，其他室内环境参照执行。该标准中的室内空气环境指包含热湿环境在内的广义的室内空气质量，其参数包括热湿环境变量（即物理性参数）和各种有害污染物参数（即化学性、生物性和放射性参数）两大类。

室内空气质量标准 **表 2-3-1**

序号	参数类别	参数	单位	标准值	备注
1	物理性	温度	℃	22～28	夏季空调
				16～24	冬季采暖
2		相对湿度	%	40～80	夏季空调
				30～60	冬季采暖
3		空气流速	m/s	0.3	夏季空调
				0.2	冬季采暖
4		新风量	m^3/h·人	30[a]	
5	化学性	二氧化硫 SO_2	mg/m^3	0.50	1h 均值
6		二氧化氮 NO_2	mg/m^3	0.24	1h 均值
7		一氧化碳 CO	mg/m^3	10	1h 均值
8		二氧化碳 CO_2	%	0.10	日平均值
9		氨 NH_3	mg/m^3	0.20	1h 均值
10		臭氧 O_3	mg/m^3	0.16	1h 均值
11		甲醛 HCHO	mg/m^3	0.10	1h 均值
12		苯 C_6H_6	mg/m^3	0.11	1h 均值
13		甲苯 C_7H_8	mg/m^3	0.20	1h 均值
14		二甲苯 C_8H_{10}	mg/m^3	0.20	1h 均值
15		苯并〔a〕芘 B（a）P	mg/m^3	1.0	日平均值
16		可吸入颗粒 PM10	mg/m^3	0.15	日平均值
17		总挥发性有机化合物 TVOC	mg/m^3	0.60	8h 均值
18	生物性	菌落总数	cfu/m^3	2500	依据仪器定[b]
19	放射性	氡 ^{222}Rn	$Bq//m^3$	400	年平均值（行动水平）[c]

a. 新风量要求不小于标准值，除温度、相对湿度外的其他参数要求不大于标准值；

b. 见 GB/T 18883—2002 附录 D；

c. 行动水平即达到此水平建议采取干预行动以降低室内氡浓度。

3. 国内针对地下空间的相关标准

我国现有的地下空间多为平战结合的人防工程。自 1986 年提出人防工程平战结合并与城市建设相结合，充分发挥战略、社会效益和经济效益的方针以来，大批原有用于战备的人防工程开发或改造成与城市功能相协调的各种设施，如地下商场、地下街、地下娱乐场、高层建筑地下室等。根据 1998 年 10 月 1 日实施的国家推荐标准《人防工程平时使用环境卫生标准》GB/T 17216—1998，平时不同用途的地下人防工程的环境卫生标准值应符合表2-3-2～表2-3-7等的要求。表中的Ⅰ类人防工程是指根据国家人民防空办公室一九七九年及以后颁发的《人民防空工程战术技术要求》修建的人防工程，Ⅱ类人防工程是指未按国家人民防空办公室一九七九年及以后颁发的《人民防空工程战术技术要求》修建的人防工程。

为了适应和推动人防工程开发利用中改善内部环境的需要，1990年由国家人防办组织国内从事内部环境和卫生标准的有关院校和研究所，开始制定人防工程平时利用的内部环境卫生标准。于1993年制定出六类人防地下工程（地下旅馆、地下商场、地下影剧院、地下医院、地下餐厅、地下舞厅）卫生标准，并已1998年由国家技术监督局和国家卫生部颁发为国家标准《人防工程平时使用环境卫生标准》（GB/T 17216—1998）。但没有根据卫生标准制定适应人防工程平时使用的工程设计规范、相应的技术措施、管理法规和质量监督机制。人防地下工程内部空气质量，根据国内外现有的控制技术，应当说是完全可以达到应有标准的，关键是健全规范、标准，并制定有关法规加以保证。

地下旅馆环境卫生标准值 **表2-3-2**

项　目	标　准　值	
	Ⅱ类人防工程	Ⅰ类人防工程
温度（℃）		
冬季	采暖地区≥14	采暖地区≥16
夏季	≤28	≤28
相对湿度（%）	30～80	30～75
风速（m/s）	≥0.10	≥0.15
二氧化碳（%）	≤0.15	≤0.10
一氧化碳（mg/m^3）	≤10	≤10
空气耗氧量（mg/m^3）	≤8	≤8
细菌总数：		
沉降法（个/平皿）	≤75	≤75
撞击法（个/m^3）	≤4000	≤4000
甲醛（mg/m^3）	≤0.12	≤0.12
台面照度（1x）	≥50	≥75
噪声，dB（A）	≤60	≤55
平衡当量氡浓度（Bq/m^3）	≤400	≤200

地下商场环境卫生标准值 **表2-3-3**

项　目	标　准　值	
	Ⅱ类人防工程	Ⅰ类人防工程
温度（℃）		
冬季	采暖地区≥14	采暖地区≥16
夏季	≤28	≤28
相对湿度（%）	30～80	30～75

续表

项目	标准值	
	Ⅱ类人防工程	Ⅰ类人防工程
风速（m/s）	≥0.15	≥0.20
二氧化碳（%）	≤0.20	≤0.15
一氧化碳（mg/m^3）	≤10	≤10
空气耗氧量（mg/m^3）	≤8	≤8
细菌总数：		
沉降法（个/平皿）	≤75	≤75
撞击法（个/m^3）	≤4000	≤4000
甲醛（mg/m^3）	≤0.12	≤0.12
照度（1x）	≥100	≥200
噪声（出售音像设备的柜台），dB（A）	≤85	≤85
平衡当量氡浓度（Bq/m^3）	≤400	≤200

地下影剧院环境卫生标准值 **表 2-3-4**

项目	标准值	
	Ⅱ类人防工程	Ⅰ类人防工程
温度（℃）		
冬季	采暖地区≥14	采暖地区≥16
夏季	≤28	≤28
相对湿度（%）	30～80	30～75
风速（m/s）	≥0.10	≥0.15
二氧化碳（%）	≤0.20	≤0.15
一氧化碳（mg/m^3）	≤10	≤10
空气耗氧量（mg/m^3）	≤8	≤8
细菌总数：		
沉降法（个/平皿）	≤75	≤75
撞击法（个/m^3）	≤4000	≤4000
甲醛（mg/m^3）	≤0.12	≤0.12
照度[1)]（1x）	≥50	≥75
噪声[2)]，dB（A）	≤55	≤50
平衡当量氡浓度（Bq/m^3）	≤400	≤200

1）指混合照度；
2）空场噪声

地下舞厅环境卫生标准值 **表 2-3-5**

项目	标准值	
	Ⅱ类人防工程	Ⅰ类人防工程
温度（℃）		
冬季	采暖地区≥14	采暖地区≥18
夏季	≤26	≤26
相对湿度（%）	30～80	30～70

续表

项目	标准值	
	Ⅱ类人防工程	Ⅰ类人防工程
风速（m/s）	≥0.20	≥0.30
二氧化碳（%）	≤0.15	≤0.10
一氧化碳（mg/m^3）	≤10	≤10
空气耗氧量（mg/m^3）	≤8	≤8
细菌总数：		
沉降法（个/平皿）	≤75	≤75
撞击法（个/m^3）	≤4000	≤4000
甲醛（mg/m^3）	≤0.12	≤0.12
噪声，dB（A）	≤85	≤85
平衡当量氡浓度（Bq/m^3）	≤400	≤200

地下餐厅环境卫生标准值 **表 2-3-6**

项目	标准值	
	Ⅱ类人防工程	Ⅰ类人防工程
温度（℃）		
冬季	采暖地区≥14	采暖地区≥16
夏季	≤28	≤28
相对湿度（%）	30～80	30～80
风速（m/s）	≥0.15	≥0.20
二氧化碳（%）	≤0.15	≤0.10
一氧化碳（mg/m^3）	≤10	≤10
空气耗氧量（mg/m^3）	≤8	≤8
细菌总数：		
沉降法（个/平皿）	≤75	≤75
撞击法（个/m^3）	≤4000	≤4000
甲醛（mg/m^3）	≤0.12	≤0.12
照度（1x）	≥75	≥100
平衡当量氡浓度（Bq/m^3）	≤400	≤200

地下医院环境卫生标准值 **表 2-3-7**

项目	标准值	
	Ⅱ类人防工程	Ⅰ类人防工程
温度（℃）		
冬季	采暖地区≥16	采暖地区≥16
夏季	≤28	≤28
相对湿度（%）	30～70	30～75
风速（m/s）	≥0.15	≥0.15
二氧化碳（%）	≤0.10	≤0.10
一氧化碳（mg/m^3）	≤10	≤10
空气耗氧量（mg/m^3）	≤8	≤8

续表

项　　目	标 准 值	
	Ⅱ类人防工程	Ⅰ类人防工程
细菌总数:		
沉降法（个/平皿）	≤30	≤30
撞击法（个/m^3）	≤2500	≤2500
甲醛（mg/m^3）	≤0.08	≤0.08
照度（1x）	≥100	≥75
噪声，dB（A）	≤50	≤55
平衡当量氡浓度（Bq/m^3）	≤200	≤400

此外，在《人防工程平时使用环境卫生标准》（GB/T 172216—1998）附录A中还对空气耗氧量这一参数规定了测定方法。

二、地下空间热湿环境和空气质量现状

地下空间与地上建筑相比，由于受土壤、岩石等覆盖物以及空间封闭、空气流通困难等因素的影响，其热湿环境和空气质量更易恶化。我国目前的地下建筑多为人防工程改建而成，长期以来，以人防工程为主干的地下空间开发，比较重视战时功能，忽视平时使用要求和地下环境的改造，内部环境质量随时间的推移变得越来越差。近十多年来，在人防地下工程建设与城市建设相结合方针指导下，各地人防工程平时开发利用的规模逐步扩大，通过对人防工程进行内部环境改造，作为地下商场、地下旅馆、地下餐厅、地下医院以及地下游乐设施等投入平时开发使用，创造了良好的经济、社会、战备效益。

根据有关调查成果，现有正在使用的地下空间热湿环境和空气质量方面主要存在以下问题：

（1）各类不同功能的地下空间内的热舒适状况较改造前有所改善，但较多空间内湿度大，尤其是夏季和黄霉天，空间内相对湿度在80%左右。由于通风空调系统的设置，大多数地下公共建筑内空气中的CO_2浓度可控制在0.15%以内，表2-3-8是对86个人防工程内空气中CO_2浓度的测定结果。但有些工程的通风空调系统，为节省能耗，减低运行费用，新风量供应相对不足，通风换气次数低，以致工程内CO_2浓度偏高。

现有地下空间CO_2浓度测定结果　　　　表2-3-8

	地下旅馆		地下商场		地下游乐场		地下餐厅		地下医院	
	夏	冬	夏	冬	夏	冬	夏	冬	夏	冬
工程数量	13	11	11	11	10	10	5	6	4	5
CO_2均值	0.135	0.118	0.077	0.103	0.12	0.101	0.085	0.108	0.06	0.16

（2）地下空间中的尘埃和细菌污染极为严重，可吸入颗粒浓度普遍超过容许浓度（0.15mg/m^3），有的超过标准数十倍，细菌污染也很严重。如某商场除早晨空场外，室内空气中的平均瞬时细菌总数大大高于标准。室内空气中的尘埃和细菌主要来自人体活动，呼吸、说话、咳嗽，吸烟与走动，皮肤与服装等均会散发有害物。围护结构、商品、家具

与地面均易于积聚灰尘与繁殖细菌，在通风气流作用下流入室内空气中。室内空气中的尘埃和细菌本可通过空气过滤器进行清滤，但普遍为人们所忽视。多数工程中空调过滤效率极差，有时甚至不设新风或回风过滤器。工程中也常见气流在未衬砌的建筑通道或机房内流动，空气的二次污染严重。

（3）由于地下空间建筑装修，大量使用各种装修材料，香烟的烟尘中也会散发出甲醛气体。如地下舞厅及餐厅，在通风情况下新装修后的空气中甲醛浓度为0.1～0.52mg/m^3，但经一段时间后将逐渐下降至0.01mg/m^3。

（4）空气中挥发性有机化合物TVOC浓度可通过有机物的耗氧量反映出来，是人员异味、头昏、疲倦、烦躁等症状的主要原因，是综合性很强的空气污染指示指标，它和其他指标既有联系甚至有显著的相关性，又具有本身的独立性（反映室内有机物浓度）。在对国内地下空间进行现场调查的过程中，共测得空气耗氧量标准样本1000个。结果表明，冬季达标率为62.2%；夏季达标率为47.4%。表2-3-9是现有地下空间中空气耗氧量的分布。总体上说明人防地下工程中有机物耗氧量偏高，应采取措施，降低有机物污染总量，提高工程内空气清洁度。

现有地下空间空气耗氧量的分布 **表2-3-9**

	空气耗氧量（mg/m^3）						
	最高值	最低值	>10	10～8	8～6	6～4	<4
夏季	15.34	4.9	28.6%	23%	28.4%	19%	0
冬季	18.6	2.81	31.6%	5.2%	18%	18%	26.2%

（5）人防地下工程内氡及其子体水平的实际分布现状是非常重要的参数。近几年来国内一些工程调查研究表明，地下建筑内的放射性影响普遍大于地面建筑，氡污染明显高于地面，氡及其子体致癌的危害已越来越引起人们的关注。根据对北京、辽宁、湖北、湖南、河南等地下工程的调查结果表明：地下建筑内氡及其子体浓度近似正态分布，80%左右的测试点平衡当量氡浓度小于100Bq/m^3，超过200Bq/m^{3}的约为10%左右，大于400Bq/m^{3}的测点不足5%。因此现有大多数人防地下工程，应根据人防工程平时使用环境卫生标准中的氡防护标准，进行有效的防氡通风，对个别氡浓度较高地区如河南、西安、济南等应采取综合防治措施。

综合以上调查结果，我国地下空间内部环境质量尤其是空气质量较差。虽然对地下空间进行的内部环境改造，使一部分地下空间内部热湿环境有所改善，但总体而言，地下空间内部环境质量大部分尚达不到应有的标准。

由于地下空间空气质量差，已明显危及人体健康。如第二军医大学对22个地下有通风设施的医院、商场、旅社、俱乐部、招待所、办公室、生产车间等工作的600名人员进行健康调查，并与地下工作性质相似的地面工作500名人员进行健康对比调查，结果表明：地下组中42%反映头痛，47%头晕，46%胸闷，32%疲倦，32%眼酸胀，27%记忆力下降，13%工作效率低。在地下环境中工作5年以上的人，呼吸系统疾病发病率以及关节痛、视力减退和神经衰弱的发病率增高。

三、热湿环境和空气质量特点与参数确定

《室内空气质量标准》（GB/T 18883—2002）作为通用性标准，地下空间同样可以参照执行。《人防工程平时使用环境卫生标准》（GB/T 17216—1998）作为专门针对地下空间重要组成部分人防工程的标准，对我们确定地下空间空气质量参数的标准值具有更大的指导意义。两个标准在大部分内容上是一致的，只是在检测挥发性有机物的方法上，一个是直接测量挥发性有机物 TVOC 的含量，一个是通过厌氧量间接测量。

由于地下空间处于地面以下，相对于地上建筑的室内环境而言，其空气质量参数有其特殊性。就其热湿环境变量来说，地下空间通常冬暖夏凉，温度随季节变化不大，气流扰动不大，但相对湿度普遍偏高，是重点的关注对象。对各种空气污染物而言，二氧化硫、二氧化氮、可吸入颗粒物等在地上建筑室内空气中得到重点关注的参数并不是重点关注对象，而主要需要关注的参数则为一氧化碳、二氧化碳、TVOC 含量、细菌总数、甲醛浓度和氡浓度等。

在认真比较两个标准所规定的参数和标准值的基础上，我们针对地下空间的特点初步提出无特殊要求的地下空间的空气质量参数及其标准值，见表 2-3-10。

地下空间空气质量标准 **表 2-3-10**

序　号	参数类别	参　　数	单　　位	标　准　值	备　　注
1	热湿环境	温度	℃	≤28	夏季空调
				≥16	冬季采暖
2		相对湿度	%	40 ~ 80	夏季空调
				30 ~ 60	冬季采暖
3		空气流速	m/s	≤0.3	夏季空调
				≤0.2	冬季采暖
4	空气品质	新风量	m^3/h・人	≥30a	
5		一氧化碳 CO	mg/m^3	≤10	1h 均值
6		二氧化碳 CO_2	%	≤0.10	日平均值
7		甲醛 HCHO	mg/m^3	≤0.08	1h 均值
8		总挥发性有机化合物 TVOC	mg/m^3	0.60	8h 均值
9		菌落总数	cfu/m^3	≤2500	依据仪器定[b]
10		氡 ^{222}Rn	Bq/m^3	≤200	年平均值（行动水平）[c]

a. 新风量要求不小于标准值，除温度、相对湿度外的其他参数要求不大于标准值；

b. 见 GB/T 18883—2002 附录 D；

c. 行动水平即达到此水平建议采取干预行动以降低室内氡浓度

上表中的各项参数包含了对地下空间热湿环境和空气品质进行全面描述所必需的各项参数。在实际运用中，常见的地下空间并不需要对上表中的所有参数都进行考虑，通常需要重点考虑的往往只有相对湿度、一氧化碳、二氧化碳、细菌总数、总挥发性有机化合物 TVOC 含量和氡浓度等参数。

表 2-3-10 并没有列入前文提到的热湿环境变量中的环境平均辐射温度这一参数，它不

是一个可以直接检测得到的参数，是一个综合性指标，要通过繁琐的计算得到，也可通过黑球温度计来近似检测。在地下空间，它的温度与周围土壤温度接近，对热湿环境的影响并不显著，因此如无必要，一般不对该参数进行测量和控制，本部分也不对该参数的测量和控制作详细介绍。

第二节 热湿环境和空气质量的检测

一、地下空间热湿环境的检测

根据不同的热湿环境情况，需要的测点布置和检测方法都有所不同，在没有特殊要求的情况下，建议参照 ISO 7726 规定的以下检测方法对热湿环境进行检测。

1. 空气温度

1）选用仪表　膨胀式温度计、电阻温度计（铂电阻或热敏电阻）、热电偶温度计。

2）仪表最低要求　测量范围 10 ~ 40℃，测量精度 ±0.5℃，反应时间应尽量短。

3）测量注意事项　① 要尽量减少辐射的影响，要避免温度探头被邻近的热源辐射，因为在这种情况下实际测量到的是空气温度和该热源平均辐射温度的中间值；② 要注意温度计的反应时间，温度计在测点的停留时间应超过其反应时间的 1.5 倍以上才能测量到真实的温度；③ 使用膨胀式温度计时，读数应快速准确，以免人的呼吸气和人体热辐射影响读数的准确性。

4）测点位置　测点位置应布置在人们经常活动的地方或对热舒适有要求的地方。如果没有具体要求，测点应布置在房间中央且距四周围护结构或最大窗户所在墙 0.6m 的地方，在温度梯度较小的空间测点高度为人体的腹部位置，即 0.6m（坐姿）或 1.1m（站姿）；在温度梯度较大的空间测点高度为人体的头部、腹部和踝部位置，即坐姿 1.1m、0.6m、0.1m 或站姿 1.7m、1.1m、0.1m。

5）采样周期/间隔　建议采样周期为 30min，采样间隔为 1min。

2. 空气相对湿度

1）选用仪表　露点湿度计、干湿球湿度表、氯化锂电阻湿度计、毛发湿度表。

2）仪表最低要求　测量范围 0.5 ~ 3kPa，测量精度 ±0.15kPa，反应时间应尽量短。

3）测量注意事项　① 如果采用干湿球湿度表，湿球温度计位置的风速不能低于 5m/s，干湿球温度计都要避免被辐射，湿球温度计所用水应为蒸馏水；② 如果采用氯化锂电阻湿球计，根据传感器保护罩的不同，传感器表面风速不能超过某一确定值，否则湿度计的读数会非常低；氯化锂电阻湿球计的供电应持续而不能中断，当断电时，氯化锂会从空气中吸收水蒸气，再次通电时会对电极造成冲击；传感器敏感元件如有导电性污物附着会引起测量误差；湿度计的氯化锂溶液应定期更新以确保传感器的精度；应待湿度计稳定后再进行读数，通常氯化锂电阻湿球计的响应时间为 6min。

4）测点位置　测点位置应布置在人们经常活动的地方或对热舒适有要求的地方，一个区域通常布置一个测点就可以了，测点高度为人体的腹部位置，即 0.6m（坐姿）或 1.1m（站姿）。

5）采样周期/间隔　建议采样周期为 30min，采样间隔为 1min。

3. 空气流速

1）选用仪表　风速的测量仪表可以选用方向无关的探头，如热球风速仪、超声波风速仪、激光多普勒风速仪；也可以选用可以测出三个方向风速的三维探头，如热线风速仪、测压管等。

2）仪表最低要求　测量范围0.05～1m/s，测量精度±（0.02+0.07量程）m/s，反应时间应尽量短。

3）测量注意事项　在需要精确测量空气流速时，需要对仪表进行标定，并针对仪表的响应时间确定适合的采样周期。

4）测点位置　测点位置应布置在人们经常活动的地方或对热舒适有要求的地方。如果没有具体要求，测点应布置在房间中央且距四周围护结构或最大窗户所在墙0.6m的地方，在温度梯度较小的空间测点高度为人体的腹部位置，即0.6m（坐姿）或1.1m（站姿）；在温度梯度较大的空间测点高度为人体的头部、腹部和踝部位置，即坐姿1.1m、0.6m、0.1m或站姿1.7m、1.1m、0.1m。

5）采样周期/间隔　建议采样周期为30min，采样间隔为1min。

二、地下空间空气质量的检测

（一）空气质量检测的一般规定

1. 选点要求

1）采样点的数量　采样点的数量根据监测室内面积大小和现场情况而确定，以期能正确反映室内空气污染物的水平。原则上小于50m^{2}的房间应设1～3个点；50～100m^{2}设3～5个点；100m^{2}以上至少设5个点。在对角线上或梅花式均匀分布。

2）采样点应避开通风口，离墙壁距离应大于0.5m。

3）采样点的高度　原则上与人的呼吸带高度相一致，相对高度0.5～1.5m之间。

2. 采样时间和频率

采样前至少关闭门窗4h。日平均浓度至少连续采样18h，8h平均浓度至少连续采样6h，1h平均浓度至少连续采样45min。

3. 采样方法和采样仪器

根据污染物在室内空气中存在状态，选用合适的采样方法和仪器，用于室内的采样器的噪声应小于50dB。具体采样方法应按各个污染物检验方法中规定的方法和操作步骤进行。

4. 采样的质量保证措施

1）气密性检查　有动力采样器时，在采样前应对采样系统气密性进行检查，不得漏气。

2）流量校准　采样系统流量要能保持恒定，采样前和采样后要用一级皂膜计校准采样系统进气流量，误差不超过5%。

采样器流量校准：在采样器正常使用状态下，用一级皂膜计校准采样器流量计的刻度，校准5个点，绘制流量标准曲线。记录校准时的大气压力和温度。

3）空白检验　在一批现场采样中，应留有两个采样管不采样，并按其他样品管一样对待，作为采样过程中空白检验，若空白检验超过控制范围，则这批样品作废。

4）仪器使用前，应按仪器说明书对仪器进行检验和标定。

5）在计算浓度时应用下式将采样体积换算成标准状态下的体积：

$$V_0 = V\frac{T_0}{T}\cdot\frac{P}{P_0} \tag{2-3-1}$$

式中 V_0——换算成标准状态下的采样体积（L）；

V——采样体积（L）；

T_0——标准状态的绝对温度，即 273K；

T——采样时采样点现场的温度（t）与标准状态的绝对温度之和，即（t+273）K；

P_0——标准状态下的大气压力，即 101.3kPa；

P——采样时采样点的大气压力（kPa）。

6）每次平行采样，测定之差与平均值比较的相对偏差不超过 20%。

5. 记录和报告

采样时要对现场情况、各种污染源、采样日期、时间、地点、数量、布点方式、大气压力、气温、相对湿度、风速以及采样者签字等做出详细记录，随样品一同报到实验室。

（二）检测方法

1. 新风量检测

室内空气质量控制最基本的一种方法就是通过通风量来控制，即向环境提供满足要求的质量和数量的通风来保证空气质量。一般情况下，我们选取符合条件的室外空气，通过通风系统或空调系统将它们输送到室内，输送到室内环境的室外空气量就是我们通常所说的新风量。新风量是表征室内空气质量的最主要指标之一。

（1）检测原理

采用示踪气体浓度衰减法。在待测室内通入适量示踪气体，由于室内、外空气交换，示踪气体的浓度呈指数衰减，根据浓度随着时间的变化值，计算出室内的新风量。

（2）仪器和材料

1）袖珍或轻便型气体浓度测定仪。

2）尺、摇摆电扇。

3）示踪气体：无色、无味、使用浓度无毒、安全、环境本底低、易采样、易分析的气体。

（3）测定步骤

1）室内空气总量的测定

（A）用尺测量并计算出室内容积 V_1；

（B）用尺测量并计算出室内物品（桌、沙发、柜、床、箱等）总体积 V_2；

（C）计算室内空气容积，见下式：

$$V = V_1 - V_2 \tag{2-3-2}$$

式中 V——室内空气容积（m^3）；

V_1——室内容积（m^3）；

V_2——室内物品总体积（m^3）。

2）测定的准备工作

（A）按仪器使用说明校正仪器，校正后待用；

（B）打开电源，确认电池电压正常；

（C）归零调整及感应确认，归零工作需要在清净的环境中调整，调整后即可进行采样测定。

3）采样与测定

（A）关闭门窗，在室内通入适量的示踪气体后，将气源移至室外，同时用摇摆扇搅动空气 3～5min，使示踪气体分布均匀，再按对角线或梅花状布点采集空气样品，同时在现场测定并记录；

（B）计算空气交换率：用平均法或回归方程法。

平均法：当浓度均匀时采样，测定开始时示踪气体的浓度 c_0，15min 或 30min 时再采样，测定最终示踪气体浓度 c_t（t 时间的浓度），前后浓度自然对数差除以测定时间，即为平均空气交换率。

回归方程法：当浓度均匀时，在 30min 内按一定的时间间隔测量示踪气体浓度，测量频次不少于 5 次。以浓度的自然对数对应的时间作图。用最小二乘法进行回归计算。回归方程式中的斜率即为空气交换率。

（4）结果计算

1）平均法计算平均空气交换率

$$A = [1nc_0 - 1nc_t]/t \tag{2-3-3}$$

式中 A——平均空气交换率（h^{-1}）；

c_0——测量开始时示踪气体浓度（mg/m^3）；

c_t——时间为 t 时示踪气体浓度（mg/m^3）；

t——测定时间（h）。

2）回归方程法计算空气交换率

$$1nc_t = 1nc_0 - /At \tag{2-3-4}$$

式中 c_t——t 时间的示踪气体浓度（mg/m^3）；

A——空气交换率（h^{-1}）；（相当于 $-b$，即斜率）；

c_0——测量开始时示踪气体浓度（mg/m^3）；

t——测定时间（h）。

3）新风量的计算

$$Q = AV \tag{2-3-5}$$

式中 Q——新风量（m^3/h）；

A——空气交换率（h^{-1}）；

V——室内空气容积（m^3）。

注意，若示踪气体环境本底浓度不为 0 时，则公式中的 c_t、c_0 需减本底浓度后再取自然对数进行计算。

2. 一氧化碳 CO 的检测

（1）非分散红外法

本方法适用于测定空气质量中的 CO。样品气体进入 CO 红外分析仪，在前吸收室吸收 4.67μm 谱线中心的红外辐射能量，在后吸收室吸收其他辐射能量。两室因吸收能量不同，破坏了原吸收室内气体受热产生相同振幅的压力脉冲，变化后的压力脉冲通过毛细管加在差动式薄膜微音器上，被转化为电容量的变化，通过放大器再转变为与浓度成比例的直流测量值。本法测定范围为 0～62.5mg/m^3。

（2）不分光红外线气体分析法

不分光红外线气体分析法的工作原理是根据一氧化碳对不分光红外线具有选择性的吸收，在一定范围内，吸收值与一氧化碳浓度呈线性关系。根据吸收值确定样品中一氧化碳的浓度。

（3）气相色谱法

气相色谱法的工作原理是根据一氧化碳在色谱柱中与空气的其他成分完全分离后，进入转化炉，在 360℃镍触媒催化作用下，与氢气反应，生成甲烷，用氢火焰离子化检测器测定。

（4）汞置换法

汞置换法的原理是根据经净化后的含一氧化碳的空气样品与氧化汞在 180～200℃下反应，置换出汞蒸气。根据汞吸收波长 2537nm 紫外线的特点，利用光电转换检测出汞蒸气含量，再将其换算成一氧化碳浓度。

3. 二氧化碳 CO_2 的检测

（1）不分光红外线气体分析法

不分光红外线气体分析法的工作原理是根据二氧化碳对红外线具有选择性的吸收，在一定范围内，吸收值与二氧化碳浓度呈线性关系。根据吸收值确定样品中二氧化碳的浓度。

（2）气相色谱法

气相色谱法的工作原理是根据二氧化碳在色谱柱中与空气的其他成分完全分离后，进入热导检测器的工作臂，使该臂电阻值的变化与参与臂电阻值变化不相等，惠斯登电桥失去平衡而产生信号输出。在线性范围内，信号大小与进入检测器的二氧化碳含量成正比。从而进行定性与定量测定。

（3）容量滴定法

容量滴定法的原理是根据用过量的氢氧化钡溶液与空气中二氧化碳作用生成碳酸钡沉淀，采样后剩余的氢氧化钡用标准草酸溶液滴至酚酞试剂红色刚褪。由容量法滴定结果和所采集的空气体积，即可测得空气中二氧化碳的含量。

4. 甲醛 HCHO 的检测

（1）酚试剂分光光度法

酚试剂分光光度法的原理是根据空气中的甲醛与酚试剂反应生成嗪，嗪在酸性溶液中被高铁离子氧化形成兰绿色化合物。根据颜色深浅，比色定量。

（2）AHMT 分光光度法

AHMT 分光光度法的原理是空气中甲醛与 4-氨基-3-联氨-5-巯基-1，2，4-三氮杂茂（Ⅰ）在碱性条件下缩合（Ⅱ），然后经高碘酸钾氧化成 6-巯基-5-三氮杂藏〔4，3-b〕-S-四氮杂苯（Ⅲ）紫红色化合物，其色泽深浅与甲醛含量成正比。

（3）乙酰丙酮分光光度法

乙酰丙酮分光光度法的原理是甲醛气体经水吸收后，在 pH＝6 的乙酸-乙酸铵缓冲溶液中，与乙酰丙酮作用，在沸水浴条件下，迅速生成稳定的黄色化合物，在波长413nm处测定。

5. 总挥发性有机化合物TVOC的检测

(1) 总挥发性有机化合物TVOC的特性

从广义上说，任何液体或固体在常温常压下自然挥发出来的有机化合物就是总挥发性有机化合物TVOC。TVOC在室内空气中作为异类污染物，是极其复杂的，而且新的种类不断被合成出来。由于它们单独的浓度低，但种类多，一般不逐个分别表示，而以TVOC表示其总量。TVOC中除醛类外，常见的还有苯、甲苯、二甲苯、三氯乙烯、三氯甲烷、萘、二异氰酸脂类等。

研究表明，TVOC可有嗅味，表现出毒性、刺激性，而且有些化合物具有基因毒性。TVOC能引起机体免疫水平失调，影响中枢神经系统功能，出现头晕、头痛、嗜睡、无力、胸闷等自觉症状，还可能影响消化系统，出现食欲不振、恶心等，严重时甚至可损伤肝脏和造血系统，出现变态反应等。

室内TVOC的主要来源为建筑材料、室内装饰材料和生活及办公用品，如油漆、含水涂料，黏合剂、化妆品、洗涤剂、捻缝胶等有机溶液；如人造板、泡沫隔热材料、塑料板材等建筑材料；如壁纸、其他装饰品等室内装饰材料；如地毯，挂毯和化纤窗帘等纤维材料；如油墨，复印机等办公用品；设计和使用不当的通风系统等；家用燃料和烟叶的不完全燃烧、人体排泄物、室外的工业废气、气车尾气、光化学烟雾等等。

室内空气中TVOC含量的大小与以下四个因素有关：室内温度、室内相对温度、室内材料的装载度、室内换气数（即室内空气流通量）。在高温、高湿、负压和高负载条件下会加剧TVOC散发的力度。

要降低TVOC对人体健康的不良影响，可以采取控制通风量的方法，即“需求控制通风”，该方法具有很高的效率；还有一种方法是“烘烤”法，也就是加热新建筑室内环境使TVOC迅速散发，从而避免对日后进入居住者产生不良影响，但这种方法的效果还不能确定。

(2) 总挥发性有机化合物TVOC的检测方法

推荐性国家标准《室内空气质量标准》GB/T 18883—2002在附录C中给出了室内空气中总挥发性有机化合物（TVOC）的检验方法，即热解析/毛细管气相色谱法。

6. 室内空气菌落总数的检测

微生物指标是评价室内空气质量的重要参数，空气中微生物质量的好坏往往以菌落总数来衡量。一般情况下，空气中的菌落总数越高，存在致病性微生物（细菌、真菌、病毒）的可能性越高，越容易使人感染致病。此外，微生物产生的过敏原（反应原）进入人体后，可引发哮喘等变态反应性疾病。常见的过敏原有真菌孢子、放线菌孢子、尘螨、花粉等。很多因素影响室内空气菌落总数，如房间大小、室内人员多少、通风换气情况、采光、室内温度、湿度、含尘量以及周围环境等。因此，通常室内空气菌落总数变化较大。

室内空气中菌落总数由两种表示方式。一种是按暴露于空气一定时间的标准平板上生长的细菌菌落数来表示，采用的采样方法为自然沉降法；另一种按每立方米空气中的细菌数来表示，通常采用撞击式微生物采样器采样。

由于自然沉降法受周围环境影响较大，所得数据不稳定。此外该方法只能采集到培养基上方有限范围内具有一定质量的带菌粒子，无法准确反映出空气中细菌含量。因此要对地下空间空气中微生物质量做出准确测定和评价，宜采用撞击法进行检测。

7. 空气中氡（Radon\Rn）的检测

氡的测量方法很多，在测量时间上可以分为瞬时测量、连续测量和累积测量；从采样方式上可以分为被动式和主动式；从测量对象上可以分为测氡、测氡子体和同时测氡及氡子体三种。

推荐性国家标准中共推荐了四种检测方法，即《环境空气中氡的标准测量方法》（GB/T 14582）规定的径迹蚀刻法、双滤膜法和活性炭盒法、《空气中氡浓度的闪烁瓶测量方法》（GB/T 16147）。

选择测量方法取决于测量的目的和被测量建筑物的类型（如住宅、学校或工作场所等）。虽然氡的测量方法很多，但都有一定的局限性和适用性。室内氡具有低浓度、高差异、大波动的特点，受时间、季节、通风、气象条件等因素的影响，在同一房间不同时间、位置氡浓度有很大变化，估算剂量需要累积平均氡浓度。瞬时法测量快速、方便、可及时获得监测数据，但代表性差；目前倾向认为被动式累积测量是可测量氡浓度的较理想的方法，它能反映氡浓度的年平均值。为检测室内氡浓度，测量氡已经能满足要求，不必再测氡子体浓度。

为了用最小代价在最短时间得到比较可信的氡浓度数据，一些国家在评价室内氡水平时，常推荐两步测量方法。第一步是筛选测量，用以快速判定建筑物是否对其居住者产生高辐射的潜在危害，采用瞬时测量方法或连续测量方法；第二步是跟踪测量，用以估计对居住者的健康危险度以及对治理措施作出评价。氡连续检测方法则是筛选测量中最常使用的检测手段，它能在较短时间内给出一组氡浓度的瞬时数据，可以迅速鉴别出氡水平高的房屋，以避免把时间或经费浪费在那些对健康不构成潜在危害的住宅内。

第三节　热湿环境和空气质量的控制

一、控制要素分析

根据地下空间热湿环境和空气质量的特点，在地下空间中二氧化碳的浓度控制和温湿度控制是地下空间空气质量和热湿环境的主要控制要素。

1. 二氧化碳浓度对地下空间空气质量的影响分析

地下空间不同于地面建筑，它周围的土壤温度一年四季基本是恒定的，所以在冬季和夏季其围护结构的负荷基本恒定，只随室内温度的不同而变化；无论白天还是晚上，只要使用就要开灯，所以照明负荷基本恒定。室内的不稳定的因素是人员的变化，人员的发热量和新风负荷是空调通风系统的最大影响因素，而新风量的大小直接与地下空间人员的多少有关系，因此，要保证地下空间的空气质量，需要根据地下空间的人员的多少确定供给的新风量，保证室内空气必要的换气量，而室内空气新鲜程度可以用室内空气中二氧化碳浓度来表示。

二氧化碳是无色无味的气体，高浓度时略带酸味，密度比空气大，不助燃。正常空气中二氧化碳的含量约占0.03% ~0.04%。当地下空间具有良好的通风效果时，室内空气中二氧化碳浓度通常不会达到人体感觉不适的状态。二氧化碳作为有人体活动场所常见的污染物，当浓度达0.07%时，少数敏感的人能感到不良气味，并产生不适感。但当室内二氧化碳浓度大于1.5%时，会引起呼吸困难和呼吸频率加快、改变血液pH值、减弱人体活动能力等；当二氧化碳浓度大于3%时，会引起头痛、眩晕、恶心；当二氧化碳浓度大于6% ~8%时，可能导致昏迷和死亡。按照地下空间空气质量所确定的参数，二氧化碳浓度应不超过0.1%。

二氧化碳浓度的高低可以用来表示室内空气质量状况参数以及通风换气的效果。在有人体活动场所，二氧化碳是人体产生最多的污染物，在人体呼出的气体中它约占4%，二氧化碳的发生量与人在不同条件下活动强度有关。表2-3-11表示人在不同条件下呼出的二氧化碳量。

人在不同条件下呼出的二氧化碳量 **表2-3-11**

人的活动强度	静止	极轻	较轻	中等	重
呼出的二氧化碳量 L/(h·人)	13	22	30	46	74

除二氧化碳外，人体呼出气体中还含有很多其他的代谢废气和有害气体，人体产生的污染物浓度与所在的空间二氧化碳浓度有直接的关系。因此，可以根据二氧化碳的浓度来确定人员对室内空气环境造成的污染情况。这也是目前世界各国采用的基本方法，主要由于以下几个方面原因：

1）室内外的二氧化碳浓度易于检测；

2）二氧化碳的产生率是一个预知的数，它只与人数、人的体形和人的活动强度有关；

3）由人产生的污染物浓度与室内二氧化碳浓度有直接的关系，二氧化碳是一种理想的与人员相关污染物的参数；

4）二氧化碳性质稳定，不易与其他气体发生反应。

因此，室内二氧化碳浓度是地下空间空气质量重要控制要素，通过二氧化碳浓度控制新风量是解决室内空气质量和建筑节能的有效措施。

2. 相对湿度对地下空间热湿环境影响分析

热湿环境相关参数的控制主要通过暖通空调系统来完成。温度和相对湿度是地下空间热湿环境的主要参数，对他们进行控制不仅是保证地下空间环境舒适的要求，而且是空调通风系统经济运行、节约能源的必要措施。在地下空间，就温度和相对湿度来说，控制相对湿度更为重要，基于以下几点原因：

地下空间的特点决定了其空气的相对湿度比较大，夏季一般在75% ~90%，冬季也在70%以上，室内相对湿度大的空气，遇到温度低的表面易产生结露，结露会给地下空间建筑带来下面几种隐患：

1）壁面和顶面滴水，影响建筑使用功能，妨碍人们正常的生活工作秩序；

2）壁面和顶面或构筑物潮湿，产生霉变，滋生霉菌，破坏地下空间的卫生环境；

3）潜热耗能增加，增大空调通风系统的运行负荷，运行费用提高；

4）室内相对湿度高，造成室内环境的不舒适。

因此，通过控制手段，保持适宜的室内相对湿度，保证地下空间不结露，创造良好的工作生活环境是非常重要的。

根据美国 ASHRAE 标准 62—1999 修订版，提出了微生物污染是建筑并发症的最主要原因，而微生物生长需要水分和营养源，室内相对湿度达到 70%，将对许多微生物滋长提供充分的条件。该标准提高了对室内相对湿度的要求，规定在建筑使用期间，无论处于全负荷或部分负荷，日平均相对湿度上限值为 60%，不使用期间最大相对湿度为 70%。特别强调在非工艺需要的场合，不提倡加湿，因此不设室内相对湿度下限值。

从人体散热的基本原理，室内相对湿度适宜有利于人体散热，能够保证人的舒适性。人体散热主要由对流、辐射、导热和蒸发形式构成，导热只占总热量的很小部分。夏季人体散热主要是以汗液蒸发形式出现。在标准条件下，空气温度为 24. 3℃时，总散热量的 21% 为蒸发散热，37% 为辐射散热，42% 为对流散热。当环境温度为 28 ~29℃时，开始出汗，随着温度上升，蒸发散热量增加。当空气温度超过 34℃时，人体出汗蒸发所散发的热量成为唯一的散热方式。表 2-3-12 是在室内相对湿度 80% 时，室内温度不同人体单位面积散热量的比较。

室内温度不同人体单位面积散热量的比较　　表 2-3-12

空气温度（℃）	人体散热方式	散热量（W/m^2）	占总散热量的百分比（%）
24. 3	对流	47. 9	42
	辐射	43. 8	37
	蒸发	24. 8	21
	合计	118. 3	100
30	对流	16. 4	11. 1
	辐射	20. 05	13. 44
	蒸发	112. 84	75. 65
	合计	149. 25	100

在人体表面温度为 35℃，室内空气温度为 30℃时，根据人体蒸发散热量计算公式，可以得出人体在不同相对湿度条件下的蒸发散热量（表 2-3-13）。

人体在不同相对湿度条件下的蒸发散热量　　表 2-3-13

相对湿度（%）	人体的蒸发散热量（W/m^2）
98. 72	76. 1
90	93. 22
80	112. 84
70	132. 46
60	152. 08
50	171. 70
40	190. 88
30	210. 93

从表 2-3-13 中可以看出，在室内温度相同的情况下，相对湿度越低，人体的蒸发散热量增加，越有利于人体的散热。

采用室内气候分析仪和热舒适仪，对室内空气温度、相对湿度、空气流速、辐射等参数进行测试分析，可以得出不同温度、相对湿度、空气流速条件下的 PMV 和 PPD 指标。

不同温度、相对湿度条件下的 PMV、PPD 值 **表 2-3-14**

空气温度（℃）	相对湿度（%）	风速（m/s）	PMV	PPD（%）
30	43	0.06	0.51	10.1
	57	0.08	0.71	16.2
	72	0.06	0.83	20.3
	86	0.07	1.20	38.3
32	41	0.07	0.80	20.0
	55	0.07	1.03	28.4
	71	0.06	1.43	67.6
	85	0.07	1.90	81.4
34	43	0.06	1.17	39.1
	55	0.07	1.52	55.4
	70	0.07	2.40	87.4
	86	0.04	3.00	99.9

从表 2-3-14 中可以看出，在室内空气温度相同及室内风速基本一样的条件下，室内相对湿度越小，热环境指标越好。因此，室内相对湿度是地下空间热湿环境重要控制要素，通过除湿控制室内相对湿度是解决室内热湿环境的有效措施。

二、基于 CO_2 的空气质量控制方法

为节省能源，大多数空调系统设计为新、回风系统。管理人员为了减少运行费用，一般都将空调系统的新风阀固定为极小的开度，即几乎封闭的空调系统，因此往往在这种系统中新风量严重不足，尤其在地下空间这样封闭的环境中，如果有人员积聚很容易形成 CO_2 的污染，不符合人体的卫生健康标准，如果发生像 SARS 这样的疫情，这种系统很容易造成疾病的传播，因此，必须重视对环境中 CO_2 的浓度控制。

可以通过测量 CO_2 的浓度来检查由于室内人数增加或其他活动造成空气质量下降。设置合理的通风量不但对人员的舒适重要，也对空调系统的经济运行起重要作用。美国职业安全和健康管理局（OSHA）规定了人体对 CO_2 所能承受的最大短期暴露极限为 15min 内 30000ppm，时间加权平均暴露极限为 8h 内 5000ppm 的标准，并建议如果 CO_2 浓度超过了 800ppm，则需要增加新鲜空气的供应。

目前对空气中 CO_2 浓度的检测大多使用红外探测的原理。从 90 年代开始，硅微切削加工的热电堆已广泛应用在红外检测器领域，使其价格迅速下降，也使得 CO_2 的检测和控制变得简单了。

1. CO_2 探测仪

CO_2 探测仪分为手持式和固定安装式。手持式是 CO_2 传感器与检测仪一体结构，适用

于检测人员可进入现场的地方，如试验室、温室、种植房、工业现场的安全检查等；固定安装式 CO_2 传感器安装在需要检测并且人员不方便进入的现场，检测仪安装在人员方便监视的地方，用导线将 CO_2 信号接入检测仪，如空调系统中的回风管道以及有其它有害气体的场合。固定式安装还有另外一种方式，即 CO_2 传感器送出的信号用导线输送至楼宇控制系统中的直接数字控制器（简称 DDC 控制器），由控制系统完成数据采集和控制，中央计算机上可显示 CO_2 数值。

2. 探测点的选定原则

任何参数的检测都需要有一个合理的探测地点，如果这个探测地点选择不合理，就会造成检测的数据不准确，严重时会影响控制系统的动作，造成系统失调或震荡。检测 CO_2 主要是为了保证人员的卫生安全和身体健康，因此探测点的选择应具有代表性。在空调新回风系统中，对于会议室、多功能厅、敞开式办公室等人员聚集较多的场合，CO_2 传感器应安置在靠近以上区域的空调系统回风管道上（图 2-3-1）。在新风机组加风机盘管系统中，CO_2 传感器应安置在某一个典型的风机盘管区域，例如某一区域人员较多、工作时间较长。尤其是空调系统为变风量系统时更应注意选定有代表性的地点。

CO_2 传感器的安装地点选定之后，应对系统中 CO_2 传感器浓度显示值与实际使用空间的浓度值进行修正。修正的原则为：根据使用空间的面积大小选定 CO_2 浓度测点的数量，测点数量为 1 到 5 个，各测点的平均值作为使用空间的 CO_2 浓度，对所设定点的 CO_2 浓度显示值进行修正。

CO_2 浓度测定的数量和位置的布置原则如下：使用空间的面积 $16m^2$ 以下设中央一点；$16\sim30m^2$ 设 2 个测点（对角线三等分，其中 2 个等分点为测点）；$30\sim60m^2$ 设 3 个测点（对角线四等分，其中 3 个等分点为测点）；$60m^2$ 以上设 5 个测点（对角线上梅花点为测点）。测点离地面高度为 1.2m，离开墙壁不小于 0.5m。

3. 控制方案

CO_2 气体浓度控制应用于新回风空调机组和新风机组加风机盘管系统，其控制方案如图 2-3-1 和图 2-3-2 所示。

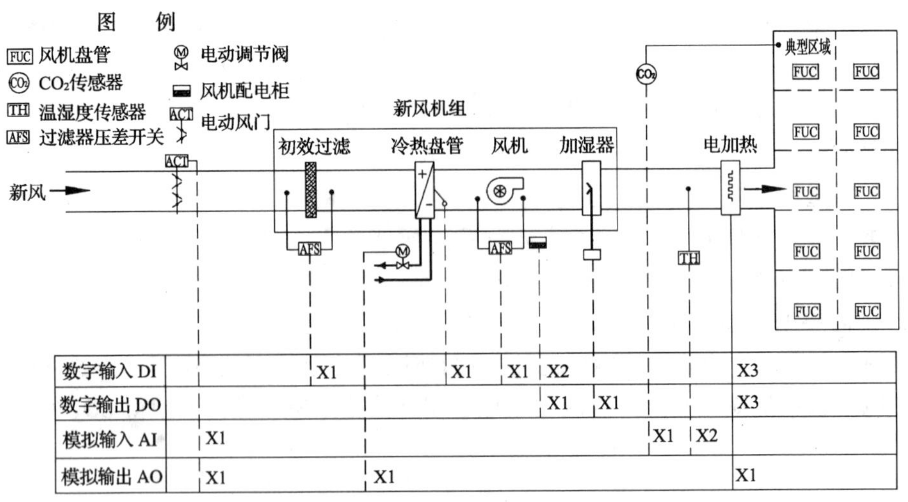

图 2-3-1 新风机组加风机盘管系统控制原理图

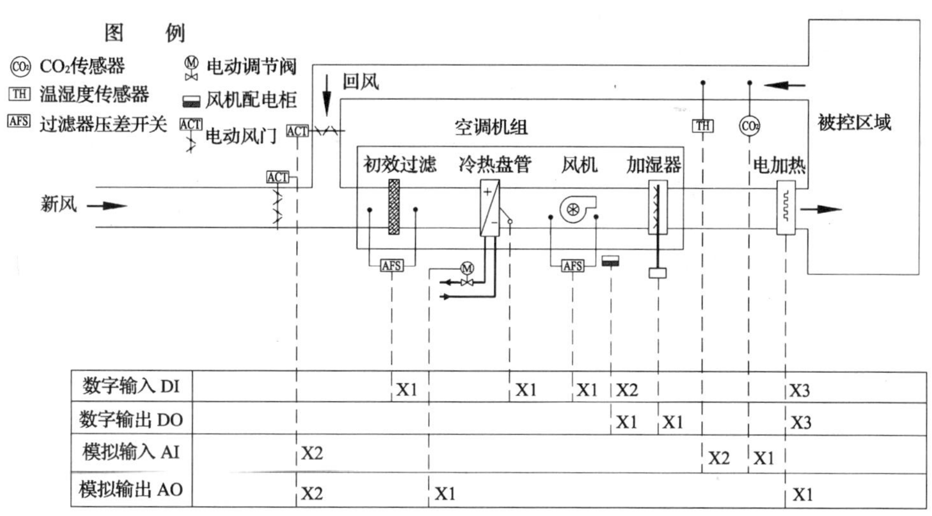

图 2-3-2　空调新回风系统控制原理图

根据设置在回风管道或典型区域的 CO_2 气体传感器的值与设定值相比较，一般设定值为 800ppm，当感测到的 CO_2 水平超过了设定值，则加大新风阀的开度，补充新风量，减小回风阀开度，使新、回风阀开度相加总是等于 100%，并应设置最小新、回风阀开度限制，防止在调节过程中关死风阀。

三、湿度控制方法

人体的舒适程度不仅取决于环境温度，还取决于环境的相对湿度，即通常人们所说的湿度。在地下空间中往往湿气较大，有必要采取湿度控制措施。

1. 探测点的选定原则

探测点位置的选择原则是应能真实地反应检测的环境状态，同时又使传感器的电子元器件工作在其正常的工作范围内。

新风机组加风机盘管系统的湿度探测点一般选择在送风干管上，并且离开加湿器一段距离，这样可改变湿度调节系统的滞后时间，避免湿度控制系统产生震荡，其余设置原则同新回风系统。湿度探测器的位置见图 2-3-1。

空调新回风系统的湿度探测点一般选择在回风干管内靠近被测区域的位置，如果系统有若干个被控区域，不要将探测器安装在若干个区域的回风支管上。回风干管内的湿度值代表了整个被控区域湿度平均值。如果在若干个被控区域中某个区域特别重要，也可以将探测器安装在其回风支管上，但不能兼顾其他区域的湿度控制。湿度探测器的位置见图 2-3-2。

湿度探测器的安装要注意容易结露的环境，在这种情况下要注意探测器安装方向，要水平安装以免水珠沿探头下滴使湿度探头的过滤器饱和。如果探测器安装的位置压力与周围环境的压力差别很大，则需采用密封的探头。

2. 控制方案

相对湿度与温度是密切相关的，如果温度控制产生问题，必然会对相对湿度产生影响。因此在讨论湿度的控制方案时，必须要对温度进行控制，并且冷水供回温度要达到

7～12℃，否则会影响温湿度控制效果。

（1）夏季湿度优先控制

当各区域回（排）风湿度≥湿度最高极限值时，冷盘管水阀为湿度 PID 控制。根据回（排）风湿度与设定值的差，PID 调节冷水阀；或采用露点除湿方法，根据露点温度与设定值的差，PID 调节冷水阀，达到降温除湿目的。

当回（排）风湿度≤湿度最高极限值时，冷盘管水阀为温度 PID 控制。根据回（排）风温度与设定值的差，PID 调节冷水阀，以稳定区域温度。

（2）夏季温度控制

根据回（排）风温度值与设定值的差，对电加热进行 PID 控制，以补充因除湿而降低的温度，使被控区域的温度保持恒定。

（3）冬季温度控制

根据回（排）风温度值与设定值的差，对热盘管水阀进行 PID 控制，使被控区域的温度保持恒定。

（4）冬季湿度控制

根据使用加湿设备的不同，对其进行不同的控制。

蒸气加湿——对蒸气加湿设备的启停进行开关控制。根据回（排）风湿度值与设定值的差，对蒸气加湿阀进行 PID 控制，使湿度保持在设定范围内。

湿膜加湿——根据回（排）风湿度值与设定值的差，对湿膜加湿阀进行 PID 控制，使湿度保持在设定范围内。

超声波加湿——对超声波加湿设备的启停进行开关控制。根据回（排）风湿度值与设定值的差，对超声波加湿阀进行 PID 控制，使湿度保持在设定范围内。

参 考 文 献

1 忻尚杰，程宝义，朱培根．影响室内空气品质的挥发性有机物特性及其定量评估．2000 港宁空调技术及设计研讨会论文集

2 忻尚杰，程宝义，朱培根．影响地下建筑内空气品质的 VOC 特性与评估．防护工程（3），1999

3 忻尚杰，程宝义，杨纯华，朱培根．国外地下空间内部环境保障技术．首届全国人防工程内部环境与设备学术研讨会论文集

4 忻尚杰．人防工程内氡及其子体水平的实际分布现状，首届全国人防工程内部环境与设备学术研讨会论文集

5 忻尚杰，程宝义，杨纯华，朱培根．我国人防工程内部环境品质现状及对策．首届全国人防工程内部环境与设备学术研讨会论文集

6 耿世彬．人防工程内部空气有害物及其健康影响．首届全国人防工程内部环境与设备学术研讨会论文集

7 耿世彬，程宝义，郭海林．地下工程空气环境质量调查．全国暖通空调制冷 2000 年学术年会论文集

8 崔九思主编．室内空气污染检测方法．北京：化学工业出版社，2002

9 吕崇德主编．热工参数测量与处理．第 2 版．北京：清华大学出版社，2001

10 方修睦主编．建筑环境测试技术．北京：中国建筑工业出版社，2002

11 王喜元主编．民用建筑工程室内环境污染控制规范辅导教材．北京：中国计划出版社，2002

12 王智伟，杨振耀主编. 建筑环境与设备工程实验及测试技术. 北京：科学出版社，2004
13 中华人民共和国国家标准《空气质量 一氧化碳的测定非分散红外法》(GB/T 9801)
14 中华人民共和国国家标准《居住区大气中苯、甲苯和二甲苯卫生检验标准方法 气相色谱法》(GB/T 11737)
15 中华人民共和国国家标准《居住区大气中二氧化氮检验标准方法 改进的 Saltzaman 法》(GB 12372)
16 中华人民共和国国家标准《环境空气中氡的标准检测方法》(GB/T 14582)
17 中华人民共和国国家标准《空气质量 氨的测定 纳氏试剂比色法》(GB/T 14668)
18 中华人民共和国国家标准《空气质量 氨的测定 离子选择电极法》(GB/T 14669)
19 中华人民共和国国家标准《空气质量 甲苯、二甲苯、苯乙烯的测定 气相色谱法》(GB/T 14677)
20 中华人民共和国国家标准《空气质量 氨的测定 次氯酸钠-水杨酸分光光度法》(GB/T 14679)
21 中华人民共和国国家标准《环境空气 二氧化硫的测定 甲醛吸收-副玫瑰苯胺分光光度法》(GB/T 15262)
22 中华人民共和国国家标准《环境空气 二氧化氮的测定 Saltzaman 法》(GB/T 15435)
23 中华人民共和国国家标准《环境空气 臭氧的测定 靛蓝二磺酸钠分光光度法》(GB/T 15437)
24 中华人民共和国国家标准《环境空气 臭氧的测定 紫外光度法》(GB/T 15438)
25 中华人民共和国国家标准《环境空气 苯并〔a〕测定 高效液相色谱法》(GB/T 15439)
26 中华人民共和国国家标准《空气质量 甲醛的测定 乙醛丙酮分光广度法》(GB/T 15516)
27 中华人民共和国国家标准《居住区大气中二氧化硫卫生检验标准方法 甲醛溶液吸收-盐酸副玫瑰苯胺分光度法》(GB/T 16128)
28 中华人民共和国国家标准《居住区大气中甲醛卫生检验标准方法 分光光度法》(GB/T 16129)
29 中华人民共和国国家标准《空气中氡浓度的闪烁瓶检测方法》(GB/T 16147)
30 中华人民共和国国家标准《室内空气中可吸入颗粒物卫生标准》(GB/T 17095)
31 中华人民共和国国家标准《公共场所空气温度测定方法》(GB/T 18204. 13)
32 中华人民共和国国家标准《公共场所空气湿度测定方法》(GB/T 18204. 14)
33 中华人民共和国国家标准《公共场所风速测定方法》(GB/T 18204. 15)
34 中华人民共和国国家标准《公共场所室内新风量测定方法》(GB/T 18204. 18)
35 中华人民共和国国家标准《公共场所空气中一氧化碳测定方法》(GB/T 18204. 23)
36 中华人民共和国国家标准《公共场所空气中二氧化碳测定方法》(GB/T 18204. 24)
37 中华人民共和国国家标准《公共场所空气中氨测定方法》(GB/T 18204. 25)
38 中华人民共和国国家标准《公共场所空气中甲醛测定方法》(GB/T 18204. 26)
39 中华人民共和国国家标准《公共场所空气中臭氧测定方法》(GB/T 18204. 27)
40 中华人民共和国国家标准《室内空气质量标准》(GB/T 18883)

第三篇

地下空间人员疏散性能化设计技术

第一章　地下空间开发中的防火设计

随着城市建设和科学技术的发展，为了解决城市用地日趋紧张的矛盾，地下空间的开发和利用成为城市发展的重点。国内外的资料表明，地下空间的利用主要集中在地下交通和地下商业设施的开发两个方面。自1963年第一条地铁在英国伦敦的建成投入使用至今，不仅出现了地下铁道、地下商业街和各种地下场所，还出现了像加拿大蒙特利尔、多伦多等城市所形成的“地下城”。近年来，我国地下空间的开发利用也呈上升趋势，除了地下人防工程的平战结合开发利用外，城市地下铁路、地下停车场、地下公路、地下商业街的开发在各大城市发展迅速。地下空间的合理开发利用为解决城市的生存危机提供了一条有效的途径，同时地下空间的内部灾害的防护问题，尤其是防火安全问题，成为地下空间开发利用的重要研究内容。

第一节　地下空间火灾的特点

一、地下火灾的起因

大量地下火灾的调查分析表明，地下空间发生火灾的原因主要有电气故障、违章操作、用火不慎以及防火系统不健全等。

1．电气火灾

地下建筑采光主要依赖于人工照明，一般都配置大量通风和空气调节设备，因此电气设备多、用电负荷大。如果电气设计不合理，采用不合格的电线电缆和接插件，甚至私搭乱接，很容易引起电线电缆短路、用电设备过热，引燃临近的可燃物而发生火灾。如江西省南昌市福山地下贸易中心就是由于荧光灯镇流器漆包线短路产生高温，烧到连接镇流器的胶质电线和覆盖在上面的可燃物而蔓延成灾，火灾烧毁家电、服装、百货等摊位几百个，过火面积达5000m^2。

2．违章操作

各种危险品存储不当、随意改变电气线路以及违反其他安全生产和管理规定等在地下火灾中占了很大比例。如西安市国营红安公司的一次地下橡胶库火灾，就是由于在加固库房的施工过程中违章使用电焊，火花从打开的楼板孔洞落到存放地下橡胶库内的海绵胶板上引起的。这场火灾燃烧了5个昼夜，时间长达103个小时。

3．用火不慎

地下商场、地下旅馆、地下歌舞厅、地下剧院等场所人员密集，商品、摆设、装修等可燃物较多且分布广泛。如果用火管理不善，如随处抽烟、随意丢弃烟头、使用电炉等，很容易引起火灾，并导致大面积蔓延。

4．消防系统不健全

大量的火灾案例表明，消防系统不完备或消防系统管理维护不当，导致火灾时不能及时报警；消火栓或自动喷水灭火系统没有水，防火卷帘不能有效降落；应急照明时间或亮度不够，都是小火演变成火灾，最终造成重大火灾损失的重要原因。

5. 其他原因

人为纵火、自燃、隧道内车辆相撞等其他原因也是导致地下空间内发生火灾的因素。虽然这类火灾发生的频率不一定很高，但是往往也会造成重大人员伤亡或财产损失。如上海浦江隧道的一次火灾，就是因为大轿车通过隧道时汽车轮胎将路面上的一根铁条压得翘起，铁条将油箱桶破而引起火灾。火灾发生时，火势非常迅猛，人员来不及逃生，结果造成 5 人死亡，19 人受伤的严重后果。

二、地下空间火灾的危害

地下建筑与地上建筑相比具有密封性好、出入口少、通风和照明条件差的特点，这些特点使得地下空间发生火灾时危害更大。

1. 高温的危害

由于地下建筑密封性好、出入口少，发生火灾时室内热量不宜排出且散热困难，这使得环境温度很高。起火房间内温度可达 800～900℃，火源附近温度往往高达 1000℃以上。在高温的长时间作用下，混凝土容易产生爆裂，使得结构变形甚至坍塌。高温也使得可燃物较多的地下建筑内发生轰然，导致火灾大面积蔓延。另外，高温可对地下建筑内的人员产生灼伤甚至导致死亡，研究表明人在空气温度达 150℃的环境中只能生存 5min。

2. 缺氧和中毒

由于地下建筑直接对外的门窗洞口或其他开口较少，通风和排烟条件差，因此火灾时容易生成大量的烟气且烟气滞留在地下建筑内不易排出。地下建筑火灾在燃烧过程中氧气大量消耗，如果通风不好，空气中的氧含量急剧下降，一氧化碳含量增加，容易导致人员窒息或中毒死亡。另外，许多可燃的商品、家具和装修材料在燃烧时会产生大量有毒气体，刺激人的呼吸系统和神经系统，最终导致人员伤亡。

3. 疏散困难

在任何一个建筑空间中发生火灾，都直接危及到其中人员的生命安全，在地下空间中更为严重。火灾对人的危害主要通过四种效应，即烧伤、窒息、中毒和高温热辐射。除此之外，在地下空间中火灾对人影响还表现在以下几个方面：① 能见度低，逃离火场困难。地下设施采光通风条件差，火灾时烟雾多，如果停电后照明无保障，很难顺利逃离火灾现场，找到疏散出口。② 容易使人失去方向感。在封闭的室内空间中，如果通道布置不合理、缺乏空间位置的标志物，容易使人失去方向感。特别是那些大量进入地下商业空间但对内部布置情况不太熟悉的人群，迷路是经常发生的。如果发生火灾，心理上的恐慌程度和行动上的混乱程度要比在地面建筑中严重得多，并且内部空间越大，布置越复杂，这种危险就越大。③ 地下空间处于城市地面高程以下，人从楼层中向室外的行走方向与在地面建筑中正相反，这就使得从地下空间到开敞的地面空间的疏散和避难都要有一个垂直上行的过程，比下行要消耗体力，从而影响人员的疏散速度。同时，自下而上的疏散路线，与内部的烟和热气流自然流动的方向一致，因而人员的疏散必须在烟和热气流的扩散速度超过步行速度之前进行完毕，因此给人员疏散造成很大困难。

4. 火灾救援困难

首先，地下结构中的钢筋网及周围的土或岩石对电磁波有一定的屏蔽作用，妨碍内外信息交流。外部救援人员不容易掌握内部火灾情况，实施救援比较困难。其次，地下空间火灾烟气蔓延迅速，火灾影响范围广，救援人员很难确定真正的火源位置，且很多适用于地上建筑火灾救援的设备和工具，在地下建筑的火灾救援中无法发挥作用。另外，灭火人员为了自身安全，需配戴空气或氧气呼吸器，同时携带一些灭火器材。由于负重大，通道狭窄，难以接近火源，使灭火剂很难有效地喷洒到燃烧物上，从而影响火灾的扑救。

三、地下空间防火设计特点

由于地下空间具有上述的火灾特点，因此在进行地下空间的防火设计中应该具有比地面建筑更高的防火安全等级和内部消防自救能力，重点表现在以下几个方面。

1. 火灾的早期探测和报警

在建筑防火设计中，火灾的探测和报警功能是由火灾自动报警系统来完成的。根据被保护建筑规模的大小，火灾自动报警系统可分为区域报警系统、集中报警系统和控制中心报警三类。这些系统通常都包含火灾探测与报警、报警信息处理和联动控制三大功能。其中，火灾探测与报警由火灾探测器完成，火灾探测器相当于火灾自动报警系统的触觉，不断地监测被保护区域的火灾信息，并把感知到的火灾信息发送到报警信息处理单元；报警信息处理单元就像火灾自动报警系统的大脑，对接受到的火灾报警信号进行分析处理，去伪存真，并根据处理结果给联动控制器发出控制信号；联动控制器相当于火灾自动报警系统的手臂，由它来控制其他消防系统，包括警报装置、事故广播、应急照明、防火卷帘和灭火系统等。火灾自动报警系统各功能单元的协调工作为发现火灾和尽快扑灭火灾发挥了重要作用。

对于地下空间来说，火灾的早期探测和报警显得尤为重要，对于及时进行人员疏散、控制火灾规模和减少财产损失具有非常重要的作用。因此，在地下空间的火灾报警系统设计中应适当增加投资，选择高可靠性、高灵敏度的探测器，或者多种探测器组合使用，加强日常维护，使得火灾的漏报率为零。

2. 控制火灾规模及其蔓延范围

在建筑防火设计中，通常采用限制火灾荷载、划分防火分区和设置自动灭火系统等措施控制火灾的规模，防止火灾大面积的蔓延。控制火灾的规模及其蔓延的范围，对于减小火灾造成的财产损失，减小火灾对人员疏散的影响等具有重要意义，同时也有利于火灾的救援。

在地下空间内，一旦发生火灾应该能够将火灾的影响控制在尽可能小的范围内。一方面应该尽量限制可燃物的数量、避免存放易燃物；其次，对于存储可燃物较多的场所，应做好防火分区的划分和防火分隔措施，配置必要的灭火系统和设备。另外，在平面布置中，主要的火灾源应远离人员密集场所，一旦发生火灾不应影响人员疏散的主要通道。

3. 人员疏散设计

地下建筑火灾具有更大的危害性，特别是对人员的生命安全威胁较大。因此，人员疏散设计的研究应该是地下空间防火设计的首要内容。从以上的分析可以看出，人员疏散不是一个孤立的问题，它不仅与疏散出口的数量、疏散宽度以及疏散距离等因素有关，而且涉及到火灾时烟气的运动、烟气对人的危害、防排烟系统以及火灾自动报警系统等多方面的内容。

地下空间的疏散设计更应该注重人流疏散路线的合理组织，而不能只局限于疏散宽度和疏散距离等简单的设计指标上。应综合分析不同火灾位置的情况下，疏散线路、疏散通道、疏散出口的合理配置，避免出现局部拥堵。同时，应结合人们日常疏散的行为特点、事故广播和其他疏散诱导系统，在有限的疏散出口和疏散宽度的条件下，设计出合理高效的疏散系统。

4．火灾救援

由于地下空间火灾外部救援实施困难，因此应加强内部自救措施。首先，内部自救主要依靠内部安全管理和值班人员，同时应发挥内部其他工作人员的作用，特别是对于人员数量较多规模较大的地下建筑内应有一支训练有素的专业义务消防队；其次，消防值班人员应该对地下建筑内的布局和主要通道非常熟悉，了解各消防设施的位置及使用方法；另外，要制定不同火灾情况下的火灾确认、人员疏散和灭火救援的应急预案；最后，应加强日常的消防演练，减少人们对地下火灾的恐惧心理，避免出现人流的混乱。

尽管在地下空间火灾中实施外部救援比较困难，但是外部救援还是非常必要的。所以，合理地设计地下建筑消防监控中心的位置和救援通道也是非常重要的。

第二节　现行地下空间防火设计方法

目前，我国与地下空间防火设计有关的规范包括：《建筑设计防火规范》（GBJ 16—87），简称《建规》；《高层民用建筑设计防火规范》（GB 50045—95）简称《高规》；《汽车库、修车库、停车场设计防火规范》（GB 50067—97）；《人民防空工程设计防火规范》（GBJ 98—87）；《地下铁道设计规范》（GB 50157—92）、《公路隧道通风照明设计规范》（JTJ 026. 1—1999）。通过对上述规范相关条文的整理，可将有关地下空间防火设计的方法归纳如下。

一、一般规定

1）托儿所、幼儿园的儿童用房及儿童游乐厅等儿童活动场所和医院、疗养院的住院部分不应设置在地下、半地下建筑内。

2）歌舞厅、录像厅、夜总会、放映厅、卡拉 OK 厅（含具有卡拉 OK 功能的餐厅）、游艺厅（含电子游艺厅）、桑拿浴室（除洗浴部分外）、网吧等歌舞娱乐放映游艺场所不应设在地下二层及二层以下，当设在地下一层时，地下一层地面与室外出入口地坪的高度差不应大于 10m。

3）地下商场的营业厅不宜设在地下三层及三层以下，且不应经营和储存火灾危险性为甲、乙类储存物品属性的商品。

4）地铁地下车站站厅乘客疏散区、站台及疏散通道内不得设置商业场所。站厅及与地铁相联开发的地下商业等公共场所的防火灾设计，应符合民用建筑设计防火规范的规定。

二、防火分区

1）地下、半地下建筑内的防火分区间应采用防火墙分隔，每个防火分区的面积不应大于500m^2。当设置自动灭火系统时，每个防火分区的最大允许建筑面积可增加到1000m^2。局部设置时，增加面积应按该局部面积的一倍计算。

2）地下商店当设置火灾自动报警系统和自动喷水灭火系统，且建筑装修符合现行国家标准《建筑内部装修设计防火规范》（GB 50222—95）时，其营业厅每个防火分区的最大允许建筑面积可增加到2000m^2。当地下商店总建筑面积大于20000m^2时，应采用防火墙进行分隔，且防火墙上不得开设门窗洞口。

3）电影院、礼堂的观众厅，防火分区允许最大建筑面积不应大于1000m^2。当设置有火灾自动报警系统和自动喷水灭火系统时，其允许最大建筑面积不得增加。

4）人防工程内的商业营业厅、展览厅等，当设置有火灾自动报警系统和自动灭火系统，且采用A级装修材料装修时，防火分区允许最大建筑面积不应大于2000m^2。

5）地铁地下车站站台和站厅乘客疏散区应划为一个防火分区，其他部位的防火分区的最大允许面积不应大于1500m^2。

三、防排烟

1）地下商场、地铁地下车站的站厅和站台以及地下区间隧道应设防烟、排烟设施。

2）下列部位应设置机械加压送风防烟设施：① 防烟楼梯间及其前室或合用前室；② 避难走道的前室。

3）下列部位应设置机械排烟设施：① 建筑面积大于50m^2，且经常有人停留或可燃物较多的房间；② 总长度大于20m的疏散走道；③ 电影放映间、舞台等；④ 除利用窗井等开窗进行自然排烟的房间外，各房间总面积超过200 m^2的地下室；⑤ 面积超过2000m^2的地下汽车库。

4）需设置排烟设施的部位，应划分防烟分区。每个防烟分区的建筑面积不应大于500m^2。但当从室内地坪至顶棚或顶板的高度在6m以上时，可不受此限。地铁地下车站站厅、站台的防火分区应划分防烟分区，每个防烟分区的建筑面积不宜超过750m^2。设有机械排烟系统的汽车库，其每个防烟分区的建筑面积不宜超过2000 m^2。

5）防烟楼梯间送风余压值不应小于50Pa，前室或合用前室送风余压值不应小于25Pa。防烟楼梯间的机械加压送风量不应小于25000m^3/h。当防烟楼梯间与前室或合用前室分别送风时，防烟楼梯间的送风量不应小于16000m^3/h，前室或合用前室的送风量不应小于12000m^3/h。

6）设置机械排烟设施的部位，其排烟风机的风量应符合下列规定：担负一个防烟分区排烟时，应按每平方米面积不小于60m^3/ h计算（单台风机最小排烟量不应小于7200m^3/h）；负担两个或两个以上防烟分区排烟时，应按最大防烟分区面积每平方米不小于120m^3/h计算。中庭体积小于17000m^3时，其排烟量按其体积的6次/h换气计算；中庭体积大于7000m^3时，其排烟量按其体积的4次/h换气计算；但最小排烟量不应小于102000m^3/h。地下汽车库机械排烟系统排烟风机的排烟量应按换气次数不小于6次/h计算确定。

四、火灾报警与灭火

1．火灾自动报警系统的设置部位

1）建筑面积大于500m^2 的地下商店、公共娱乐场所和小型体育场所；

2）设置在地下、半地下的歌舞娱乐放映游艺场所；

3）经常有人停留或可燃物较多的地下室，建筑面积大于1000m^2的丙、丁类生产车间和丙、丁类物品库房；

4）重要的通信机房和电子计算机机房，柴油发电机房和变配电室，重要的实验室和图书、资料、档案库房等；

5）地铁车站、区间隧道、控制中心楼、车辆段、停车场、主变电所；

6）地下车库。

2．自动喷水灭火系统的设置部位

1）建筑面积大于500m^2的地下商店；

2）大于800个座位的电影院和礼堂的观众厅；

3）歌舞娱乐放映游艺场所；

4）停车数量超过10辆的地下停车场。

五、安全疏散

1．疏散出口

1）地下、半地下建筑每个防火分区的安全出口数目不应少于两个。但面积不超过50m^2，且人数不超过10人时可设一个。地下、半地下建筑有两个或两个以上防火分区相邻布置时，每个防火分区可利用防火墙上一个通向相邻分区的防火门作为第二安全出口，但每个防火分区必须有一个直通室外的安全出口。人数不超过30人且面积不超过500m^2的地下室、半地下室，其垂直金属梯可作为第二安全出口。

2）地下室或半地下室与地上层不应共用楼梯间，当必须公用楼梯间时，应在首层与地下层或半地下层的出入口处，设置耐火极限不低于2.00h的隔墙和乙级防火门隔开，并应有明显标志。

3）地下商店和设有歌舞娱乐放映游艺场所的地下建筑，当其地下层数为三层及三层以上，以及地下层数为一层或二层且其室内地面与室外出入口地坪高差大于10m时，均应设置防烟楼梯间；其他的地下商店和设有歌舞娱乐放映游艺场所的地下建筑可设置封闭楼梯间，其楼梯间的门应采用不低于乙级的防火门。

4）歌舞娱乐放映游艺场所不应布置在袋形走道的两侧或尽端，一个厅、室的疏散出口不应少于两个，当其建筑面积不大于50m^2时，可设置一个疏散出口。

5）当人防工程设置直通室外的安全出口的数量和位置受条件限制时，可设置避难走道。避难走道是设置有防烟等设施，用于人员安全通行至室外出口的疏散走道。

2．疏散计算指标

1）歌舞娱乐放映游艺场所最大容纳人数，应按该场所建筑面积乘以人员密度指标来计算，其密度指标应按下列规定确定：录像厅、放映厅人员密度指标为1.0人/m^2；②其他歌舞娱乐放映游艺场所人员密度指标为0.5人/m^2。

2）地下商店营业部分疏散人数，可按每层营业厅和为顾客服务用房的使用面积之和乘以人员密度指标来计算，其人员密度指标应按下列规定确定：① 地下第一层，人员密度指标为 0.85 人/m^2；② 地下第二层，人员密度指标为 0.80 人/m^2。

3）地铁出口楼梯和疏散通道的宽度，应保证在远期高峰小时流量时，发生火灾的情况下，6min 内将一列车乘客和站台上候车的乘客及工作人员全部撤离站台。供人员疏散时使用的楼梯及自动扶梯，其疏散能力均按正常情况下的 90% 计算。

第三节　地下空间防火设计面临的问题

目前建筑防火设计中普遍采用的建筑设计防火规范，是长期以来人们与火灾斗争过程中总结出来的防火灭火经验的体现，同时也综合考虑了制定规范时的科技水平、社会经济水平以及国外的相关经验。因此，建筑防火设计规范，在规范建筑物的防火设计、减少火灾造成的损失方面起到了重要的作用。但是，随着建筑行业的发展，当前的建筑防火设计面临着越来越多的挑战。这些挑战一方面来自规范本身的局限性，另一方面来自建筑发展过程中出现的新问题。

一、规范的局限性

规范中的一些内容来自于经验或参考了国外的做法，但是缺乏科学的定量的论据。《高规》第 8.4.2 条规定设置机械排烟设施的部位，其排烟风机的风量应符合下列规定：担负一个防烟分区排烟或净空高度大于 6.00m 的不划防烟分区的房间时，应按每平方米面积不小于 60m^3/h 计算（单台风机最小排烟量不应小于 7200m^3/h）。负担两个或两个以上防烟分区排烟时，应按最大防烟分区面积每平方米不小于 120m^3/h 计算。根据该规定，排烟风机的风量则与防烟分区的面积大小成正比。在通常的防火设计中，常常结合建筑结构的梁进行防烟分区的划分，当梁间网格为 15m × 15m 时，排烟风机的风量可为 13500m^3/h。对于普通办公建筑和可燃物聚集的商业建筑都采用相同的指标来确定排烟量显然不合适，而且防烟分区过小可能不能有效地控制烟气的蔓延从而给人员疏散造成威胁。

多数规范都要求地下建筑每个防火分区的安全出口数目不应少于两个，其目的是为了保证火灾时，一条疏散通道被堵人们可以利用另一条逃生。而在实际设计中，由于管理或功能上的需要将一个防火分区分成多个不同的功能分区，每个功能分区有一个疏散出口，但不能保证任何区域的人都有两条疏散路线。

二、规范的可选择性

目前，《建规》和《高规》是防火设计中通用的设计规范，其他建筑设计规范的防火设计部分很多都是参照这两部规范提出的。这两部规范中关于地下空间建筑的防火设计主要是针对地上建筑的地下附属部分提出的，主要涉及地下商店、文化娱乐设施等，地下车库的设计主要参考《汽车库、修车库、停车场设计防火规范》。除此之外，《地下铁道设计规范》和《公路隧道通风照明设计规范》中也有部分关于地下空间防火设计的规定。这些关于地下建筑防火设计的规定还比较分散，内容不够全面，没有形成系统化的规范。当前唯一一部针对地下建筑的防火设计规范是《人民防空工程设计防火规范》，而《人民防空工程设计防火规范》是针对特定的人防工程提出的，不一定完全适用于当前城市地下空间开发的需要。所以，在当前的地下空间建筑防火设计中可能会遇到多种规范互相参照的情况。这一方面使得人们难以对地下建筑防火设计建立起系统化的概念，同时可能会因为相互之间的不一致或不同的理解而难以取舍。

三、经济性与有效性

我国的建筑防火设计都是按照现行的指令性的设计规范进行的。由于指令性的防火设计规范不可能考虑到各个建筑的具体功能和使用情况，因此严格按照指令性规范设计，有时会使得建筑物原有的设计功能无法实现；有时会使得建筑物的安全等级过高，造成不必要的浪费；有时甚至会达不到应有的安全水平。

在我国目前的防火设计规范中，疏散、防排烟、灭火等子系统一般都是分专业独立进行设计，而每个子系统都必须严格满足相应的指令性的条文。而实际上这些子系统是相互影响、密切相关的一个整体，因此独立设计的各个子系统很难做到整体的高效性和经济性。

四、地下建筑的特殊性

我国地下空间的开发利用包括两个方面，一方面是对原有的地下空间的开发利用，例如对一些解放初期建造的废弃的人防工程的利用；另一方面是新建的地下空间的开发利用，例如新建建筑地下空间部分的开发利用，或绿地广场地下空间的开发利用。对于原有的一些地下空间建筑，由于建造时还没有出台相应的防火设计法规，因此防火设计方面不完善，而完全按照现行防火设计法规进行改造利用，又不太现实；对于新建的地下空间的开发，由于受到地面规划、园林绿化、道路及各种市政管线的限制，设计中不可能像地上建筑一样有更大的自由度，因此在防火设计方面常常在某些方面不能达到防火设计规范的要求，同时也暴露出在地下建筑防火设计方面法规的发展滞后于市场发展的问题。

针对当前地下空间防火设计中面临的上述问题，有以下几种解决途径：① 是开展针对地下空间建筑火灾的研究，建立一套地下空间建筑的建筑设计防火规范体系；② 是以现有防火设计规范为依据，针对具体的问题组织专家论证会对提出的设计方案进行评议，以专家论证会的意见作为设计依据；③ 是引入新的设计理念。途径①是最理想的解决途径，一般来说实现的周期较长，难以满足当前地下空间开发利用的迫切需要。途径②通常是解决超规范或规范未涵盖的防火设计问题的主要解决途径，但是由于我国地下空间建筑的开发利用正处在研究阶段，其防火设计还缺乏统一的指导思想，专家们仁者见仁、智者见智，有时很难达成统一意见。途径③是引进并吸收国内外先进的设计理念，主要是基于性能的防火设计理念，从防火设计的安全目标和功能要求出发进行地下空间建筑的防火设计。基于性能的防火设计在发达国家已有几十年的发展历史，并建立了性能化设计规范和设计指南。在我国尽管在该领域进行了多年的研究，但是目前还没有颁布相关规范或设计指南，所以性能化设计和专家论证相结合应该是解决当前地下空间防火设计的有效途径。

第二章　性能化防火设计方法

第一节　性能化防火设计的概念

一、性能化防火设计的定义

“性能化设计”源于英文词汇“performance-based design”，而传统的设计方法称为“prescriptive design”，即“处方式”或“指令性”设计方法。性能化的防火设计方法是20世纪80年代中期提出的。到目前为止，性能化的防火设计方法在国际上已受到了广泛的关注，其中英国、日本、澳大利亚、加拿大、芬兰、新西兰、美国等国在这一领域发展比较迅速。由于各国性能化设计的内容、程序和方法不尽相同，所以目前性能化设计还没有一个统一的定义。一般认为，性能化设计是建立在火灾科学和消防工程学基础之上的，运用消防工程学的原理和方法，根据建筑物的结构、用途、内部可燃物等方面的具体情况，对建筑物的火灾危险性和危害性进行定量的分析和评估，从而得出适合具体建筑的优化的防火设计方案，为建筑物提供足够的安全保障的工程方法。简单地讲，就是以某一（或某些）安全目标为设计目标，基于综合安全性能分析和评估的一种工程方法。

性能化的防火设计是建立在火灾科学和消防工程学基础之上的，通过对火灾科学和消防工程的定义可以对性能化设计有更深入的理解。在21世纪学科发展丛书《降伏火魔之术》中，对火灾科学和消防工程有如下的定义：“火灾科学与消防工程是一门以火灾发生与发展规律和火灾预防与扑救技术为研究对象的新兴综合性学科，是综合反映火灾防治科学技术的知识体系。火灾科学是反映火灾发生与发展规律的知识，如物质的燃烧与爆炸机理、火焰的化学反应机理、燃烧抑制与灭火机理、烟气的生成及其毒性，以及火灾的发展、蔓延与控制等，这是本学科的基础理论部分。消防工程是反映应用科学与工程原理的防止火灾的知识，如对火灾危险性、危害性的分析评估、火灾模化、性能化设计、性能化规范、建筑防火技术、火灾探测报警技术、自动灭火技术、阻燃与耐火技术、防火装备技术、火灾原因鉴定技术、火场通信指挥技术，以及人在火灾中的反应（体能的、心理的和生理的）等，这是本学科的应用基础理论和应用技术部分。”

从上面可以看出，火灾科学和消防工程是一个综合性的学科，性能化防火设计是建立在该学科基础之上的一种应用技术。

二、性能化防火设计的特点

1．性能化防火设计是基于目标的设计

传统的防火设计都是根据国家有关部门所制定的消防法规和规范进行设计的，这些规范通常都详细地规定了防火设计必须满足的各项设计指标或参数，设计人员只需要按照规范条文的要求循规蹈矩地进行设计，而不用考虑所设计的建筑物具体达到什么样的安全水平，似乎安全水平只是编制规范的专家们应该关心的问题。处方式的设计使得设计人员有法可依、有章可循，对于减少火灾损失、促进消防事业的发展发挥了巨大的作用，同时由于其过于详细的规定，往往导致设计千篇一律，在一定程度限制了建筑师和设计人员构思的自由度。

然而，在性能化防火设计中，安全目标却是设计人员必须关心的内容之一。安全目标是防火设计应该达到的最终目标或安全水平。安全目标确定后，设计人员根据建筑物的各个不同空间条件、功能要求及其他相关条件，按照工程学的方法针对建筑物内部发生火灾时的火势、烟气扩散等火灾特性、人员的疏散行动、建筑物各部分的情况进行分析和评估，判断已有设计方案是否达到期望的安全目标，最终选择达到防火安全目标而应采取的各种防火措施，并将其有机地结合起来，构成建筑物的总体防火设计方案。因此在性能化防火设计中，设计人员有更大的灵活性。

2. 性能化防火设计是综合的设计

在我国目前的防火设计规范中，疏散、防排烟、灭火等子系统一般都是分专业独立进行设计，而每个子系统都必须严格满足相应的指令性的条文。而实际上这些子系统是相互影响、密切相关的一个整体，因此独立设计的各个子系统很难做到整体的高效性和经济性。

性能化的防火设计综合考虑了火灾的发生发展、烟气的蔓延和控制、火灾的蔓延和控制、火灾探测和报警、主动和被动灭火措施等各个方面在整个设计方案中的作用，而不是将各个子系统单纯地叠加；然后，针对可能发生的火灾特性，优化组合各种消防措施，而组合方法可能并不是一种，如果加强了某项措施，则另一项措施可能置于次要的地位，反之亦然；最后用工程学的方法对发生火灾时的火灾特性进行预测，并判断其结果是否与所规定的安全目标相一致。因此能够得出更经济合理的防火设计方案。

3. 性能化防火设计是更合理的设计

传统的建筑防火设计都是按照处方式的设计规范进行的，这些规范通常具有一定的普遍性，不可能考虑到各个建筑的具体功能和使用情况。处方式的防火设计有时会使得建筑物原有的设计功能无法实现，有时会使得建筑物的安全等级过高造成不必要的浪费；另外，由于各个消防子系统独立设计，难以达到整个系统的优化组合。

性能化设计方法是针对具体建筑的设计方法，它可以根据不同建筑的特点提出不同的防火设计解决方案，通过优化组合各种消防措施，以达到要求的安全水平。因此，性能化防火设计能够做到建筑艺术、经济、安全的统一，是一种更合理的防火设计。换句话说，性能化设计是针对具体建筑“量身定做”的防火设计，它并不直接提高安全标准或降低防火措施的成本，而是在保证建筑物需要满足的防火安全水平的前提下，更合理地配置各个防火子系统。

第二节　性能化防火设计的流程

由于看问题的角度和分析问题的习惯不同使得目前性能化防火设计还没有统一的

流程。例如，美国卡斯特（Custer）和米切姆（Meacham）提出了性能化的七步设计法，美国消防工程师协会的《建筑物性能化防火分析与设计工程指南》中则将性能化设计归纳为9个步骤，而英国建筑标准草案《建筑防火安全工程》（BS DD240）中提出了四步设计法。这些设计步骤主要是针对性能化设计中定量分析部分提出的。尽管设计流程不同，但是性能化设计涉及的内容基本一致。根据性能化防火设计包含的主要内容，结合我国性能化防火设计与评估的情况，可以将整个性能化设计过程分为七个步骤。

一、确定性能化设计的内容

尽管性能化防火设计与处方式防火设计相比有许多优点，但是并不表示性能化防火设计就可以取代传统的防火设计，同时由于各国对性能化设计的接受程度不同，在实际工程中采用性能化分析的内容或范围也不同。原则上，性能化设计能够用来解决处方式设计方法无法解决的问题，也能够用来解决处方式设计方法能够解决的问题，而且通过定量的分析还能够得到比处方式设计方法更合理的解决方案。但是，在实际工程设计中，并不是所有的建筑物都应该或必须按照性能化的工程方法进行设计。目前，在一些开展性能化设计工作比较早的国家中，一般也只有1% ~5%的建筑项目采用性能化的方法进行设计。

在我国，性能化防火设计必须在现行建筑防火设计法规体系的框架下进行，只能作为传统防火设计的一种补充。一般来说，只有在下列情况下才允许采用性能化的设计方法。

1）防火规范和标准没有涵盖、按现行规范和标准实施确有困难或影响建筑物使用功能的建筑工程。

2）由于采用新技术、新材料、新的建筑形式和新的施工方法，在实际应用中有可能产生防火安全问题的建筑工程。

3）重大建筑工程，安全目标超出一般要求的政治敏感度高的工程，一旦发生火灾危害严重、影响大的工程。

4）特殊工程，如地铁、隧道、地下建筑工程等。

5）根据具体情况可以是整座建筑物、建筑物中的某些特殊部分或建筑物的某一特定系统。

在性能化防火设计的内容确定后，设计人员从该阶段开始就应注意收集有关设计项目的相关资料，包括建筑的用途、功能、使用与管理方法，建筑的规模、尺寸、结构形式和布局，特殊的需要重点保护的区域，火灾荷载、火灾特性，人员的数量、类型等。

二、确定性能化设计的安全目标

进行性能化防火设计定量分析之前，首先要确定建筑物的防火安全目标，安全目标是进行分析和设计的出发点。防火安全目标通常包括以下几个层次：

1. 总体目标

防火安全的总体目标包括：保护生命安全、保护财产安全、保护建筑的使用功能或服务的连续性、保护环境不受火灾的有害影响。防火安全的总体目标，一般都能得到大家的认可，至于如何达到总体目标是通过功能目标来说明的。

2. 功能目标

对功能目标的要求常常可以在性能化规范中找到。例如，“使不临近起火位置的人员有足够的时间达到一个安全的地方，而不受火灾的危害。”也就是说，为了达到保护生命安全的目标，建筑及其系统所具有的功能必须能够保证人员在火灾发生时疏散到安全的地方。一旦功能目标确定后，就需要确定建筑及其系统具备上述功能应该达到的性能要求，即性能目标。

3. 性能目标

性能目标是对建筑及其系统应具备的性能要求的表示。为了实现防火总体目标和功能目标，建筑材料、建筑构件、系统组件以及建筑方法等必须满足一定性能水平的要求。例如，在性能化规范中，为了保证人员的生命安全，可能会遇到这样的性能目标，如“将火灾的传播限制在起火房间内，在火灾烟气蔓延出起火房间之前通知所有的现场人员，保证疏散通道处于可以使用的状态，直到建筑物内的所有人员到达安全地点。”该性能目标将对建筑的防火分隔、火灾探测与报警系统、防排烟系统，甚至自动喷水灭火系统的性能提出要求。

三、确定设计方案的性能指标

防火设计的安全目标可以最终分解为一系列的性能目标，即为了实现防火总体目标，设计必须达到的性能水平，这里的性能水平应该是可以量化的。通过量化指标表示的，设计必须达到的性能水平，称为性能指标，有时也称为设计指标或设计目标。因此，性能指标是评估设计方案是否能够达到总体安全目标的最终依据。

对于相同的安全目标，在两个不同的建筑物或同一建筑物不同的防火设计方案的情况下，其设计的性能指标一般也不同。性能指标一般不在性能化设计规范中给出，而是由设计小组依据工程的特点进行选择。由于性能指标是判断设计方案安全与否的重要指标，所以设计小组确定的性能指标应该取得消防主管部门或第三方咨询机构的认可。

四、设计方案的安全性评估

防火设计方案的安全性评估是建筑物性能化防火设计的核心。防火安全评估不仅是为了验证设计方法及其结果是否能够达到与现行规范规定的同等的防火安全水平或者与该建筑相适应的防火安全水平，同时也为进一步改进和完善现有的设计方案提供有力的依据。设计方案的安全性评估包含火灾场景设计和火灾危害分析两方面的内容。

1. 火灾场景设计

主要是对特定火灾从点燃、发展到充分燃烧，直至熄灭整个过程中建筑内环境和火灾可能造成的破坏的分析和描述。包括火灾位置、火灾增长规律、门窗的状态、通风条件、消防系统的状况、人员的数量、人员的分布、人员的状态以及其他环境条件等等。在性能化防火设计中，火灾场景并不是用来描述建筑内的真实的火灾是如何发生发展的，而是用来评估在该火灾条件下防火设计方案的安全水平是否达到设计的要求，因此所选择的火灾场景应具有典型性和代表性，并应该使得所采用的防火措施具有一定的安全裕度。

2．火灾危害分析

每一个火灾场景代表一组对建筑本身、建筑内的人员、建筑内的物品的安全性产生影响的工况。火灾危害分析就是假设在上述各种工况下，按照消防工程学的方法对火灾造成的危害进行分析和预测，并判断其结果是否满足规定的防火设计的目标和评价标准。

五、编写性能化设计报告

编写的报告中应包含以下内容：

（1）工程范围及性能化设计的内容

例如，建筑特征、人员特征、原有的防火措施、来自各方面的对设计的限制条件，以及需要进行性能化设计的范围等。

（2）安全目标

该部分应包括建筑业主、建筑使用方、建筑设计单位、性能化防火设计咨询单位和消防主管部门共同认定的总体安全目标和性能目标，并说明性能目标是怎样建立的。

（3）性能指标

该部分应该说明对应不同性能目标的性能指标是什么，是如何确定的，考虑了那些不确定因素，采用了哪些假设条件。

（4）火灾场景设计

该部分需要说明选择火灾场景的依据和方法，并对每一个火灾场景进行讨论，列出最终需要分析的典型火灾场景。

（5）设计方案的分析与评估

该部分应包括：分析与评估中采用的工具、方法和参考资料，计算中的边界条件和输入参数，并说明设计方案是如何满足安全判定指标的。

（6）总结

该部分是对前面所有工作的总结，应包括此次设计的内容、目标、最终设计方案、相关的假设条件或要求。

（7）设计单位和人员资质说明

此部分包含设计单位的名称、经营范围、设计资质，参与本设计项目的防火工程师的相关工作经历等。

六、专家评议

由于设计过程中存在许多非规范化的内容，如性能指标的确定、火灾场景的设计、一些边界条件的设定等，同时也为了保证设计过程的正确性，减少设计中可能出现的失误，一般有必要对设计报告进行第三方的复核或再评估。对于特殊的工程项目还需要组织专家论证会，对设计报告与复核或再评估报告进行论证，接受专家的评审和质疑，最后以论证会上形成的专家组意见作为设计与施工的依据。

七、深化设计

性能化防火设计一般开始于建筑设计的方案设计与初步设计阶段。在初步设计中，有些条件和参数是不明确或未知的，这些信息可能只有在后续的施工设计阶段才能确定下来，而这些条件或参数却是性能化设计所需要的。另外，性能化设计中提出的假设和边界条件，在施工设计阶段也可能会被改变。诸如此类的问题都需要在后续的设计工作中不断深化。所以，性能化设计应该贯穿于建筑设计的整个过程中。

第三节　性能化防火设计体系的组成

性能化设计是一个比较复杂的体系，它的建立需要有三个必要的组成部分。

一、性能规范

性能规范的作用是制定防火安全的系统目标。首先是总体目标，即希望建筑物能够满足社会安全所需要达到的基本目标，如保护生命安全、保护财产安全、保护建筑的使用功能或服务的连续性、保护环境不受火灾的有害影响等。总体目标只是一个比较广泛的概念，至于如何达到总体目标是通过功能目标来说明的。功能性目标，即为了实现总体目标建筑及其系统应具有的功能。最后是性能指标，即为了实现总体目标和功能性目标建筑的各部分所必须达到的具体的性能标准。

由于性能规范只给出整体的目标，并没有对各个相关方面做出更具体的规定，因此其条文非常简洁，同时缺乏可操作性。为了使性能目标既能保证足够的安全程度，又是符合自然规律，并在技术上可能实现，需要有配套的设计指南。

二、设计指南

与性能规范相配套的设计指南提出了为实现性能目标需要考虑的问题，提供了一些比较成熟的设计方法供设计人员参考，其中还给出为实现规范中的性能目标所应达到的性能参数的取值范围。

设计指南需要大量相关研究成果提供依据，因而设计指南的编写需要来自科研、工程及管理等各个领域的专家共同进行。

三、评估模型

评估模型是性能化设计中最重要的分析工具和手段。评估模型是建立在科学实验、计算模型和概率分析基础上的，可对设计方案在建筑火灾中的实际应用效果进行测算和模拟，并判断其是否能实现既定的性能目标。在火灾安全评估中有许多评估模型，目前常用的火灾模型有区域模型和场模型两种。

1．区域模型

区域模型是一种比较简单的火灾模型，它将分析的空间划分为上层和下层两个区域，其中上层区域由火灾产生的热烟气组成，下层区域为环境空气。这两层的大小随着火灾过程中从下层流入上层的烟羽流的流量，上层的排烟量以及上层烟气的温度而变化。区域模型采用热量与质量传输的工程方程来计算上下层之间质量和能量的传输，上层的热量与质量流失（排烟），以及其他的一些特性。在这些方程中，通常假设每个区域内的各项属性是均匀的。

2. 场模型

场模型又称为 CFD 模型。与区域模型不同，场模型中求解的是基本的守恒方程。在场模型中，所分析的空间被划分成许多的单元体（区域），然后采用守恒方程来求解各单元体之间热量和质量的流动情况。由于场模型中划分的单元体的数量很多，单元体的尺寸又比较小，因此能够进行更精细地分析，并且能够解决不规则的空间形状和特殊的气流运动等在区域模型不能解决的问题。

第三章　人员疏散设计方法的研究

第一节　性能化设计的内容

处方式的安全疏散设计主要是通过满足规范中“安全疏散”和“楼梯与楼梯间”等相关章节提出的一些指标来完成的，这些指标包括安全出口的数量、最大安全疏散距离、门和走道的宽度、疏散楼梯间的形式、消防电梯的数量等。其中许多定量的指标都是以“最少”、“最长”等极限的形式给出的，在实际工程中设计人员也常常采用这些极限数据作为自己的设计指标，这难以保障疏散设计真正的安全。实际上，规范对疏散的相关规定的目的是控制疏散的时间，这与性能化设计的目标是一致的，即人员安全疏散的性能化设计是针对疏散时间的分析展开的。

一、安全疏散的判定准则

火灾中人员疏散的分析，主要是为了判断建筑物内发生火灾时整个建筑系统（包括消防系统）是否能够为建筑中的所有人员提供足够的时间疏散到安全的地点，并且整个疏散过程中不应受到火灾的危害，它的最终目标是判断现有建筑物及其消防系统是否达到生命安全总体目标的要求。建筑中人员从开始疏散至全部人员疏散到安全区域所需要的时间称为疏散时间 RSET（或以 t_{escape} 表示），火灾中的烟和热的影响直接作用于人使得疏散人员开始出现生理或心理不可忍受情况的时间称为危险来临时间 ASET（或以 t_{risk} 表示）。因此，疏散时间（RSET）与危险来临时间（ASET）的分析是安全疏散性能化设计中的主要分析内容，如果 ASET 大于 RSET 则疏散是安全的，疏散设计合理；反之则不安全，需要修改疏散相关设计方案。因此，安全疏散的判定准则可以用数学表达式表示为：

$$\text{RSET} + T_S \leqslant \text{ASET} \tag{3-3-1}$$

式中，安全裕度 T_S，即防火设计为疏散人员所提供的安全余量。

二、疏散时间的组成

根据现有研究成果，人员疏散时间的分析中一般把火灾发生（或点燃）的时刻作为计量疏散时间的开始，这样人员的安全疏散过程大致分为感知火灾、疏散行动准备、逃生行动、到达安全区域等几个阶段。从火灾发生至火灾熄灭整个过程与人员疏散过程的关系，如图 3-3-1 所示。

从图 3-3-1 可以看出，疏散时间（RSET）包括疏散开始时间（t_{start}）和疏散行动时间（t_{action}）两部分，即：

$$t_{escape} = t_{start} + t_{action} \tag{3-3-2}$$

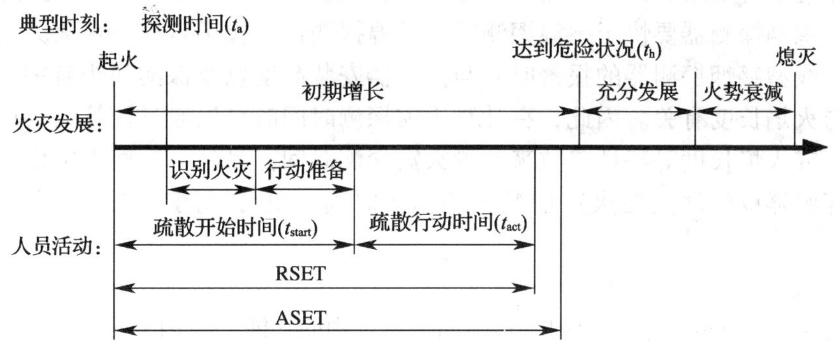

图 3-3-1 火灾发展与人员疏散参数关系

疏散开始时间（t_{start}）可细分为探测与报警时间（t_a）和人员的疏散预动时间（t_{pre}）两部分，即

$$t_{start} = t_a + t_{pre} \tag{3-3-3}$$

人员的疏散预动时间又可分为识别时间（t_{rec}）和反应时间（t_{res}）两个阶段，即

$$t_{pret} = t_{rec} + t_{res} \tag{3-3-4}$$

式中 t_{start}——疏散开始时间，指从起火到开始疏散的时间。一般地，疏散开始时间与疏散人员类型、位置、状态以及火灾探测系统、火灾报警系统、疏散诱导设置等因素紧密相关，此外还同起火场所、建筑布局及管理状况等因素有关；

t_a——探测与报警时间，指从火灾发生、发展到触发火灾探测与报警装置而发出报警信号，使人们意识到有异常情况发生，或者人员通过本身的味觉、嗅觉及视觉系统察觉到火灾征兆的时间；

t_{pre}——人员的疏散预动时间，指从疏散人员接到火灾警报之后到疏散行动开始之前的这段时间；

t_{rec}——识别时间，指从火灾报警或信号发出后到人员还未开始反应的时间段。当人员接受到火灾信息并开始做出反应时，识别阶段即结束；

t_{res}——反应时间，指从人员识别报警信号并开始做出反应至开始朝出口方向疏散之间的时间。与识别阶段类似，人员反应阶段时间长短也与建筑空间的环境状况有密切关系，从数秒钟到数分钟不等；

t_{action}——疏散行动时间，指从疏散开始到疏散结束的时间。

三、疏散时间的计算

1. 疏散开始时间的预测

疏散开始时间（t_{start}）即从起火到开始疏散的时间，一般地，疏散开始时间与疏散人员类型、位置、状态以及火灾探测系统、火灾报警系统、疏散诱导设置等因素紧密相关，此外还同起火场所、建筑布局及管理状况等因素有关。疏散开始时间（t_{start}）可细分为探测与报警时间（t_a）和人员的疏散预动时间（t_{pre}）两部分。

（1）火灾探测时间的预测

设计方案中所采用的火灾探测器类型和探测方式不同，探测到火灾的时间也不同。一般来说，感烟探测器要快于感温探测器，感温探测器要快于自动喷水灭火系统喷头的动作时间。线型感烟探测器的报警时间与探测器安装高度以及探测间距有关，图像火焰探测器则与火焰长度有关。因此，在计算火灾探测时间时可以通过计算火灾中烟气的减光度、温度或火焰长度等特性参数来预测火灾探测时间。另外，一些火灾模型可以用来预测感温探测器或喷淋头在火灾情况下的动作时间，也可以用来进行火灾探测时间的分析。

（2）火灾确认时间的预测

发生火灾时，通知人们疏散的方式不同，建筑物的功能和室内环境不同，人们得到发生火灾的消息并准备疏散的时间也不同。BSDD240 中提供了预测火灾确认时间的经验数据，各种用途的建筑物及警报系统的人员响应时间见表 3-3-1，可供分析时参考。

各种用途的建筑物及警报系统的人员响应时间　　表 3-3-1

建筑物用途及特性	响应时间（min）		
	报警系统类型		
	W_1	W_2	W_3
办公楼、商业或工业厂房、学校（居民处于清醒状态，对建筑物、报警系统和疏散措施熟悉）	<1	3	>4
商店、展览馆、博物馆、休闲中心等（居民处于清醒状态，对建筑物、报警系统和疏散措施不熟悉）	<2	3	>6
旅馆或寄宿学校（居民可能处于睡眠状态，但对建筑物、报警系统和疏散措施熟悉）	<2	4	>5
旅馆、公寓（居民可能处于睡眠状态，对建筑物、报警系统和疏散措施不熟悉）	<2	4	>6
医院、疗养院及其他社会公共机构（有相当数量的人员需要帮助）	<3	5	>8

注：W_1——现场广播，来自闭路电视系统的控制室；

W_2——事先录制好的声音广播系统；

W_3——采用警铃、警笛或其他类似报警装置的报警系统。

疏散开始时间的预测难以计算机模式化，多通过定性分析的方式确定。不过，日本避难安全检证法针对火灾室提出的经验公式（3-3-5）也可用于预测疏散开始时间。

$$t_{start} = \frac{\sqrt{\sum A}}{30} \tag{3-3-5}$$

式中　t_{start}——疏散开始时间（min）；

A——火灾区域建筑面积（m^2）。

2. 疏散行动时间的计算

（1）人员数量

疏散人员数量是疏散分析的一个重要参数，人数的确定按不同建筑场所功能不同，分别按密度和座位数进行计算。一般可以根据规范规定的最大人数或相关密度指标来确定，我国规范对歌舞娱乐放映游艺场、地下商店营业厅、地铁站台的疏散人数有如下规定：

1）歌舞娱乐放映游艺场所最大容纳人数，应按该场所建筑面积乘以人员密度指标来计算，其密度指标应按下列规定确定：① 录像厅、放映厅人员密度指标为 1.0 人/m^2；② 其他歌舞娱乐放映游艺场所人员密度指标为 0.5 人/m^2。

2）地下商店营业部分疏散人数，可按每层营业厅和为顾客服务用房的使用面积之和乘以人员密度指标来计算，其人员密度指标应按下列规定确定：① 地下第一层，人员密度指标为 0.85 人/m^2；② 地下第二层，人员密度指标为 0.80 人/m^2。

3）地铁出口楼梯和疏散通道的宽度，应保证在远期高峰小时流量时，发生火灾的情况下，6min 内将一列车乘客和站台上候车的乘客及工作人员全部撤离站台。供人员疏散时使用的楼梯及自动扶梯，其疏散能力均按正常情况下的 90% 计算。

对于不能明确人员数量或密度的区域，可通过参考相关的技术文献来确定。下面是 2002 年 7 月日本建筑学会提供的人员密度数据（表 3-3-2）。

有效流出系数和步行速度选取表 **表 3-3-2**

<table>
<tr><th rowspan="2">建筑物用途</th><th rowspan="2" colspan="2">空 间 用 途</th><th colspan="2">计算避难者数单位</th></tr>
<tr><th>密度（人/m²）</th><th>人数（人）</th></tr>
<tr><td rowspan="12">公共建筑或区域</td><td colspan="2">办公室</td><td>0.125</td><td></td></tr>
<tr><td colspan="2">会议室</td><td>0.2</td><td>坐位数</td></tr>
<tr><td colspan="2">接待室</td><td>0.5</td><td>坐位数</td></tr>
<tr><td>图书室</td><td>开架式书房</td><td>0.2</td><td></td></tr>
<tr><td></td><td>阅览室</td><td>0.5</td><td>坐位数</td></tr>
<tr><td colspan="2">食堂</td><td>1.0</td><td>坐位数</td></tr>
<tr><td colspan="2">厨房</td><td>0.1</td><td></td></tr>
<tr><td rowspan="3">集会室（包括剧场，电影院等）</td><td>固定席</td><td></td><td>坐位数</td></tr>
<tr><td>可移动席</td><td>1.5</td><td>坐位数</td></tr>
<tr><td>临时看台</td><td>3.3</td><td>坐位数</td></tr>
<tr><td colspan="2">前厅</td><td>0.2</td><td></td></tr>
<tr><td colspan="2">案内，等候室</td><td>1.0</td><td></td></tr>
<tr><td>饮食店</td><td colspan="2">食堂，餐厅，料理店，酒吧等</td><td>1.0</td><td>坐位数</td></tr>
<tr><td rowspan="2">商店</td><td colspan="2">和服，衣料，寝具，家电，厨房，生活用品，食品，书籍，宝石，贵金属，超市等</td><td>0.35（包括店铺内通道）</td><td></td></tr>
<tr><td colspan="2">连续店铺及商店街的过道</td><td>0.25</td><td></td></tr>
<tr><td>文化，集会</td><td colspan="2">美术馆，博物馆，展览室</td><td>0.5</td><td></td></tr>
<tr><td rowspan="4">剧场</td><td rowspan="3">舞台</td><td>戏剧</td><td>0.25</td><td></td></tr>
<tr><td>演唱会</td><td>1.0</td><td></td></tr>
<tr><td>传统戏剧</td><td>0.1</td><td></td></tr>
<tr><td colspan="2">后台</td><td>0.1</td><td></td></tr>
<tr><td rowspan="3">娱乐</td><td colspan="2">围棋象棋</td><td>0.7</td><td>坐位数</td></tr>
<tr><td colspan="2">弹子房等</td><td>1.5</td><td>坐位数</td></tr>
<tr><td colspan="2">迪士科，摇滚音乐会</td><td>2.0</td><td></td></tr>
</table>

（2）步行速度与出口系数

疏散行动时间的长短与建筑物内疏散通道的长度、宽度、人员的数量及其在建筑物内的分布情况、人员的行进速度等参数有关。一般情况下，需要我们在一定建筑布局和人员分布的条件下分析疏散需要的时间，此时确定人员的行进速度显得格外重要。

人的行进速度与人员密度、年龄和灵活性有关。当人员密度小于0.5人/m^{2}时，人群在水平地面上的行进速度可达70m/min，且不会发生拥挤，下楼梯的速度可达51～63m/min。相反，当人员密度大于3.5人/m^{2}时，人群将非常拥挤基本上无法移动。研究表明，人员密度和行进速度之间存在图3-3-2所示的关系，用数学表达式可表示为

$$V = K(1 - 0.266D) \tag{3-3-6}$$

式中 V——人员行进速度（m/min）；

D——人员密度（不小于0.5）（人/m^2）；

K——系数，对于水平通道$K=84.0$，对于楼梯台阶$K=51.8\ (G/R)^{1/2}$，G与R分别表示踏步的宽度和高度。

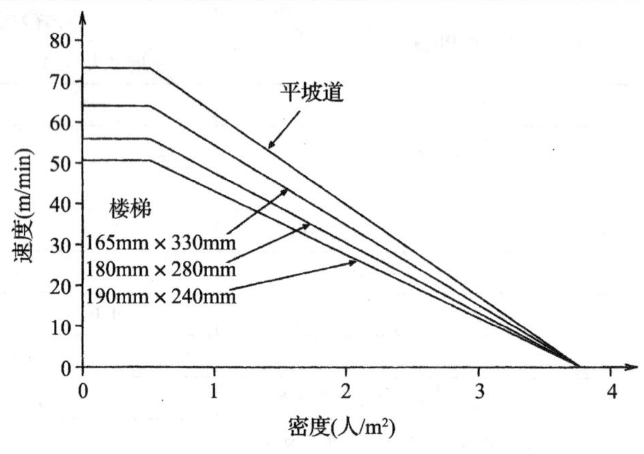

图3-3-2 人员密度与速度关系

人员密度与对应的人流速度的乘积，即单位时间内通过单位宽度的人流数量，称为流动系数（specific flow）。流动系数反映了单位宽度的通行能力，如式（3-3-7）所示。

$$F = V \times D \tag{3-3-7}$$

式中 F——流动系数［人/(min · m)］；

V——人员行进速度（m/min）；

D——人员密度（人/m^2）。

除此之外，《SFPE消防工程手册》和《日本避难安全检证法》提出了几种情况下的步行速度和出口系数。

有效流出系数和步行速度同人员密度紧密相关，常用的数据资料见表3-3-3。

有效流出系数和步行速度数据表 **表3-3-3**

疏散设施	拥挤状态	《SFPE消防工程手册》			日本避难安全检证法	
		密度（人/m^2）	速度（m/min）	流出系数［人/(min · m)］	速度（m/min）	流出系数［人/(min · m)］
楼梯	最小	0.5	45.7	16.4	27（上） 36（下）	60（楼梯有足够容量时，其他情况应通过计算获得）
	中等	1.1	36.6	45.9		
	较大	2.0	29.0	59.1		
	大	3.2	12.2	39.4		

续表

<table>
<tr><th rowspan="2">疏散设施</th><th rowspan="2">拥挤状态</th><th colspan="3">《SFPE 消防工程手册》</th><th colspan="2">日本避难安全检证法</th></tr>
<tr><th>密度
（人/m²）</th><th>速度
（m/min）</th><th>流出系数
［人/(min·m)］</th><th>速度
（m/min）</th><th>流出系数
［人/(min·m)］</th></tr>
<tr><td rowspan="4">走廊</td><td>最小</td><td>0. 5</td><td>76. 2</td><td>39. 4</td><td rowspan="4">60
（一般）</td><td rowspan="4">80（走廊有足够容量时，其他情况应通过计算获得）</td></tr>
<tr><td>中等</td><td>1. 1</td><td>61. 0</td><td>65. 6</td></tr>
<tr><td>较大</td><td>2. 2</td><td>36. 6</td><td>78. 7</td></tr>
<tr><td>大</td><td>3. 2</td><td>18. 3</td><td>59. 1</td></tr>
<tr><td>对外出口</td><td>—</td><td>—</td><td>—</td><td>—</td><td>60</td><td>90</td></tr>
</table>

根据上表资料，并结合地下空间的情况，建议选定如下参数进行疏散分析。

有效流出系数和步行速度选取表　　表 3-3-4

疏 散 设 施	速度（m/min）	流出系数［人/(min·m)］
楼梯	27	45
走廊	工作人员 78 其余人员 60	65
直接对外出口	工作人员 78 其余人员 60	80

（3）有效宽度

对大多数通道来说，通道宽度是指通道的两侧墙壁之间的宽度。但是大量的火灾演练实验表明，人群的流动依赖于通道的有效宽度而不是实际宽度，也就是说在人群和侧墙之间存在一个“边界层”。典型通道的边界层厚度见表 3-3-5。在工程计算中应从实际通道宽度中减去边界层的厚度，采用得到的有效宽度进行计算。

通道的边界层厚度　　表 3-3-5

类　　型	减少的宽度指标（cm）
楼梯间的墙	15
扶手栏杆	9
剧院座椅	0
走廊的墙	20
其他的障碍物	10
宽通道处的墙	<46
门	15

对于简单的建筑形式，可以采用上述的方法手工计算出疏散行动时间。但是对于复杂的情况手工计算工作量会很大。针对该问题一些科研人员提出了一些用于疏散分析的计算模型，并编制了相应的计算机软件，这些模型或软件为分析疏散问题提供了有力的手段。

四、疏散影响因素分析

危险来临时间主要通过分析火灾对人的危害来确定。火灾对人员的危害主要来源于火灾产生的烟气，表现为烟气的热作用和毒性，另外对于疏散而言烟气的能见度也是一个重要的影响因素。所以在分析火灾对疏散的影响时，一般从烟层高度、温度、毒性气体的浓度、能见度等方面进行讨论。除此之外，火灾对人的心理影响以及对结构的破坏导致的对人员疏散的影响也是危险来临时间分析中应该考虑的问题。

1. 烟层高度

火灾中的烟气层伴有一定热量、胶质、毒性分解物等，是影响人员疏散行动与救援行动的主要障碍。在疏散过程中，烟气层只有保持在人群头部以上一定高度，使人在疏散时不必要从烟气中穿过或受到热烟气流的辐射热威胁。由于不同地域、不同国家人员的平均身高存在一定的差异，因此烟气层危险高度的取值也有所不同。出于保守考虑，认为烟气层在人员疏散过程中保持在距地面 2m 以上的位置时，人员疏散是安全的。对于高大空间，烟气的分层并不十分明显，考虑到人的平均身高和顶棚射流的影响，也有人提出了如下的最低烟层高度。

$$H_d = H_p + 0.1(H_c - h) \tag{3-3-8}$$

式中 H_d——烟层距离疏散地面的临界高度；

H_p——人体的平均身高；

H_c——空间顶棚距离火源位置的高度；

h——疏散地面高于火源位置的高度，如图 3-3-3 所示。

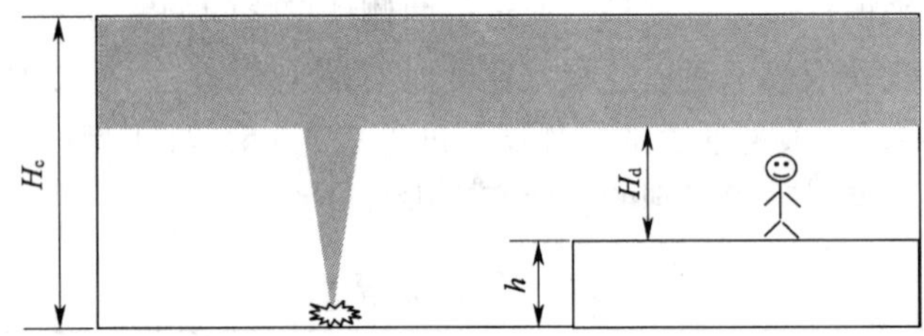

图 3-3-3 烟气及疏散安全计算示意图

2. 烟气毒性

火灾中由于可燃物燃烧会消耗大量的氧气，当烟气中氧的含量低于生理上要求的正常值时，会对人产生危害。在起火的房间内氧气的最低浓度可达 3% 左右，若人员不及时离开是非常危险的。另外，在火灾充分燃烧阶段，二氧化碳浓度可达 15% ~23%，可使空气中的氧含量降低，阻碍人体血液的输氧的能力，进而影响人员的逃生能力。其次，火灾中常常由于通风不足燃烧不充分而产生大量的一氧化碳，当一氧化碳（CO）浓度大于 0.2% 时，将对人的生命构成威胁。大量火灾调查表明，一氧化碳中毒是火灾中造成人员伤亡的主要原因之一。还有一些高分子物质燃烧时会产生氯化氢、硫化氢、二氧化硫等气体，对人的眼睛、呼吸道产生刺激作用，这在一定程度上影响了安全疏散。表 3-3-6 ~表 3-3-9 分别列出了几种气体对人员的影响，可作为判断人员疏散安全性的指标。

氧气（O_2）浓度对人体的影响 **表 3-3-6**

空气中氧气的浓度（%）	对人体的影响程度
21	正常值，对人体无影响
17	妨害人体运动肌肉的调节
16～12	脉搏及呼吸次数增加，肌肉有规律的运行性受到影响
12～10	尚有意识，感觉紊乱，呼吸紊乱，肌肉不舒畅，疲劳
10～6	昏迷，数分钟内供氧方能苏醒
6	短时间可致人死亡

二氧化碳（CO_2）对人体的影响 **表 3-3-7**

空气中二氧化碳的浓度（%）	对人体的影响程度
1～2	数小时内安全
3～4	1h 内人员安全
5～6.7	接触 30min～1h 人员有危险
≥20	短时间可致人死亡

一氧化碳（CO）对人体的影响 **表 3-3-8**

空气中一氧化碳的浓度（%）	对人体的影响程度
0.01	数小时内安全，对人体影响小
0.04～0.05	1h 内安全
0.1	接触 1h，人会头痛、呕吐
0.15～0.2	接触 30min～1h 人员有危险，呼吸困难，接触 2h 后死亡
0.3	30min 可致人死亡
≥1	短时间可致人死亡

氯化氢（HCL）对人体的影响 **表 3-3-9**

空气中氯化氢的浓度（ppm）	对人体的影响程度
5	有刺激感，令人不快
10	数小时内安全
50～100	1h 内安全
1300～2000	短时间可致人死亡

3. 对流热

试验表明，呼吸过热的空气会导致热冲击（中暑）和皮肤烧伤。空气中的水分含量对这两种危害都有重要影响，见表 3-3-10。对于大多数建筑环境而言，人体可以短时间承受 100℃ 环境的对流热。当人员暴露于水分含量小于 10% 的热空气中，可用下式计算在温度

T 时人员丧失活动能力的时间：

$$t_{ICONV} = 5 \times 10^7 T^{-3.4} \tag{3-3-9}$$

人体对对流热的耐受极限[14] 表 3-3-10

温度和湿度条件	耐受时间
<60℃，水分饱和	>30min
100℃，水分含量<10%	12min
120℃，水分含量<10%	7min
140℃，水分含量<10%	4min
160℃，水分含量<10%	2min
180℃，水分含量<10%	1min

4. 辐射热

根据人体对辐射热耐受能力的研究，人体对烟气层等火灾环境的辐射热的耐受极限是 2.5kW/m^2，处于这个程度的辐射热灼伤几秒钟之内就会引起皮肤强烈疼痛，辐射热为 2.5kW/m^2 的烟气相当于上部烟气层的温度约达到 180～200℃。而对于较低的辐射流人员可以忍受 5min 以上。对于很短的曝火时间，例如快速通过一个发生火灾的封闭空间的敞开门洞所需的时间，甚至可以忍受 10kW/m^2 辐射流。对于高于 2.5kW/m^2 的辐射热流，人员忍受热辐射的时间可由下式得到：

$$t_m = \frac{133}{q^{1.33}} \tag{3-3-10}$$

式中 t_m——由于皮肤疼痛造成机能丧失的时间（s）；

q——单位面积辐射热流动（W/m^2）。

表 3-3-11 给出了人员对不同辐射热的耐受时间。

人体对辐射热的耐受极限[12] 表 3-3-11

热辐射强度	$<2.5\text{kW/m}^2$	2.5kW/m^2	10kW/m^2
耐受时间	>5min	30s	4s

5. 能见度

火灾中疏散标志和通道的能见度对人员逃生极为重要。要看清某一物体，则要求该物体与其背景之间有一定的对比度。对于处于很大背景之下的孤立物体，其对比度定义为

$$C = B/B_0 - 1 \tag{3-3-11}$$

式中 C——一定背景下物体的对比度；

B——物体的亮度；

B_0——背景的亮度。

日光下黑色物体相对于白色背景的对比度为 $C = -0.02$，该值通常被认为是能够从背景中清楚地辨别物体的临界对比度。物体的能见度 S 定义为距离对比度减小至 -0.02 的位置的距离。

火场中能见度与很多因素有关，包括烟气的散射和吸收系数、室内的亮度、所辨认的

物体是发光的还是反光的，以及光线的波长等。并且还与逃生者的本身的视力有关。尽管如此，通过大量的测试和研究，建立了火场能见度与烟气减光系数之间的经验关系式：

$$\begin{aligned}&\text{对于发光物体}\quad KS=8\\&\text{对于反光物体}\quad KS=3\end{aligned}\tag{3-3-12}$$

式中 K——减光系数；

S——能见度（m）。

从上式可以看出，发光物体的能见度要好于反光物体的能见度。

一般烟气浓度较高则能见度降低，逃生时确定逃生途径和做决定所需的时间都将延长。表3-3-12给出了适用于小空间和大空间的最低能见度。小空间到达安全出口的距离短，人员对建筑物可能比较熟悉，要求就相对松一些。大空间内人员很可能对建筑物不熟悉，为了确定逃生方向，寻找安全出口需要看得更远，因此要求减光度更低。

建议采用的人员可以耐受的可视度界限值　　表3-3-12

参　数	小 空 间	大 空 间
能见度（m）	5	10

6．其他

火灾除了对人员生理上造成影响外，还对人员疏散的心理行为产生影响。这种影响在人员密集场所，可能由于人群产生惊慌或拥挤而引起踩踏事故，造成人员伤亡。尽管目前的安全疏散性能化设计中一般只考虑上述的几个指标，对于撤离火场的时间没有明确的指标，但是从火场中人的心理和行为特点来看这个时间越短越好。

英国《体育场馆安全设计指南》（《Guide to Safety at Sports Grounds》）指出，在观众对体育场馆比较熟悉或能够确认出口位置的情况下，以正常速度通过安全出口的时间小于8min时，观众一般不会出现激动、焦虑和紧张的情绪，因此将每个安全出口的控制疏散时间定为不超过8min。《地下铁道设计规范》地铁出口楼梯和疏散通道的宽度，应保证在远期高峰小时流量时，发生火灾的情况下，6min内将一列车乘客和站台上候车的乘客及工作人员全部撤离站台。《建筑设计防火规范》（GBJ 16—87）和《体育建筑设计规范》（JGJ 31—2003）对体育场馆的人员疏散设计有较详细的要求，但是对于看台人员的疏散时间没有明确的规定，只是将体育馆出观众厅的控制疏散时间定为3～4min，作为安全疏散设计的一个基本依据，这个时间是对现有体育场馆疏散时间统计的基础上提出的，因此并不能完全反映人的心理和行为对疏散时间的要求。

五、疏散设计的性能指标

通过对危险来临时间判定指标的分析，可以提出地下建筑疏散设计的性能指标如下：

（1）临界烟层高度按照公式计算，当计算值小于1.8m时应取1.8m。

（2）当烟层位于临界高度以上时，烟气层主要通过热辐射对人产生影响，辐射强度不应超过2.5 kW/m^2，或烟层温度小于200℃；当烟层大于2m时，烟层温度可高于200℃，但是对人产生的辐射强度不应超过2.5kW/m^2。

（3）当烟层下降到临界高度以下时，烟气主要通过直接的热作用对人产生影响，如果烟层温度小于60℃时，则可以在此环境中坚持约15min；如果烟层温度小于80℃时，则可以在此环境中坚持约12min。对于疏散距离较短的房间或走道可选择较高的温度值。

（4）能见度。小房间5m，大房间10m，大空间30m，疏散通道15m。

（5）离开火场的最长时间。高大空间应小于8min，净高大于6m的大房间应小于6min，其他房间应小于4min。

第二节 分析模型和工具

一、人员疏散分析模型

疏散行动时间（t_{action}）是指从疏散开始至疏散结束的时间。疏散行动时间预测模型主要有水力模型和行为模型两种。

1. 水力模型计算方法

水力疏散计算模型将人流作为一种整体进行分析，完全忽略人的个体特性。该模型假设：疏散人员具有相同的特征，且均具有足够的身体条件疏散到安全地点；疏散人员是清醒的，在疏散开始的时刻同时井然有序地进行疏散，且在疏散过程中不会中途返回选择其他疏散路径；在疏散过程中，人流的流量与疏散通道的宽度成正比进行分配；人员从每个可用的疏散出口疏散且在同一疏散路径所有人员的疏散速度一致并保持不变。人群的流动状况仅由物理因素决定（比如人群密度、出口容量等）。因此，可以使用类似描述流体的数学方程式来描述整个疏散过程中人群的流量和流速。该类软件模型包括：EVACSIM、EXITT、EVACNET、WAYOUT等。

日本避难安全检证法提供了一种被广泛采用的水力模型计算方法。疏散行动时间包括从最远疏散点至安全出口步行所需的时间和通过限制出口所需要的时间。即：

$$t_{action} = t_{travel} + t_{queue} \tag{3-3-13}$$

式中　步行时间（t_{travel}）——按从最远一点经折线距离至出口所需要的时间；

出口通过时间（t_{queue}）——即人员通过某一限制出口所需要的时间，也即出口前排队时间。

该方法同时考虑疏散步行时间和出口通过时间以保证预测结果的保守性，此外在计算出口通过时间时疏散出口将采用有效宽度值。

步行时间按下式计算：

$$t_{travel} = \max\left(\sum \frac{l}{v}\right) \tag{3-3-14}$$

式中　t_{travel}——步行时间（min）；

l——步行最大距离（m）；

v——步行速度（m/min）。

出口通过时间按下式计算：

$$t_{queue} = \frac{\sum p \cdot A}{\sum N \cdot B} \tag{3-3-15}$$

式中　t_{queue}——出口通过时间（min）；

p——人员密度（人/m^2）；

A——建筑面积（m^2）；

N——出口有效流出系数（人/min·m）；

B——出口有效宽度（m）。

2. 行为模型计算方法

这类模型不仅考虑了建筑空间的物理特性，而且考虑每个人对火灾信号的响应及其个体行为。"行为"模型以人员在人群中的个体特性作为分析目标，人的行为受到与环境相互作用的影响，对于建筑空间的构造通常采用精细网络模型（fine network model）。该类模型趋向于真实地反映人员在疏散中的行为，采用精细网络模型将建筑物的空间分为众多精细的网格。网格形式可以是正方形网格（如 EXODUS 模型），或者是六边形网格（如 AEA EGRESS 模型），或者是等距图的形式（如 SIMULEX 模型）。

其中，SIMULEX 是一种被广泛采用的基于人员疏散行为模拟分析软件，该软件是由苏格兰集成环境解决有限公司（Integrated Environmental Solutions Ltd）开发完成的。该软件有以下特点：

1）可用来模拟大量人员在多层建筑物中的疏散。该软件适合于模拟大型、复杂几何形状、带有多个楼层和楼梯的建筑物。

2）人员按照建筑物类型的不同可分为办公人员、通勤人员、购物人员、学生、老人等几类，每类人员分别由男、女、老、幼四种基本人员类型按比例组成。疏散过程中，人员的行进速度根据人员的类型和人员的密度决定。

3）可实现模拟计算整个疏散时间，并可回放疏散过程：用户可以看到在疏散过程中，每个人在建筑物中的任意一点、任意时刻的运动情况。

二、火灾分析模型

目前常用的火灾模型有区域模型和场模型两大类，其他的还有网络模型和混合模型等。

1. 区域模型

区域模型是一种比较简单的火灾模型，它将分析的空间划分为上层和下层两个区域，其中上层区域由火灾产生的热烟气组成，下层区域为环境空气。这两层的大小随着火灾过程中从下层流入上层的烟羽流的流量，上层的排烟量以及上层烟气的温度而变化。区域模型采用热量与质量传输的工程方程来计算上下层之间质量和能量的传输，上层的热量与质量流失（排烟），以及其他的一些特性。在这些方程中，通常假设每个区域内的各项属性是均匀的。在区域模型中烟羽流是流向上层的能量流，因此在所有的区域模型中都包含羽流方程。

目前的区域模型都假设房间内的初始温度是均匀分布的，同时假设屋顶下部的烟气层的形成是瞬间完成的且烟层是均匀的，因此不能用来分析屋顶下烟气的水平流动情况。对于屋顶面积较大的空间，计算结果会产生较大的误差。不过区域模型还是可以用来计算火灾发生过程中的很多重要参数，比如烟层厚度、温度、组分和烟层下降的速度等。一些区域模型可以计算自然通风口和机械排烟的影响，还有一些可以预测感温或感烟探测系统的动作时间。

CFAST 是一种基于火灾区域模型的分析软件，由美国国家标准及技术研究院（National Institute of Standard and Technology，NIST）的科学家开发，软件应用于模拟间隔复杂的楼房火灾环境，并估算火势发展与浓烟扩散的情况。此软件于 80 年代发布初版模型，其后经过不断的实验求证、改良及更新，于90 年代初期发布了最新版本 3.1.7。此分析软件在性能化设计中被广泛采用。模拟过程中，模型中使用了在烟道、浓层烟气及相关区域的质量守恒、能量守恒及动量守恒方程，以模拟间隔复杂及多层楼房于特定火情中的环境。除此之外，CFAST 模型还可以处理带有强制通风条件的问题。

2. 场模型

场模型又称为 CFD 模型，这种模型一般计算量非常大，通常在工作站或大型机上运行。与区域模型不同，场模型中求解的是基本的守恒方程。在场模型中，所分析的空间被划分成许多的单元体（区域），然后采用守恒方程来求解各单元体之间热量和质量的流动情况。由于场模型中划分的单元体的数量很多，单元体的尺寸又比较小，因此能够进行更精细地分析，并且能够解决不规则的空间形状和特殊的气流运动等在区域模型不能解决的问题。因此，当空间几何形状比较复杂，或需要详细了解诸如空间内温度、速度、烟气组分等参数时一般采用场模型。目前常用的场模型有以下几种：美国国家标准与技术研究院开发的 FDS、英国建筑研究院（Building Research Establishment）开发的 JASMINE、格林威治大学（The University of Greenwich）开发的 SMARTFIRE 等。除此之外人们也常用 PHOENICS、CFX、FLUENT、STARCD 等大型的流体动力学分析软件进行火灾方面的分析计算。

第三节　排烟设计研究与相关软件编制

通过对性能化排烟设计的学习和研究发现，性能化的排烟设计与传统的排烟设计的区别主要体现在排烟量的确定与防烟分区的划分方面。

一、关于排烟量的分析

1. 传统排烟系统排烟量的设计

1）机械排烟系统的排烟风机担负一个防烟分区排烟时，应按每平方米面积不小于 $60m^3/h$ 计算（单台风机最小排烟量不应小于 $7200m^3/h$）。

2）负担两个或两个以上防烟分区排烟时，应按最大防烟分区面积每平方米不小于 $120m^3/h$ 计算。

3）中庭体积小于 $17000m^3$ 时，其排烟量按其体积的 6 次/h 换气计算；中庭体积大于 $17000m^3$ 时，其排烟量按其体积的 4 次/h 换气计算；但最小排烟量不应小于 $102000m^3/h$。地下汽车库机械排烟系统排烟风机的排烟量应按换气次数不小于 6 次/h 计算确定。

2. 传统设计方法的缺点

1）从技术层面上讲，排烟风机的风量与防烟分区的面积大小成正比，缺乏科学的依据。例如，对于普通办公建筑和可燃物聚集的商业建筑，商业建筑人员数量多、火灾荷载大，当防烟分区面积的划分相同时排烟量可以相同；同一商业建筑当防烟分区面积较大时要求的排烟量大，反之排烟量小。

2）当房间净高超过6m时不划分防烟分区，此时的排烟量设计没有明确说明。如果按照中庭来设计，则一个2000m^2 净高5.9m和一个2000m^2 净高6.1m且功能相同的房间来说，当防烟分区面积为500m^2 时，其排烟量分别为30000m^3/h和102000m^3/h相差两倍多，按照6次/h换气计算则为72000m^3/h相差一倍多。

3）排烟设计与人员疏散之间没有定量的关系。排烟设计是为了保证人员的安全疏散，但是从排烟量的设计中，不能说明所设计的排烟量足以保证人员的安全疏散，所以排烟设计的有效性令人质疑。

3. 性能化的设计方法

性能化排烟设计与传统排烟设计的目的是相同的，即保证建筑内的人员不受火灾烟气的危害。在性能化的设计中，排烟量是根据典型火灾情况下烟气生成量的多少来计算的。有效排烟量的确定一般有以下三种方案：

1）方案1　有效排烟量大于火灾时产生的烟气量。

2）方案2　有效排烟量等于火灾时产生的烟气量，且烟层的高度要大于一个临界高度，即保证人员安全疏散的高度。

3）方案3　有效排烟量小于火灾时产生的烟气量，但是烟层的高度下降到临界高度时，人员已经疏散完毕。

按照上述三种方案所设计的排烟系统排烟量都可以保证人员安全疏散，显而易见的是三种方案的安全裕度逐渐减小。一般建议按照方案2进行设计，如果方案2难以实现才采用方案3。当按照方案2进行设计时期排烟量可用下面的公式计算。

火焰的平均高度

$$L = -1.02D + 0.23Q^{2/5} \tag{3-3-16}$$

式中　L——平均火焰高度（m）；

D——有效燃烧直径（m）；

Q——总热释放速率（kW）。

当平均火焰长度L低于分界面，并且z位于火焰的高度或火焰高度之上且低于分界面的高度，则烟羽流的质量流速可以由式（3-3-17）计算。

$$m_p = [0.0071Q_c^{1/3}(z - z_0)^{5/3}][1 + 0.027Q_c^{2/3}(z - z_0)^{-5/3}] \tag{3-3-17}$$

式中　m_p——羽流的质量流速（kg/s）；

Q_c——对流热释放速率（约0.7Q）（kW）；

z——距离燃烧表面之上的高度（m）；

z_0——虚点距离燃烧地面之上的高度（当低于燃烧底面时为负值）（m）。

当平均火焰长度L低于分界面，并且z位于分界面以下时烟羽流的质量流速可以由式（3-3-18）计算。

$$m_p = (0.0056Q_c)\frac{z}{L} \tag{3-3-18}$$

式中　m_p——羽流的质量流速（kg/s）；

Q_c——对流热释放速率（kW）；

z——距离燃烧表面之上的高度（m）；

L——平均火焰高度（m）。

羽流的体积流量可以用式（3-3-19）计算。

$$V = \frac{m_p}{\rho_0} + \frac{Q_c}{\rho_0 T_0 c_p} \tag{3-3-19}$$

式中　V——羽流的体积流量（m^3/s）；

m_p——羽流的质量流速（kg/s）；

ρ_0——环境空气的密度（kg/m^3）；

T_0——环境温度（K）；

Q_c——对流热释放速率，kW；

c_p——空气的比定压热容［kJ/(kg·K)］。

烟羽流的平均温度可根据热力学第一定律得出

$$T_p = T_0 + \frac{Q_c}{mc_p} \tag{3-3-20}$$

式中　T_p——高度 z 处的平均羽流温度（K）；

T_0——环境温度（K）；

Q_c——对流热释放速率（约0.7Q）（kW）；

m——羽流的质量流速（kg/s）；

c_p——空气的比定压热容［kJ/(kg·K)］。

二、关于防烟分区的划分

1. 传统的设计方法

需设置排烟设施的部位，应采用挡烟垂壁、隔墙或从顶棚下突出不小于0.50m的梁划分防烟分区。① 每个防烟分区的建筑面积不宜大于500m²；② 当从室内地坪至顶棚或顶板的高度在6m以上时，可不受此限；③ 地铁地下车站站厅、站台的防火分区应划分防烟分区，每个防烟分区的建筑面积不宜超过750m²；④ 设有机械排烟系统的汽车库，其每个防烟分区的建筑面积不宜超过2000m²。

2. 传统的设计方法的局限性

根据对火灾特性的研究，火灾发生时燃烧产生的烟气由于浮力的作用在火焰上方随羽流上升。当烟气碰到屋顶后，在屋顶下形成顶棚射流，并开始在屋顶下蔓延，直到碰到阻挡（墙或挡烟垂壁）。然后，在整个空间开始蓄烟，烟层界面逐渐下降，如图3-3-4所示。

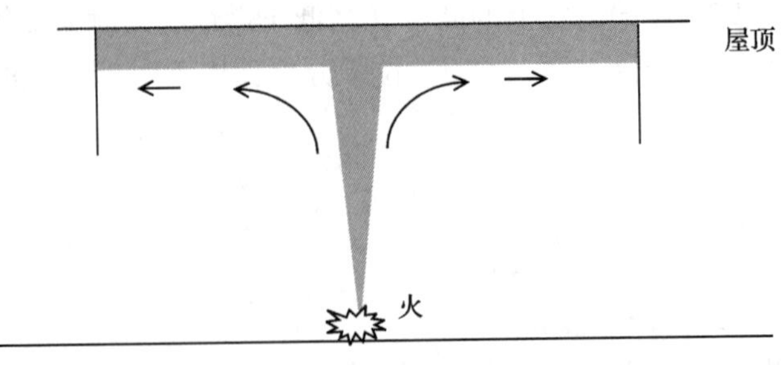

图3-3-4　火灾顶棚羽流示意

研究表明顶棚射流的厚度在火源距离顶棚高度的10% ~20%之间。也就是说，如果划分防烟分区，则挡烟垂壁下降的高度不应小于室内净高的20%。0.50m的挡烟垂壁对应的室内净高为2.5m，当室内净高大于2.5m时0.50m的挡烟垂壁不一定能够起到挡烟的作用。

另外，火在烟羽流上升的过程中水平的截面积逐渐扩大，上升的高度越高，扩散的面积越大，为了能够控制烟羽流，防烟分区的面积不应太小。同时，烟羽流在水平扩散的过程中卷吸大量的空气使得烟气温度和水平扩散的速度逐渐降低，最终失去水平扩散的动力，因此防烟分区的面积也不应过大。传统设计方法中，对防烟分区面积的划分除了建筑面积不宜大于500或750m^{2}以外，没有给出更多的建议。

3. 性能化的设计方法

根据NFPA204的建议，在防烟分区的划分时应满足以下条件：

1）挡烟垂壁从顶棚垂下的高度应不小于顶棚高度 H 的20%。其中，对于水平的顶棚，H 从顶棚到地面计算；对于倾斜的顶棚，H 从排烟口中心到地面计算。

2）防烟分区的长和宽都不应超过顶棚高度的8倍。如果挡烟垂壁高度小于顶棚高度的30%，则挡烟垂壁间的间距应不小于顶棚高度。

3）设计的烟层高度不应低于挡烟垂壁的下边沿。

另外，根据国际权威机构CIBSE（The Chartered Institution of Building Services Engineers）出版的设计指南《防火工程》的建议，在一定条件下防烟分区的最大面积可达2000~3000m^2。上海《民用建筑防排烟技术规程》建议每个防烟分区的面积不应超过2000m^2，所以在地下空间防烟分区的划分中，建议最大建筑面积不宜超过2000m^2。

三、单室烟气填充分析软件

在人员疏散的分析中，常常需要分析火灾烟气层的温度、能见度、高度随时间变化的情况，为此以NFPA92B提供的烟气生成模型，利用EXCEL电子计算表格编制了一套分析软件SmokeCal，其操作界面如图3-3-5所示。

火灾增长时间（s）	房间净高（m）	空气比热（kJ/kgK）	机械排烟量（m^3/s）
326	12.5	1	30
t^2 火速度	房间面积（m^2）	空气密度（kg/m^3）	风机启动时间（s）
0.0469	1620	1.2	90
对流热比例	危险临界高度（m）	环境温度（K）	
0.7	4.6	297	
材料燃烧热（kJ/kg）	发烟比例（kg/kg）	喷淋响应时间（s）	
13000	0.025	326	开始计算
时间步长（s）	计算时间（s）	显示时间步长（s）	
1	1200	10	

图3-3-5　SmokeCal操作界面

1．软件具有的功能：

1）能够计算烟层高度、烟层能见度、烟气生成量、羽流平均温度等参数随时间变化的数值。

2）除了常用的四种 t 平方火以外，还适用于其他任何增长速率的 t 平方火。

3）可以分析无排烟和有排烟两种工作情况，排烟风机启动时间可更改。

4）计算步距和计算结果显示步距可随意设置。

5）自动以数据表和图表两种方式输出结果。

2．软件的输入输出参数

软件的输入参数如输入界面图所示。输出参数包括热释放速率（HRR）、质量卷吸率、烟层质量、烟层热量、羽流平均温度、烟层平均温度、烟层体积、烟层高度、危险临界高度、烟层能见度等。

3．系统框图（图 3-3-6）

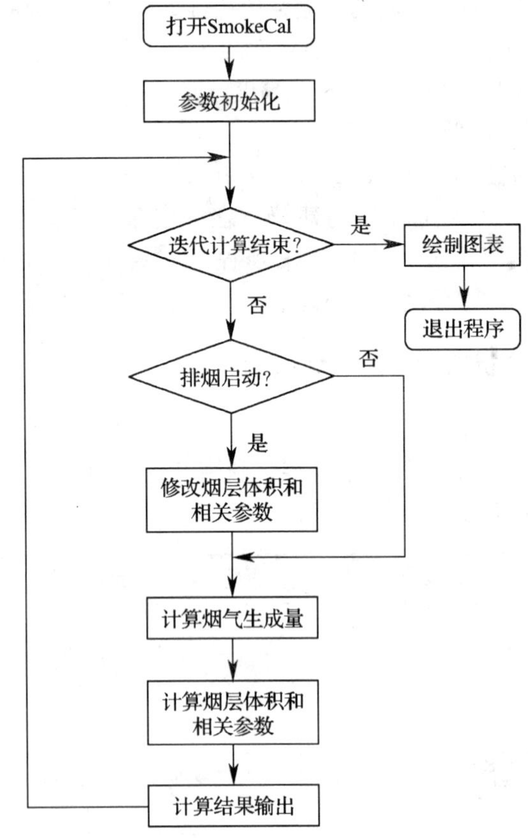

图 3-3-6　SmokeCal 程序主框图

第四节　小　　结

一、人员疏散性能化设计方法总结

1．性能化设计的步骤

通过上述分析，可以将地下空间人员疏散性能化设计的步骤总结如下：

1）收集相关建筑信息。包括可燃物的分布，可能的火灾位置，消防系统的配备与工作状况，疏散出口与通道的宽度、疏散距离等。

2）确定人员信息。包括人员的数量（或密度）、人员的类型、人员的状态、人员的行进速度等。

3）选择疏散场景。疏散场景是根据建筑的功能、建筑物内部的设施情况和人员类型以及可能的火灾场景而对影响人员疏散过程的人员条件及环境条件进行的定性描述。例如，某个出口被火封堵，排烟风机不启动等。

4）确定性能指标。通常包括临界烟层高度、烟层能见度、烟层温度等指标要求，以及对疏散时间或其他相关的要求。

5）疏散时间预测。包括火灾探测时间、疏散准备时间、疏散行动时间等的分析与模拟计算。

6）危险来临时间预测。主要是火灾烟气生成与排烟系统的分析。

7）疏散安全性分析。根据疏散时间和危险来临时间的预测结果，对各个疏散场景的安全性进行分析和评价，并对不满足性能指标的场景从疏散时间和危险来临时间两方面进行深入地分析，提出改进意见。

2. 分析模型和工具的选择

(1) 疏散时间分析模型的选择

一般情况下，水力疏散模型适用于结构简单、布局规则、疏散路径容易辨别的建筑内的疏散分析。尽管水力疏散模型的计算结果比较粗糙，与真实值差距较大，但是由于水力疏散模型计算速度快，通常能够在几分钟内得到计算结果，所以也常常用于初步设计或评估。

当建筑内部分隔和布局比较复杂的情况下，需要对疏散过程有更准确更细致的分析时需要用到行为模型。行为模型在处理人员众多的复杂建筑物时，经常需要更大的计算量和更多存储资源，而且运算时间也比较长，有时甚至需要几个小时。

(2) 火灾烟气分析模型的选择

在性能化设计中，火灾烟气的分析通常都采用区域模型，包括手工计算的区域模型以及 CFAST 和 LAVENT 等已编成软件的火灾区与模型。这些模型或软件一般都能够解决烟层高度、烟层温度、烟层能见度、以及排烟设计中相关参数的分析。但是，当建筑的几何空间形式比较复杂、需要详细了解诸如空间内温度、速度、烟气组分等参数时一般采用场模型。

3. 疏散分析中的不确定性

(1) 人员的不确定性

在水力模型中，假设人员具有相同的特征，井然有序的疏散。而实际上，人员的行走速度受很多因素的影响，例如性别、年龄及身体条件等。研究表明，人的年龄超过 65 岁时，行走速度有一定的减小，小孩的行走速度比成人的速度要小，但是总体来说，年龄对人员疏散的影响不是很明显。另外，人员的行走速度还受疏散路线内人员的密度的影响。在疏散过程中，人总是习惯于和自己有某种联系的人结伴构成一个团体，比如家庭成员、同事等。而且团体的速度往往受其中最慢的人的影响。

（2）火灾的不确定性

火灾的发生发展受到多种不确定因素的影响，如：① 可燃材料和可燃物本身的对火反应特性等；② 可燃的形状、摆放方式和堆积形式等；③ 可燃物之间的间距和相对位置；④ 火灾时的通风条件；⑤ 其他燃烧物体的热反馈；⑥灭火救援和消防系统的作用。由于存在着众多不确定因素，同时也由于火灾发展蔓延的机理尚未完全研究透彻，考虑到不确定因素的影响，在分析中尽量采取保守的方法。

有疏散分析中存在上述不确定性，所以计算得到的疏散时间可能要小于火灾时的实际疏散时间。为了弥补这些不确定性因素的影响，通常将计算得到的疏散行动时间称以一个安全系数，一般取1.5~2。如果参数设置时取值相对保守，可以取较小的安全系数，反之应该取较大的安全系数。

二、今后的研究方向和内容

性能化的防火设计是建立在火灾科学和消防工程学基础之上的，因此性能化的防火设计的发展离不开大量实验和理论的研究。许多经济发达国家或火灾多发的国家，例如美国、英国、加拿大、澳大利亚和日本等，对火灾问题进行系统的研究已有六七十年的历史。在我国，虽然我们对火灾的重视程度逐年提高，但是在火灾基础研究和相关数据库建立方面，远远落后于这些发达国家。不过，通过最近几年的学习和研究，我们基本掌握了性能化防火设计的方法，并拥有了先进的火灾分析模型和人员疏散分析软件，并且在性能化防火设计水平上与国外发达国家的差距正在逐步缩小。尽管如此，就人员疏散的性能化设计而言，我们还需要在以下方面开展深入的调查和研究。

1. 人员密度的预测

人员的数量或密度是人员疏散分析中的一个重要参数，它直接关系到人员疏散时间的长短。如果人员密度预测过小，则设计方案可能会不安全；如果人员密度预测过大，则会造成不必要的浪费。现行设计规范中提供的一些人员密度的设计参数多是20世纪80年代的统计结果，与现在的情况出入较大。因此，急需开展不同类型建筑人员密度或流量的调查统计，特别是人员密集场所人员流动情况的调查。

2. 人员疏散模型和分析软件的开发

目前使用的人员疏散分析软件基本都是国外研制开发的，国内目前还没有得到大家认可的商用疏散分析软件。国外的疏散分析软件是建立在本国的人员疏散统计资料之上的，步行速度、出口系数等与我国的情况可能会有一定的差异，而我国缺乏相关的统计数据，设计中只能参考国外的相关数据。因此，有必要开发有自主知识产权的疏散分析软件，并开展适合我国的相关特征数据的调研。

3. 火灾数据库的建立

性能化设计中使用的火灾模型都是根据大量火灾试验数据建立起来的。由于全尺寸的火灾试验设备昂贵，每次试验的成本也很高，因此全尺寸火灾试验在我国开展得较少，目前我们使用的火灾模型也主要来自于国外。正因为这样，火灾试验数据显得尤为珍贵，而且这些试验数据也是性能化防火设计中必不可少的设计依据，所以建立我们自己的火灾数据库势在必行。

4. 不确定性的处理

当前针对疏散分析中的不确定性处理，通常是将疏散时间乘以一个 1.5 ~2.0 的安全系数。该方法对安全系数的取值没有一个明确的规定，完全靠设计人员自行决定，因此难以保证其应有的合理的安全度。因此，需要对各种不确定性对疏散时间的影响进行更深入的分析研究，根据各因素的影响大小建立一套安全度评判规则，来确定合理的安全系数。

第四章　应用案例分析

第一节　　案 例 简 介

一、工程概述

金融街地下交通工程位于北京市西城区金融街核心地块，东起太平桥大街，西止月坛南、北街，南至广宁伯街，北至武定侯街。整个地下交通工程总占地面积约 $103hm^2$。

金融街地下交通工程建于金融街中心区，它将金融街 B 区、F 区存有至少 7000 辆车的地下车库与西二环及太平桥大街相连通。金融街地下交通工程包括中心区内地下车行系统设计及地下人行系统。地下车行系统位于地下二层，车行系统通过地下隧道与西二环路与太平桥大街直接相通，连接各已建、在建及拟建地块地下车库，该系统还包括太平桥大街出入口、西二环路出入口及与地下车行系统相关的地上构筑物的设计。地下交通工程隧道总长度单车道约为600m，双车道约为1600m，地下交通工程总建筑面积约 $26000m^2$。

二、工程特点

金融街地下车行隧道系统由环绕 B4 与 B7 地块的环行车行隧道、F5 与 F6 北侧的东西向车行隧道、西侧西二环出入口、东侧太平桥大街出口以及连接十多个地下车库的辅助车道组成。金融街地下车行隧道东西方向长约 800m，南北向隧道最长约 300m，将地下车库出入口和城市地下车道相结合，构成了一个连通约 7000 辆车位车库的地下交通网。金融街地下车行隧道属于城市交通隧道，但是不同于一般的公路隧道及地下车库。与普通的公路隧道比，其内部运行的车辆数量，及发生火灾后对周围环境的影响更大。地下车库的火灾由于汽车停泊的间距的限制，一但发生火灾损失巨大，但是它的特点是人员比较少。金融街地下车行隧道几乎是这两种火灾的最不利的特点组合，一但发生火灾，不仅损失惨重，影响恶劣，而且由于其内部的车辆及人员众多，如果隧道内部的灭火系统、排烟设施、疏散系统设置不当，将会产生重大伤亡事故。

三、主要问题

由于金融街地下车行隧道系统本身的复杂性，使得设计中合理选择适用的设计规范变得很困难，在消防设计方面问题显得更加突出。一方面表现在对金融街地下车行隧道系统目前还没有一个确切的定义，既不能简单地看作大型地下车库的出入口，也不能完全按照城市公路隧道进行设计；另一方面，现行的相关规范中提供的可参考的设计依据较少或者比较笼统，不能完全满足金融街地下车行隧道消防设计的要求；最后，由于地面设计规划的要求，地下车行隧道消防设计会受到一定的限制。总之，金融街地下车行隧道消防设计中的一些问题没有规范可依。这些问题主要包括人员疏散口的布置及防排烟系统的设计两个方面。

第二节　火灾危险性分析

一、火灾特点

通过分析城市地下车行系统火灾发生的案例，可将金融街地下车行隧道火灾产生的可能原因可归纳如下：

1）由车辆本身起火引起的火灾。车辆本身会由于电路故障、汽化器起火等原因起火。汽车火灾是隧道火灾的主要危险。

2）相撞引起的火灾。在隧道内由于视线不清、车速过快等原因可能造成两车相撞而引起车辆油箱内的燃料燃烧，同样可以引起火灾。通过限制车速和采用合理的照明设计，可以大大降低此类火灾发生的可能。

3）车辆上运输的货物引起的火灾。隧道内可能有装载易燃物的车辆通过，这些易燃物可能由于遇到明火或自燃而燃烧，最终导致火灾。在金融街地下车行隧道中，由于允许为各地块服务的车辆使用隧道，所以会出现类似洗衣店运送衣物的车辆在隧道内发生火灾的可能性。但是通过采用封闭车厢运送类似的易燃物，可降低隧道内发生火灾的可能性。

4）由于隧道内的电气设备发生故障而引发火灾。主要由于电线短路起火，电器开关发生打火等原因所引起的火灾。通过合理的电气设计，对短路过载采取保护措施，对各类电气设备和线路采取防火保护，可杜绝由于电气设备本身发生的火灾。

城市地下交通隧道的火灾特点既有地下建筑火灾的特点，又具有隧道火灾的特点。这主要表现在：

1）由于隧道空间小，对外出入口少，比较封闭，自然排烟困难。一旦发生火灾，将产生大量烟雾，而且燃烧产生的热量不易散发，容易导致火灾的蔓延甚至爆炸，产生更大的破坏。

2）火灾烟气的蔓延方向一般与人的疏散方向相同，燃烧产生的大量有毒浓烟不但严重影响隧道内的能见度，而且容易引起人员的恐惧反应，造成疏散人流的混乱，导致疏散困难。此外由于隧道的横断面小，发生火灾时不仅人员疏散困难，车辆疏散更加困难，而且车辆一辆接一辆，火灾还有可能在车辆之间蔓延，引起更大火灾。

3）地面人员很难准确了解隧道内火灾的位置和发展状况，而且外部救援人员和设备很难进入隧道进行扑救。

4）由于隧道内的车辆处于运动状态，所以发生火灾的位置不固定，可能发生在隧道内的任何位置。

二、确定设计目标

隧道消防设计的一个最重要的目标是保证人员生命财产的安全。因此人员疏散设计是设计中的一个重要部分。在金融街地下车行隧道的疏散设计中，突出的问题表现在疏散口位置的布置是否合理。实际上疏散设计和防排烟设计是密切相关的，防排烟系统的一个主要目的就是将火灾中产生的热烟气排到室外，为火灾初期人员的疏散和救援提供一种安全的保障。因此需要综合考虑两个系统的相互作用关系。这与传统的消防设计中，疏散系统与防排烟系统可以分开单独进行设计的理念是不同的。疏散是否成功，是看隧道中的所有人是否能够在危险到来之前到达安全的地点，这样疏散时间及危险到来时间就成为了判定人们能否安全疏散的主要参数。

这里疏散时间的预测，采用了《日本避难安全检证法》提供的水力模型计算方法以及IES公司开发的SIMULEX场模型计算方法，分别进行预测计算，为安全起见，取两者的较大值作为预测结果。

危险到来时间的预测，需要分析在所设计的防排烟系统作用下，火灾产生的热烟气在隧道内的运动特性。目前可用于分析火灾烟气运动特性的分析软件可分为区域模型、网络模型和场模型三种。其中区域模型由于不能分析烟气运动的细部特征，而且应用在狭长和交叉弯曲的隧道中误差较大，所以不适用。网络模型主要应用于多室多层的建筑物，所以也不适用。最终选择场模型分析软件。场模型分析软件，应用计算流体动力学（CFD）和能量守衡的理论，将流体流动区域划分为大量的体积网格，来分析流体在流体域中的运动特性，它不仅能够分析流体的细部特征，而且适用于任何复杂的几何体。因此选择场模型分析软件能够比较准确地模拟出火灾烟气在隧道中的运动特性。这里采用美国FLUENT公司开发的最新版本的大型商用CFD分析软件FLUENT进行隧道内火灾烟气的模拟计算。

三、设计火灾场景

金融街地下车行隧道采用一主干道及一环行车道相结合的形式，并且通过专用车行通道，在金融街中心区地下二层的高度将各地块的地下车库连接了起来。因此其内部的交叉路口众多，并且每个路口的平面形式、空间尺寸都不相同。为了能够全面的评估该交通系统，必须在多处地点进行火灾的模拟计算。根据设计中防烟分区划分（图3-4-1）的特点，针对每处着火点，只分析着火点所处防烟分区和与着火点很近的相邻防烟分区内的疏散和烟气运动特性。在火灾发生初期，由于防烟分区的作用，烟气不可能很快地扩散到其他防烟分区，因此只选取隧道中与着火点最近的防烟区段进行分析是合理的，模拟结果也证明了这一点。

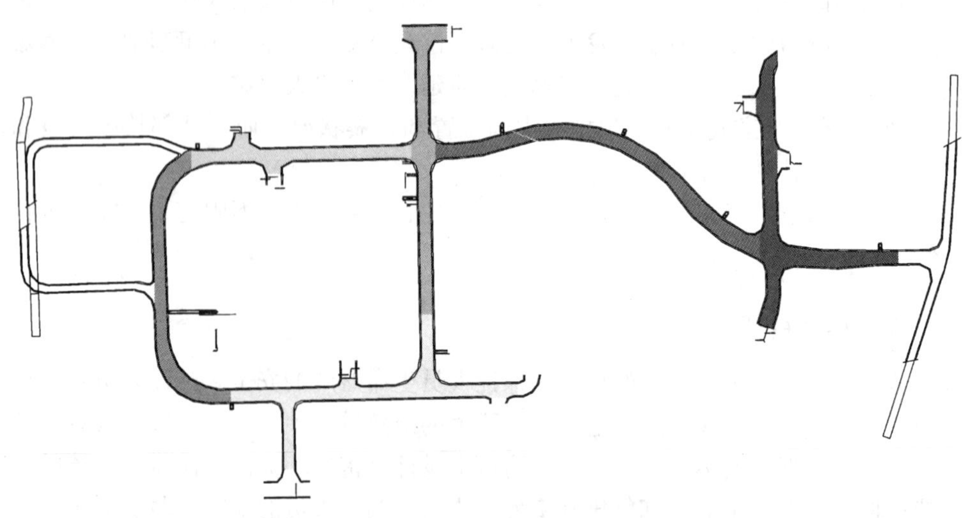

图3-4-1　防烟分区划分

1. 场景一

场景一位于金融大街的地下，起火点设置在如图 3-4-2 所示的疏散口处，该疏散口将被封闭，是本场景中的最危险火源位置；在本场景中包含两个防烟分区，距离火源 75m 处为横穿隧道顶部的过街通道和风管，以它们来划分防烟分区。火灾发生 120s 后，火灾防烟分区的通风系统由正常通风切换为紧急通风，其他防烟分区保持不变。

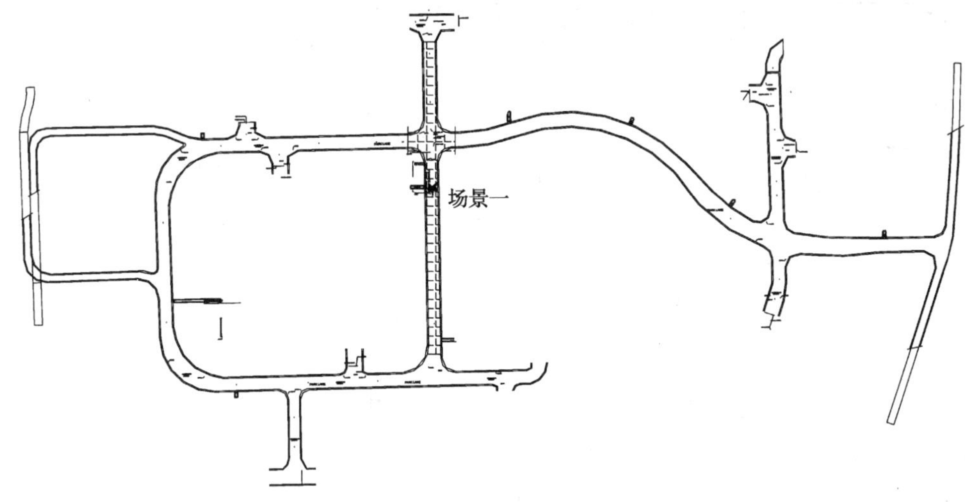

图 3-4-2 场景一示意图

2. 场景二

本场景位于环形隧道下方，火源位于如图 3-4-3 所示三岔口。在本场景中包含两个防烟分区，用一挡烟垂壁划分防烟分区。通风状况，同场景一。在火源右侧距离 35 ~ 50m 之间无补风口。

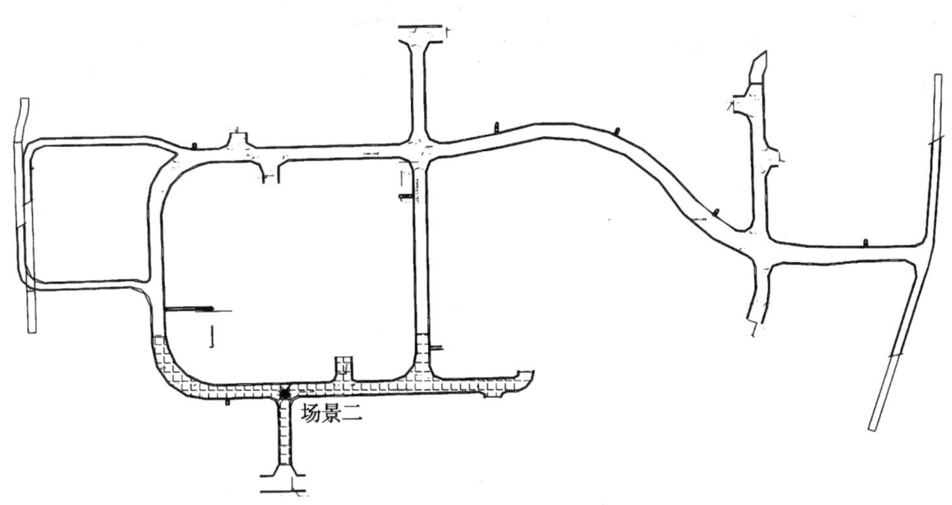

图 3-4-3 场景二示意图

3. 场景三

本场景位于环行隧道右侧的弓字形隧道，仅包含一个火灾防烟分区，两侧各有一挡烟垂壁。通风状况，同场景一。火源位置如图 3-4-4 所示，在距离火源 15m 处有一过街通风管道。

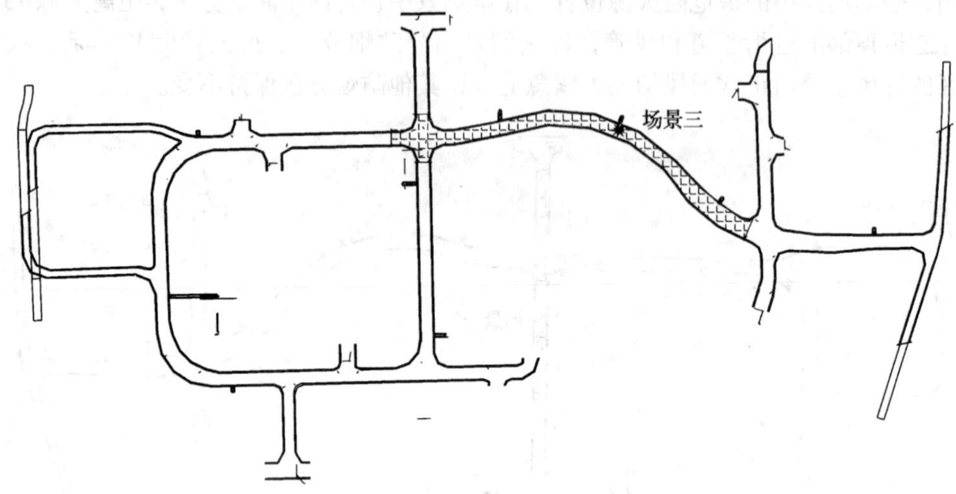

图 3-4-4　场景三示意图

4. 场景四

本场景位于环行隧道的左侧，包括通向二环路的一条引路。在本场景中包含四个火灾防烟分区，通过挡烟垂壁分割。通风状况，同场景一。火源位置如图 3-4-5 所示，在距离火源 5m 处有一过街通风管道。

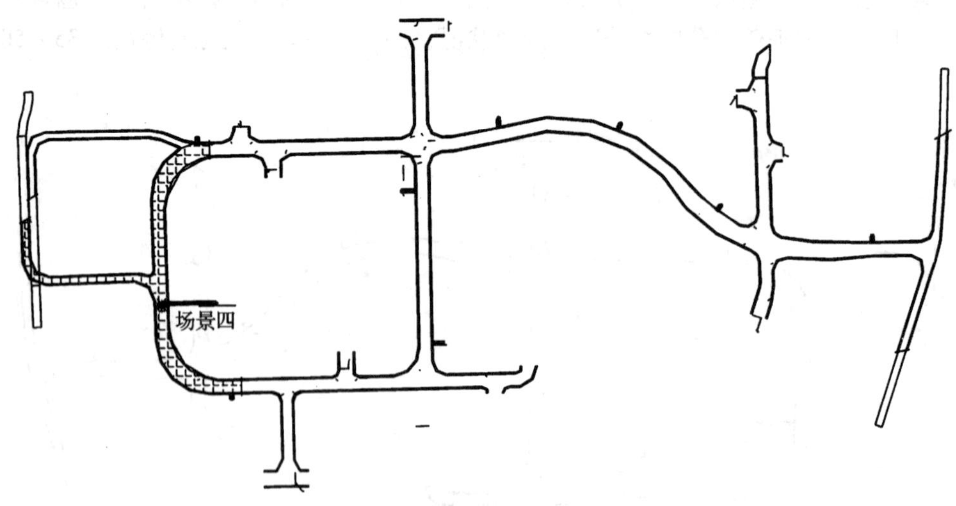

图 3-4-5　场景四示意图

5. 场景五

本场景位于环行隧道的上部，火源位置如图 3-4-6 所示，疏散口 2、3 分别位于防烟分区 2 和 3 中，因此在本场景中包含三个防烟分区。分区一发生火灾，分区三与分区一、二十字交叉，通过挡烟垂壁分割（其中挡烟垂壁 3 距离火源 110m）。通风状况，同场景一。

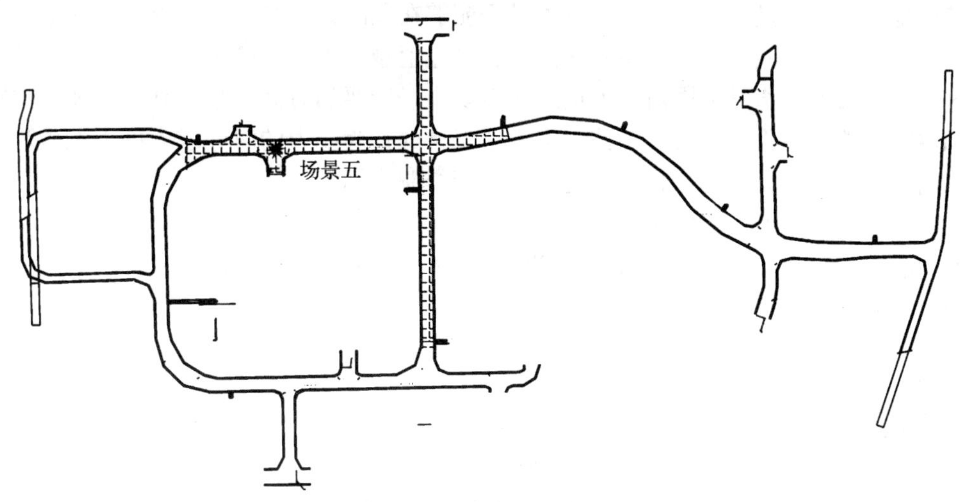

图 3-4-6　场景五示意图

6. 场景六

本场景位于隧道的右侧，在本场景中包含三个火灾防烟分区，分区二发生火灾，通过挡烟垂壁与其他两个分区分割。通风状况，同场景一。图中十字交叉部分标高是 37. 10m，T 形三岔口部分标高 47. 20m，它们之间的连接部分是一个倾斜向上的斜坡。火源位于斜坡的上侧如图 3-4-7 所示。

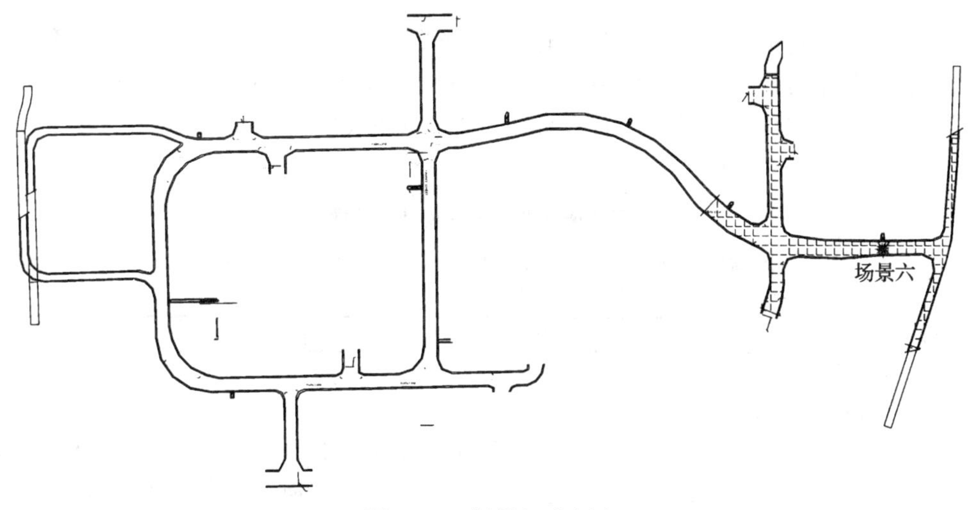

图 3-4-7　场景六示意图

第三节　计 算 分 析

一、模拟计算

1. 评估目标

通过验证火灾时人员疏散的安全性，来评估防排烟系统以及疏散口设计的合理性。

2. 人员疏散安全性判定准则

疏散是否成功，是看隧道中的所有人是否能够在危险到来之前到达安全的地点，疏散时间小于危险来临时间，则疏散是安全的，二者差值越大则安全度越高；反之则不安全。

这里，疏散时间指隧道中所有人员疏散至安全场所要的时间。危险到来时间即火灾中的烟和热的影响直接作用于人，而使人失去了正常的行为能力的时间或人群不发生恐慌的心理忍耐时间。选择如下指标作为危险来临时间控制指标：

1）烟层距隧道地面 1.8m 高度处之上；

2）允许逃生的空气温度不应高于 80℃（人员在该温度下可以耐受 15min）；

3）CO 浓度为 4000ppm，质量百分比浓度为 0.3876%（人员在该浓度下暴露 30min 会致死）。

3. 烟气流动分析方法

（1）前提假设

1）忽略汽车以及人员对气流的阻碍扰动影响；

2）忽略通风系统产生的气流以及隧道环境对火源的影响，并忽略氧气含量对火势的影响；

3）假定各排烟口压头一致、补风口压头一致；

4）在计算时间范围（10min）内，若疏散口或挡烟垂壁所在处温度未出现超标现象，则危险来临时间设为 10min；

5）模型的出口设定为压力出口边界条件，压力为 1 个大气压。

（2）火源的设定

本隧道允许通行的汽车主要为小汽车，最大可能车型为小型箱式货车或轻型客车。按照甲方提供的隧道可能通过车辆资料，本次评估选取依维柯 NJ5046XXY 型箱式货车作为着火源对象，并假定汽车燃料为汽油情况。综合国内外汽车火灾的文献资料，选取火灾规模及相关参数如表 3-4-1 所示。

本评估选取的火灾规模及其参数　　表 3-4-1

汽车类型	火灾规模（MW）	火灾周长（m）	火灾成长系数	烟气温度（K）	烟气生成速率（kg/s）	CO 比例（%）	碳黑比例（%）	辐射热比例（%）
箱式小货车	10	15	0.1878	595.62	24.95	2	6	30

（3）通风系统的模拟

本系统采用横向通风，其运行工况为：正常排烟 10 次/h；正常送风 8 次/h；火灾时紧急排烟 20 次/h；火灾时紧急送风 16 次/h。由正常通风切换至紧急通风的时间取 120s。排烟口用排烟风扇（exhaust fan）模拟，补风口用进气风扇（intake fan）模拟。通过改变压力边界条件模拟通风量的改变。

（4）选用的模型

1）理想气体模型；

2）$k-\varepsilon$ 湍流模型；

3）P1 辐射模型；

4）组分传输模型。

（5）模拟结果提取

根据日本《避难安全检证法》，人员身高一般采用1.8m，构造一平行于隧道地面、高度为1.8米的面（在烟气计算说明书中，若无特别说明，所有数据及其分析均针对该表面）。监测该表面上温度、CO浓度分布云图，云图采用限制显示范围的方法，超过给定指标的区域无颜色，表示危险区域。在疏散过程中，疏散人员位于危险区域中，或者其逃生路径被危险区域封闭时，疏散失败；若无上述两种情况，则认为疏散成功。

（6）人员疏散预测

采用手算公式法结合SIMULEX软件模拟计算的方法。

基本情况设定：

1）人员情况

（A）人员密度：按每车乘载3人考虑，因使用本交通系统多为通勤上班人员，每车按3人考虑是较为保守估计，车距按最不利情况考虑，车头与车头之间距离为7.0m；

（B）人员类型：通勤上班及来此办事人员（健康成年人）；

（C）人员速度：地面平坦时取疏散速度为78m/min，也即1.3m/s，此处为地下交通，疏散方向单一明确，且人员密度较低，因此疏散速度取1.3m/s是可行的。

2）出口情况

（A）出口类型：地面开口和地块车库口；

（B）出口宽度：1.2m。

3）疏散场景假定：

（A）紧邻火灾位置出口不可用；

（B）在无车辆出口的道路上，面向火源行驶车辆上的人员需要全部疏散，并选择最近出口（紧邻火灾位置出口除外），人员步行进行疏散；

（C）远离火源行驶车辆上人员及车辆，在火灾时不考虑其疏散问题；

（D）疏散人员进入出口通道即为安全。

二、结果分析

1．模拟结果

通过对模拟计算结果的分析，除场景六外其他场景均能够保证安全疏散。场景六的危险情况出现在挡烟垂壁2处，疏散时间为39s，危险来临时间为25s。如图3-4-8所示。

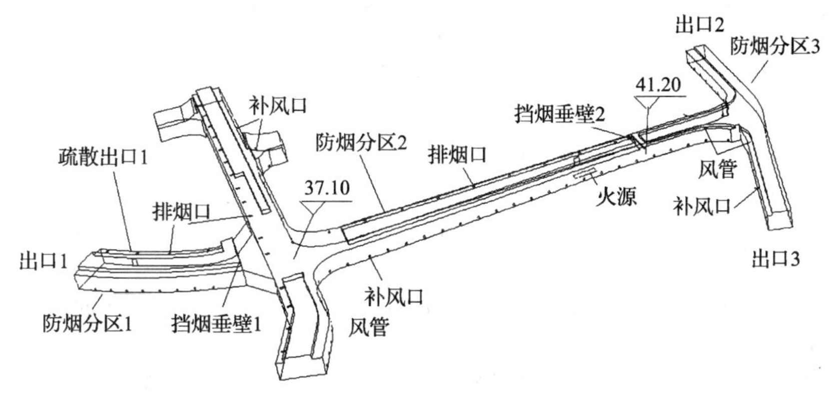

图3-4-8　场景六几何模型

2. 改进建议

此场景中，最突出的矛盾是火源至挡烟垂壁之间排烟量不足，导致热烟气在此局部淤积，从而产生危险。因此解决问题的方向是尽可能地增大此处的排烟量。考虑借用分区三的排烟能力——在分区三的过街排烟管道上、分区二一侧开一排烟口，该排烟口面向热气流的来流方向，排烟效果应当较好（图 3-4-9）。

改进后的排烟方案危险来临时间（T_f）延迟为 50s，最终满足了安全疏散的要求。

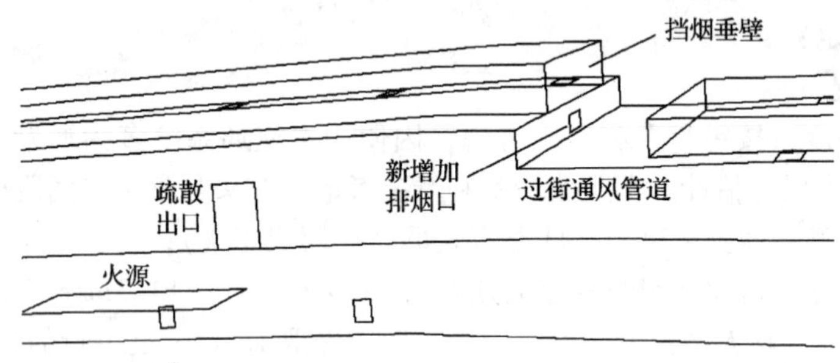

图 3-4-9　新增风口示意图

参考文献

1 中华人民共和国国家标准《建筑设计防火规范》(GBJ 16—87). 北京：中国建筑工业出版社，2001

2 中华人民共和国国家标准《高层民用建筑设计防火规范》(GB 5045—95). 北京：中国建筑工业出版社，2001

3 《人民防空工程设计防火规范》(GB 50098—98) 北京：中国建筑工业出版社，2001

4 中华人民共和国国家标准《地铁设计规范》(GB 50157—2003). 北京：中国计划出版社，2003

5 中华人民共和国国家标准《汽车库、修车库、停车场设计防火规范》(GB 50067—97). 北京：中国建筑工业出版社，2001

6 《公路隧道通风照明设计规范》(JTJ 026. 1—1999)

7 《民用建筑防排烟技术规程》(DGJ 08—88—2000，J 10035—2000)

8 孙金香，高伟. 建筑物综合防火设计. 天津：天津科技翻译出版公司，1994

9 韩占先，徐宝林，霍然. 降伏火魔之术. 济南：山东科学技术出版社，2001

10 程远平，李增华. 防火工程学. 徐州：中国矿业大学出版社，2002

11 范维澄，王清安，姜冯辉，周建军. 火灾学简明教程. 合肥：中国科学技术大学出版社，1995

12 霍然，胡源，李源洲. 建筑火灾安全工程导论. 合肥：中国科学技术大学出版社，1999

13 李树，王亚森. 地下设施消防知识. 北京：警官教育出版社，1996

14 《避难安全验证法的解说以及计算实例及其解说》2001 年版

15 R. L. P. Custer & B. J. Meacham. Introduction to Performance-based Fire Safety. National Fire Protection Association, Quincy, MA, 1997

16 British Standard DD 240. Fire Safety Engineering in Building, part 1: Guide to the application of Fire Safety Engineering principles, 1997

17 Fire Code Reform Centre Limited. Fire Engineering Guidelines. Australia, 1996

18 Australian Building Codes Board. Fire Safety Engineering Guidelines. Australia, 2001

19 University of Cantebury. Fire Engineering Design Guide. Second Edition. New Zealand, 2001

20 National Fire Pritection Association. Guide for Somke and Heat Venting. 2000 Editon

21 National Fire Pritection Association. Guide on Methods for Evaluating Potential for Room Flashover. 2000 Editon

22 National Fire Pritection Association. Guide for Smoke Management Systems in Mall, Atria, and Large Areas. 2000 Editon

第四篇

地下空间噪声控制、采光及照明技术

第一章　地下空间噪声控制技术

第一节　地下空间建筑的室内声环境

由于与地上环境隔绝，故在地下建筑中，会出现两种典型情况：一种是地下空间内的机械噪声强度很高，直接造成对身在其中的人的危害；另一种是与外界噪声源完全隔绝，缺少正常生活中应有的声音，造成绝对安静的环境，令人不安。

在地下环境中虽然较少受到地面和人员喧闹声的影响，但机械设备的噪声、步行者的脚步声与说话声、店铺中的噪声等混合在一起，可能产生强的噪声源，极易使人感到心情烦躁，精神疲乏，反应迟钝，注意力不集中，并降低工作效率。持续运转的通风机等发出连续的低频噪声，其影响也是持久而内在的。由于建筑形体和空间的封闭性，使得同一噪声源在地下环境内的声压级要大于地面的3～8dB。地下空间的封闭性使得音响难以扩散，有时地下空间结构和装修处理的不当，使得室内的回声现象严重，尤其是常用的拱形支护结构，在吸声处理不好的地方，声音会不断地放射，出现声聚焦。如果采用拉毛处理，问题不但未得到改善，相反却更加不利，拉毛的混凝土上积有大量灰尘，既不利清除，也不能达到快速衰减声音的作用。

地下空间的听觉环境首先要保证一定距离内信息传递的清晰度。即在一般情况下，应保持交谈时对话清晰而不受影响，传送电话、广播清楚而不受干扰。在紧急情况下，应确保警报系统发出的报警信号声音清晰而不受影响地传递出去。其次要保证使背景噪声水平适于人们工作和休息，不致使过高的背景噪声令人产生烦躁情绪。第三是使室内声源引起的噪声强度控制在允许的噪声级以下。

从改善地下空间听觉环境的角度考虑，不但必须将产生噪声源的风机房、电机房、水泵房布置在远离功能中心空间和其他需要安静的部位，而且在建筑上严格分区并作适当的隔声处理。风机和管道系统必须进行消声处理，机座必须设置减震设施。而且局部有电声产品以及人流密集嘈杂的地方也应放置在建筑的一角。虽然一般地下环境无需专门作混响声场设计，但为了减少各种噪声通过天花反射传递，天棚最好结合室内装修作吸声处理。

除了在地下空间中防止噪声外，还应防止另一种极端，即地下建筑物内过度安静，以致于无法保证必要的私密性，这时就需要向室内播放一些与人声频率相同的杂音和音乐作为背景音响。

第二节　地下建筑噪声控制标准

一、概述

我们知道，地下建筑的室内噪声对人的危害是严重的，因此应对不同功能的地下建筑提出相应的噪声标准。

目前，在民用建筑物内，允许噪声标准采用 A 计权声级和噪声评价曲线（即频带声压级）；对于工业建筑（车间）和城市环境则采用等效连续 A 声级。

对于地下建筑的噪声允许标准可分为两类：一类是机器产品允许噪声标准；二是听力和环境噪声允许标准。

二、噪声对听觉及人体的影响因素

噪声对听觉及人体的影响，主要由噪声级、频率和作用时间决定，同时也与个人反应、噪声值大小、有调无调等因素有关。

一般认为：噪声在 80dB（A）以下，对听觉和个人没有什么影响；在 85dB（A）以下，对 90% 的人没有影响；在 90dB（A）以下，对 85% 的人没有什么影响。

在一般情况下，高频噪声（2000Hz 以上）较低、中频噪声（125～2000Hz）对人体危害更大，这是因为人耳对 1000～6000Hz 的噪声反应是最敏感的。

噪声的作用时间，对听觉及人体的影响关系极大。国际标准化组织制定相关劳保标准时，是按每天工作 8h，每周工作 5d，每年工作 48 周，在噪声环境下工作 10 年来计算的。如果每天工作不是 8h，而是小于 8h，最大允许噪声级可相应地提高。

在同样的噪声级和作用时间下，个人对噪声的反应是不同的。一个噪声级对某个人的听力可能造成损失，甚至造成噪声性耳聋，而对另一些人，则没有明显的影响，这与每个人的身体健康状况、个人的经历和所处的工作环境有关。所以，有关噪声标准都是统计性的，它并不能保证每个人在允许标准以下都健康、不受影响，而是以能保证大多数人安全为准的。

噪声的峰值即最大值，对听觉及人体的影响也关系重大，如脉冲噪声就比连续性噪声更有害、更讨厌。

三、噪声标准制定的准则

ISO 和国外一些噪声标准看起来虽然比较复杂，但其原则还是简单的。由于经济、技术和人的要求不同，不可能取一个统一的标准。但有一个最高值的限制以满足环境保护的要求，另一个理想值则是完全符合要求的值。在听力保护和健康保护方面，最高 A 声级是 90dB（A），这个值对听力已开始有危险，长年在 90dB（A）下工作，有百分之十几的人会形成耳聋。70dB（A）则完全不影响听力，故可做理想值。在语言和脑力劳动方面，室内的最高值为 60dB（A）（交谈距离平均有 2m），对语言和思考开始有干扰，理想值则为 40dB（A），毫无干扰。晚间应比这些值低 10dB（A），以保证睡眠休息（最高值干扰 23% 的人睡眠）。而在户外则可允许比这些值高 10dB（A）。

四、听力保护标准

1. 稳态噪声的听力保护标准

听力保护标准，又称工业企业噪声卫生标准，这项标准适用于工业企业的生产车间或作业场所，由各级人民政府、劳动保护管理部门监督执行。这项标准的主要内容见表4-1-1。

新老企业噪声允许标准 **表 4-1-1**

噪声暴露时间		8h	4h	2h	1h	0.5h	15min	8min	4min	2min	1min	30s
噪声允许标准［dB（A）］	老企业	90	93	96	99	102	105	108	111	114	117	120
	新企业	85	88	91	94	97	100	103	106	109	112	115

噪声暴露时间，是指操作工人在噪声环境中工作的时间。若工作时间减半，允许的噪声级可以提高 3dB（A）。工作时间越短，允许的噪声级越高，但最高也不要超过 115dB（A）。若超过了 115dB（A），必须佩带合适的护耳器。

允许的噪声级是指操作工人位置处的稳态连续 A 声级，或间断噪声的等效 A 声级。

2. 国外听力保护标准

1961 年国际标准化组织提出的听力保护标准为：连续噪声暴露时间 8h 为 90dB（A），1971 年又提出 85dB（A）。如果暴露时间减半，允许噪声级可提高 3dB（A）。

1969 年，美国政府公布的听力保护标准是：每天暴露 8h 时为 90dB（A）。1977 年，美国政府工业卫生医师会议发布了新的噪声允许标准，规定每天接触噪声 8h 时为 85dB（A），如果暴露时间减半，允许噪声级可提高 5dB（A）。

前苏联政府 1973 年公布的听力保护标准为每天工作 4～8h 时，允许的 A 声级为 85dB（A），若暴露时间减半，允许噪声级可提高 3dB（A）。

1969 年日本工业卫生协会提出的保护听力的噪声标准是工作 8h 时为 90dB（A）。

其他国家如德国、法国、比利时、英国、意大利、丹麦、加拿大、澳大利亚等提出的听力保护标准为 90dB（A），瑞典为 85dB（A），若暴露时间减半，比利时、意大利、加拿大等国允许噪声级提高 5dB（A），其他国家提高 3dB（A）。

3. 暴露标准

噪声有变化时也可用综合暴露标准，在一周工作日（设 40h）中声级常有变动时，可用国际标准化组织根据 40h 暴露于噪声的总能量的方法来确定总剂量，它的建议包括 82～120dB（A）范围。

4. 环境噪声控制标准

我国的保护建筑与安宁的环境噪声标准，是以睡眠、交谈、思考为标准基础，按照国际标准化组织推荐的不同条件下的修正原则，参照国家标准和国内典型的城市环境噪声现状，于 1982 年公布的城市各类区域环境噪声标准值。

5. 语言交谈和通信允许的噪声标准

在一定的噪声环境下谈话，彼此想听清楚，讲话声音大小和谈话距离都要适当。各种环境 A 声级下的谈话距离见表 4-1-2。

各种 A 声级下的谈话距离　　表 4-1-2

A 声级［dB（A）］	45	50	55	60	65	70	75	80	85	90
一般讲话认为清楚的距离（m）	7	4	2.2	1.3	0.7	0.4	0.22	0.13	0.07	—
大声讲话声级认为清楚的距离（m）	14	8	4.5	2.5	1.4	0.8	0.45	0.25	0.14	—

第三节　我国地下各类建筑的噪声允许值

一、地下办公建筑噪声值（推荐）

地下办公用房、会议室、接待室等允许噪声级不应大于 45dB（A），电话总机房、计算机房、打字室、图书阅览室等允许噪声级不应大于 40dB（A）。

电梯井道及产生噪声的设备机房，不宜与办公用房、会议室贴邻，否则应采取消声、隔声、减振等措施。

二、地下住宅建筑噪声值（推荐）

1. 地下住宅建筑允许噪声级

地下住宅内卧室、书房与起居室的允许噪声级，建议按表 4-1-3 的规定。

室内允许噪声级　　表 4-1-3

房 间 名 称	允许噪声级［dB（A）］
卧室、书房（或卧室兼起居室）	≤45
起居室	≤50

2. 隔声标准

地下住宅分户墙与楼板的空气声隔声标准，建议按表 4-1-4 的规定。

空气声隔声标准　　表 4-1-4

围护结构部位	计权隔声量［dB（A）］
分户墙及楼板	≥45

3. 楼板的撞击声隔声标准

地下分户层间楼板的撞击声隔声标准，建议按表 4-1-5 的规定。

撞击声隔声标准　　表 4-1-5

楼 板 部 位	计权标准化撞击声压级［dB（A）］
分户层间楼板	≤75

注：当确有困难时，可允许三级楼板计权标准化撞击声压级小于等于 85dB（A），但在楼板构造上应预留改善的可能条件。

4. 隔声减噪设计

1）儿童游戏场的位置选择，应避免对地下住宅产生噪声干扰，尤其是半地下室及掩土住宅。

2）为了减少由门窗传入的噪声，外墙的门窗缝必须严密，必要时应采用密封条。

3）在住宅平面设计时，应使毗连分户墙的房间和分户楼板上下的房间属于同一类型。

4）厨房、厕所、电梯机房不得设在卧室与起居室的上层，亦不得将电梯与卧室、起居室相邻布置。当厨房或厕所与卧室、起居室、书房相邻时，其管道或设备等有可能传声的物件，不得设于卧室、书房与起居室一侧的墙上，且对于管道等固定于墙上可能引起传声的物件，应采取隔振措施。

5）安静要求高的住宅楼梯间或封闭的公共走廊内，宜采取吸声处理措施。面临楼梯间或公共走廊的户门，其隔声量不应小于20dB（A）。

6）对于有吊顶的房间，分户墙必须将吊顶内的空间完全分隔开。

7）锅炉房、水泵房如设在地下住宅楼内或与住宅楼毗连时，必须采取可靠的隔声减噪措施。

8）相邻两户间的排烟、排气通道及上下水管，应采取防止传声的措施。

9）对于大板、大模等整体性较好的结构体系的建筑，在经常产生撞击、振动的部位，如厨房操作台、外门、阳台门、设备管道等处，应采取防止结构声传播的措施。

三、地下医院建筑噪声值（推荐）

1．允许噪声级

病房、诊疗室室内允许噪声级，建议按表4-1-6的规定。

室内允许噪声级 **表4-1-6**

房间名称	允许噪声级［dB（A）］
病房、医护人员休息室	≤45
门诊室	≤55
手术室	≤45
听力测听室	≤25

2．隔声标准

（1）病房、诊疗室隔墙、楼板的空气声隔声标准

建议按表4-1-7的规定。

空气声隔声标准 **表4-1-7**

围护结构部位	计权隔声量［dB（A）］
病房与病房之间	≥40
病房与产生噪声的房间之间	≥50
手术室与病房之间	≥45
手术室与产生噪声的房间之间	≥50
听力测听室围护结构	≥50

(2) 病房与诊疗室楼板撞击声隔声标准

建议按表4-1-8的规定。

撞击声隔声标准 **表4-1-8**

楼板部位	计权标准化撞击声压级［dB (A)］
病房与病房之间	≤75
病房与手术室之间	≤75
听力测听室上部楼板	≤65

3. 隔声减噪设计

1) 地下医院的锅炉房、水泵房，不宜设在病房大楼内，并应距离病房10m以上。如必须设在病房楼内时，应自成一区，并采取可靠的隔振隔声措施。

2) 穿越病房的管道缝隙，必须密封。病房的观察窗，宜采用密封窗。

病房楼内的垃圾井道或污物井道不得毗邻病房，倒入口应采取防止结构声传播的措施。

条件许可时，病房楼内走廊的顶棚，应采取吸声处理措施。顶棚的吸声系数可为0.30～0.40。

3) 挂号大厅、候药厅及分科候诊厅（室）的顶棚，应采取吸声处理措施。顶棚的吸声系数可为0.30～0.40。

4) 手术室应选用低噪声空调设备，必要时应采取降噪措施。

医疗技术部的手术室上部，不宜设置有振动源的机电设备，如设计上难于避免时，应采取隔振措施。

5) 听力测听室应做全浮筑设计，空调系统应设置消声器。听力测听室的上部或邻室，不应设置有振动或强噪声设备的房间。

6) 锅炉房的鼓风机、引风机及冷却塔等设备，均应选用低噪声产品。必要时，应采取降噪措施。

四、地下旅馆建筑噪声值（推荐）

1. 允许噪声级

旅馆的允许噪声级，建议按表4-1-9的规定。

室内允许噪声级 **表4-1-9**

房间名称	允许噪声级［dB (A)］
客房	≤40
会议室	≤45
多用途大厅	≤45
办公室	≤50
餐厅、宴会厅	≤55

2. 隔声标准

(1) 客房围护结构空气声隔声标准

建议按表4-1-10的规定。

客房空气声隔声标准 **表 4-1-10**

围护结构部位	计权隔声量［dB（A）］
客房与客房间隔墙	≥45
客房与走廊间隔墙（含门）	≥40
客房的外墙（含窗）	≥35

（2）客房楼板撞击声隔声标准

建议按表 4-1-11 的规定。

客房撞击声隔声标准 **表 4-1-11**

楼 板 部 位	计权标准化撞击声压级［dB（A）］
客房层间楼板	≤65
客房各种有振动房间之间的楼板	≤55

3. 隔声减噪设计

（1）进行地下旅馆建筑的设计时隔声减噪设计要求

1）旅馆的房间布置，应根据噪声状况进行分区，使产生噪声或振动的设施（如鼓风机、引风机、水泵、冷却塔等）远离客房及其他要求安静的房间。

2）客房沿交通干道或停车场及停车库布置时，应采取防噪措施。

（2）客房及客房楼的隔声设计要求

1）客房之间的送风和排气管道，必须采取消声处理措施，设置相当于毗邻客房间隔墙隔声量的消声装置。

2）旅馆内的楼梯、电梯间，高层旅馆的加压泵、水箱间及其他产生噪声的房间，不应与需要安静的客房、会议室、多功能大厅毗邻，更不应设置在这些房间的上部。如必须设置于上部时，应采取可靠的隔振降噪措施。

3）走廊两侧配置客房时，相对房间的门应尽可能错开布置。

条件许可时，宜在走廊内采用吸声处理措施，如地毯或吸声吊顶。其平均吸声系数可为 0.30～0.40，走廊过长时应设弹簧门分隔。

4）相邻客房卫生间的隔墙，应砌至上层楼板底，不留缝隙。相邻客房隔墙上的设备管线、插座等，应采取防止传声的措施。

5）客房楼内公共卫生间（厕所、盥洗室），应设有前室。

（3）中型会议室、多用途大厅的设计要求

中型会议室、多用途大厅，应有混响时间的设计，其体型应考虑声扩散和避免严重的声学缺陷。

设有活动隔断的会议室、多用途大厅，其活动隔断的空气声计权隔声量不应低于 35dB（A）。

（4）旅馆建筑中餐厅、锅炉房、冷却塔等设计要求

旅馆建筑中餐厅、锅炉房、冷却塔等不宜设在客房楼内。如必须设在客房楼内时，应自成一区，并应采取隔声、隔振措施。

五、电影院、剧场等其他地下建筑的噪声标准

参见表4-1-12，并参照现有的国家相关规范执行。

电影院、剧场等其他地下建筑的噪声标准　　表4-1-12

建筑类别	房间名称	允许噪声标准	
		评价曲线：NR－	单值：dB（A）
会议	会议厅	30	35
	会议室	30	35
	学术报告厅	25	30
法庭	审判厅	25	30
	预审室	20	25
图书馆	阅览室	25	30
	视听室	20	25
办公	办公	35	40
	设计室、制图室	40	45
剧院	话剧院	25	30
	地方戏剧院	30	35
	歌剧院	25	30
	多功能剧院	25	30
音乐厅	室内乐、演唱厅	20	25
	近代轻音乐、电子乐	30	35
	音乐排练厅	30	35
	交响乐大厅	20	25
	管风琴演奏厅	25	30
电影院	普通影院	35	40
	宽银幕立体影院（四道声、六道声）	25	30
	全景影院、宽银幕影院	20	25
	标准放映室	25	30

第四节　地下建筑噪声控制处理

一、概述

城市地下空间噪声控制主要应包括两个方面：一是噪声控制技术；二是噪声控制行政法令。

1. 噪声控制技术

（1）降低噪声源

降低噪声源是控制噪声污染最根本的有效的方法。根据国内外大量试验和研究报告提供的资料，降低噪声源的主要途径是：对于机电设备，在可能的情况下，降低转速、减小功率、改善平衡、减少峰值加速度、避免结构共振限制或减小撞击，改进润滑情况，提高部件加工精度，消除涡流、平滑流动，减小压力脉动，减小噪声辐射面积、改变噪声辐射方向、选用低噪声零部件，改变工艺和操作方法等。

（2）传播途径上的控制

当对噪声源采取措施后，还不能完全降到允许标准时，就要考虑从传播途径上采取控制措施。噪声控制设备是控制噪声传播的有效工具。

根据目前国内生产的噪声控制设备以及工程的实际情况，在控制工程设计中，需要选择采用的主要技术措施和相应的设备有：

1）在进行地下空间建筑设计时，要合理地安排地下建筑物内部各单元或功能区域之间的距离，并利用各建筑物之间距离的自然衰减，以减少噪声和振动的干扰。

2）利用吸声材料和吸声结构贴附墙壁或悬挂空中，减少车间内的混响声，以降低噪声并提高语言清晰度。常用的吸声材料有：超细玻璃棉、聚氨脂泡涂塑料、矿棉、玻璃纤维板、棉纺织品、微穿孔板等；常用的吸声结构有：天花板吸声结构、墙面吸声结构、吸声器和吸声板、墙面涂料。

3）利用消声器降低气动设备的进、出口噪声的辐射。国内已有 50 多个厂家生产的不同系列的消声器，如北京消声器厂和太原市消声器厂生产的 3 个系列 12 种型号、120 余种规格的消声器，可供各类气动设备配用。

4）利用隔声罩、隔声间、隔声掩体、消声箱、隔声门、隔声窗等结构，消除机械噪声的传播。目前国内已有 20 多家可生产上述产品，但大部分还未形成系列。选用时，只能根据机械设备的具体结构尺寸，订货加工。

5）利用个人防护用品进行听力的保护。当从噪声源和传播途径上都无法解决时，则只能在接收处采取个人防护用品。

6）利用隔振材料和隔振器，降低振动源的固体声传播。常用的材料有塑料、橡胶、软木、酚醛树脂玻璃纤维板、加重塑料板、加重泡沫塑料板、密封圈等。

7）利用振动阻尼材料来降低振动源主要振动面的辐射。常用的材料有 J-7-1 型减振隔热阻尼浆、软木减振阻尼、沥青阻尼浆、沥青毡、减振器、橡胶阻尼板、塑料板等。

8）利用管道包扎来消除管道系统的噪声和控制噪声的振动。常用的有吸声保温材料、玻璃纤维、矿棉制品等

9）用隔振系统消除噪声和振动。常用隔振系统有源隔振系统、管道连接安装隔振环等。

10）采用低噪声产品，从噪声源上解决问题。改进产品结构，减小机器隔振，消除机械系统的振动辐射和固体传播等。

2. 噪声控制行政法令

噪声控制行政法令是噪声工程很重要的一个组成部分。为了保护环境和人民的健康，确保地下空间开发利用的科学性与现实性，应拟定一些行政措施来控制城市地下空间建筑室内噪声的发展和污染。

二、地下建筑噪声控制工程的处理

1. 吸声材料和吸声结构

在地下空间，为达到降低室内噪声和改善室内音质的目的，应采用吸声材料或吸声结构。但必须区分吸声材料和隔声材料这两个根本不同的概念，好的吸声材料能够吸收大部分入射声能，而被吸收的声能，一部分转化为热能，另一部分穿过吸声材料射到另一面去。因此可以说，一种好的吸声体也是有效的透射声体，同时也是一种隔声性能较差的材料。相反，隔声性能好的材料，就能防止声音从一侧传到另一侧去。然而，在特殊情况下，很多吸声材料也能作为很好的隔声构件，但吸声与隔声绝不能混为一谈。

（1）吸声材料

吸声材料如按吸声特性可分为低频吸声材料、中频吸声材料、高频吸声材料、全频带吸声材料；如按吸声结构可分为板状或薄膜吸声、穿孔板与微穿孔板吸声、空间吸声体及吸声尖劈等吸声结构。

在治理工程中，一般常用的吸声材料都指多孔吸声材料。多孔吸声材料的吸声机理，是靠声波进入材料的孔隙进而发生作用。因此，多孔材料内部一要多孔，二要孔与孔之间连通，三要这些内部连通的孔与外界相通。

国产的多孔吸声材料，若按成型情况可分为制品和砂浆二大类。而制品类又可分为纤维状、颗粒状和泡沫状3大种，每种又分为无机吸声材料和有机吸声材料，故共可分为6种。详细分类见表4-1-13。

多孔吸声材料分类 **表4-1-13**

<table>
<tr><td rowspan="8">制品类</td><td rowspan="4">纤维</td><td rowspan="2">有机</td><td>植物纤维</td><td>甘蔗板，软质纤维板，水泥木丝板</td></tr>
<tr><td>动物纤维</td><td>羊毛</td></tr>
<tr><td rowspan="2">无机</td><td>人造纤维</td><td>卡布隆、尼龙丝</td></tr>
<tr><td>矿物纤维</td><td>玻璃棉、矿渣棉</td></tr>
<tr><td rowspan="2">颗粒状</td><td colspan="2">有机</td><td>软木制品、木屑制品</td></tr>
<tr><td colspan="2">无机</td><td>膨胀蛭石制品，膨胀珍珠岩制品</td></tr>
<tr><td rowspan="2">泡沫状</td><td colspan="2">有机</td><td>酚醛泡沫塑料、聚氨脂泡沫塑料</td></tr>
<tr><td colspan="2">无机</td><td>微孔吸声砖，宜兴氧化铝泡沫砖</td></tr>
<tr><td>砂浆类</td><td colspan="4">骨料有粗木屑、膨胀蛭石等，胶结材料主要是500号水泥</td></tr>
</table>

（2）吸声结构

1）板状（或薄板）吸声结构

板状吸声体是一种很有效的低频吸声结构。任何一种不透气的材料装在墙壁上，并保持一定的空气层，就成为板状吸声构造。

当声波撞击板面时便产生振动。板的挠曲振动将吸收部分的入射声能，并把这种声能转变为热能。当有吸声材料填充空气层时，将能增加低频吸收，或展宽吸收的频带。

薄板共振系统的特性取决于膜的质量大小，而弹性则与膜所受的张力和腔后空气层的弹性有关。增加板的面密度或空气层厚度，可使共振频率下移。通常共振频率在125～500Hz之间，最大吸声系数达到0.8。如将吸声体与墙壁保持一定距离，也可作为板状振动吸声结构，有利于吸收低频。

2）穿孔板与微穿孔板吸声结构

常用穿孔板共振吸声结构是在金属的或非金属的硬质板上穿孔，在其背后设置空气层而组成。这时，穿孔中的空气和背后设置的空气层组成共振系统。也可在穿孔板后再增加阻性材料，如玻璃布、金属网或多孔性吸声材料。穿孔板共振结构的共振频率由穿孔板的性质和空气层的厚度决定。

一般穿孔板孔隙率为3% ~25%，背后空气层填30 ~300mm的吸声材料，玻璃棉或矿棉毡厚25 ~50mm（可直接放在穿孔板后面）。

穿孔板的孔洞通常为圆形，有时也可作成狭窄条槽。穿孔板的孔隙率对吸声特性有很大的影响。

穿孔板孔的排列形式一般有3种，可根据需要来选择。但一般选用圆形穿孔，采取正方形或等边三角形排列。

微穿孔板吸声结构是一种由板厚和孔径都在1mm以下、孔隙率为1% ~3%的金属微穿孔和一个腔或两个腔组成的复合吸声结构。这种结构主要是利用声波传过时空气在小孔中来回摩擦消耗声能，而用腔的大小来控制吸声峰的共振频率，腔愈大，共振频率愈低。因此，为了加宽吸收的频带向低频发展，可以把它作为双层微穿孔板。

通过大量的实验证明，对低频噪声选择腔的总深度大约为20 ~30cm；中高频选为10cm以下。

3）空间吸声体

空间吸声体是一种悬挂式的高效吸声结构。在中高频时，吸声系数可达1.89 ~2.41，比粘贴在天花板上的吸声结构的吸声系数要高得多，充分发挥了材料的多面吸声的作用。由于声波可以撞击在空间吸声体的各个表面，它的吸声效果远比标准的普通的吸声材料好。

空间吸声体用穿孔板（钢、铝、硬纸板条）作成各种形状，如板形、棱柱体形、立体体形、球形、圆形体形、单锥和双锥壳体形等。通常填充或衬贴矿渣、玻璃棉等吸声材料。

当采用穿孔时，其孔隙率应大于10%，以充分发挥吸声材料的作用。

空间吸声体的吸声系数是与罩面板的孔隙率成正比的。当孔隙率超过20%时，吸声系数变化趋于稳定。

空间吸声体通过大量的混响室试验和现场应用，得出如下几条原则：

（A）在车间或建筑物天花板上，宜采用分散式布置空间吸声体。

（B）吸声体面积与天花板的面积比值对降噪效果影响最大，吸声体面积每增加1倍，噪声降低值为2 ~3dB（A）。然而，当面积比超过50%时，天花板上布置已很困难；如面积比更大时，则将改变吸声体的特性，使其本质变化，而使吸声系数下降。因此，最佳面积比，建议取1∶3 ~1∶2为宜。

（C）其次是安装的高度与排列方案，其中以高度为75cm时效果最好，而排列式以条形方案效果最好。

（D）吸声降噪值ΔL最大可达到10.5dB（A），高频时，吸声降噪值可达12.5dB（A）。

空间吸声体特别适用于降低大车间噪声以及地下建筑、有声聚焦的壳体建筑，对其混响时间的控制与吸声降噪，都可达到较好的效果。

4）吸声尖劈（简称尖劈）

把多孔材料组成尖劈状吸声体。当声波从尖端入射时，由于吸收层的过渡性质，材料的声阻抗与空气的声阻抗能较好地匹配，使声波传入吸声体并被高效地吸收，尖劈主要应用在消声室的墙面。

2．隔声

对于地下空间建筑，隔声是噪声控制工程技术中有效的措施之一。应用隔声结构，控制噪声的传播，把噪声环境与安静环境隔离开，这种方法称为隔声。常用的隔声结构有隔声室、隔声间、隔声掩体和隔声屏障等，在建筑声学中常把这些结构称为隔声围护结构。

声波入射到隔声结构上，其中一部分被反射，一部分被吸收，其余部分则透过结构辐射过去。衡量一个结构或材料的隔声性能好坏，较为直观的方法，是用透射声功率与入射声功率的比值，即透射系数 τ 来表示。隔声量 $R=101\mathrm{g}l/\tau$，透射系数越小，隔声量越大，因此隔声性能越好。

材料的隔声量除了与材料自身结构和性能有关外，还与入射声波的角度和频率有关。对于单层均匀的实心结构材料，一般情况下面密度加倍，隔声量提高 6dB（A）；频率加倍，隔声量也提高 6dB（A），这就是质量定律。

隔声材料的共振频率，决定了它的使用范围，如果隔声材料的共振频率发生在听觉频率范围内，那么隔声效果将不明显；只有当入射声的频率大于隔声材料结构共振频率 1.42 倍时，才有明显的隔声效果。为了有效地隔绝噪声，应尽可能降低共振频率。

围护结构壁的临界频率决定了它使用范围的上限频率。在临界频率之上的每一个频率都有一个特殊的入射角，在此入射角下，声波的一个或几个频率，与围护结构壁的简正振动方式相符合，则可引起围护结构壁的大振幅振动，这时围护结构壁好像在共振，使维护结构的性能大大变坏。

3．通风空调系统的噪声控制工程

通风空调噪声控制工程国内已有比较成熟的经验，只要按照控制指标进行设计，采取措施，通风空调噪声就能达到标准要求。

（1）通风管道系统的自然衰减

直线金属管道的自然衰减值很小，并与管道的形状、横截面积、长度有关。

1）弯头的衰减值。利用风管弯头消声，国内外都作了许多工作，并给出了一些实验结果。带有衬里的弯头角两边的直管的长度 l_1 和 l_2 一般取（2～4）b_2（图 4-1-1）。当直角弯头有较大弯管半径或在折弯处装置导流片时，其消声量一般下降。对于无吸声衬里的弯头，消声量可以忽略；对于有吸声衬里的弯头，可粗略地按一次反射估计。

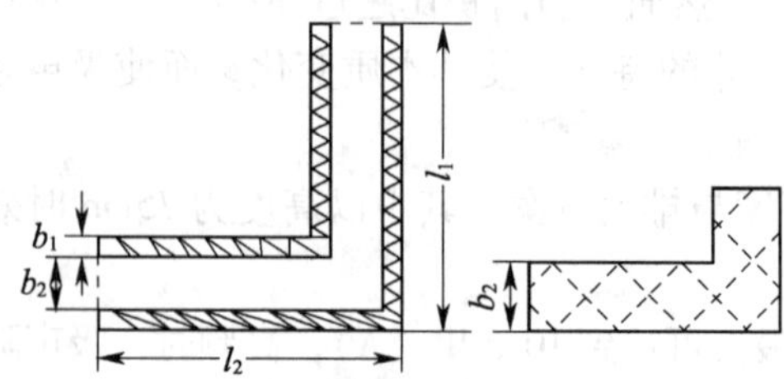

图 4-1-1　带衬里的直角弯头（左）和不带衬里的直角弯头（右）

2）变径管的衰减值。管道横截面的突然扩大或缩小，可以将部分声能反射回声源，从而达到一定的衰减值，其大小取决于扩张比。

3）三通管的自然衰减值（衰减值可按图 4-1-2 查出）。

同时，三通管的自然衰减值 ΔL 可以按下式计算

$$\Delta L = 10\lg\frac{(1+m_0)^2}{4m_1} \tag{4-1-1}$$

其中
$$m_0 = \frac{S_1 + S_2}{S}$$

$$m_1 = S_1/S \text{ 或 } m_1 = S_2/S$$

式中 S_1，S_2——三通管中两个分支的截面积(m^2)；

S——三通管中汇合处的截面积（m^2）。

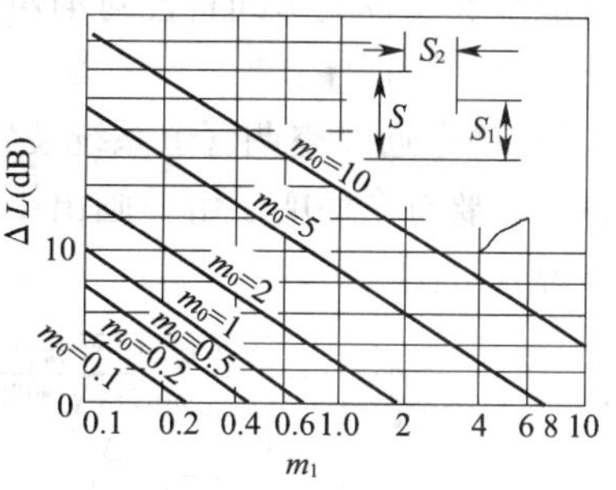

图 4-1-2 三通管的衰减值

4）多支管的衰减值。若噪声从主管向分支管道传播，其大小取决于支管横截面与总管横截面积之比，或支管流量与总管流量之比。

当支管的横截面积相同时，多支管处的声功率的衰减值取决于支管的个数。

5）过滤器的衰减值。过滤器一般由多孔材料制成，如泡沫塑料、活性碳等。声波通过过滤器时，将一部分声能转化为热能。特别是活性碳过滤器，由于黏滞性摩擦，将一部分声能转化为热能，对中、高频噪声具有较高的消声量。

6）出口末端的反射损失。通风机的噪声经过管道系统各元件到达出风口时，它并未全部都辐射到室内。一般是高频声通过风口传到室内，低频声有部分能量反射到管内，因此产生了衰减。

低频声有一部分反射回管中，其大小取决于出口管道的特性尺寸 d 与频率 f 的乘积 df。对于圆形管道，d 为直径（m）；对于正方形管道，d 为边长（m）；对于矩形管道，d 等于面积的平方根（m）。

7）出口位置的衰减。出口位置对室内噪声级大小也有一定的影响，出口若在三面（两面墙与天花板）接合处影响最大，在两面墙接合处次之，与墙面平齐时较小（对低频）。

8）出入口房间参数的影响。混响时间大小是表现房间壁面吸声性能的一个重要参量。对于同样体积的房间，混响时间可参照表 4-1-14。

不同类型房间的混响时间 T **表 4-1-14**

房间类型	混响时间 T（s）	评介
广播电视宣传室	0.2～0.25	寂静
百货商店和餐厅	0.4～0.5	中等寂静
办公室、实验室、旅馆	0.9～1.1	一般
会议室、宣讲厅	0.9～1.1	一般
教室、展览厅、医院	1.8～2.2	中等活跃
工人体育馆	2.5～4.5	活跃

房间的体积直接影响室内噪声级的大小。体积愈大，噪声级愈小。

9）三种因数的修正值。房间的混响时间、体积、出口末端的综合影响可以参照图

4-1-3估算。

（2）通风空调管道系统消声器

通风空调管道系统的消声设计比工厂的较为复杂，关键是如何正确地估算整个通风空调管道系统和各类房间特性对消声的影响。要想进行准确的计算是很难的，现根据国外资料，列出计算程序：

1）确定通风空调管道系统装置图。对于从房间的送回风口至风机的送风口的整个管道系统，要有全面的了解并画出结构布置图，以此逐步推算。图 4-1-4 就是一个典型的送风系统管道图。

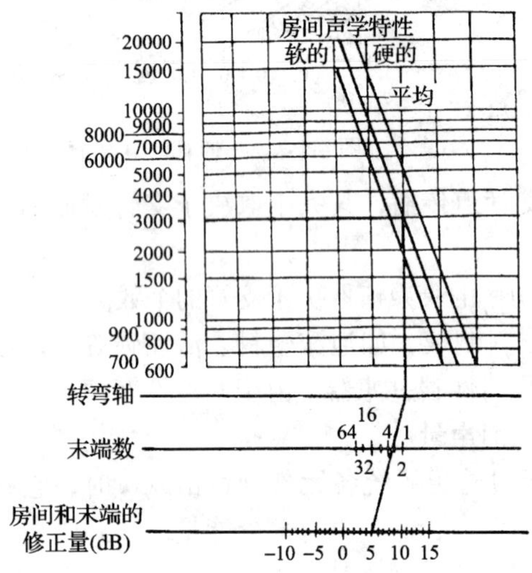

图 4-1-3　转换房间标准到每个末端声功率级修正量图

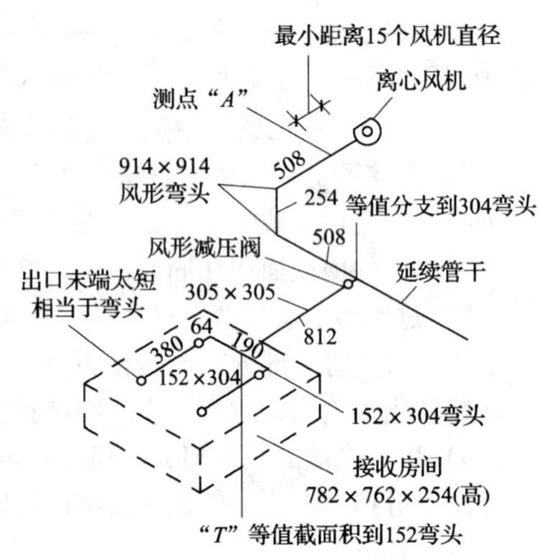

图 4-1-4　通风空调管道系统图

2）确定室内容许的标准。结合建筑的类型，选定设计标准 NC 或 PNC 曲线，其倍频带为 63、125、250、500、1000、2000、4000、8000Hz，相应的声压级分别为 60、53、46、40、36、34、33、32dB。

3）房间、末端的影响和声功率级的转换。房间的建筑吸声特性，送风口的个数及尺寸，都对声压级有明显的影响。

房间特性和出口管数对消声量的影响可由图 4-1-5 查出。房间类型及其声学特性见表 4-1-15。

在进行空调管道系统消声量设计时，一定将倍频带声压级转换成声功率级，其转换增加值与房间的尺寸、声学特性、末端的数量和位置有关，其计算分四个步骤：

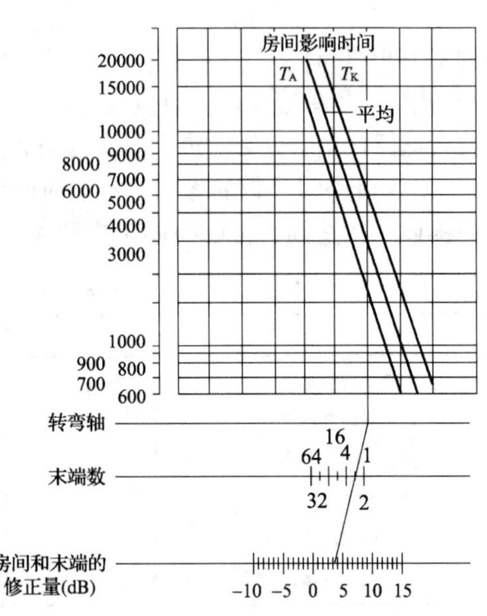

图 4-1-5　房间声学特性和末端数对声功率级的修正值

房间声学特性 **表 4-1-15**

房间类型	吸声评价
无线电和电视播音室、剧场、讲演室	软的
音乐堂、商店、饭店、办公室 大办公室、旅馆、学校 医院、私人住宅、图书馆、银行 机器间、教室、接待室	平均
大教堂、体育馆、工厂	硬的

（A）设计房间的内总表面积（这里考虑为 279m²）；

（B）参照表 4-1-15 查出房间的声学特性，在图 4-1-5 中，投影水平地与标着“平均”的线相交；

（C）在图表的下面，标明（“转弯”的轴线）投影垂直水平线；

（D）由投影线通过房间的末端数，最后查出各频带的声功率级修正值。

4）末端反射。在出口末端，对于低频，一部分声能反射回管子，其大小取决于管子的横截面积，不同管子的末端反射修正值见表 4-1-16。

不同开管末端与频率的修正值 ΔL **表 4-1-16**

圆形管道的直径或矩形管道面积的平方根	倍频带中心频率（Hz）					
	63	125	250	500	1K	2K 及 2K 以上
（5in）127mm	17	12	8	4	1	0
（10in）254mm	12	8	4	1	0	0
（20in）508mm	8	4	1	0	0	0
（40in）1016mm	4	1	0	0	0	0
（80in）2032mm	1	0	0	0	0	0

5）末端至检测点管道的衰减值。在末端（通常最靠的风机）与风机检测点之间，整个管道有一定的衰减，其大小决定于管子的尺寸和长度，可按表 4-1-16 查出不同管子的不同频带的衰减值。不加衬里的薄金属管的衰减值见表 4-1-17。

不加衬里的薄金属管的衰减 **表 4-1-17**

管道尺寸（mm×mm）	倍频带衰减值［dB（A）］			
	63Hz	125Hz	250Hz	500Hz 及 500Hz 以上
153×153	0.66	0.66	0.50	0.33
306×153	0.66	0.66	0.41	0.25
306×306	0.66	0.66	0.41	0.25
620×620	0.66	0.66	0.33	0.17
916×916	0.58	0.58	0.29	0.13
1830×1830	0.33	0.33	0.17	0.03
小圆的直径 102～305mm	0.10	0.10	0.10	0
超过（12in）306mm 的圆直径	0	0	0	0

按照表 4-1-16 并利用引入尺寸的内插法，可以求出 153mm × 153mm 和 306mm × 153mm 的 12mm 导管和 916mm ×916mm 的 15mm 导管的末端至检测点“A”之间的总倍频带衰减值分别为 17、17、8、5、5、5、5、5dB（A）。

6）末端至检测点弯头的衰减。在末端和检测点之间，弯头和支叉可引起噪声的衰减，其大小取决于弯头和支叉尺寸，其衰减值可由表 4-1-18 查出。表中列出的 4 个值表示：第一是圆的弯头；第二是带有叶片的正方形弯头；第三是不带有叶片的正方形弯头；第四是具有流动分流器的分支。宽是转弯地方的尺寸，假如途径经过所在地弯头的出口和入口之间，使用较小横截面的宽。

不加衬里的薄金属管的衰减 **表 4-1-18**

管道的直径或宽（mm）	倍频带衰减值［dB（A）］							
	63Hz	125Hz	250Hz	500Hz	1kHz	2kHz	4kHz	8kHz
127 ~ 234	0	0	0	0. 0. 1	1. 3. 5	2. 4. 7	3. 4. 7	3
280 ~ 508	0	0	0. 0. 1	1. 3. 5	2. 4. 7	3. 4. 5	3	3
535 ~ 1016	0	0. 0. 1	1. 3. 5	2. 4. 7	3. 4. 5	3	3	3
1040 ~ 2032	0. 0. 1	1. 3. 5	2. 4. 7	3. 4. 5	3	3	3	3

一个 306mm ×306mm 的分支和 153mm ×306mm 的弯头，两个 916mm ×916mm 带叶片的正方形弯头，可以估算总的倍频带衰减值分别为：0、0、7、15、25、25、19、25dB（A）。

7）分支到末端声功率级的衰减。由一支分管分裂为 4 个末端出口，使声功率级衰减，其衰减值取决于末端数，衰减值与末端的关系列于表 4-1-19。

末端数与衰减值的关系 **表 4-1-19**

末 端 数	1	2	3	4	8	10	20	40	100
衰减值（dB）	0	3	5	6	9	10	13	16	20

8）管道至支管声功率级的衰减。在末端和检测点之间，除了按表 4-1-20 计算的末端支叉外，可用表确定从主管道至支叉的声功率级衰减值。例如，因为 306mm × 306mm 支管和 916mm ×916mm 总管的面积比较接近于 10%，所以衰减值为 10dB（A）。

主管道至支叉的声功率级衰减值 **表 4-1-20**

支管面积/总管面积	0. 2%	0. 5%	1%	2%	5%	10%	20%	50%
衰减值［dB（A）］	27	23	20	17	13	10	7	3

对于稳流系统，分支的流量可以按主管道的百分数来计算，然而，在高速系统里，可能发生显著的误差。

9）在检测点“A”的允许声功率级 Lw。由以上 1）~8）分别得出的各个频带的计算值相加后，减去 3dB（A）的安全系数，即得到检测点的允许声功率级 Lw，分别为 108、97、80、80、84、82、75、70dB（A）。

10）风机噪声源在“A”点产生的声功率级。在实测点 A，用声级计实测的倍频带声功率级为 101、101、100、98、97、92、84、76dB（A）。

11）需要的消声量，根据上面的步骤即可得出。

对于噪声源的倍频声功率级，进行实际测量是最可靠的办法，但也可以借助图 4-1-6 计算声压级。

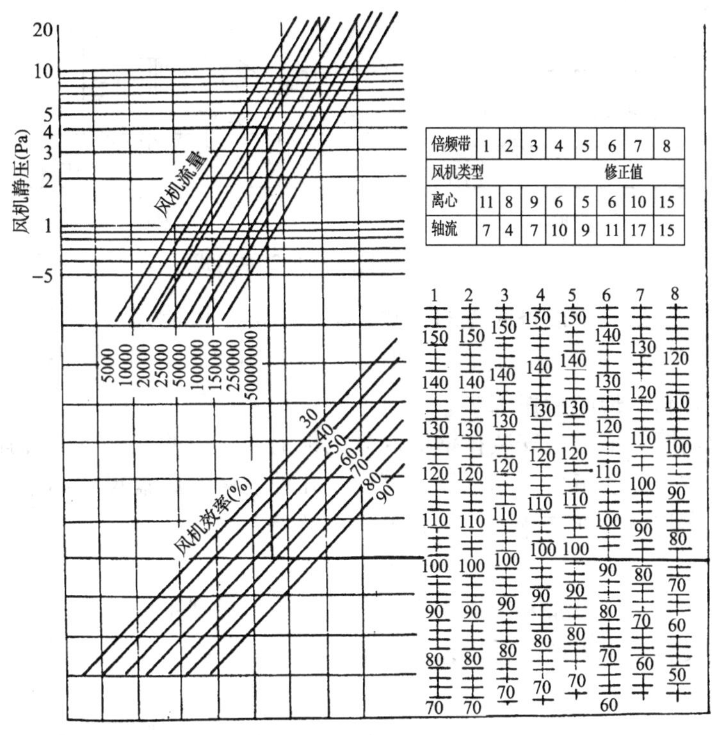

倍频带	1	2	3	4	5	6	7	8
风机类型					修正值			
离心	11	8	9	6	5	6	10	15
轴流	7	4	7	10	9	11	17	15

图 4-1-6　估算风机声压级的列线图解

12）所需消声器的选择或设计。通道空调消声器有三个特征：一是低中频要求有较高的消声量；二是压力损失要小；三是气流速度要低，一般取 3、5、8m/s。

根据以上三个基本要求，参照消声器的选配方法，可选择合适的定型产品（如 ZP 系列消声器）。当然，也可根据所需动态消声量设计所需消声器。对于正好净化房间，如医院手术室、纪念馆等，不宜使用阻性吸声材料的消声器，应采用铝合金微穿孔板消声器。

（3）通风空调管道系统室外地面出入口的处理

1）应尽量避免对噪声有严格要求的地面建筑物的影响，并远离地面住宅、学校、医院、旅馆等建筑。如不能避免时，必须采取可靠的隔振、隔声、消声等措施。

2）对于安静要求较高的地面民用建筑，通风空调管道系统地面出风口宜设置于本区域主要噪声源夏季主导风向的下风侧。

3）在进行地下建筑设计前，应对环境及地面建筑物内外的噪声源作详细的调查与测定，并对建筑物的防噪间距、朝向选择及平面布置等应作综合考虑。在进行上述设计后仍不能达到室内安静要求时，应采取建筑构造上的防噪措施。

4. 隔振与减振工程

地下建筑的隔振与减振设计及处理是噪声控制的主要方面之一，需对其设备进行隔振与减振处理

(1) 隔振基础的设计

隔振基础通常是把设备安装在一个重量较大的基座上，然后在板下配置隔振器，其结构如图 4-1-7 所示。

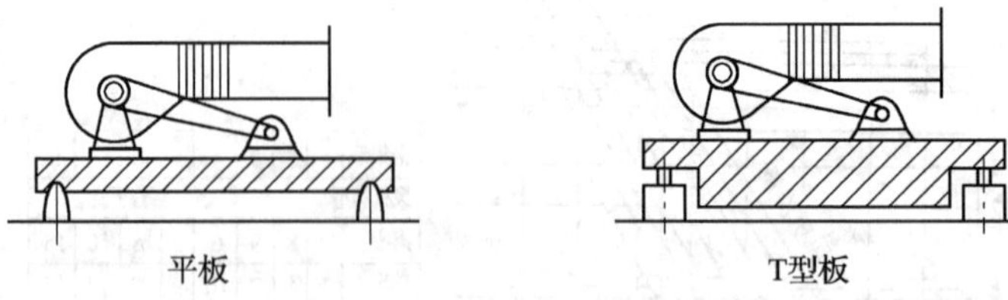

图 4-1-7　隔振基座板的 2 种型式

基座板的尺寸应稍大于设备底盘的尺寸，其重量应尽可能大于机组的重量，最好能大于机组重量的 2～5 倍。基座板的质量大小可有效控制隔振系统的谐振频率，质量越大，谐振频率越低，有利于提高隔振效率。

空调设备的隔振是把设备安装在钢筋混凝土板上，在板的支持点配置弹簧隔振器而构成的。根据各种设备的底板尺寸和重量，可设计几种规格的底盘尺寸和重量，以及几种型号的钢筋混凝土和相应的弹簧盒，作为各种设备的隔振基础。

(2) 管道隔振

所谓管道隔振就是在设备和管道之间采取软连接，根据不同设备和要求，采用不同的材料和构造。当设备基础采取隔振后，就需要采取管道隔振，根据工程效果，可降低噪声 4～7dB (A)。

通风机与风道的连接，采用 200～300mm 长且厚的定型橡胶软接管，这种接管对隔绝振动的传递有效。

冷冻机与管道的连接，一般采用 300～400mm 厚的定型橡胶软接管，如无锡船用减振器厂生产的 DG 型橡胶软管和北京第二橡胶厂生产的金属法兰橡胶直管，都取得了良好的效果。

冷冻机与管道的连接，一般橡胶软管不能使用，因为管内是氨或氟利昂液，而且压力大（工作压力在 60～120Pa)。因此，可采用不锈钢罗纹软接管（南京晨光机器厂生产)。

5. 地下采暖锅炉噪声控制工程

采暖锅炉房，一般都位于居民集中的地方，锅炉房噪声级通常为 90～100dB (A) 虽然不是很高，但周围环境影响非常严重。

根据锅炉房送引风机的型号、台数以及房间的结构特点，可采取不同的控制措施。

在进口加一个适当的消声器，可以使送风机的噪声降到机壳和电机本身噪声的水平。出口消声器可以按照引风机的型号及频谱特性来选择。

若锅炉房使用多台送、引风机，可以统筹考虑综合治理，制作一个大的消声间，将所有的送风机使用一个共同的消声气流通道，即在消声间墙壁上安装一台进气消声器，作为送风机的进气口，这样既可以消声又可以使室内温度不至上升。消声间内壁可采用吸声砖饰面，或粘贴吸声材料，其厚度为 50mm。将引风机的出口统一送入高大的砖砌烟囱中去，经过较长的烟道，使噪声不断地衰减以降噪。

燃烧噪声主要应从炉门的结构上考虑，在炉膛内燃烧过程中产生的噪声尽量不通过炉门或缝隙传到空间。另外，尽量做到均匀燃烧，减少空气的脉动和异常音。

6. 灶用吹风机噪声控制

灶用吹风机为离心式通风机。该风机在北京市区广泛应用于各饭店、旅馆、机关、学校食堂及饮水茶炉等供送风用。该噪声直接危害着伙房工作人员及周围居民的健康，是污染城市环境的主要噪声源之一。

根据对有代表性的饭馆、旅馆进行的调查分析，一般食堂工作间内 A 声级为 80 ~ 83dB（A）。

治理灶用吹风机的送风噪声，最简单而又有效的措施，就是设计一个小型灶用消声箱，将能使噪声降低 15 ~ 20dB（A），达到允许标准。其灶用消声箱结构示意图见图 4-1-8。

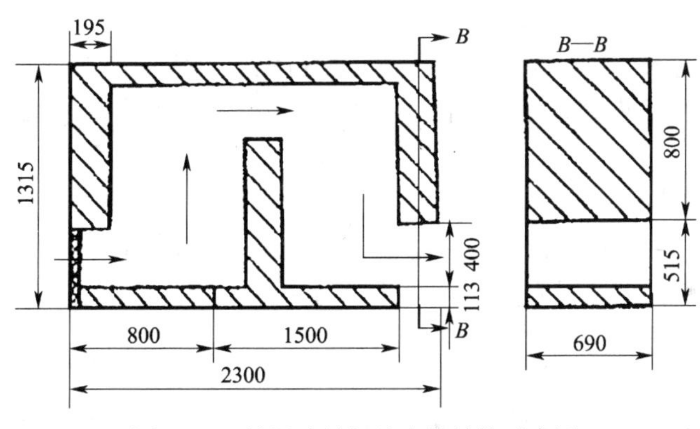

图 4-1-8 灶用吹风机消声箱结构示意图

7. 风机的噪声控制工程

（1）风机进、出口噪声的治理

北京劳保所、上海建筑设计院、科学院声学研究所等部门，对风机噪声进行了多年的试验研究工作，研制了与风机和罗茨鼓风机配套的不同系列消声器，并已定点生产。

（2）风机电机、机壳噪声的治理

对于透平鼓风机、罗茨和叶氏鼓风机，当风机进出口引出室外时，室内只有机壳和电机噪声，此时，则采用隔声罩或隔声间控制机械声的传播。常用的隔声罩可先用 G 型积木式隔声罩，其结构示意如图 4-1-9 所示。

（3）风机基础振动的控制

在安装风机前，若考虑到基础的积极隔振，将会解决风机的振动污染问题。

风机基础的积极隔振有两种简易措施：一是用沥青毡、玻璃纤维毡等隔振材料，二是选用橡胶隔振器或弹簧隔振器。不论选用哪种材料和隔振器，首先应搞清材料的特性、安装方法及预计效果，才能收到良好的效果。

（4）管道系统噪声的控制

对于高压离心通风机、鼓风机和压缩机，安装在

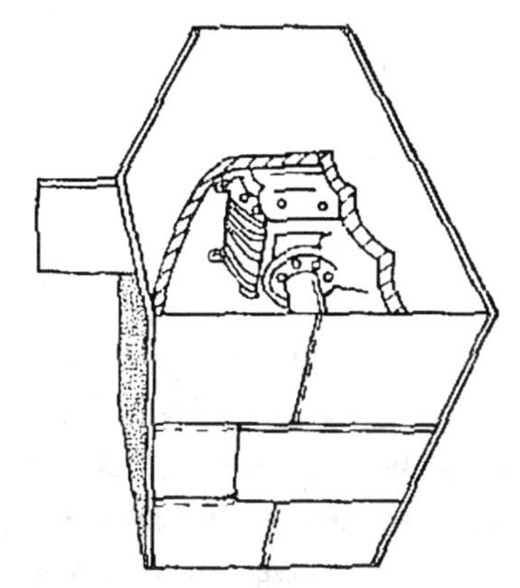

图 4-1-9 G 型积木式隔声罩

化肥、石油、化工等行业时，管道暴露面很大，管道辐射的噪声将会非常强烈，有时高达110～120dB（A）。

以上，成为主要噪声源之一。所以要对管道系统进行包扎，包扎材料可用超细玻璃棉、矿渣棉等材料，厚度取80～100mm。包扎时要扎紧扎牢，这样才能减少管壁振动辐射，又能保温，收到两方面的效果。

8. 地下机电设备的噪声工程的控制

电机冷风扇是电机主要噪声源之一，因此要降低电机噪声，首先要对冷却风机进行控制。

通风旋转噪声通过进风口向外传播，因此控制电机噪声的最有效措施之一，就是加一个简单的消声器，可以降噪8～15dB（A）。

9. 液压泵噪声控制工程的设计

液压泵在石油化工、水电、取暖空调等行业得到广泛应用。该设备从结构上降噪虽有许多途径，但仍十分困难。特别对于使用单位，更是无能为力，因此只能从传播途径上降噪。

（1）隔振基础降噪

对于液压泵应采用隔振基础，尤其是液压泵安装在楼板上时，噪声将更大。不同泵的底板与隔振器的选配，可参看有关“空调取暖系统噪声控制工程的设计”和“隔振与减振”等相关内容进行设计。

（2）机组消声箱降噪

对泵体和电机整体采用消声箱结构，而消声箱气流通道应根据电机的通风量和机壳散热量进行设计，以免内湿度过高。

（3）管道隔声与减振降噪

为了减少由于流体紊流引起的管壁振动，对管道采取包扎是必要的。管道之间以及管道与墙壁接触处，均采用软连接，以防止振动的传递。

10. 车库噪声的控制

车库噪声的措施应以改善路面状况、控制车速及对墙面和吊顶进行声学处理为主。一般来说，对车本身而言，还可以通过使用变节距花纹轮胎来实现。当在胎面上配置两种以上节距的花纹时，可使轮胎峰值频率噪声强度明显降低，并分散到较宽的频带上。

另一方面，通过行政措施，如禁止鸣笛，限制车速等，可以有效地控制地下空间车库的噪声。

参 考 文 献

1 智乃刚，许亚芬主编．噪声控制工程的设计与计算．北京：水利电力出版社

2 王文卿主编．城市地下空间规划与设计．南京：东南大学出版社，2005

3 北京市环境保护科学研究院编．北京地下空间开发利用生态环境保护研究（草稿）

4 中国工程院课题组．中国城市地下空间开发利用研究1．北京：中国建筑工业出版社

5 中国工程院课题组．中国城市地下空间开发利用研究2．北京：中国建筑工业出版社

6 中国工程院课题组．中国城市地下空间开发利用研究3．北京：中国建筑工业出版社

7 中国建筑学会建筑物理学术委员会编. 第五届建筑物理学术会议论文集. 北京：中国建筑工业出版社
8 张沛商，姜亢编著. 噪声控制工程
9 童林旭主编. 地下建筑学. 济南：山东科技出版社
10 项端祈主编. 适用建筑声学. 北京：中国建筑工业出版社
11 中华人民共和国国家标准《民用建筑隔声设计规范》（GBJ 118—88）. 北京：中国建筑工业出版社，1988
12 车世光主编. 噪声控制与室内声学. 北京：中国工人出版社
13 马大猷编. 噪声控制学. 北京：科学出版社，1978
14 吴硕贤，赵越喆著. 室内声学与环境声学. 广州：广东科技出版社
15 项端祈. 空调系统的消声器. 劳动保护，1980（7）
16 项端祈. 空调设备的隔振设计. 暖通空调，1980（1）
17 J. D. L rwin，E. R . graf. Industrial Noise ahd Vibration. 1979
18 D. N. May，《Handbook of Noise Assessment》 Von Nostrand Reinhold，1978

第二章　地下空间采光及照明技术

第一节　我国城市地下空间开发及利用现状

近年来，城市地下空间的开发利用逐渐被提到议事日程。1982 年，联合国自然资源委员会正式将地下空间列为“潜在和丰富的自然资源”，地下空间被认为是与宇宙、海洋并列的最后留下的未来开拓领域；1991 年，城市地下空间国际学术会议通过的《东京宣言》，提出“21 世纪是人类开发利用地下空间的世纪”；2002 年在意大利都灵举行的地下空间学术会议上将议题定位：“城市地下空间——作为一种资源”，更全面的解释了地下空间作为重要空间资源的必要性和可行性。

我国较大规模地开发利用城市地下空间始于 20 世纪 60 年代后期的人防工程建设。改革开放以后，随着经济的发展，非人防城市地下空间的开发利用开始起步。近年来许多大城市为了缓解城市问题，充分发挥地下空间在城市旧城改造和城市中心区再开发中的积极作用，从结合城市交通改造开始，建设地铁并准备尝试进行大规模地下空间的开发利用，如北京市三大商业区之一的西单商业区的再开发。还有一些城市已经开始着手城市地下空间开发利用的规划工作，如大连和青岛等。这说明我国城市地下空间开发利用已进入一个新的阶段，越来越使人们意识到城市地下空间资源开发利用的必要性与迫切性。

但是，当前我国的城市地下空间开发与利用，多偏重于经营商业，虽然有一定的经济效益，但在城市中的作用受到限制，对城市地下交通、地下公用设施、地下储存和城市废弃物的处理等城市现代化综合功能的利用较少。以全面和综合开发城市地下空间的标准衡量，我国与世界先进水平存在很大的差距。

第二节　城市地下空间内部环境的特点

在进行城市地下空间建筑采光与照明设计前，让我们先了解一下城市地下空间建筑的内部环境及特点。

与地面建筑内部环境相比较，地下空间内部环境有其显著的特点。有一些在地面建筑内部环境中的不利因素，如温度随气候变化的波动幅度、地面空气中的尘埃，交通车辆的噪声等，在地下空间环境中影响较小；而有一些在地面建筑内部环境中不太严重的问题，如二氧化碳的浓度、微生物污染、放射性物质氡及其子体、空气湿度与异味等，在地下空间内部环境中变得严重起来；有一些在地面建筑环境中不存在的问题，如人们对地下空间所产生的闭塞感和心理压抑感，在地下空间中会很自然地产生。

地下空间内部环境控制主要包括建筑环境、生理环境和心理环境这三方面的问题。建筑环境有生活环境、生产环境、贮物环境等多种类型，它必须从技术上满足地下空间中不同的建筑功能对环境的不同要求，以满足人们的需要；生理环境是人生活和工作环境提出的客观需要，包括各种舒适条件和卫生指标；心理环境是由于地下环境和地面环境的反差，当人进入地下空间时，在心理方面容易产生压抑、闭塞、阴暗等感觉，以致产生方向不明、情绪不安、烦躁和恐惧等不良反应。这三个方面既相互影响又相互制约，同时还存在着相互的有机联系。

地下空间与地面建筑相比，无论是空间组成、建造方式、内外联系、室内设计等方面都给人们心理和视觉带来不同的影响。

地面建筑与室外自然环境联系紧密，人们可以通过日光变化、气候变迁以及人们对周围环境的观察和经验来把握时空。地面建筑内外空间联系紧密，入口的形式依不同功能而有所不同，室外的自然环境有助于加强室内的气氛，人们可通过对建筑立面的观察，对建筑物的功能作出判断，根据周围的景观，准确地判断自己所处的位置和前进的方向。

而地下空间被完全封闭或大部分封闭在地下，建筑物与外界空间的联系只能利用通道，内部环境没有阳光、气候变化，无法直接把握时空。室内不受外界的干扰，人们比较熟悉的环境已不存在。由于地下建筑物外立面多为岩土覆掩，只有进入地下空间内部，才能对建筑功能作出判断。如果周围没有可供识别的景观，人们难于确定自己所处的位置。

由此可见，当人们进入地下空间后，很自然地会产生空间闭塞感。这是由于人们长期以来生活在地面，周围是无边无际的空气和熟悉的景物。当进入地下空间后，即使实际的活动范围并不比地面的小，由于地下空间带来不同于地面建筑的特点，必然产生压抑感。这种压抑感并不是生理上的，而是心理上的。为减轻这种压抑感，在设计地下空间内部环境时，创造良好的视觉环境至关重要。改善地下空间视觉环境，可采取的措施，包括适当增加空间尺寸，重视出入口的过渡处理，利用各种自然因素如天然光线、外部景观、绿色植物及水体等。因此城市地下空间的采光及照明设计就变得极为重要。

第三节　城市地下空间采光设计及研究

一、充分利用天然光

在我国城市地下空间的开发与利用已被提到议事日程之上，地下空间的开发与利用应遵循可持续发展战略，因此天然采光是地下空间开发与利用所必须考虑的。

1. 城市地下空间利用天然采光的意义和优越性

在地下建筑中，应尽可能通过侧窗与天窗，为建筑物提供自然光线。天然采光不仅仅是为了满足照度和节约能耗的要求，更重要的是满足人们对自然阳光、空间方向感、白昼交替、阴晴变化、季节气候等自然信息感知的心理要求。同时，在地下建筑中，天然采光的形式可使空间更加开敞，并在一定程度上改善通风效果，而且在视觉心理上大大减少了地下空间的封闭、压抑、单调、方向不明、与世隔绝等不良心理感受和负面影响。此外，由于太阳光紫外线等的照射作用，天然采光对维护人体健康也是有益的。因此，可以说，地下建筑天然采光对于改善地下建筑空间环境具有多方面的作用。

1996年在津巴布韦召开有各国首脑参加的国际太阳能工作会议也指出，太阳能将是21世纪的主要能源之一。概括起来利用天然光和太阳能照明技术主要有以下优越性：

(1) 天然光（含直射阳光和天空光）是以取之不尽、用之不竭、无污染的巨大洁净能源。

(2) 阳光是万物生长之源泉。人们喜爱自然光，习惯在天然光下面工作、休息和生活。

(3) 对于人们的工作来说，天然光比人工照明具有更高的视觉功效。

(4) 有利于建筑艺术创作。

但是也要看到它的不足的一面，比如天然采光多变不稳定和不连续性，可以说一年四季，一天从早到晚，天然光在不断地变化，特别是阴雨天的天然光很弱的问题，在设计利用天然光时均需注意，并采取相应措施加以解决。

2. 地下建筑采光设计需解决的问题

在很多情况下，人工照明是对自然采光的一种重要的补充。人工照明的设计必须有助于减轻与地下建筑相关的消极联系。为此，我们需精确了解自然光在哪些方面的特性使它比大多数人工照明更受欢迎，自然光相对人工光给人体带来怎样的生理上的影响，以便尽可能使光纤传导及模拟日光的人造光达到与自然光近似的效果。

(1) 缺少自然光

在地面建筑中，自然光通过太阳缓慢而持续的移动及其不时受到云层的影响，提供了有关外界天气和时间的信息，减少了单调感，使得内外世界之间可以互相接触、互相感知。人们即使看不到侧窗和天窗，也能感受到穿透某个空间的阳光所带来的外部自然界的有关信息以及强烈的光影效果。而封闭的地下建筑缺乏自然光，加之室内占主导地位的一成不变的荧光灯式照明，使得空间缺少变化，单调无趣。为补偿这一缺憾，就需要对人工光的色彩、照度、用光的方向等精心设计与控制。

(2) 黑暗、寒冷、封闭

黑暗往往是地下空间引起的最基本的联想。人从明亮的外部自然界进入到一个未知的黑暗的地方，会产生心理上的不适应，以及对未知事物的恐惧与不安。由于视野不清，也容易使人对环境不满。而光照充足的室内则可以弥补对黑暗的地下空间的消极联想。

另一个与地下空间相联系的是寒冷和封闭感，或称幽闭恐怖症。

(3) 生理的影响

大多数人工光缺少阳光的特性，没有任何自然光的环境会对人的生理产生影响。阳光由紫外线、可见光和红外线三种光谱成分组成，而光线的重要生理学影响主要由紫外线和可见光部分引起。例如，紫外线可影响促进钙磷新陈代谢的维生素D的吸收，缺乏维生素D会引起儿童的佝偻病和龋齿，使老人骨质松脆等。当然，光与健康之间的关系是复杂而多方面的。在特殊空间中，光对人生理上的影响还受到人在其中活动时间的长短、不同的视觉工作以及个体对光的不同反应等多方面的综合因素的制约。尽管现在已有了一种可以非常接近地复制自然光光谱特性的全光谱灯泡，但是，建筑师、灯光设计师和工程师在光环境设计中还是应尽量引入自然光。

二、天然采光方式

无窗和缺少自然光是大多数地下空间的特点，因而采光设计对于大多数地下建筑设计而言是最基本的一个方面。概括起来地下空间建筑利用天然光的方法主要有被动式采光法和主动式采光法两类。被动式采光法是通过或利用不同类型的建筑窗户进行采光的方法。主动式采光法则是利用集光、传光和散光等装置与配套的控制系统将天然光传送到需要照明部位的采光法。

1. 被动式采光法

被动式天然光采光方法主要取决于采光窗的种类，可归纳为侧窗和天窗两类。

（1）侧窗及高侧窗采光法

对于地下空间建筑，这种采光方式主要用于半地下室地下空间、山坡上的台阶式地下建筑、覆土及窑洞式建筑侧墙采光及竖井侧窗采光等。在地下空间的开发与利用的处理上，下沉式广场的地下空间侧墙采光也应属于此类。

地下空间房屋进深不大，仅有一面外墙的房间，一般都是利用单侧窗采光。这种采光方法的特点是窗户构造简单、布置方便、造价较低、采光的光线的方向性强，照射立体物件或人貌时可获得良好的光影造型效果。

当单侧采光房间的工作台与窗面垂直布置时，采光可有效地避免光幕反射引起的不舒适眩光，而且工作人员还可通过侧窗直接观赏室外景物，从而扩大视野，调节视力，减轻视觉疲劳等。

单侧采光窗的主要问题是采光的纵向均匀度较差、进深大，离窗远的区域往往达不到采光标准的要求。影响纵向采光均匀度的因素，一是窗的形状，高而窄的采光窗比低而宽的纵向均匀度好；二是窗位的高低，两种不同窗台高度的侧窗，高侧窗的纵向采光均匀度明显优于低侧窗的采光均匀度。为了使单侧采光具有良好的采光均匀性，房间进深一般不宜超过窗的上框高度的2～2.5倍。

改善单侧窗采光纵向均匀度的方法之一是利用透光材料本身的反射、扩散和折射性能将光线通过顶棚反射到进深大的工作区；方法之二是在窗上设置水平隔板式遮阳板，降低近窗工作区的照度，同时利用遮阳板的上表面及房间顶棚面将光线反射到进深大的工作区。

（2）天窗采光法

天窗采光，又称顶部采光。它是在房间或大厅的顶部开窗，将天然光引入室内。这一采光方法在工业建筑、公共建筑，如博展建筑和建筑的中庭采光应用较多。由于应用场所不同，天窗的形式不一，可谓千变万化，难以统计。对于地下空间建筑采光法，根据不同的建筑功能，天窗形式主要有以下五种：矩形天窗、锯齿形天窗、平天窗、横向天窗、下沉式（或称井式）天窗。这五种天窗的采光特性及能效情况详见表4-2-1。

常用天窗采光的基本形式和特性 **表 4-2-1**

窗　形	采光特性及能效	使用注意事项
矩形天窗采光	1. 矩形天窗采光其实质相当于提高窗位的高侧窗采光。与其他窗相比，它的采光效能（进光量与窗洞面积比）最低，但采光的眩光小，不可利用它组织室内自然通风； 2. 影响天窗采光的主要因素：一是天窗的跨度，在一定范围内加大跨度，可提高采光的水平照度及照明的均匀度；二是天窗位置的高低和天窗间距。一般说窗越高，采光的照度越低，但均匀度较好；低位天窗的采光效果相反；三是窗子的倾斜度，倾斜角度越大，采光量越多，比如 60°倾角的天窗比等面积的垂直矩形天窗的光，可提高工作照度 40% ~60%	1. 提高天窗跨度对采光的照度和均匀度有利，注意不能超过一定的限度，通常跨度 $b_k=0.4\sim0.6b$ 2. 提高天窗的倾斜度对提高室内工作面的照度有利，但是倾斜天窗构造复杂，容易积尘、积雪，而且直射阳光照进室内造成过热或眩光，因此应根据具体情况，慎用这类天窗，以免得不偿失； 3. 设计时，注意相邻天窗的相互影响
锯齿形天窗采光	1. 锯齿形天窗的特征是屋顶倾斜，可充分利用顶棚的反射光，采光效能比一般矩形天窗高。在同一采光系数的情况下，锯齿形天窗的玻璃面积比矩形天窗可减少 15% ~20%； 2. 当锯齿形天窗的窗口朝向北面天空时，可避免直射阳光射入室内，又利用室内温度的调解； 3. 这类天窗具有高侧窗的采光效果，加上倾斜面的反光，以致采光的均匀度比高侧窗还要好。为保证车间采光的均匀度，天窗间距应不超过天窗下沿高度的 2 倍。当天窗口向北时，室内采光均匀稳定，适合在博展馆，特别是在美术馆中使用； 4. 锯齿形天窗可达到 7% 采光系数的要求，较适合于纺织厂的纺纱、织布、印染和一般的机加工车间使用。天窗的窗架较复杂，工程造价较高	1. 这种天窗采光，射入室内的光线的方向性强，特别窗口面向南方时尤为突出。因此使用这种天窗时，应注意室内的机械设备，如纺织厂的织布机的排列方向应与天窗成 90°角布置，不能和天窗平行布置； 2. 为提高窗的采光效率，天窗顶棚的反光系数应尽量提高； 3. 天窗向南时，在窗口应有防止直射眩光的措施，如在窗口加格栅或柔光的窗玻璃等； 4. 对一些厂房高度不大，而建筑跨度有相当大的车间，为提高室内采光的均匀度，可在同一跨度内设置几个天窗
平天窗采光	1. 在建筑屋面直接开洞，再利用透光材料，如钢化玻璃、嵌入铁丝网的平板玻璃、透明玻璃钢和塑料透光板等将窗洞封闭起来。因此，窗的特征之一是省去了天窗的窗架，结构简单，施工方便，造价只有矩形天窗的 21% ~37%； 2. 平天窗的采光效率，大约比矩形天窗高 2 ~2.5 倍； 3. 大面积平天窗，适合于建筑中庭采光，体育馆、文史和博物馆中使用，特征是采光效率很高。使用时应注意防水、安全和维修； 4. 三角形或板式平天窗，这类窗适合工厂车间或超市使用，特征是采光效率高； 5. 采光罩，用成形的采光罩将屋顶采光口封闭形成的天窗。特征是重量轻、采光效率高，在工业和民用建筑的应用较广	1. 由于天窗的采光口位于屋顶水平面或接近水平面，当使用透明玻璃时，直射阳光很容易射入室内，不仅会产生眩光，而且夏季强烈的太阳热辐射会造成室内过热，因此使用平天窗，应特别注意采取措施，遮蔽直射阳光进入室内； 2. 室内注意采取通风降温措施； 3. 使用采光罩时，采光罩的距高比，通常不应超过 1.25 倍； 4. 注意采光罩破碎伤人或损坏设备，注意防尘和结露

续表

窗 形	采光特性及能效	使用注意事项
横向天窗采光	1. 作法：利用屋架上下弦间的空间作采光的天窗； 2. 性能：这种采光窗可以省去天窗架，从而降低建筑高度、简化结构、节约材料，只是安装下弦屋面板时较为复杂。横向天窗和纵向矩形天窗的采光效能相近，但是横向天窗的造价比纵向矩形天窗低 60%。另外，由于屋架上下弦是倾斜的，故天窗的窗扇做法较为复杂，具体做法视屋架情况而定，选用矩形、阶梯形或梯形的某一种	1. 由于横向天窗窗扇紧靠屋架，设计时应注意屋架对采光的影响； 2. 对上弦坡度大的三角形屋架，不宜使用横向天窗，也不宜在小跨度的车间使用； 3. 为减少直射阳光进入室内，车间的纵轴线宜指向南北
井式天窗采光	1. 井式天窗做法和横向天窗相似都是利用屋架上下弦之间的空间采光。不同点是井式天窗的功能侧重通风、宜在热处理车间使用； 2. 由于井式天窗采光口的挡雨板的影响，光线难以进入室内，通过窗的地板反射的光也不多，因此这种窗的采光效能最低，通常采光系数低于 1%	1. 设计挡雨板时，注意挡光影响。如用垂直玻璃做挡雨板，可提高窗的采光效能； 2. 由于采光口又是通风排烟或尘的出口，注意窗口的清扫，以保持良好的采光效果

（3）城市地下空间建筑常用的几种天然采光的建筑处理形式

1）坡上的台阶式地下建筑

建在山坡上的台阶式地下建筑，其向阳面可以采用传统的大面积玻璃门窗以提供日光，也可以采用天窗的形式。

2）地下室及地下室采光井

可在半地下室高出地面部分（约占半地下室高的 1/3）的外墙上开设侧高窗以采光；或沿地下室外墙开设与地面相通的采光井，并朝向采光井开窗以获取自然光线。

此种地下建筑自然采光形式适用于地下仓库、车库或某些业务办公等空间，此类空间通常附建于主体地面建筑，并且对天然采光在照度及视觉环境艺术上要求不高。

3）天窗式

对浅埋地下建筑，可在其顶棚开设直接与地面相通的天窗。天窗的布局一般为点状或带状，天窗的造型可为弧形、锥形、拱形等。

天窗式采光效率较高，适合于地下娱乐、购物等空间自然采光的需要。有天窗的浅埋地下建筑对应的地面多为小广场、庭院或花园等室外开敞空间，这样既使地面空间保持开敞，又能使地下建筑有良好的天然采光。

4）院式（天井式）

地下建筑围绕一个与地面相通的下沉式小庭院或天井布置，并朝向庭院天井开设大面积的玻璃门窗以摄取天然光线。下沉庭院式地下建筑面积规模都不大，较适于中小型文化娱乐或教学等使用功能的要求。

5）下沉式广场

下沉式广场常用于城市中面积较大的外部开敞空间（市中心广场、站前交通广场、大型建筑门前广场及绿化广场等），使地面的一部分“下沉”至自然地面标高以下，一般为 4m 左右。

下沉式广场使广场空间呈现正负、明暗、闹静、封敞等空间形态的变化。沿下沉式广场周边布置的地下建筑朝向下沉广场开设大面积玻璃采光门窗，或设通透的柱廊，使广场周边的地下空间与广场开敞的空间融为一体。这样，既使地下空间得到天然采光，同时由于人们通过下沉式广场进入地下空间，在很大程度上减少了地上、地下空间的差异感。采用下沉式广场的地下建筑多为购物、文娱、休闲、步行交通等多功能公共活动类型。

6）地下中庭共享空间式

地下中庭共享空间是由大型多层地下建筑综合体的各层、各相对独立的功能空间围合并垂直叠加而形成的直通地面的中庭空间，其顶部所覆盖的大型采光穹顶，一般由空间网架加上采光玻璃面构成，既能躲避风雨、烈日、严寒等恶劣气候的影响，又能使中庭空间充满阳光，并能使围绕中庭的地下空间在一定程度上摄取自然光线。对大型深层地下建筑综合体而言，中庭起着接受阳光和光通道的作用；中庭内大量种植的花草树木、叠石、流水以及喷泉等建筑小品在阳光的照耀和光影的变幻中，构成了生机勃勃的“地下立体”花园。同时，由于中庭周围各层功能空间在水平方向延伸扩展交汇到中庭开阔空间，并沿垂直方向向上与地面开敞空间融合，使整个地下空间结构形成深远、立体而丰富多变的层次。

地下中庭共享空间设计是改善大型、大深度地下建筑综合体内部空间环境的重要手段。

以上所介绍的几种采光方式是抵消地下建筑中不良反应的最有效的途径。但这些模式仅限于用在那种直接位于地表之下的建筑，即使是近地表的结构，如果地面是用作道路等功能的，也无法放置天窗和中庭。

在采用相同采光方式的前提下，有很多因素可影响地下、半地下建筑天然采光的效果，例如，地面空间开口采光面积与地下建筑内部使用面积之比、开口朝向、建筑所在地区日照辐射强度、地下建筑埋深、层数、平面布置及空间分割等。另一个方面，无论采用什么方式，要想使整个地下建筑都获得自然采光是不可能的，因此，一般应有重点地尽可能改善地下建筑中的主要使用空间或公共活动、交通空间的天然采光。

在实际工程中，天然采光的地下（半地下）建筑的具体形式和处理手法、技巧也是多种多样的。究竟选用何种方式应根据地下建筑的功能类型、使用性质、使用对象、所在基地条件、建筑规模、空间组合形式等因素确定，即使同一模式，其具体形式也是千变万化的，在实际设计中我们应根据不同的条件，为满足不同的要求，创造出多种多样的可天然采光的地下建筑及半地下建筑形式。

2. 主动式天然采光

在很多情况下，地下空间是完全隔绝的，因此无法利用侧窗和天窗采纳自然光，就需要主动太阳光系统将自然光通过孔道、导管、光纤等传递到隔绝的地下空间中。主动太阳光系统的基本原理是根据季节、时间计算出太阳位置的变化（太阳高度角，方位角），采用定日镜跟踪系统作为阳光收集器，并采用高效率的光导系统将天然光送入深层地下空间需要光照的部位。

这种采光方法特别适用于无窗或地下建筑、建筑朝北房间以及识别有色物体或有防爆要求的房间。它的优越性，一是改善室内光照环境质量，在无天然光的房间也能享受到阳光照明；二是可减少人工照明用电，节约能源。

目前已有的主动式天然采光方法主要有镜面反射采光法、利用导光管导光的采光法、光纤导光采光法、棱镜组传光采光法、光电效应间接采光法等六类。

（1）镜面反射采光法

所谓镜面反射采光法就是利用平面或曲面镜的反射面，将阳光经一次或多次反射，将光线送到室内需要照明的部位。这类采光法通常有两种作法：一是将平面或曲面反光镜和采光窗的遮阳设施结合为一体，即反光又遮阳；二是将平面或曲面反光镜安装在跟踪太阳的装置上，作为定日镜，经过它一次，或再经过一次，也可能是二次反射，将光送到室内需采光的区域（图 4-2-1）。

（2）利用导光管导光的采光法

用导光管导光的采光方法的具体作法与系统设备形式，随着使用场所的不同而变化。图 4-2-2 是中国建筑科学院试验无窗房间利用导光管导光采光的示意图。该图可以看出，整个系统由七部分组成，实际上可归纳为阳光采集、阳光传送和阳光照射三部分。

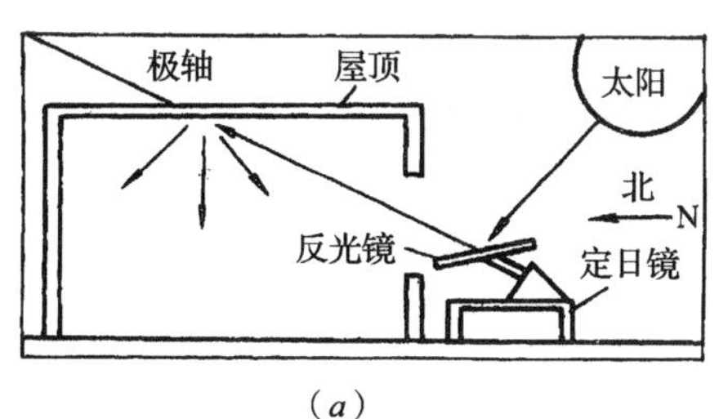

（*a*）

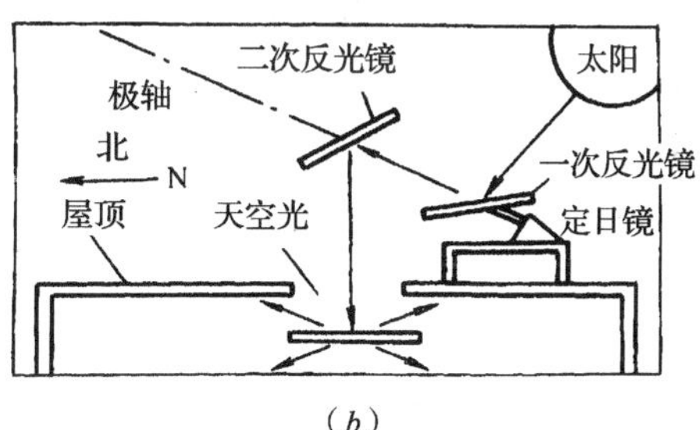

（*b*）

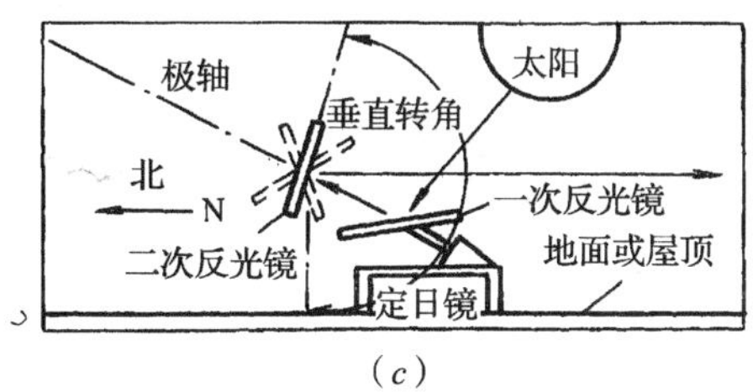

（*c*）

图 4-2-1　平面镜采光法

（*a*）侧面反光；（*b*）顶部反光；（*c*）对面反光

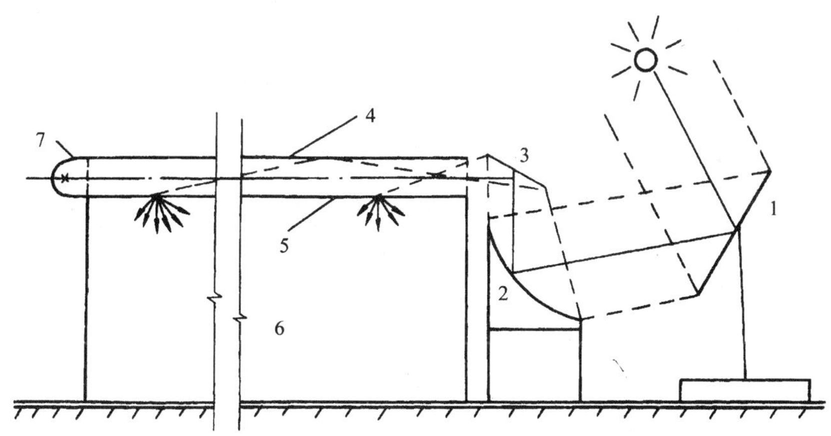

图 4-2-2　某试验无窗房间利用定日镜导光管采光方法示意

1—收集阳光的定日镜；2—抛物面聚光反射镜；3—导光管入口反光镜；4—导光管；5—导光管出光口散光器；6—试验用无窗房间；7—人工照明光源

1）阳光收集器

阳光收集器主要由定日镜、聚光镜和反射镜三大部分组成。

（A）定日镜设计的基本原理

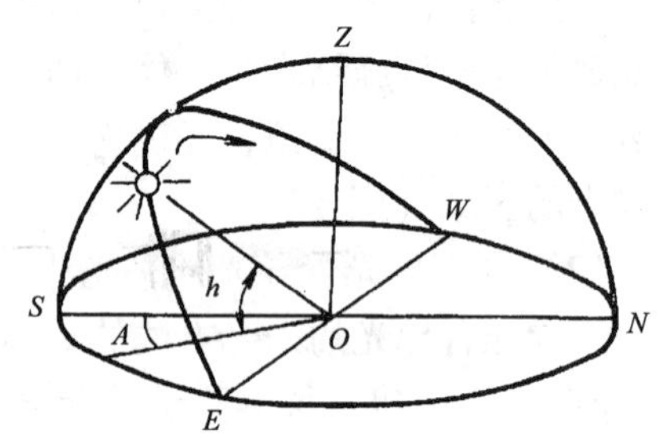

图 4-2-3　太阳位置示意图

定日镜的基本原理是建立在日地（太阳与地球）的相对运动理论和光的反射定律基础上的。

根据日地相对运动理论，在地球表面看太阳，太阳东升西落，太阳在地球上的运动轨迹如图 4-2-3 所示。太阳的位置可用太阳的高角度 h 和方位角 A 表示，并可用公式 4-2-1 和 4-2-2 计算：

$$\sin h = \sin\varphi\sin\delta + \cos\varphi \cdot \cos\delta \cdot \cos t \quad (4\text{-}2\text{-}1)$$

$$\sin A = \cos\delta \cdot \sin t / \cos h \quad (4\text{-}2\text{-}2)$$

式中　φ——纬度；

δ——赤纬，夏至为 23°27'；春、秋分为 0°；冬至为 23°27'；

t——时角，正午 0°；每小时 15°。

设计要求：经定日镜的镜面反射光应恒定指向正南水平方向，反射镜中心点在 0 点时，反射镜和方位角 α（正南为 0°）、倾角 β 与太阳位置有如下关系：

$$\alpha = A/2 \quad (4\text{-}2\text{-}3)$$

$$\beta = 90° - h/2 \quad (4\text{-}2\text{-}4)$$

此时反射镜的有效采光面积：

$$S = H\sin\beta \cdot W\cos(A/2) \quad (4\text{-}2\text{-}5)$$

$$S = H\sin(90° - h/2) \cdot W\cos A/2 \quad (4\text{-}2\text{-}6)$$

$$S = S'\sin(90° - h/2) \cdot \cos A/2 \quad (4\text{-}2\text{-}7)$$

式中　H——反射镜高度（m）；

W——反射镜宽度（m）；

S——反射镜面积（m^2）。

根据以上公式可算出不同纬度地区不同时间的太阳位置及反射镜的位置和有效采光面积。例如北京夏至日中午 12 点，太阳高度角为 73.5°，方位角为 0°，定日镜镜面方位角为 0°，倾角为 53.25°，有效采光面积 1.57m^2（对 1.4m × 1.4m 的反射镜为 1.96m^2）。

（B）定日镜的种类和方案设计

定日镜主要有单轴（极轴）驱动和双轴驱动定日镜（高度和方位同时跟踪太阳）两种。本设计使用全自动双轴电控定日镜。

定日镜主机如图 4-2-4 所示。

定日镜的光电控制系统由光电控制开关、自动搜寻线路、自动定位组成。如图 4-2-5 所示。

主机和控制器设计图及说明，详见图 4-2-5。

2）阳光的传送

阳光传送方法很多，归纳起来主要有空中传送、镜面（平面镜、曲面镜、透镜或棱镜等）传送、导光管传送、光纤传送等。

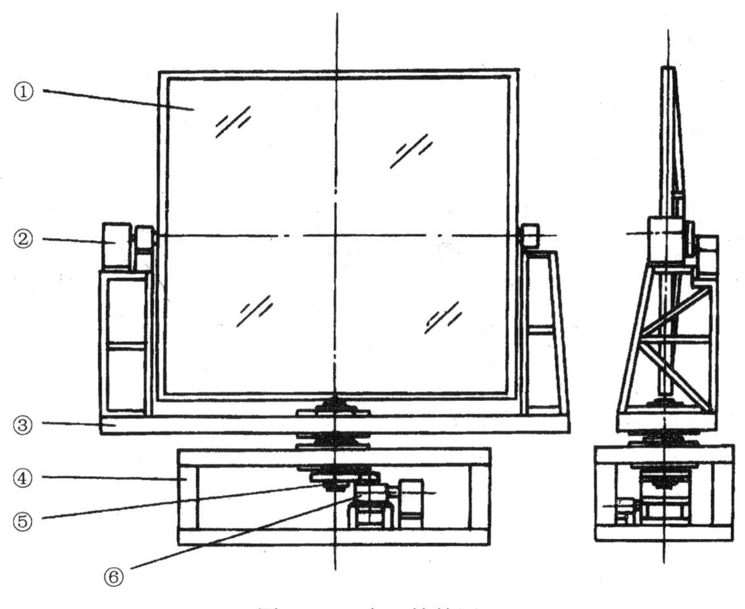

图 4-2-4 定日镜简图

①—反光镜；②—赤纬传动机构之一；③—镜架；④—底座；
⑤—赤经旋转机构；⑥—赤经传动机构之二

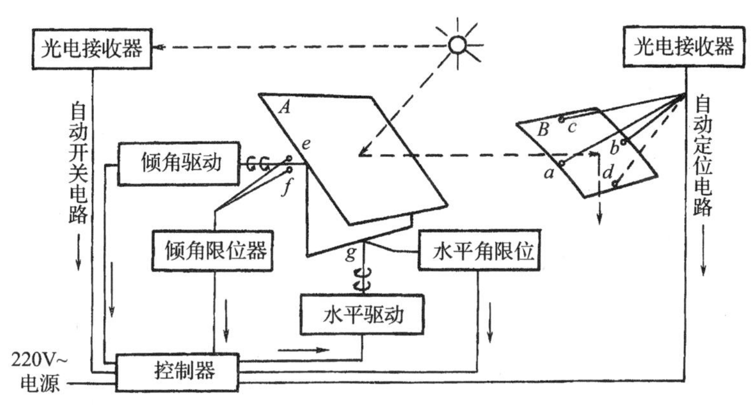

图 4-2-5 定日镜工作原理示意图

A—定日镜反射面；B—聚光镜；“┈┈➤”—光路；“—➤”—电路

本工程使用导光管传送阳光。目前常用的导光管有两种；一是有缝空心内有高反射比涂层的导光管，简称有缝导光管；二是带全反射导光棱镜膜的导光管。

在前苏联，对有缝导光管的开发与应用已有数十年历史，技术成熟，并在大量的工程中推广应用。带全反射棱镜膜的导光管推出和应用的时间较短，它具有导光效率高、导光管表面亮度均匀、漫射性能好、照明时无眩光、利于视力保护等优点。这种导光管的造价较有缝导光管高数倍之多。

对于有缝导光管，试验结果表明，在不同条件下，不同照明方式的导光管的传光效率是不一样的。平行光照明比投光照明大；投光照明比均匀照明大。另外导光管的传光是经管内光线的多次反射完成的。因而管壁的反射比对传光效率影响很大。反射式有缝导光管的设计，使用高反射比的管壁材料是提高导光管传光效率的关键。

3）阳光出光口的照射材料

除光照射部分使用的材料有漫射板、带颜色片的漫射板、透光棱镜、透镜或特制投光材料等，使导光管出来的光线具有不同配光分布。设计时，根据照明场所的要求选用相应的配光材料。

（A）导光管采光系统总效率的计算

从阳光收集、传送至照射到室内，光线经过多次反射、透射或折射，才能达到被照工作平面或空间。光线在传输过程中，每一步都有光的损失，这种采光系统的总效率 η 可用式 4-2-8 描述。

$$\eta = F_1/F_0 \tag{4-2-8}$$

式中 F_1——到达室内的总光通量；

F_0——定日镜收集阳光的总光通量。

到达室内的光通量可通过式 4-2-9 计算：

$$F_1 = F_0 \times \eta_1 \times \eta_2 \times \eta_3 \tag{4-2-9}$$

式中 η_1——定日镜的效率；

η_2——聚光系统的效率；

η_3——导光管的效率。

定日镜收集的光通量 F_0 可由式 4-2-10 计算：

$$F_0 = E_d \cdot S' \cdot \sin(90° - h/2)\cos A/2 \tag{4-2-10}$$

式中 E_d——太阳光的直射照度（lx）；

S'——定日镜的受光面积（m^2）；

h——太阳的高度角（°）；

A——太阳的方位角（°）。

式 4-2-10 中太阳光的直射照度 E_d 可用式 4-2-11 进行计算：

$$E_d = E_{oepx}(-C'M) \tag{4-2-11}$$

式中 E_{oepx}——大气层外太阳光的照度，年平均值为 133.8klx；

C'——大气衰减稀疏，晴天约为 0.21，多云天约为 0.8；

M——空气的光学质量值，只要知道太阳的高度角 h，可由式 4-2-12 进行计算：

$$M = l/\sin h \tag{4-2-12}$$

定日镜与聚光系统的效率 η_1 与 η_2 取决于定日镜聚光镜表面的反光比 ρ_1 和 ρ_2，可查相关资料决定。圆形导光管的效率 η_3 可由式 4-2-13 计算：

$$\eta_3 = (1-\rho)\cdot\gamma^2\cdot\left[\frac{1}{\gamma^2+m^2}+\frac{9\rho}{9\gamma^2+m^2}+\frac{25\rho^2}{25\gamma^2+m^2}+\frac{49\rho^2}{49\gamma^2+m^2}+\cdots\cdots+\frac{(2n-1)^2\rho n-1}{(2n-1)^2\cdot\gamma^2+m^2}\right]+\frac{\rho^n\cdot(2n-1)^2\cdot\gamma^2}{(2n-1)^2\cdot\gamma^2+m^2} \tag{4-2-13}$$

式中 ρ——导光管内表面反射比；

γ——圆形导光管的半径；

n——反射次数；

m——进光口中心点至出光口中心距离。

这样导光管的总效率 η 则可用下式算出：

$$\eta = \eta_1 \times \eta_2 \times \eta_3 \tag{4-2-14}$$

定日镜表面的反射比为0.8，聚光系统中，抛物镜表面的反射比为0.85，导光管入口的反光镜的反射比为0.7，导光管的传光效率为0.4，那么整个采光系统的总效率如下：

$$\eta = 0.8 \times 0.85 \times 0.7 \times 0.4 = 0.19$$

这也就是说定日镜采集的100lm 的光通量，大约有19% 可传送到室内照明空间。提高导光系统的导光效率是推广导光采光技术的关键。

从上述试验研究结果不难看出，提高导光管采光系统的总效率的途径或措施有三条：

① 是合理设计和选择阳光传送的光路；

② 是选用反射比高的反光材料；

③ 是合理设计和选择到导光管的断面形状、尺寸和出光口大小。

采取以上措施后，整个采光系统的总效率提高到20% ~30% 是有可能的。

（B）阴雨天或夜间的辅助人工照明

阴雨天、夜间无阳光和阳光不足时，需要使用辅助人工照明。辅助人工照明方法多种多样，在导光管的另一端设置辅助人工光源。当无阳光或阳光不足时，自动开启人工照明灯进行照明。在设置导光管采光系统的辅助人工照明时，应注意以下两点：

① 人工照明光源的光色应与天然光协调一致。通常选用显色性好的高色温的金属卤化物灯，既可满足颜色要求，又具有光效高、寿命长和性能稳定可靠的优点。

② 关于辅助人工照明的控制。室外天然光变化的信息可由光电池提供。当光线减弱到室内工作面上照度的2/3 的时，光电控制器就开始动作，开启2/3 的人工照明灯；若室外光线继续下降到工作面照度标准值时，则开启全部人工照明灯；在夜间则开启全部人工照明灯。这样，室内照明不受室外天气的影响，始终是恒定不变的。

（3）光纤导光采光法

光纤导光采光法就是利用光纤将阳光传送到建筑室内需要采光部位的方法。光纤导光采光的设想早已提出，而在工程上大量应用则是近10 多年的事（图4-2-6）。

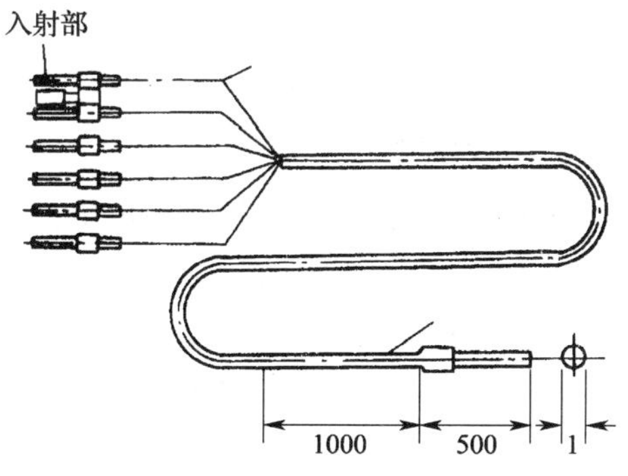

图4-2-6　光纤的应用

光纤导光采光的核心是导光纤维（简称光纤），在光学技术上又称光波导，是一种传导光的材料。这种材料是利用光的全反射原理拉制的光纤，它具有线径细（一般只有几十个微米，一微米等于百万分之一米，比人的头发丝还要细），重量轻、寿命长、可绕性好、抗电磁干扰、不怕水、耐化学腐蚀、光纤原料丰富、光纤生产能耗低，特别经光纤传导出的光纤基本上无紫外和红外辐射线等一系列优点，以致在建筑照明与采光、工业照明、飞机与汽车照明以及景观装饰照明等许多领域中推广应用，成效十分显著。

（4）棱镜传光的采光方法

棱镜传光采光的原理如图 4-2-7 所示。旋转两个平板棱镜可产生四次光的折射。受光面总是把直射光控制在垂直方面。这种控制机构的机理是当太阳方位角、高度角有变化时，使各平板棱镜在水平面上旋转。当太阳位置处于最低状态时，两块棱镜使用在同一方向上，使折射角的角度加大，光线射入量加多。另外，当太阳高度角变高时，有必要减少折射角度。在这种情况下，在各棱镜方向上给予适当的调节，也就是设定适当的旋转角度，使各棱镜的折射光被抵消一部分。当太阳高度最高时，把两个棱镜控制在相互相反的方向。

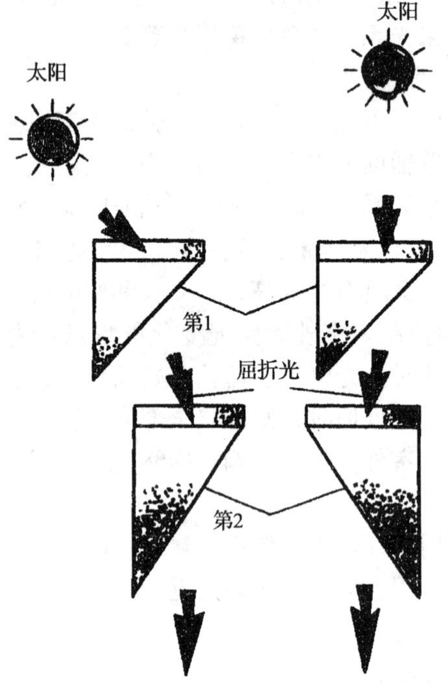

图 4-2-7　棱镜采光原理

根据太阳位置的变化，给予两个平板棱镜以最佳旋转角，把太阳高度角 10°～84°范围内的直射阳光，在垂直方向加以控制。被采集的光线在配光板上进行漫射照射。为实现跟踪太阳的目的，对时间、纬度和经度进行数据的设定。弱光、运行和体制等操作是利用无线遥控器来进行的。还有驱动和控制用电源是由带太阳能电池所提供的蓄电池来供应，而不需要市电供电。

（5）光伏效应间接采光照明法

光伏效应间接采光照明法（建成光伏采光照明法），就是利用太阳能电池的光电特性，先将光转化为电，而后将电再转化为光进行照明，而不是直接利用采光的照明方法。

光伏采光照明具有以下优点：

① 节能环保；② 供电方式简单、规模不影响发电效率；③ 寿命长，维护管理简便，

可实现无人操作；④ 相对综合成本低，节约投资；⑤ 安装不受地域限制，规模可按需确定，太阳能电池供电特别适用解决无电的山区、沙漠、海上及高空区域的用电问题，应用领域广。

三、地下空间充分利用天然采光的实施措施

1. 利用阳光的采光窗或设施

1）带导光挡板的采光窗；

2）阳光凹井采光天窗；

3）带跟踪阳光的镜面格栅窗；

4）导光遮光窗帘；

5）导光玻璃和棱镜板采光窗；

6）全反射采光板（窗）。

2. 利用阳光的采光设计技术

以往的建筑采光设计都是假定天空是阴天，不考虑直射阳光。这样的采光设计计算简单，对阳光多变带来的采光不稳定性，过热、眩光和太阳的光化作用等问题都回避掉了。随着科学技术的发展，特别是节能的影响，人们对晴天平均天空采光设计与计算进行了大量研究，并初步形成了一套较完整的设计方法。研究表明，利用晴天采光计算方法设计采光，约可减少 15% 的开窗面积，具有重要的节能和经济意义。另外直射阳光进入室内，不仅可给人们提供时间信息，而且由于多变的阳光和室内植物装饰，可增加室内视环境的情趣，赋予大自然的感觉，产生一种独特的艺术效果。

晴天天窗和平均天空的采光计算是比较复杂的，方法很多。为了尽量减少繁杂的数学运算，便于设计人员使用，晴天天空的采光设计与计算和一半天空的采光设计与计算有其常用的方法，这里不作详述。

3. 天然采光和人工照明结合技术

室内天然采光和人工照明的结合不仅可以节约大量的人工照明用电，而且对提高室内采光和照明均匀度，改善室内光环境都具有重要的技术经济意义。早在 20 世纪 50 年代著名的建筑采光照明学者 Hopkinson 提出的室内恒定辅助人工照明（Permanent Supplementary Artificial Lighting in Interiors，缩写 PSALI）就是白天使室内的天然光和人工光能舒适合理的协调起来，形成良好的光环境，并把天然光和人工光的协调（结合）归纳为照度平衡型和亮度平衡型两种方式。

（1）照度平衡型白天人工照明

在白天的室内，天然光照射在近窗处，为使房间深处的照度与近窗处的照度达到平衡，使之尽量保持均匀一致的照明，称为“照度平衡型白天人工照明”。因为近窗处的人工照明可以减少，所以照明用电因此而降低。

（2）亮度平衡型白天人工照明

在白天的室内，窗的亮度很高，所以对在房间里的人来说，近窗的顶棚和墙壁让人觉得暗，此外，因能看到人和物体的剪影，所以感到室内阴暗。为了防止这种情况，必须使室内人工照明和窗的亮度的比例达到平衡，称此为“亮度平衡型白天人工照明”，当窗的亮度降低时，室内的人工照明的照度也应相应降低为宜。因此，如果采用适当的昼间人工

照明控制装置来减光，将会比平时按最大照度开灯进行照明的电要少很多。这里说的“窗的亮度”是指窗子看到室外景物的平均亮度。

第四节　城市地下空间室内照明设计及研究

在地下建筑中很难完全依靠天然采光，即使可以通过自然采光，也很难使自然采光到达建筑内部的所有空间。因此，在自然光不能完全到达的地下空间中，人工照明作为自然光的补充是必不可少的。在进行室内人工照明设计时，应综合考虑照度、均匀度、色彩的适宜度以及具有视觉心理作用的光环境艺术等，从整体考虑确定光的基调及灯具的选择（包括发光效果、布置上的要求、自身形态），争取创造出符合人的视觉特点的光照环境。

一、地下建筑人工照明的原则

1）应根据地下工程的用途、空间大小、建筑形式、材料光洁度、色彩及灯具形式全面考虑。

2）照度应满足工作需要及照明质量。如均匀度要求、避免眩光和显色性等要求。

3）应减少单独使用白色冷光荧光灯，使用各种光源，以降低光色的单调程度。

4）在出入口处，因其起着连接内外的作用，相对于内部应有较高的照明度。从室外进入地下内部，照度降低，应保持一个合适的梯度。

5）应满足疏散等需要的应急照明，如疏散照明、交通导向等功能要求。

二、地下建筑人工照明的设计方法

1. 创造具有自然特性的人造光

人工照明具有光线强度比阳光弱且光色不全等缺点。因此设计人工光系统来模拟自然光的特性是一个重要的方法。人工光系统可以模拟阳光的颜色、稳定性及在方向与强度上的变化。

模拟自然光谱的全光谱灯泡可以提供紫外线照射，以利于地下空间中人们的生理健康。将全光谱灯泡隐藏起来进行间接照明，或置于假天窗之上，会使人误以为是日光在照明。通常的全光谱是人工光，属于高色温“冷”光源，较适于照度要求高的场所。与传统的白色冷光荧光灯相比，全光谱人造光改善了视觉的清晰状况。而且，人工光模拟自然光不应只模拟正午时分的日光颜色。设计者能够在无窗的地下空间中使人工光能够模拟阳光在一天之中的规律性变化，具体的做法是根据外面一天之中阳光的周期性变化来改变人工光的颜色和强度。

另一个自然光和人工光不同的地方是其进入空间的方式。阳光侧向进入室内，其照射结果以及给人的感受远胜于单调乏味的顶光源。模拟日光的人造光在某种程度上会给人以天然采光的假象，但必须仔细加以处理，以防带来负面影响。

2. 以人工光为背景的天窗及墙上的窗格

使用人造光模拟自然光的光色、强度等可以改善无窗的地下空间的光环境。此外，将具有自然特性的人工光放置在具有半透明玻璃的天窗之上，也可以造成一种天然采光的假象。如果半透明玻璃没有与天花平齐而是反凸向上的，则宽敞感和视觉的趣味都将加强。

由于天窗通常呈半透明状、不很清晰，所以这种幻觉很接近真实状况。

另一个相似的方法是将人工光放置在半透明的玻璃墙之后，使光从侧向进入空间，既提高视觉的趣味性，又扩大了空间感。同时，墙也成为地下空间的一个重要装饰要素。

3. 天花与墙壁上的间接光线

为在地下建筑中令空间显得宽敞，可在天花与墙壁周边使用均一的间接光线。在墙面上的均一间接光使空间显得更大，在天花上的间接光则使空间显得更亮。

墙或天花上的间接光可使用全光谱光源，这样看来更自然，有时人们会感到是在天空下而不是在天花之下。

4. 变幻的光影

对于灯光设计来说，使用变化的光线所起的作用是很重要的。这并不是简单地为了变化而变化，而是通过变化加强对不同功能空间的限定，并反映出空间的不同功能。还可以通过在沿着过道的主要目的空间增加光的照度来引导人们的运动。实际上，通道系统，空间活动的节点和标志都可以通过不同强度的灯光模式得到加强。用人工创造出类似自然光的、变化的光线会使空间更丰富、更有活力。

此外，对于那些人们在其中短时间停留的建筑，像地铁站、博物馆等地下建筑类型，还可以通过灯光将前景物体照亮，而使空间四周保持黑暗以增加宽敞感。

在地下建筑中，应尽可能提供天然采光；也可设计人造光体系来模拟自然光的特性。空间应有足够的照度以满足功能使用的要求；此外，照明设计应能够加强空间的宽敞感并创造出富有活力的、多样的地下建筑内部环境。

三、各类地下建筑照明设计处理

1. 地下住宅建筑照明

(1) 地下住宅建筑环境特点及照明要求

住宅是现代人类一生中最重要的建筑，现在在西方发达国家有不少的地下住宅，在我国的窑洞也应属于地下住宅建筑。人类生命的50% ~70% 的时间要在其中度过，其环境对生活在其中的人们的影响是相当大的。

人们在住宅中主要目的是休息和家庭活动，在照明上宜突出自然、放松、柔和等特点。由于精细视觉工作相对较少且多集中在书桌、起居室沙发、床头等局部空间，因而均匀明亮的高照度不应是住宅照明的主要手段。同时，由于直接面对家庭生活支出中电费的缴纳，在居住者的心理上也趋向于节省电能的较低照度的一般照明与较高照度的局部照明相结合的混合照明方式。

(2) 地下住宅建筑的照度指标和照明质量

1) 住宅建筑的照度指标应充分满足居住者各类活动的功能照度和亮度。

2) 应注意保持各部分的亮度平衡。

3) 应强调光源的显色性。

4) 尽量满足不同功能房间的气氛要求。

5) 一般住宅层高较低，建筑装饰相对简洁，大部分灯具都会出现在人们的视线内，因而应避免使用高光亮度灯具或光源直接外露引起不舒适眩光。

(3) 地下空间住宅的照明方式

1）由于人们在夜间有较强的趋光性，建议在客厅、起居室内结合室内布置设一组较明亮的中心照明器以强调中心感，同时适当设置部分辅助性照明保持空间的完整。

2）卧室顶棚上设置的照明器应避开卧床的正上方，或采用表面亮度低的漫射型灯具，避免仰卧时视线内的不舒适眩光。

3）书房内写字台上应设置台灯作为局部照明，并保证视觉工作面上的照度不低于500lx。起居室一般可设置落地灯作为局部照明，但要注意预留的电源插座与落地灯的位置关系，避免电线对人的行动产生干扰。卧室的床头应设置局部照明。

4）厨房、卫生间宜选用带罩的漫射型灯具。一方面便于灯具本身的清洁，另一方面由于厨房、卫生间一般杂物较多，采用漫射光可以避免产生局部浓重阴影，避免磕碰，方便清扫。

5）户门及门厅处宜设有局部照明或保持一定的照度，便于主人迅速辨识客人的面貌。

（4）地下住宅建筑照明值（表4-2-2）

居住建筑照明标准值（推荐） **表4-2-2**

房间或场所		参考平面及其高度	照度标准值（lx）	Ra	照明功率密度（W/m²）	
					现行值	目标值
起居室	一般活动	0.75m水平面	100	80	7	6
	书写、阅读		300*			
卧室	一般活动	0.75m水平面	75	80		
	床头、阅读		150*			
餐厅		0.75m餐桌面	150	80		
厨房	一般活动	0.75m水平面	100	80		
	操作台	台面	150*			
卫生间		0.75m水平面	100	80		

注：*表示局部照明。

2. 地下办公建筑照明

（1）地下办公建筑环境特点及照明要求

地下办公建筑的概念比较宽泛，通常包括政府机关、金额机构、企事业管理以及租赁型通用办公建筑，其中主要的视觉活动是桌面精细工作，因而工作面的明视照明是起码的要求。同时还要考虑以下特点：

1）由于长时间处于固定的空间中，照明的舒适性是至关重要的；

2）办公室往往是多人共用的空间，照明应满足多数人的需求；

3）照明效果和照明设施本身均不应过多地吸引人们的注意力，以保证工作效率；

4）在地下空间的办公建筑，由于工作时间基本上是白天，如有可能，应尽量将人工照明设备与窗口射入的天然光合理地结合。

大部分照明长时间处于点亮状态，光源灯具的散热及运行维护工作应予以充分考虑。

（2）地下办公建筑的照度指标和照明质量

1）办公建筑的照度指标应满足基本的工作需要。

2）应注意到照度的确定不仅要满足视觉生理要求，而且对心理因素也有影响。降低照度会带来降低工作效率、减退工作愿望、增加近视等弊病，提高照度则会使能源消耗增加，需要通过反复调查来确定合适的照度值。

3）具备较大开窗面积的办公室中的光源色温应与天然采光相协调。并应根据不同场所选择相应的光源颜色特征。室内一般照明光源的颜色及其适用场所可按表4-2-3选择。

光源颜色分组及其适用场所 **表4-2-3**

光源颜色分类	相关色温（K）	颜色特征	适用场所示例
Ⅰ	<3300	暖	接待室、陈列室、多功能厅、咖啡室、茶室等
Ⅱ	3300~5300	中间	办公室、会议室、营业性办公、休息厅、电梯厅及走道等
Ⅲ	>5300	冷	设计室、研发及实验室、电脑机房等

4）公共建筑的所有光源的显色指数，一般为80以上。

5）在办公室、阅览室等长时间连续工作的房间，其表面反射比与照度比宜按表4-2-4选取。

推荐的室内表面的反射比与照度比 **表4-2-4**

表面分类	反射比	照度比
顶棚	0.7~0.8	0.25~0.9
墙面、隔断	0.5~0.7	0.4~0.8
地面	0.2~0.4	0.7~1.0

6）应强调合理的空间亮度分布，严格限制眩光。

（3）地下大空间办公室的照明设计

1）有明确划分工作区和交通区的大开间办公室，宜采用分区一般照明方式，既有利于节能，也可以避免大面积亮度均匀的顶棚给人沉闷的感觉。

2）应充分考虑对照明系统的集中控制与智能化控制。其作用有以下几点：

（A）有条件的地下空间建筑，在白天便于跟随天然光的变化对照明系统进行有效和相对正确的控制，从而避免手动控制不当造成照明不足或照度过高导致不必要的浪费；

（B）可以在工作场所不需要照明时大面积切除系统供电，避免由于疏漏或忘记关灯造成的电能浪费；

（C）避免不适当或恶意的开关操作；

（D）智能化控制系统可以全面监控照明系统的工作状态，有利于运行维护。

3）在有条件的办公室，宜采用直接照明与间接照明相结合的照明方式。直接照明用于工作面照明，而间接照明作用于空间和顶棚与墙壁，构成适当的亮度比，营造出更加舒适的光环境。

4）在照明设计时，布灯方案应考虑日后对空间重新分隔的适应性，一般可按照建筑柱网或轴线形成单元。

（4）地下会议室、洽谈室的照明设计

1）小型会议室、洽谈室的照明宜选用较低色温的光源，适当营造出亲和、愉悦的环境气氛，缓解心理压力并易于相互沟通。

2）会议室、洽谈室的照明应保证足够的垂直照度，以便于显现出所有参加者的面部细节，一般而言背窗者的面部垂直照度不代于300lx。

3）为了适应幻灯或电子演示的需要，宜在照明设计时考虑调光控制或设置几种不同照明方案。有条件时，建议设置智能化控制系统。

4）适度的墙面照明、充分利用顶棚与墙面反射的间接照明可以舒缓小会议室的压迫感。而完全由安装于顶部的直射型配光灯具构成的照明方案，由于对人的面部照明不足，则是不可取的。

（5）地下办公建筑的照度标准（表4-2-5）

地下办公建筑照度标准值（推荐）　　**表4-2-5**

房间或场所	参考平面及其高度	照度标准值（lx）	UGR	Ra	照明功率密度（W/m^2）	
					现行值	目标值
普通办公室	0.75m水平面	300	19	80	11	9
高档办公室	0.75m水平面	500	19	80	18	15
会议室	0.75m水平面	300	19	80	11	9
接待室、前台	0.75m水平面	300	—	80	—	—
营业厅	0.75m水平面	300	22	80	13	11
设计室	实际工作面	500	19	80	18	15
文件整理、复印、发行室	0.75m水平面	300	—	80	11	9
资料、档案室	0.75m水平面	200	—	80	8	7

3．地下商业建筑照明节能

（1）地下商业建筑的环境特点及照明要求

创造一个令顾客愉快而舒适地购买商品的场所，是商业建筑设计的主要目的。而一个良好的照明设计则是最重要的组成部分。我们可以通过吸引顾客购买商品的过程来稍作分析。首先，要通过照明设计增强店门与橱窗对路过的潜在顾客的吸引力，诱使其产生兴趣与一定的联想，最终的目的是踏入店门。

其次，店堂灯光的布置还要设法诱导顾客的视线，使其集中到精心布置的商品陈列上。而对商品的照明则应充分显示商品的外貌，避免眩光和色差。

同时店堂照明应与商店及商品形象相适应，这会增加顾客的印象及信心。如高级商品应典雅豪华，家居商品宜温馨朴实，卫生与医药类商品要洁净，食品类则突出新鲜等。

当顾客开始对中意的商品进行挑选时，必须保证足够的照度使顾客能够观察商品的全部细节；直至付款结束的全过程中，店堂照明都不应产生令顾客烦躁不快或注意力分散的作用。

（2）地下商业建筑照度指标和照明质量

1）商业建筑的照度指标应执行现行国家相关标准。

2）商业建筑的照明可分为一般照明、重点照明和装饰照明。

一般照明不仅应保证足够的水平照度，还应具备一定的垂直照度和显色性，并根据商品的内容选择适当的色温。电脑、书籍、文具、医药卫生等商品宜采用较高色温的光源，而家具与家居、体育类商品采用较低色温的光源。

重点照明应为一般照明的3～5倍，以较强的定向照射，突出陈列商品的立体感和质感，但在光源类型和色温等方面应与一般照明协调，同时要注意避免眩光。

装饰照明用于强调环境气氛和烘托商品，不应与一般照明和重点照明兼用。

（3）光源和灯具的选择

1）一般照明宜选用T8、T5型高显色性直管荧光灯或高显色紧凑型荧光灯，较高的空间宜选用金属卤化物灯等高效光源。

2）由于商业场所对眩光的要求不像学校及办公建筑要求的那样严格，因而一般照明可多选用直接型配光灯具以提高光效，但应注意防止产生明显的阴影。

3）重点照明可采用嵌入式筒灯、小型轨道式投光灯等易于控制光束角的灯具。光源宜采用低压卤钨灯、PAR灯等高显色光源，也可选用显色指数高的紧凑型荧光灯或小型金卤灯。

4）自选超市店堂建议采用蝠翼式配光荧光灯具沿货架间通道布设，并应保证货架最底部的垂直照度不低于100lx，便于顾客对商品及标签的浏览。

（4）节能措施

1）店堂内一般照明宜分级分区进行控制，在商店不营业的时间，仅保留原照度的20%～30%作为清扫、整理上货等工作照明即可。

2）橱窗、广告照明等宜针对白日、营业、非营业、深夜等不同的使用时段，确定合理的亮度水平并分级控制。

（5）地下店门与橱窗的照明设计

店门与橱窗是商业建筑给过路人的第一印象，必须醒目和与众不同。因此应在充分研究顾客心理的基础上，结合店门照明、橱窗照明与入口处照明，营造出诱人夺目的灯光效果。

1）地下店门的照明方法

（A）在适当位置装设灯具将店面和店门的装修照的明亮；

（B）利用彩色灯光；

（C）以调光器或控制器控制灯光的强度使照明产生变化；

（D）设置有特征的电气标志或招牌灯光。

2）地下橱窗的照明方法

（A）展示商品要有足够的亮度以吸引顾客的注意；

（B）用适当的光源强调商品的色彩和质感；

（C）以合适的照射角度突出商品的立体感；

（D）利用彩用灯光和变化的照明使橱窗活化；

（E）在白天由于天然光的影响，橱窗很容易产生镜像，因而必须保证橱窗内陈列商品的亮度要大于室外亮度30%以上；

（F）对于通用型的橱窗照明，宜采用带有格栅或漫射型灯具。当采用带有遮光格栅的灯具安装在橱窗顶部距地高度大于3m时，灯具的遮光角不宜小于30°；如安装高度低于3m，则灯具遮光角宜为45°以上。

3）地下建筑入口处照明

入口深处正面的照明应明亮，主要入口通道两侧墙面的照明也应均匀而明亮，以及在特定的部位设置醒目和装饰性的照明器等成为吸引顾客踏入店堂的最终照明手段。

4）地下商业建筑照度表

地下商业建筑照明标准值应符合表4-2-6的规定

地下商业建筑照明标准值（推荐） 表4-2-6

房间或场所	参考平面及其高度	照度标准值（lx）	UGR	Ra	照明功率密度（W/m^2）	
					现行值	目标值
一般商店营业厅	0.75m水平面	300	22	80	12	10
高档商店营业厅	0.75m水平面	500	22	80	19	16
一般超市营业厅	0.75m水平面	300	22	80	13	11
高档超市营业厅	0.75m水平面	500	22	80	20	17
收款台	台面	500	—	80	—	—

4. 地下旅馆及餐饮建筑照明

（1）地下旅馆建筑的环境特点及照明要求

地下旅馆的最主要的功能当然是为旅客提供住宿。洁净、温馨、舒适和宁静可以使绝大多数旅客感觉满意，因而旅馆建筑的照明应注意以下几点：

1）充分考虑结合装修与家具设置局部照明；

2）大部分场所宜选择较低色温的光源；

3）较多采用调光或分区控制等手段；

4）极力避免室外照明光线透过玻璃窗照射在客房顶棚上；

5）夜间照明不可忽略；

6）设置安全疏散标志和各类灯光指示标志。

（2）地下餐饮建筑的环境特点及照明要求

以饮食为主要经营目的的建筑，其环境特点最重要的是气氛的营造：中餐多呈现华丽愉悦，西餐则讲究细致优雅，酒吧要热情奔放，茶馆宜淡泊宁静。故此对照明的要求首先是要配合餐饮种类和建筑装修的风格，形成相得益彰的效果。其次，由于食物的新鲜程度是影响顾客食欲至关重要的因素，充分地显示食物的颜色和质感就成为照明的基本目标。

（3）地下旅馆及餐饮建筑照度指标和照明质量

1）旅馆及餐饮建筑照度指标应执行现行国家相关标准。照明效果宜明亮而均匀，避免出现较浓重的阴影和强烈的亮度对比。

2）应注意避免直接照明导致的不舒适眩光。旅馆及餐饮建筑在很多方面可以看成是住宅意义的延伸，其环境氛围也应尽量接近柔和轻松，较强的直射光线容易引起兴奋和紧张感，设计时应予考虑。

3）除娱乐用房外，旅馆内不宜过多使用彩色灯光。这是由于彩色灯光对人的心理情感有着不同的作用，长时间照射往往会产生郁闷、烦躁或过度兴奋等不良效果。

4）不宜选用显色指数较低的光源。

（4）光源和灯具的选择

1）一般照明宜选用小功率低色温紧凑型荧光灯、低压卤钨灯和PAR灯等，光源显色指数不应低于80。建议选用带罩的直接型配光灯具，减少不必要的空间亮度同时也节省能源。

2）若选用高显色性直管荧光灯或较大功率的紧凑型荧光灯，应安装在不使光源直接外露的装修或带罩灯具内。

3）设于装饰华丽的厅堂内的吊灯建议将光源外露，以较小的光源功率换取辉煌明亮的效果，并兼顾对建筑装饰的照明。

4）楼梯间、各主要通道的照明应选用可瞬时点燃的光源。当灾害发生时，保证疏散通道的通畅。

5）用于疏散指示的标志灯应配备蓄电池组作为备用应急电源。当灾害发生时即便是供电线路受到损坏，仍可维持一段时间（一般不少于30min）的指示作用。

（5）地下旅馆大堂的照明设计

1）旅馆大堂宜采用下照型灯具与带罩的吊灯和壁灯结合形成具有较高环境亮度的整体照明。其主要目的是：显示建筑装饰的华丽；形成轻松明快的气氛；较高的垂直照度便于接待和会客。

2）为了与室外天然光的照度变化相配合，人口门厅乃至整个大堂的照明宜通过调光装置或分组开关来调节照度。

3）客人等候或休息区的沙发侧建议设置落地灯，方便较短的阅读并形成局部安定气氛。

4）一个对宾客极具重要意义而常被忽略的设置是应有明确醒目的灯光指示牌指向电梯间和卫生间。

（6）地下旅馆客房的照明设计

1）客房入口通道通常设置下照型灯具，豪华客房也有设置成小型发光顶棚的。其开关应采用双控型，以方便客人在床头控制。此灯常兼作为应急照明，应注意此时应急电源线应越过开关直接接入灯具内。

2）普通客房一般可不设顶灯，用功能性的梳妆台镜灯、床头灯或落地灯作为替代。

3）床头灯宜安装在床头板上、墙壁上或在床头柜上设台灯，位置应不妨碍客人以自然舒适的姿态进行阅读，并应考虑调光控制。双床客房的床头灯宜选用光线不相互干扰的灯具。

4）客房卫生间镜前灯应安装在视野立体角60°以外，灯具亮度不宜大于2100cd/m^2，光源色温可以适当偏高，配合较高的照度给人以整洁、明快的感觉。卫生间照明控制宜设置在卫生间门外。

5）客房夜灯一般设置在床头柜下，以便于看清鞋物及附近的桌椅等。夜灯表面亮度一定要低，其照度不宜高于1.0lx。

6）为避免客人在离开房间时忘记关断电源而造成电气火灾和电源的浪费，应在客房门口处设置节能开关，将房间内全部电源（冰箱与空调器除外）切断。

（7）地下多功能厅、宴会厅的照明设计

1）多功能厅、宴会厅空间较大一般厅房高大，装修也最为豪华，因而宜选用较华丽的组合花灯或吊花灯作为布灯方案的中心，配合暗槽灯或下照筒灯补充桌面和空间照度。光源应优先选用暖白色荧光灯和较低色温的紧凑型荧光灯。

2）应注意很多厅堂是设计成可以分隔的，故在布灯时宜按建筑轴线构成较小的单元组合而成，其控制也应考虑到这一点。

3）设有专用舞台或某一侧有明显背景墙的厅堂，宜配置专用灯光。否则宜在合适部位设置若干升降吊架并预留配电回路。

4）宜设置灯光控制室或便于调控的灯光控制台/箱，全部灯光回路均宜设为可调光回路以满足不同的功能需要。

（8）地下阳光厅与共享空间的照明设计

阳光厅的顶部和侧墙有大面积的采光窗，共享空间四周多为走廊，其共同点是可提供反射光线的墙面极少或反射比较低，所以宜主要选用窄配光的下照型灯具或具备较大长度的吊灯。光源宜选用小型金卤灯，色温不宜过低，以免在白天开灯时引起不适。

（9）地下餐厅的照明设计

1）小餐厅或有固定隔断的就餐位置宜按餐桌的位置布置灯具，小型吊灯较为理想；大餐厅可选用组合花灯结合小型小照灯。光源应以紧凑型荧光灯和小型低压卤钨灯为主。

2）中餐厅要求浓郁的就餐气氛，宜保持较高的平均照度和高显色性的光源，便于充分显示菜式的色与形，提高顾客的兴趣和食欲。

3）西餐厅一般将平均照度设计得较低，且不注重照明的均匀度。宜考虑使客人能够感觉到餐桌上烛光的作用，体现其独特的韵味，同时也避免相邻餐桌之间的相互干扰。

4）快餐店和自助餐厅中的客人对气氛要求不会太高，整洁明快的环境足以使他们对以果腹为目的的进食过程感觉舒适。故建议采用荧光灯发光天棚或类似的方式，获得柔和干净的效果。

（10）地下旅馆及餐饮建筑照度值（表4-2-7）

地下旅馆建筑照明标准值（推荐） **表4-2-7**

房间或场所		参考平面及其高度	照度标准值（lx）	UGR	Ra	照明功率密度（W/m²）	
						现行值	目标值
客房	一般活动区	0.75m 水平面	75	—	80	15	13
	床头	0.75m 水平面	150	—	80		
	写字台	台面	300	—	80		
	卫生间	0.75m 水平面	150	—	80		
中餐厅		0.75m 水平面	200	22		13	11
西餐厅、酒吧间、咖啡厅		0.75m 水平面	100	—	80	—	—
多功能厅		0.75m 水平面	300	22	80	18	15
门厅、总服务台		地面	300	—	80	15	13
休息厅		地面	200	22	80	—	—
客房层走廊		地面	50	—	80	5	4
厨房		台面	200	—	80	—	—
洗衣房		0.75m 水平面	200	—	80	—	—

5．地下医疗卫生建筑照明

（1）地下医疗建筑的环境特点及照明要求

在医疗建筑中主要活动的有两类人。对于医护人员和其他医疗工作人员，照明应提供足够的照度和显色性，保证其工作状态的稳定和效率，减少视觉疲劳；而对于病人及其亲属，则应通过照明形成整洁、严谨、清静的气氛，以安抚其焦虑的情绪，增强治疗的信心。

一个与其他建筑有很大不同之处是在医院中病人接受治疗和诊断时常常需要仰卧，而恰恰大多数患者比正常人对光线更敏感和厌恶。这要求我们在考虑灯具布置时应根据实际情况做进一步的深入研究。

（2）地下医疗建筑照度指标和照明质量

1）医疗建筑照度指标应执行现行国家相关标准。

2）无论是西医是中医，观察始终是诊断病情至关重要的手段。因而在大多数场合都必须提供足够亮且高显色性的照明，同时室内顶棚内墙面的颜色也应加以考虑和限制，以避免影响正常的诊断。

3）由于病人对外界的强刺激因素较正常人更加敏感，在照明设计中应对可能产生的任何不舒适眩光加以严格的限制，尽可能采用光源不直接外露的灯具。

4）各诊室及通道、楼（电）梯厅等的照度水平不宜有较大的差别且应有良好的过渡，以避免患者（特别是幼儿患者）因光线的变化产生心理压力。

（3）光源和灯具的选择

1）一般照明宜选用T8、T5型高显色性直管荧光灯或高显色紧凑型荧光灯，较高的色温配以较明亮的照度会给病人及家属整洁、安宁的感觉。显色指数一般不宜低于80，用于细致检查的局部照明的光源显色性不宜低于90。

2）门诊部、住院部等治疗区域一般照明宜采用半间接型配光和漫射型配光的灯具，以避免光源外露形成眩光。普通办公和后勤区域一般照明仍应采用直接型配光或直接一间接型配光的灯具，有利于节约能源。

3）药房和药品库房宜采用蝠翼式配光灯具以保证足够的垂直照度，确保医务人员准确地识别药品。

4）一般不宜选用较华丽的花灯，以减少病人的心理压力。

（4）地下门诊部的照明设计

1）候诊区的一般照明选用较高色温的荧光灯以及表面亮度不高的灯具，柔和的白色光线可适当起到安定患者及其亲属烦躁心理的作用。

2）诊室、检查室、处置室等房间的照明宜结合自然采光共同考虑，装设灯具时应注意避开患者仰卧时的视野。

3）眼科、牙科、耳鼻喉科等诊疗室宜设置局部照明来满足其需要。耳鼻喉科听音室当采用荧光灯照明时，为避免可能出现的镇流器噪声不宜选用普通电感式镇流器。

4）X光检查室、眼科暗室以及装有观片灯的诊室，其一般照明宜通过开关分为两级照度控制或设置调光开关。

（5）地下住院用房的照明设计

1）病房的一般照明可选用带罩的高显色荧光灯，由于照度不宜太高，因而色温也是以低些为好，并应防止在病人在仰卧时视野内感觉到眩光。病房一般照明的开关宜设置在病房外。

2）荧光灯镇流器不宜选用普通电感式镇流器，主要是考虑可能在启动时产生频闪和可能出现的镇流器噪声等引起病人的不适。

3）病床宜设有专用床头壁灯，并可与床头多功能控制板结合。但应注意其照明范围不要干扰相邻床位。

4）病床的夜间照明是否需要设置目前尚无定论，但为了不干扰病人的休息，床头部位的照度不宜大于0.1lx。

5）护士站照明光线柔和，光源的色温也不宜过高，灯具选型与门诊区宜有较明显的区别，其目的是尽量为住院的患者营造一些生活气息。

6）走道照明也应注意营造安静、整洁的感觉。布灯时宜避开两侧的病房门上方，并应确定夜间的照明方案。

（6）地下手术室的照明设计

1）手术室的照明由专用无影灯和一般照明灯两部分组成。在专用无影灯下，手术台的照度可达20000~100000lx，并可根据需要调节。

2）手术室的一般照明应选用低色高显色性荧光灯，灯具应具备防水性能以便于消毒清洗。为防止对手术创面产生不利影响，不应装设具有较多热辐射的光源。

（7）地下医疗建筑照度值（表4-2-8）

地下医疗建筑照明标准值（推荐）　　**表4-2-8**

房间或场所	参考平面及其高度	照度标准值（lx）	UGR	Ra	照明功率密度（W/m^2）	
					现行值	标准值
治疗室	0.75m水平面	300	19	80	11	9
化验室	0.75m水平面	500	19	80	18	15
手术室	0.75m水平面	750	19	90	30	25
诊室	0.75m水平面	300	19	80	11	9
候诊室、挂号厅	0.75m水平面	200	22	80	8	7
病房	地面	100	19	80	6	5
护士站	0.75m水平面	300	—	80	11	9
药房	0.75m水平面	500	19	80	20	17
重症监护室	0.75m水平面	300	19	90	11	9

6. 地下博物馆照明

地下藏品库房的窗扇玻璃厚度不应小于3mm，并宜采用漫射玻璃或其他防止阳光直射的装置。收藏对光特别敏感藏品的库房可选用过滤紫外线、吸收红外线的玻璃，或在玻璃上进行滤膜处理。藏品库房室内和对光特别敏感展品的照明应选用白炽灯，并有遮光装置。陈列室内的一般照明宜用紫外线少的光源。

陈列室的一般照度应根据展品类别确定，推荐值参照表4-2-9。

陈列室一般照度推荐值　　**表4-2-9**

展 品 类 别	照度推荐值（LX）
对光不敏感：金属、石材、玻璃、陶瓷、珠宝、搪瓷、珐琅等	≤300（色温≤6500K）
对光较敏感：竹器、木器、藤器、漆器、骨器、油画、壁画、角制品、天然皮革、动物标本等	≤150（色温≤4000K）
对光特别敏感：纸质书画、纺织品、印刷品、树胶彩画、染色皮革、植物标本等	≤50（色温≤2900K）

7. 地下车库照明

汽车库内应设照明应符合国家现行的行业标准《民用建筑电气设计规范》（JGJ 37）的规定，室内照明应亮度分布均匀，避免眩光，其各房间照度标准应符合表4-2-10规定。

照度标准值 **表4-2-10**

房间名称		规定照度作业面	照度标准值（lx）
停车间	行车道	地面	75
	停车位		75
值班室		距地0.75m	200
管理办公室		距地0.75m	300
卫生间		地面	75

汽车库内汽车出入通道、人员疏散通道、配电室、值班室均应设置应急照明，在弯道处宜增加照明量。

汽车库内应根据行车需要设置标志灯、导向灯，汽车库的出入口宜设置指示汽车出入的信号灯和停车位指示灯。

坡道式地下汽车库出入口处应设过渡照明，其设计应符合国家现行有关标准的要求，白天入口处亮度变化可按10:1到15:1，夜间室内外亮度变化可按2:1到4:1取值。

8. 城市地下空间隧道和地下通道照明

（1）白天的隧道照明

1）入口区照明

为了使恰好位于隧道口内侧的障碍物能让自隧道开来的驾驶员看见，有必要增加隧道入口或入口区的亮度水平。这是因为透进隧道口的自然光线的数量太少以致可以忽略。而且，到达路面的自然光来自接近隧道的驾驶员的上方和背后，因此，由这部分光引起的路面亮度的增加实质上很少。因此，入口区的照明必定是或者来自隧道内部的人工照明，或者可以在隧道入口的前面用自然光屏采光窗在一个人工的入口区。无论采用哪一种方法（每一种方法的例子将在下面讨论），入口区所需的实际亮度将取决于隧道外（等效的）普遍适应亮度。

当然，适应亮度不会保持不变，它随着当时自然光数量的变化而连续不断地发生变化。最大适应照度可能相当于100000lx的水平照度，这一水平照度值在通常条件下大约是外部出现的最高值。

可以采取专门措施有效地限制可能出现的最大适应亮度。这些措施包括隧道入口前的路面、隧道入口立面以及路堑墙面（适用于有路堑的隧道）采用无光泽的黑色材料，在隧道入口附近及隧道入口上方种植树木和灌木，并把隧道入口本身尽可能做得高些、宽些。

2）过渡区的照明

进入长隧道的驾驶员需要一段时间才能使他的眼睛充分适应低亮度的中心区。从存在着的最高到最低的亮度水平必须逐渐过渡，这就是过渡区照明的目的。

实际上，亮度并不是沿着过渡区均匀地减少而是分几级下降。这一级和下一级之间的亮度比不应超过3:1。完成过渡要有二级到四级，和入口区的亮度值有关。

原则上，过渡区各段的照明系统可以和入口区装设的相同。在每一段照明水平的必要的减少可由光通输出较低的灯泡，减少灯具的排数或把这两种方法结合起来实现。

3）内部区照明

隧道内部区所需照明的灯具最好连续装成一排，以避免频闪。然而，也允许不把灯具连接成排。若能采取必要的措施以确保由此产生的频闪不会扰乱驾驶员的视觉，就可以这样做。

最适合于隧道内部区使用的是管形荧光灯灯具。将这种灯具布成一排并连续通过过渡区和入口区，这样做有助于提供视觉诱导；为了产生比较低的夜间水平，这种灯应当可以调节。

4）出口照明

白天，隧道的出口，在隧道内部的驾驶员看起来好像是一个“亮洞”。以它为背景障碍物可通过所形成的剪影清楚地看到。剪影效果一部分靠逆着视看方向入射在墙面、天棚和道路上，因为，在这些表面上由自然光形成高的亮度。这可用高反射比的表面材料来增强这种效果并进一步扩展到隧道中使亮度逐渐增加。

由于从低亮度到高亮度水平的视觉适应进行得很迅速，对出口照明的要求远没有对入口处要求那么严格。然而，使入口和出口照明布置对称可以得到如下的好处即发生交通阻塞或在维修隧道的时候，有可能使用单向隧道担负起两个方向的交通任务。

（2）夜间照明

夜间，为满足白天要求各区所使用的补充照明必须关闭剩下的灯或减少其数量或将其调暗。关于入口和出口，白天对照明的要求正好颠倒了过来。这时，隧道外部的亮度水平低于内部的亮度水平，适应问题可能会发生在隧道出口处，只要隧道内部和外部的亮度水平之比小于3:1，通常就不会出现什么困难，由于这一原因，出口处的道路从每条隧道出口开始至少在200~300mm距离之内必须装上可以接受的照明装置以帮助眼睛适应。

（3）维护

穿过隧道的车辆会将大量的灰尘和污垢带入隧道。此外，车辆排出的废气中含有大量未充分燃烧的炭粒。这些都会降低隧道内的可见度，而且它们和普通的污染合在一起使灯具、自然光网屏和反光表面（如路面和墙面）变脏，由此引起各部分亮度迅速恶化，使可见度越发下降。

清扫工必须按拟订好的维护计划经常进行清扫，只有这样，设计阶段确定亮度水平时所采用的维护系数才会准确和有效。

9. 城市地下空间建筑应急照明

（1）照度

按GB 50034—2004的规定，疏散照明在主要疏散通道上的照度不应小于0.5lx；安全照明在工作区域或工作地点的照度不应低于该区域正常照明照度的5%；备用照明的照度不应低于正常照明照度的10%。

备用照明还应视继续工作或生产、操作的具体条件、持续性和其他特殊需要，选取较大的照度。如医院的手术室内的手术台，由于其操作的重要性和精细性，而且持续工作时间较长，就需要和正常照明相同的照度：又如国家的大会堂、国际会议厅、贵宾厅、国际体育比赛场馆等，由于其重要性，需要和正常照明相等或接近的照度。这些情况下，往往是利用全部正常照明，在电源故障时自动转换到应急电源供电。

（2）光源

应急照明光源一般使用白炽灯、荧光灯、卤钨灯，不使用高强气体放电。

对于持续运行的应急照明，从节能考虑，宜采用荧光灯。

对于非持续运行的应急照明和备用照明，宜用荧光灯，但必须选用可靠的产品，对于非持续运行的安全照明，应采用白炽灯、卤钨灯或低压卤钨灯。

参考文献

1 王文卿主编. 城市地下空间规划与设计. 南京：东南大学出版社，2005

2 北京市环境保护科学研究院编. 北京地下空间开发利用生态环境保护研究（草稿）

3 中国工程院课题组. 中国城市地下空间开发利用研究 1. 北京：中国建筑工业出版社

4 中国工程院课题组. 中国城市地下空间开发利用研究 2. 北京：中国建筑工业出版社

5 中国工程院课题组. 中国城市地下空间开发利用研究 3. 北京：中国建筑工业出版社

6 国家经贸委/ODDP/GEF，中国绿色照明工程项目办公室，中国建筑科学研究院张绍刚主编. 绿色照明工程实施手册. 北京：中国建筑工业出版社

7 中华人民共和国国家标准《建筑照明设计标准》（GB 50034—2004）. 北京：中国建筑科学研究院出版社，2004

8 谷口、汎邦等. 城市再开发. 马俊译. 北京：中国建筑工业出版社

9 （丹麦）扬－盖尔，拉尔斯－吉姆松著. 公共空间－公共生活. 何人可，欧阳文译. 北京：中国建筑工业出版社

10 （英）吉尔－恩特威斯尔著. 艺术照明与空间环境旅馆. 张军英译. 北京：中国建筑工业出版社

11 陈一才编. 建筑环境灯光工程设计手册. 北京：中国建筑工业出版社

12 张绍纲. 有缝导光装置照明技术. 照明工程学报，1992，3（3）

13 王爱英. 导光管绿色设计：［博士学位论文］

14 李伟. 有机玻璃棱镜导光管的照明原理研究：［博士学位论文］

15 李伟. 棱镜导光管照明系统光学性能及影响因素分析与实验研究：［博士学位论文］

16 肖辉乾等. 地下和无窗建筑定日镜导光管采光照明的实验研究. 海峡两岸第七届照明科技营销研讨会

17 国外导光管资料介绍（一）. 灯与照明，1995，18（3）：28～33

18 国外导光管资料介绍（二）. 灯与照明，1995，18（3）：28～35

19 （英）德里克－菲利普斯著. 现代建筑照明. 李德富译. 北京：中国建筑工业出版社

20 李恭慰主编. 建筑照明设计手册. 北京：中国建筑工业出版社

21 （荷兰）范－波莫，德－波尔著. 道路照明. 林贤光，李景色译

22 Wheeler W. Apparatus for lighting dwellings or other structures. U. S. Patent，247229（1881）

23 Lorne A. Whitehead，U. S. Patent，4260220（1981）

24 Sattarov，D. K.，The grazing total internal refection ray in light pipes，Sov. J. Opt. Technol，Vol. 35，No. 35，292～294

25 International lighting Review，1993. 3

26 International lighting Review，1993. 4

第五篇

地下空间氡的产生机理、模拟及其控制

第一章　氡的危害

“谁要是干扰了法老的安宁，死亡就会降临到他的头上”。这是古埃及第十八王朝法老图坦卡蒙国王的陵墓上镌刻的墓志铭。古埃及法老的神秘咒语盛行于20世纪20年代，1922年英国考古学家霍华德·卡特及其同伴进入国王的墓穴，此后不久，卡特就由于被蚊子叮咬感染而神秘死亡。此后一直到1935年，与图坦卡蒙陵墓发掘工作直接或者间接相关的21名人员先后死于非命，科学家一直认为是坟墓中隐藏的病菌导致了这些人的死亡。最近，埃及科学家哈瓦斯经过检测发现，尼罗河谷诸法老陵墓的石灰墙内普遍充满了“氡”这种有害气体，这才是导致部分考古人员患病甚至死亡的诱因。哈瓦斯每次发掘陵墓时都要在墓室墙壁上钻一个通气孔，等陵墓内的腐败空气向外排放数小时之后再进入（室内氡浓度对通风很敏感），在过去30年职业生涯里，哈瓦斯虽然屡屡“惊动法老神灵”，可时至今日他依然“健在”。

氡及其子体在铀矿山中对人体的危害早已为人们所熟知，关于捷克亚西莫夫矿山和德国斯尼伯格矿山矿工患肺癌的第1份报告，是1546年提出来的，比放射性的发展还要早300多年，当时称这种病为斯尼伯格矿山病。但是，直至1924年才知道氡是这种病的发病原因，并于1951年被正式肯定下来。氡致癌花了400年才弄清楚，这种看不见、摸不着的无色、无味的氡危害很难广泛地为人们所认识，因而人们称他为一号隐形杀手。70年代以来，人们进一步认识到氡危害不仅存在于铀矿山中，而且广泛地存在于人类的正常生存环境当中，特别是在地下设施当中。1982年，联合国原子辐射效应科学委员会（UNSCEAR）指出，环境氡所致的内照射剂量约占全部天然辐射源所致有效剂量的一半。1987年，国际辐射防护委员会（ICRP）对“室内氡可以诱发肺癌”作了专门的论述。世界卫生组织国际肺癌研究中心以动物实验，证实了氡是当前认识到的19种最重要的致癌物质之一，并得到了流行病学研究的支持。1989年，国际原子能机构向全球各成员国政府建议开展“人类环境氡调查”的研究工作。1993年国际辐射防护委员会出版了第65号出版物——《住宅和工作场所氡-222的防护》。2003年3月，中国正式颁布实施《室内空气质量标准》（GB/T 1883—2002），对室内空气的生物性、化学性和放射性指标进行了全面的控制。

据报道，在美国、英国、瑞典等国，已证明在居民住宅和其他建筑物中有明显的超剂量发射性水平的高浓度氡，甚至超过了铀矿山职工的允许剂量。在瑞典和芬兰，已发现有的居民住宅中的氡浓度比室外空气搞出上千倍。在美国约有800万所住宅受氡侵入的危害，氡每年是大约30000多人死于肺癌，是仅次于吸烟的第二大肺癌死因；日本对木制结构居民住宅的调查表明，氡污染的程度与欧美不相上下，并称其为“一号隐形杀手”；在英国，每年有7000人死于氡诱发的肺癌。

我国卫生环保部门学者在20世纪80年代末和90年代初对氡进行的广泛调查发现，我国氡污染特别是地下工程中氡污染十分严重。总参第四设计所对全国5个地区，37个已使用的地下工程中氡水平的实测发现，有54%的工程中氡子体浓度超标，地下工程中氡水平高出地面一个数量级以上，有的地区氡子体水平超过标准上百倍，由于氡污染严重，以至于设备良好的地下工程不得不废弃[2~3]。

地下商业街是人流集中的公共场所，为保证顾客和从业人员的身体健康，必须加强氡气及其子体的污染治理。采用的主要方法有：通风、增加防氡层、地板下抽气、采用含镭量低的建材、研制降氡过滤器等，其中，室内通风是降低室内氡浓度，提高室内空气品质最有效的方法[1~2]。以往通风空调系统为了节能大量采用回风，使含氡的空气重复使用，加剧了氡的聚集。因此，弄清室内氡浓度与换气次数，室内外压差等因素的关系，改进地下建筑的通风空调系统，保证防氡通风所需的新风量，设置合理的气流组织形式，避免死角和涡流，并进一步科学的评价氡对人的危害问题，将对地下商业街的开发利用，保证人们的身体健康，有着十分重要的现实意义。

第二章　氡的若干理论

第一节　氡的度量单位及基本概念

一、氡的度量单位

表5-2-1只列出了在有关氡研究中常用，但其他领域不常用的单位，其他单位的使用参照国际单位制（SI）。

有关氡的常用法定计量单位　　表5-2-1

量的名称	量的符号	单位名称	单位符号	备　注
放射性活度	A	贝克勒尔	Bq	1贝克（Bq） =放射性核素每秒衰变一次（s^{-1}） 1居里（Ci）=3.7×10^{10}贝克（Bq） 1贝克（Bq）=2.7×10^{-11}居里（Ci）
放射性气体的浓度	N	贝克勒尔每立方米	Bq/m^3	1爱曼（em）=10^{-10}居里每升（Ci/L） =3.7贝克每升（Bq/L）=3700贝克每立方米（Bq/m^3）
吸收剂量	D	戈瑞	Gy	1Gy=100Rad
剂量当量	H	希沃特	Sv	1Sv=100rem

二、主要名词与术语

1．核素

具有特定质量数、原子序数和核能态，而且其平均寿命长得足以被观察的一类原子。

2．放射性

某些核素自发的放出粒子或γ射线，或在核俘获轨道电子后放出X射线，或发生自裂变的性质。

3．α粒子

携带两个正相电荷的氦核，它的穿透能力很弱，但有很强的电离能力。

4．天然本底辐射

由宇宙辐射和天然辐射存在的环境放射性物质产生的辐射所组成的电离辐射。

5．放射性物质

含有一种或几种成分呈现放射性的物质。

6．放射性活度

物质中所有放射性核素单位时间内核衰变数之和，单位是贝克（Bq）。

7. 比活度

某种物质单位质量的放射性活度。

8. 放射性浓度

某种物质单位体积的放射性活度。

9. 反散射

粒子或辐射被物质散射时，相对它们入射方向的角度大于90°的散射。

10. 衰变常数

dp 除以 dt 而得的商，即 $\lambda = \mathrm{d}p/\mathrm{d}t$。其中，d$p$ 是特定能态的放射性核素在时间间隔 dt 内发生自发核跃迁的概率。

11. 射气系数

指在某一时间内析出到岩石（土壤）空隙空间的自由氡量与在同一时间间隔内形成的总射气量（自由氡与束缚氡）之比。

12. 射气能力

指1克岩石（建材、土壤）在建立放射性平衡（镭氡）的时间内析出的总氡量。也就是说，射气能力在数值上等于岩石的射气系数与每克岩石中镭含量的乘积。

13. 射气强度

指1g岩石（建材、土壤）在1s内析出的自由氡量。

14. 吸收剂量

它是指电离辐射授予单元质量物质中的平均能量，法定单位是“戈瑞”（Gy）。射线对生物机体的危害程度与机体吸收的辐射能量密切相关。

15. 剂量当量

它是核防护中的一个重要单位。在相同的吸收剂量条件下，由于射线性质和照射条件的不同，各种射线对机体的危害程度也不相同。例如内照射时 α 射线的危害要比外照射时的 γ 射线的危害大好多倍。为此，在核辐射防护工作中通常采用“剂量当量”来统一衡量各种射线的危害性，它的法定单位是“希沃特”（Sv）。

16. 年剂量当量限值

指一年中的外照射所致的剂量当量与这一年中摄入的放射性核素所致的内照射剂量当量二者的总和。

第二节　氡的基本性质

氡的基本性质包括化学的、物理的、辐射的以及吸附、溶解和产热等。

一、氡的化学性质

氡的原子序数为86，是周期表中第六周期的零族元素，属惰性气体族的最后一个元素，也是最重的一个元素。氡是镭核衰变的中间产物，有四个同位素，其中氡-222和氡-218是铀系衰变的中间产物（我们常谈的居室中的氡，主要是氡-222）；而氡-219，也称锕射气（An）和氡-220，也称钍射气（Tn），是相应的锕铀系和钍系产物。氡进一步衰变产生钋-218、铅-214、铋-214和钋-214等短寿命子体，是室内氡致癌的氡子体。

详细衰变过程参见图 5-2-1。

二、氡的辐射性质

氡同位素是由镭同位素衰变而产生的。其中最重要的是氡-222，它的辐射性质：半衰期 3.825d，衰变常数 2.097×10^{-4}s，α 粒子的能量 5.481MeV 和在空气中的射程 4.04cm。

其他产物的辐射性质参数参见图 5-2-1。

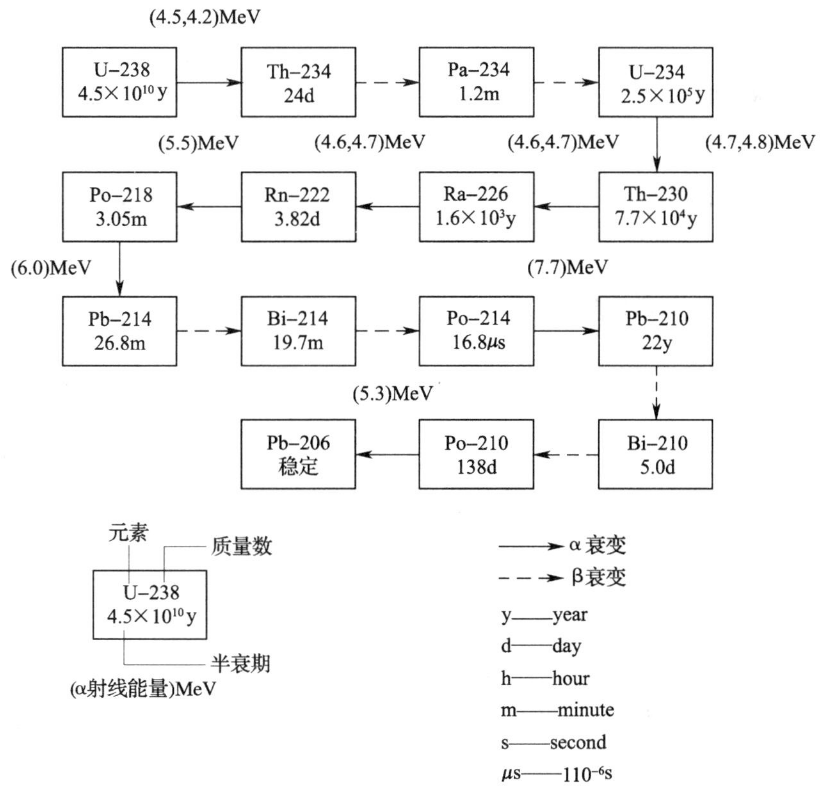

图 5-2-1　U-238 的衰变图谱

三、氡的物理性质

氡在温度为 −65℃ 和 101325Pa 压力下，转化为液态。氡转化为固态的温度约为 −113℃，熔点为 −71℃，沸点为 −61.8℃。在 0℃ 和标准压力下，气态氡的密度为 $9.727\times10^{-3}g/cm^3$，液态氡的密度为 $5.7g/cm^3$，临界温度为 104.4℃，比热为 940J/kg·K，热传导系数为 0.00364W/m·K，1Bq 氡-222 的质量为 1.75×10^{-14}kg。

气态氡是无色无味的，但它能置人于死地，且没有任何感觉，所以人们称它为“隐性杀手”；液态氡起初是无色透明的，然后由于衰变产物而逐渐变浑，它能使容器的玻璃壁发出绿色荧光；固态氡不透明，能发出明亮的浅蓝色光。氡的扩散是由于热运动，气体分子沿浓度减少的方向位移的结果。氡的扩散是室内氡迁移的一种重要机理。

四、固体物质对氡的吸附

所有固体均在不同程度上吸附氡，其中尤以煤、橡胶、蜡、石蜡等最为突出。活性炭是它们中吸附能力最强的，因为它有大体积的微空隙，总表面积也最大。用2.5g活性炭能吸附氡10~100Bq。低温时氡易被吸附，如在-180℃时，氡可以全被吸附，甚至在常温下，活性炭也能大量吸附同它相接触的氡。各种无机凝胶（SiO_2、Al_2O_3等）和有机胶体也极强烈的吸附氡并能牢固的将氡保持住。因此，可以看出，活性炭是各种防氡设备和仪器所采用的重要材料。

五、氡的溶解性

氡的4个同位素能以不同的速度溶解于不同的液体中，其中尤为显著的是溶解于各种油脂和煤油中。氡在液体中的溶解速度随温度增高而降低，担当其含量达到饱和极限时，氡溶解速度变慢。但在液体中盐浓度增高时，氡溶解速度也变慢。

六、氡的α辐射电离作用

3.7×10^{10}Bq（大致相当于1g镭）的氡（不包括其衰变子体），在全部利用其辐射的情况下，能产生饱和电流0.917×10^{-3}C。如果这个活度是由1kg固体在1h内产生的，则这个量相当于照射量率过去的单位350万伽玛，是个相当大的数字，可见氡以电离作用使人致病致死是相当严重的，如果在包括其子体的电离作用，这个照射率还要大一倍以上。

第三节　环境中的氡

一、自然环境中的氡

氡是国际辐射防护委员会（ICRP）推荐了慢性照射行动水平具体数据的惟一核素。在人类所受照射中，就单一核素来说，氡及其子体产生的照射是最大的，约占天然辐射产生照射的48%（表5-2-2）。

我国居民所受天然辐射年有效剂量[34]　　表5-2-2

	射线源	年有效剂量（mSv）
外射线	宇宙射线	0.26
	中子	0.057
	陆地γ辐射	0.54
内照射	氡-222及其短寿命子体	0.916
	钍射气及其短寿命子体	0.185
	钾-40	0.17
	其他核素	0.17
总计		2.30

氡广泛存在于人类生活的环境当中，现在已经知道的产氡源有：土壤、岩石、水和天然气等。氡由镭直接衰变而来，而土壤和岩石当中的镭含量是很高的，由放射性元素衰变产生的氡释放到空气中的量是非常大的，土壤和岩石释放的氡最多，其中土壤和建筑物释放到大气中的氡占大气总含氡量的75%以上（表5-2-3）。

全球每年释放到大气中的氡[35] **表5-2-3**

来　源	氡-222的年析出率（Bq/m^3）
土壤	7.5×10^{19}
海水	9.0×10^{17}
植物和地下水	$<2.0\times10^{19}$
天然气	3×10^{14}
煤	2×10^{13}
建筑物	3×10^{16}
总计	1×10^{20}

二、室内环境中的氡污染

如图5-2-2所示，对于室内空气，氡污染主要来自于以下几个方面：

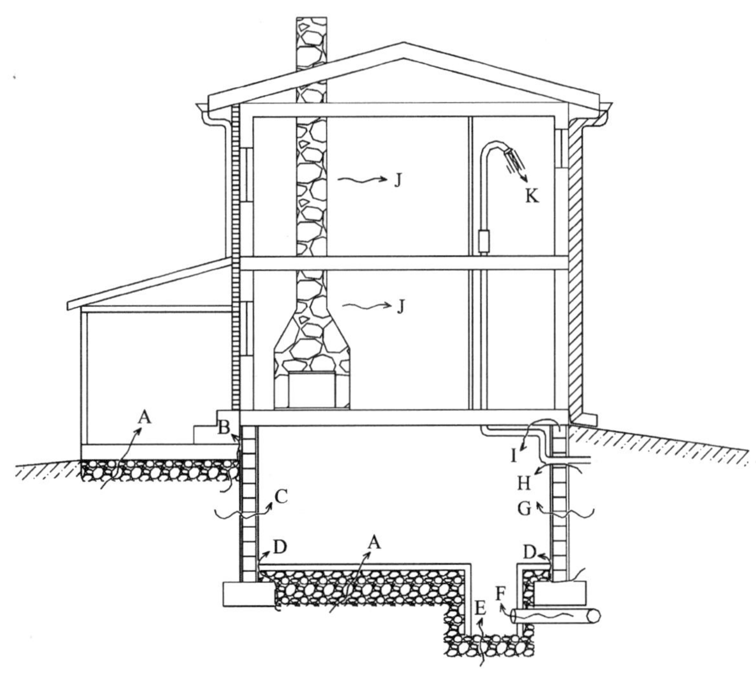

图5-2-2　氡进入住宅的主要途径

A—水泥地板上的裂缝；B—建在无盖空心砌块基础上的砖饰面墙后面的空间；C—在水泥块中的孔和缝；D—地板和墙的连接处；E—暴露的土壤，如集水坑；F—排水孔管将水排至敞开的集水坑；G—墙缝；H—管子穿过墙时管周围的空隙；I—砌块墙顶层的开口；J—建材，如某些岩石；K—水（来自井中）

1）从房基土壤中析出的氡。在地层深处含有铀、镭、钍的土壤和岩石中，人们可以发现高浓度的氡。这些氡通过地层断裂带，进入土壤和大气层。建筑物在上面，氡就会沿着裂缝扩散到室内。

2）从建筑物材料中析出的氡是室内氡的主要来源之一。如花岗岩、砖、砂、水泥及石膏之类，特别是含有放射性元素的天然石材，易释放出氡。从近期室内环境检测中心的检测结果看，此类问题不可忽视。

3）从室外空气中进入到室内的氡。在室外空气中，氡被稀释到很低的浓度，几乎对人体不构成威胁。可是一旦进入通风不畅的室内，就会大量聚集。

4）从供水及用于取暖和厨房设备的天然气中释放出的氡。这方面，只有水和天然气中氡的含量比较高时才会有危害。

必须指出的是，具体一幢建筑物内，哪种氡来源最主要，因地而异。例如地下建筑由于地面岩石裸露，室内氡主要来自地基下的岩石、土壤、构造带（特别是新构造带）以及镭水（如油气区）等，而且这些来源的氡析出量很大，因而地下建筑的氡污染往往比较严重；而对于三层以上的楼房，氡可能主要来自花岗岩等建材。

就世界平均而言，来源于建筑物地基和周围土壤的约占室内氡的60.4%，来自建筑材料和室外空气的分别占19.5%和17.8%（见表5-2-4）。分析我国的情况，以北京地区为例，室内氡约有56.3%来自地基岩土，20.5%来自建筑材料，20.5%来自室外空气，来自燃料和用水的氡合起来占不到3%[9]。

室内空气中氡的来源组成[36] **表5-2-4**

氡　源	北京地区		世界平均	
	进入率（$Bq/m^3 \cdot h$）	相对份额（%）	进入率（$Bq/m^3 \cdot h$）	相对份额（%）
房基及土壤	27.5	56.3	34	60.4
建筑材料	10	20.5	11	19.5
室外空气	10	20.5	10	17.8
供水	1	2	1	1.8
家用燃料	0.3	0.7	0.3	0.5
合计	48.8	100	56.3	100

第四节　氡对健康的影响

氡是一种无色无味的放射性气体，在全球的千百万家庭、学校、办公室、幼儿园、仓库以及人员集中的其他公共场所，当氡的浓度高过一定水平时就会产生不同程度的危害。它的危害程度取决于吸入的剂量的多少和方式，诱发致病的潜伏期可达15~40年，以至于人们难于发现它，由此人们称氡为隐形杀手。根据健康公告，氡是导致肺癌的因素之一，仅次于吸烟，全世界每年大约有数万人由于长时间受氡照射而患肺癌死亡。

一、核辐射对人们的影响

各种射线引起的生物效应，最初主要是使机体分子产生电离和激发，破坏生物机体的正常机能。这种作用可以是直接的，即射线直接作用于组成机体的蛋白质、碳水化合物、酵素等而引起电离和激发，并使这些物质的原子结构发生变化，引起人体生命过程的改变。射线对人体的作用也可以是间接的，即射线与机体内的水分子起作用，产生强氧化剂（OH，HO_2 等）和强还原剂，破坏机体的正常物质代谢引起机体一系列反应，造成生物效应。由于水占人体重量的70%左右，所以射线的间接作用对人体健康的影响较直接作用更大。应指出的是，射线对机体的作用是综合性的（直接作用加间接作用），而且在等同条件下，内照射（例如氡的吸入）要比外照射（例如 γ 射线）危险得多。

二、氡的致害机理

氡的致害机理问题，特别是致肺癌机理问题，尚处在深化研究中。

人们在高氡场所工作时，经过30~40min后吸入的氡和呼出的氡达到平衡，体内氡的含量不再增加。离开该场所1h，体内的氡被排出体外可达90%。由于氡的半衰期较长（3.825d），且在体内停留时间短，所以在呼吸道内产生的剂量很小，危害相对小些。而氡的子体则不然，它是金属离子，很容易被呼吸系统截留，并在局部区段不断积累，因其半衰期短（一般为秒分量级），全部在原处衰变，是大支气管上皮细胞剂量的主要来源，大部分肺癌首先就是在这区段上发生的。目前，氡子体能够诱发肺癌在全世界已得到公认。

氡的子体产物以金属离子的形式同空气一起吸入到人的呼吸系统后，一部分通过渗透作用溶于血液，不断衰变放出射线危害人体，而吸入的氡子体半数以上被阻挡在呼吸器官，衰变过程中放出 α 粒子不断对支气管上皮组织进行轰击，破坏周围的细胞，假使人们长时间居住在有高浓度氡及其子体的房间里，将会患肺癌或上呼吸道癌。

近年来，经流行病学调查，在瑞典、英国和美国等国又发现了氡还可以诱发白血病。调查表明，如果世界室内平均氡浓度为50Bq/m^3，则估计世界至少有13%~25%的白血病是由氡暴露引起的。

虽然我们已经知道氡-222并不是导致肺癌的有害气体，但为简化研究起见，在文中我们将所研究的氡均看作是氡-222气体。

第五节　氡的剂量评估及防护标准

据美国Manie大学估计，终生接触4PCi/L的含氡空气的人死于肺癌的几率为1%；饮用氡20000PCi/L的水，60年胃癌危险为1/500。氡浓度低于4PCi/L（约为150Bq/m^3），被认为是居民住宅内氡浓度应保持的的平均水平。若房间里的氡浓度高到200PCi/L（约为7500Bq/m^3），每100人一生中会有44~77人得肺癌。可见，氡对人体的危害程度不仅与吸入空气中氡的浓度有关，而且与人处于该环境的时间有关。

一、氡的剂量评估

氡的剂量评估是一种合理的评价人员受到氡危害程度的方法。众所周知，氡-222并不是导致肺癌的有害气体，真正的有害气体是氡子体，为此，应当使用平衡因子将氡浓度换算成氡子体 α 潜能浓度，并考虑暴露时间长度决定的辐射积累。室内人员所受的辐射剂量可由式（5-2-1）估算：

$$H = C_{Rn} \cdot F \cdot F_a \cdot t \tag{5-2-1}$$

式中 H——年有效剂量当量（mSv）；

C_{Rn}——氡浓度，（Bq/m^3）；

F——氡平衡因子，取0.45[6]；

F_a——剂量转换因子，取$1.0 \times 10^{-5} mSv/(Bq \cdot h/m^3)$；

t——一年中在房间中停留的时间（h）。

由上式可以看到，在同样的氡子体照射水平下，不同的照射时间，人体所受的危害程度是不一样的。以地下商场为例，对于在地下商场内购物的顾客而言，地下空间内浓度较高的氡对其的危害是不明显的，而对于在商场内的工作人员而言，由于其长时间的处于氡子体 α 射线的照射之下，受到的危害较大。因而，确定地下商场的氡浓度上限，制定防护标准，其主要针对的就是商场内的工作人员。

二、氡的防护标准

国际放射防护委员会（ICRP）第39号出版物中提出了限制公众接受天然辐射源照射的基本原则，它把公众接受的天然辐射源照射区分为现有照射情况和将来照射情况。对于室内氡及其子体的照射，委员会认为，$200Bq/m^3$ 平衡等效氡浓度可以作为现有照射情况的行动水平，而 $100Bq/m^3$ 可以作为将来照射情况合理上界，在满足这些限值的条件下，应将氡及其子体浓度降低到可合理达到最低水平，而 $100Bq/m^3$ 可以作为将来照射情况的合理上界，在满足这些限值的条件下，应将氡及其子体的浓度降低到可合理达到最低水平。早在80年代氡造成的危害就在欧美一些国家引起了关注，他们纷纷建立了专门的调查和处理机构来负责监测和处理居室环境高氡水平给居住者带来的危害。我国也在近几年开展了对居室环境氡监测。根据ICRP的建议和各国情况，许多国家已制定了建筑物室内氡防护标准（见表5-2-5）。

1996年7月1日，我国颁布实施了《住宅中氡浓度控制标准》（GB/T 16146—1995）。2002年1月1日，颁布实施了《民用建筑工程室内环境污染控制规范》(GB 50325—2001)。

2003年3月1日颁布实施了我国第一部《室内空气质量标准》（GB/T 1883—2002），该标准以国家有关人民健康的有关方针政策和法规为依据，以保护人体健康为最终目标，以充分的科学数据为依据，吸收了国外室内环境保护中先进的部分，紧密结合我国的国情、环境特征、经济技术条件而制定出来的。在实际中具有很强的可操作性。标准中对室内的化学性、物理性、生物性和放射性污染都作了规定，规定中所确定的室内氡浓度标准与表5-2-5基本相同。因此，考虑本课题的研究对象是我国内部环境良好的地下建筑，故将本章中氡的室内浓度防护标准定为 $200Bq/m^3$。

世界各国氡防护标准 **表5-2-5**

国　名	现在行动水平（Bq/m^3）	将来努力方向（Bq/m^3）	颁布时间
澳大利亚	200	—	—
加拿大	800	—	1989
德国	250	250	1988
爱尔兰	200	200	1991

续表

国名		现在行动水平（Bq/m³）	将来努力方向（Bq/m³）	颁布时间
挪威		200	<60～70	1990
瑞典		200	70	1990
英国		200	200	1990
美国		150	同室外浓度	1988
俄罗斯		200	100	—
中国	地上建筑	200	100	1995
	地下建筑	400	200	1996
国际放射性委员会		400	200	1984
世界卫生组织		100	100	1985

第六节　地下工程氡污染控制方法

实现地下建筑乃至整个居住建筑的氡污染的控制，最根本的办法是绘制中国的“氡图”，为建筑物建设地址选择提供依据，但是对于已经建在铀矿丰富地区的建筑，应当采取适合我国国情的补救措施，并在其使用期限到达后将该建筑物废弃，不再重新修建人员活动时间长的建筑。

一、大区域环境氡的评价

所谓大区域系指一个国家或省的范围而言的。应由国家或省统一组织进行，其目的是了解一个国家或者一个省的氡环境的总体危害程度，划分出潜在高氡异常区。具体做法，首先利用遥感卫星相片及重力航磁测量与区域地质有关资料，提供岩石和断裂带分布等背景情况。其次利用区域航空放射性测量、放射性化学测量及物探、化探有关资料标出新构造断裂带，画出铀、镭含量的平面等值图和剖面图，因为氡是由镭直接衰变而来，实际上也就划分出潜在高氡异常区域。根据上述结果可编制出全国或全省潜在高氡区分布模式图，在此基础上在测量仪器统一刻度与比对的情况下，展开全国或全省的室内氡的抽样调查。

二、小区域环境氡的评价

所谓的小区域系指某一个建筑物的建设地点而言的，在城市规划或某一小区进行规划时，应首先要避开新构造断裂带和富含铀区，圈定潜在氡危害地段，对于已经受到污染的建筑，应当采取一定的措施。

1．避开断裂破碎带，规划“安全岛”

由于存在氡污染潜在危险，就有可能产生氡污染区域，因此对工程地质和保健物理工作者就提出一个新课题，在某项目工程进场之前首先要对该地区进行有关的氡射气污染的论证和评价，在勘察阶段对隐伏的或被揭露的断裂破碎带进行氡气测量，绘出氡浓度分布等值图，采取治本措施，避开断裂带和富含铀区，选择出规划的“安全岛”地带，将来自建筑物地基底层土壤和岩土中氡射气进入室内途径减至最少。

2. 抽水法降氡使水氡转化为矿泉水

国内著名学者指出在氡主要富集优势岩石中，呈带状而面状分布，主要成因为断裂破碎带富集，可由地下水携出造成的污染，因而抽出地下水降低地下水位，将水氡转化为矿泉水，变害为利，很有可能成为解决氡污染的关键措施[10]。

3. 对建材和装饰材料进行检测

在建筑物开工前，应对建材进行放射性含量的检测，特别是某些国家将一些已经有放射性污染的钢材倾销至我国，应予以特别注意。工业废渣及其建材，如粉煤灰、铁矿渣、磷渣和磷石膏，都明显富集 Ra－226 多半已超过国家规定的限值，建议最好不用。装饰材料中花岗岩镭含量也较高，但完整的花岗岩射线系数较小，一般不会形成严重的氡危害。但发现个别品种花岗岩放射性含量高出混凝土地面数倍，不容忽视。

4. 设置底板下抽氡装置和开挖氡井

对于那些已经建在断裂破碎带上异常的房屋，可以在底板下采用抽氡装置和开挖氡井。抽气装置可降低底板下气压，把一两根管子穿到底板以下，另一端伸至户外，将氡气抽出，可以使氡水平降低 80%；在地层透气好地区，也可开挖氡井，氡井距房屋 10～60m，深 4m，氡井作用半径约为 60m，可使氡气减少 92%。

5. 防氡堵漏

对地下建筑物被覆盖层的裂隙要及时进行防氡堵漏性地密闭。对氡异常地下建筑物地板可用高质量防蒸气防水封胶或聚乙烯膜喷涂防水阻隔氡。聚乙烯膜可使氡气减少 50%。应注意沥青能防潮，但阻氡效率极低。

6. 建立完善的排风系统

氡射气在空气中的浓度随着高度的增加而减少，以地面浓度为 100%，则地面向上 10m 高度处只有 60%，故地下工程通风进气口在污染严重区域应高置，对于地下工程建立完善的机械通风系统尤为重要，良好的通风能使氡气减少 70%～80%。

7. 采用局部空气净化技术

对于氡浓度异常地下工程，可采用高压静电过滤静化器、静电织物净化、电离式负离子发生器等净化技术。试验证明，高压静电及织物过滤，不但对地下工程环境中尘埃有净化作用，同时对氡子体也有明显净化效果。根据实验结果，当过滤风速在 0.1m/s 以下时，高效过滤纸对氡子体净化效率可达 80% 以上。

第七节　我国氡水平的现状调查

我国部分城市地下建筑内的氡浓度　　**表 5-2-6**

地　点	样　品　数	氡浓度（Bq/m^3）
昆明	12	644.5
武汉	2	50.5
贵阳	2	23.1
沈阳	112	293.0
郑州	13	160.5

续表

地　点	样 品 数	氡浓度（Bq/m³）
洛阳	40	994.8
新乡	23	233.3
焦作	8	1775.9
信阳	8	1132.3
平顶山	3	95.8
南阳	5	1808.0
许昌	4	20.7
北京	198	40.7
合肥	58	290
济南	22	300
青岛	8	800
烟台	11	600

我国幅员辽阔，拥有多种多样的地质条件，既有铀含量丰富，不适于建造建筑的地区，也有铀含量很低，适于生活的地区，基本上，沿海地区的铀含量要高于内陆地区。而且，我国的经济水平和人们的意识水平也有很大的差别，一些建筑采用镭含量低的建材，有防氡的措施，通风条件良好，室内氡浓度比较低；而一些建筑使用的建材不合格，没有防氡措施，通风条件不理想，室内氡浓度明显高于其他的建筑。而且，对于相同地质条件，相同功能的建筑，地下建筑的氡浓度往往高于地上建筑。将我国部分城市的地下建筑内的氡浓度列于表5-2-6[6]。由表中可以看出，我国的地下空间氡污染问题不容乐观，我们还有很长的路要走，尤其是铀含量高，防氡意识差的地区，更应加强这方面的工作。

第三章　氡的析出模型

第一节　氡的析出作用

氡的析出作用对解释土壤向地下建筑物或者底层建筑物释放氡是非常重要的。氡的析出是指氡通过地面向大气释放。一般用通过地表面的射气通量密度来定量表征氡的析出。射气通量与释放射气的介质特性（介质中镭的含量、射气系数、孔隙度，以及决定土壤与大气之间的气体交换的气象因素）有关。氡的析出同射气作用有很大的关系，射气作用是析出作用的基础，然而，氡在土壤和建材当中的运移也是导致氡析出的重要因素，地下和建材内部的氡正是依靠扩散、对流等几十种运移作用到达大气的。

一、氡的射气作用

射气作用是指含有镭或其他某些元素的固体物质向外部介质自发的或“人为”的释放放射性气体的过程。所以释放的功能似乎是产生氡的重要因素。如果释放放射性气体（氡-222、氡-220、氡-219、氡-218）的固体物质是含有镭的同位素，则这种过程称为氡的射气作用。能产生射气作用的元素，除氡之外还有通过铀裂变而产生的氪-85 和氙-133。

放射性核反冲是由于衰变过程中，物质遵循动量守恒定律，使氡原子和 α 粒子向周围介质散射的现象，它是射气作用的基础。核反冲的结果，部分反冲原子会落到贯穿于放射性岩石、矿石、矿物和人造放射性物质的毛细管系统和孔隙中，然后，沿着出露固体表面的毛细管和孔隙，反冲原子在孔隙和毛细管中的阻留时间和条件，是同孔隙和毛细管的粗糙及其表面积的大小密切相关的。通常条件下，扩散在充填气体的孔隙中是很快的，然而，在孔隙表面对射气原子的吸收，又会阻止扩散，从而会导致物体射气能力的降低。在本书中，主要以土壤和建材为研究对象，并将相对较为复杂的土壤放射性核反冲过程如图 5-3-1 所示。

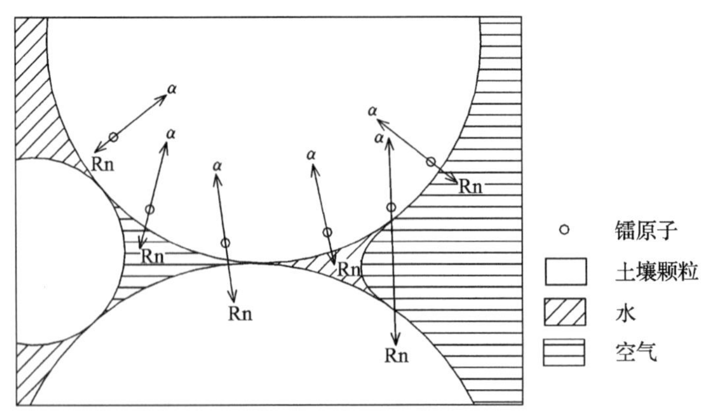

图 5-3-1　土壤镭氡放射性核反冲图示

对射气作用影响的主要作用有：单颗粒及集合体颗粒、毛细管水、吸附、高温、颗粒大小和介质等。

在天然矿物和岩石土壤的毛细管中经常存在着毛细管水。总空隙度越少，小孔径的毛细管就越多，而阻留反冲原子在毛细管中的介质可能只有水。固体中开启的或关闭的毛细管，以及毛细管充填水的程度，取决于射气是自由的或是束缚的。射气落到关闭毛细管中，同外部的空间失去了联系，这些射气，只有当矿物破碎，毛细管被开启时，才能成为自由的。例如矿山的爆破过程和居室内的震动，都可能在不同程度上增加氡气。

单颗粒间的距离要比克里集合体间的距离要大，所以，对于前者，反冲原子一般可以被阻留在颗粒间，而对于后者，部分的反冲原子可以跑到邻近的颗粒中去，而余下的也被阻留在颗粒中间，这些情况主要是由于介质的密度所致。

毛细管对射气的吸附，使土壤与岩石的射气能力大大降低。

当温度增高到300℃时，毛细管水已完全失掉。氡在热表面的吸附已经很少。在这种情况下射气能力则由直接的放射性核反冲来决定，但是这种情况在实际的人类生活环境中是不存在的。相反，在低温时，固体的射气系数降低。

射气作用同颗粒本身的大小也有关。一般情况下，颗粒越小，射气作用越大，所以破碎的样品与同物质的块状样品相比，其射气量甚至可增加数倍。

在液体中，氡从放射性矿物中析出的速度，同已经析出的氡浓度无关，另外，固体物质在水中的射气系数要比在空气中的略大些。

固体物质经超声波辐射后氡量析出增加。

二、氡的运移作用

近几十年来，科学家们从不同的角度提出了数十种迁移的理论、作用、观点和假设，但其中主要的有十几种，即：扩散作用、对流作用、搬运作用、抽吸作用、水的纵横向作用、接力传递作用、伴生气体的压力作用、泵吸作用、地热作用、地震应力引起的毛细压力变化的作用、大气压力的纵深效应、搬运作用（风速、风向和旋流等），镭的迁移作用等等。

本书所研究的土壤和建材中的氡运移并未涉及到长距离迁移的问题，而且对于地质情况考虑的比较简单，因此，我们只研究在迁移理论当中经典的两种理论，即扩散作用和对流作用。

1．扩散作用

氡迁移的扩散理论模式，早在20世纪20年代就提出来了，到40年代得到完善。几十年来，这个理论模式一直是解释氡迁移的主要证据。

氡气是一种可随时间变化而衰变的放射气体，它的分子由于热运动的结果而向浓度小的方向移动，称为扩散。氡的迁移也就是靠这种扩散来实现的。氡气的扩散迁移可以在气体中、液体中和固体中进行，而且它的迁移取决于多种因素。例如，氡气在岩石中的扩散主要取决于孔隙度、透水性、湿度、结构和温度等。根据这个模式的理论计算的氡迁移距离仅为几米到几十米，与实际的氡迁移数公里、上百公里的情况相悖，因此仅能用来解释氡的短距离迁移问题。

这种迁移模式，对能随时间变化而衰变的放射性气体氡来说，只能说是就氡论氡，即不依靠其他的自然力，而只考虑自身的迁移周围的干扰因素，因而其应用有非常大的局限性。

2. 对流作用

对流式经典著作中被视为仅次于扩散的一种重要的作用，也常被用来描述氡的迁移。这种作用认为，当存在着压力差时，气体可以从压力高的部位向压力低的部位迁移，温度差也可产生对流。这种作用的关键问题还是就氡论氡和没考虑镭的作用。

第二节　数理方程的建立

根据上文所述，可以建立起数理方程来描述氡的产生和迁移[38~41]。

在建立数理模型前，先做必要的假设：

1）介质内组成均匀，在无穷深处氡浓度恒定；

2）氡在介质中的质传递各向同性；

3）由于衰变时间很长，认为镭为恒定污染物，比活度不随时间变化；

4）材料内的传递动力是浓度差和孔隙中空气的对流作用，无其他作用，且为一维无限大平壁传质；

5）忽略温度差、电场或磁场等导致的分子扩散；

6）对于空气层与固体界面，氡的散发量恒定；

7）介质内部氡的析出过程，不存在化学反应；

8）介质当中存在多种衰变产物或氡的子体时，认为彼此不相互影响；

9）认为所研究的氡均为氡-222；

10）不考虑边界层的影响，认为介质与空气界面上的氡浓度与主流区氡浓度相同；

11）房间主流区空气中氡的浓度均匀。

由假设和以上所建的坐标系（图 5-3-2）可以得到氡浓度方程式如下：

$$D\frac{\mathrm{d}^2C}{\mathrm{d}x^2}-v\frac{\mathrm{d}C}{\mathrm{d}x}-\lambda\varepsilon C+G_{\mathrm{v}}=0 \tag{5-3-1}$$

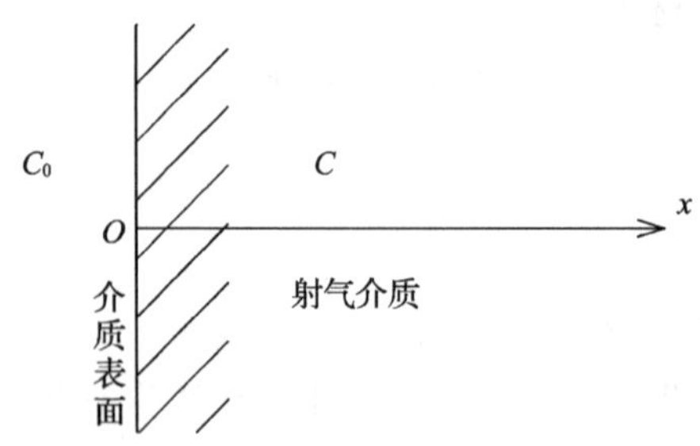

图 5-3-2　半无限大射气介质计算坐标

首先，氡从土壤和建材中的传质过程是一个有源的传质过程，其产氡的基本作用是镭氡的射气作用，我们用 G_{v} 表示该介质单位时间内氡的产生率（$\mathrm{Bq/m^3s}$），$G_{\mathrm{v}}=G\lambda\rho\eta$，其中 G 表示镭的比活度（Bq/kg），λ 表示氡的衰变常数（$2.098\times10^{-6}\mathrm{s}^{-1}$），$\rho$ 表示介质的密度（$\mathrm{kg/m^3}$），η 表示镭的射气系数（%）。

其次，氡可以通过土壤和建材扩散，通过土壤和建材中的孔隙和毛细管对流，来达到介质内传质的目的。其中，扩散作用遵循斐克定律，用 $D\cdot \mathrm{d}^2C/\mathrm{d}x^2$ 来表示扩散项，D 表示扩散系数（m^2/s），C 表示介质中的氡浓度（$\mathrm{Bq/m}^3$）；对流作用项用 $-v\cdot \mathrm{d}C/\mathrm{d}x$ 来表示，v 表示渗透率（m/s），其中，$v=V/\varepsilon$，V 表示对流速度，ε 表示孔隙率。

最后，由于氡是一种不断衰变的放射性气体，须考虑其衰变过程当中产生的浓度损失，用 $-\lambda\varepsilon C$ 来表示。

一、有关土壤的数理方程式

土壤的氡析出过程可以看作是半无限大的平板的析氡过程，其坐标的建立与图 5-3-2 相同，所建方程形式同式（5-3-1），式中各量均带下角标“s”，代表土壤。对于边界条件，认为空气与土壤边界面上的氡浓度恒定，等于 $C_{0\cdot s}$；认为在土壤中的无穷深处，氡浓度不再变化，等于一有界值 M。

依此思想建立土壤氡浓度分布方程组如下：

$$D_s\frac{\mathrm{d}^2C_s}{\mathrm{d}x^2}-v_s\frac{\mathrm{d}C_s}{\mathrm{d}x}-\lambda\varepsilon_sC_s+G_{v\cdot s}=0 \tag{5-3-2}$$

$$C_s\Big|_{x=0}=C_{0\cdot s} \tag{5-3-3}$$

$$\lim_{x\to\infty}C_s\leqslant M \tag{5-3-4}$$

其中，$G_{v\cdot s}=G_s\lambda\rho_s\eta_s$，称为土壤产氡率。

1．土壤内部氡浓度场 C_s

将式（5-3-3）、（5-3-4）带入式（5-3-2），解之得：

$$C_s=\frac{G_{v\cdot s}}{\lambda\varepsilon_s}-\left(\frac{G_{v\cdot s}}{\lambda\varepsilon_s}-G_{0\cdot s}\right)\exp\left(-\frac{\sqrt{v_s^2+4\lambda D_s\varepsilon_s}-v_s}{2D_s}x\right) \tag{5-3-5}$$

式（5-3-5）为土壤内部氡的浓度场分布的解析表达式，从式中可以看到，土壤内的氡浓度场从内至外呈指数次幂衰减。在土壤类型确定的情况下，表面氡浓度 $C_{0\cdot s}$越大，土壤氡浓度 C_s 衰减越快；反之亦然。

2．土壤表面析氡率 E_s

（1）未考虑表面逸出氡的土壤析出率 E_{s1}

根据斐克定律，土壤表面的析氡率 E_{s1} 与土壤氡浓度 C_s 的关系可由下式计算：

$$E_{s1}=-D_s\frac{\mathrm{d}C_s}{\mathrm{d}x}+C_{0\cdot s}v_s \tag{5-3-6}$$

将式（5-3-5）带入到式（5-3-6）当中，得到：

$$E_{s1}=\frac{1}{2}(\sqrt{v_s^2+4\lambda D_s\varepsilon_s}-v_s)\cdot\left(\frac{G_{v\cdot s}}{\lambda\varepsilon_s}-C_{0\cdot s}\right)-C_{0\cdot s}v_s \tag{5-3-7}$$

其中，$\sqrt{v_s^2+4\lambda D_s\varepsilon_s}-v_s\approx\sqrt{4\lambda D_s\varepsilon_s}$

所以，可以认为：

$$E_{s1}=\frac{1}{2}\left(\sqrt{4\lambda D_s\varepsilon_s}\right)\cdot\left(\frac{G_{v\cdot s}}{\lambda\varepsilon_s}-C_{0\cdot s}\right)-C_{0\cdot s}v_s$$

即：

$$E_{s1}=\sqrt{\frac{D_s}{\lambda\varepsilon_s}}\cdot(G_{v\cdot s}-\lambda\varepsilon_sC_{0\cdot s})-C_{0\cdot s}v_s \tag{5-3-8}$$

$L_{Rn\cdot s}$称为土壤扩散长度（m），$L_{Rn\cdot s}=\sqrt{\frac{D_s}{\lambda\varepsilon_s}}$，可将式（5-3-8）变为：

$$E_{s1}=L_{Rn\cdot s}\cdot(G_{v\cdot s}-\lambda\varepsilon_s C_{0\cdot s})-C_{0\cdot s}v_s$$

即：

$$E_{s1}=L_{Rn\cdot s}G_{v\cdot s}-(L_{Rn\cdot s}\lambda\varepsilon_s+v_s)C_{0\cdot s} \tag{5-3-9}$$

特殊的，当表面浓度 $C_{0\cdot s}$为零时，得到：

$$E_{s1}=L_{Rn\cdot s}G_{v\cdot s} \tag{5-3-10}$$

（2）表面逸出引起的土壤析出率 E_{s2}

当考虑表面逸出氡时，应当在 E_{s1} 的基础上再加上逸出项。由逸出作用引起的氡析出率 E_{s2} 可以表示为：

$$E_{s2}=v_s C_{sq} \tag{5-3-11}$$

式中，C_{sq}表示浅层土壤气体的氡浓度。为使模型简化，土壤边界上的氡浓度被设为同主流空气相同，但考虑到边界层的存在，依然使用 C_{sq}。

（3）总的析氡率

土壤的总析出率应该是扩散作用引起的析氡率 E_{s1} 加上对流作用引起的析氡率 E_{s2}，总的析氡率公式可以写为：

$$E_s=E_{s1}+E_{s2} \tag{5-3-12}$$

将式（5-3-9）和式（5-3-11）带入式（5-3-12）得到：

$$E_s=L_{Rn\cdot s}G_{v\cdot s}-(L_{Rn\cdot s}\lambda\varepsilon_s+v_s)C_{0\cdot s}+v_s C_{sq}$$

即：

$$E_s=L_{Rn\cdot s}G_{v\cdot s}-L_{Rn\cdot s}\lambda\varepsilon_s C_{0\cdot s}+v_s\Delta C_s \tag{5-3-13}$$

式中　第一项——表示土壤镭衰变引起的氡析出；

第二项——表示由于空气中氡浓度的存在所导致的氡的反扩散，它会在一定程度上抑制氡的析出；

第三项——表示由于土壤的对流作用，土壤气体逸出到室内造成的进氡。其中，$\Delta C_s=C_{sq}-C_{0\cdot s}$，表示土壤气体与空气的氡浓度差。

式（5-3-13）中，$L_{Rn\cdot s}\lambda\varepsilon_s$ 称作土壤反扩散系数，表征边界氡浓度对土壤表面析氡率的影响，记作 α_s。于是，式（5-3-13）可以写为：

$$E_s=L_{Rn\cdot s}G_{v\cdot s}-\alpha_s C_{0\cdot s}+v_s\Delta C_s \tag{5-3-14}$$

二、有关建材的数理方程式

建材可以视为是无限延展有限厚度的射气介质，建立坐标系，如图 5-3-3 所示。

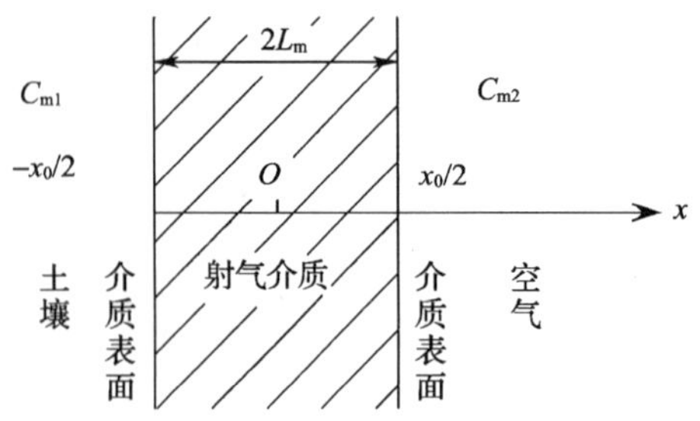

图 5-3-3　无限延展有限厚度射气介质计算坐标

将建材中心厚度取做坐标中心，坐标中心到两坐标面距离相等，均为 $x_0/2$。其中，正向表面是建材与空气的接触面，反向表面是建材与土壤的接触面。建材致密，且已脱离了地质作用的影响，对流作用微弱，一般情况下，可以认为其对流速度为零，即 $v_m=0$，这样，方程中对流作用项 $-v\cdot dC/dx=0$；方程中其余各项与式（5-3-1）相同。式中各量均带下角标“m”，代表建材。

对于边界条件，认为建材同土壤和空气界面上的氡浓度恒定，分别等于 C_{m1} 和 C_{m2}。其中，认为 $C_{m1}=\varepsilon_s C_{sq}$，$C_{m2}$ 等于主流区空气的氡浓度。

根据以上思想建立数学模型为：

$$D_m\frac{d^2C_m}{dx^2}-v_m\frac{dC_m}{dx}-\lambda\varepsilon_m C_m+G_{v\cdot m}=0 \tag{5-3-15}$$

$$C_m\Big|_{x=-L_m}=C_{m1} \tag{5-3-16}$$

$$C_m\Big|_{x=L_m}=C_{m2} \tag{5-3-17}$$

其中，$G_{v\cdot m}=G_m\lambda\rho_m\eta_m$，称为建材产氡率；$L_m=\frac{x_0}{2}$，称为建材半厚度。

1．建材内部氡浓度场 C_m

将式（5-3-16）和式（5-3-17）带入到式（5-3-15）中，解得：

$$C_m=Ae^{b_1x}+Be^{-b_2x}+\frac{G_{v\cdot m}}{\lambda\varepsilon_m} \tag{5-3-18}$$

$L_{Rn\cdot m}$称为建材的扩散长度（m），$L_{Rn\cdot m}=\sqrt{\frac{D_m}{\lambda\varepsilon_m}}$；有 $b_1=b_2=\frac{1}{L_{Rn\cdot m}}$，代入式（5-3-18）得：

$$A=\frac{C_{m2}-C_{m1}-\frac{G_{v\cdot m}}{\lambda\varepsilon_m}\left(e^{\frac{L_m}{L_{Rn\cdot m}}}-e^{-\frac{L_m}{L_{Rn\cdot m}}}\right)}{e^{2\frac{L_m}{L_{Rn\cdot m}}}-e^{-2\frac{L_m}{L_{Rn\cdot m}}}};B=\frac{C_{m1}-C_{m2}-\frac{G_{v-m}}{\lambda\varepsilon_m}\left(e^{\frac{L_m}{L_{Rn\cdot m}}}-e^{-\frac{L_m}{L_{Rn\cdot m}}}\right)}{e^{2\frac{L_m}{L_{Rn\cdot m}}}-e^{-2\frac{L_m}{L_{Rn\cdot m}}}}$$

式（5-3-18）为建材内部氡的浓度场分布的解析表达式，从式中可以看到，建材内的氡浓度场从表面至中心呈指数次幂衰减。在建材类型确定的情况下，表面氡浓度 C_{m1} 和 C_{m2}越大，建材氡浓度 C_m 衰减越快；反之亦然。

2．建材表面析氡率 E_m

根据斐克定律，建材表面的析氡率 E_m与建材内部氡浓度 C_m的关系可由下式计算：

$$E_m=-D_m\frac{dC_m}{dx} \tag{5-3-19}$$

（1）只考虑建材本身镭衰变时的氡析出率 E_{m1}

即当 $C_{m1}=C_{m2}$时氡析出的情况，此时建材氡的析出与边界条件无关。

此时，$A=B=\frac{-\frac{G_{v\cdot m}}{\lambda\varepsilon_m}\left(e^{\frac{L_m}{L_{Rn\cdot m}}}-e^{-\frac{L_m}{L_{Rn\cdot m}}}\right)}{e^{2\frac{L_m}{L_{Rn\cdot m}}}-e^{-2\frac{L_m}{L_{Rn\cdot m}}}}=-\frac{G_{v\cdot m}}{2\lambda\varepsilon_m}\cdot\frac{1}{\cosh\left(\frac{L_m}{L_{Rn\cdot m}}\right)}$

将式（5-3-18）带入式（5-3-19）当中，得到在建材本身镭衰变作用下，不受边界条件干扰的建材各个层面上的氡析出率 E_{m1}：

$$E_{m1} = -D_m AB_1(e^{b_1x} - e^{-b_1x}) \tag{5-3-20}$$

当 $x = L_m$时，可以得到在建材表面的氡析出率，带入上式并经整理得：

$$E_{m1} = G_{v\cdot m}L_{Rn\cdot m}\tanh\left(\frac{L_m}{L_{Rn\cdot m}}\right) \tag{5-3-21}$$

当 $x = -L_m$ 时，可以求得在对称面上的氡析出率，此时的析出率与式（5-3-21）所求得的析出率符号相反，大小相等。为研究方便，不妨设所求的建材表面氡析出率为正，不考虑 $x = -L_m$ 的情况。

（2）只考虑由于建材两端浓度差时的氡析出率 E_{m2}

认为该建材不含镭元素，即 $G_{v\cdot m}=0$。

此时，$A = -B = \dfrac{C_{m2} - C_{m1}}{e^{2\frac{L_m}{L_{Rn\cdot m}}} - e^{-2\frac{L_m}{L_{Rn\cdot m}}}} = \dfrac{C_{m2} - C_{m1}}{\sinh\left(2\dfrac{L_m}{L_{Rn\cdot m}}\right)}$

同样的，将式（5-3-18）带入式（5-3-19）当中，得到仅在建材两表面浓度差的作用下，建材各个层面上的氡析出率 E_{m2}：

$$E_{m2} = -D_m AB_1(e^{b_1x} - e^{-b_1x}) \tag{5-3-22}$$

当 $x = L_m$ 时，可以得到在建材表面的氡析出率，带入上式并经整理得：

$$E_{m2} = C_{m1}\frac{\lambda\varepsilon_m L_{Rn\cdot m}}{2\sinh\left(\dfrac{L_m}{L_{Rn\cdot m}}\right)} - C_{m2}\frac{\lambda\varepsilon_m L_{Rn\cdot m}}{2\sinh\left(\dfrac{L_m}{L_{Rn\cdot m}}\right)} \tag{5-3-23}$$

当 $x = -L_m$ 时，可以求得在对称面上的氡析出率，此时的析出率与式（5-3-23）所求得的析出率符号相反，大小相等。为研究方便，不妨设所求的建材析氡表面析出率为正，不考虑 $x = -L_m$ 的情况。

（3）总的建材析氡率

可以认为建材内部镭衰变作用下的析氡率与在建材两表面上浓度差作用下的析氡率彼此不相互影响，建材的析氡率等于建材内部镭衰变作用下的析氡率与在建材两表面上浓度差作用下的析氡率简单相加之和。因此，建材面上的总析氡率 L_m 可以写为：

$$E_m = E_{m1} + E_{m2} \tag{5-3-24}$$

将式（5-3-23）和式（5-3-21）带入式（5-3-24）得：

$$E_m = G_{v\cdot m}L_{Rn\cdot m}\tanh\left(\frac{L_m}{L_{Rn\cdot m}}\right) + C_{m1}\frac{\lambda\varepsilon_m L_{Rn\cdot m}}{2\sinh\left(\dfrac{L_m}{L_{Rn\cdot m}}\right)} - C_{m2}\frac{\lambda\varepsilon_m L_{Rn\cdot m}}{2\sinh\left(\dfrac{L_m}{L_{Rn\cdot m}}\right)} \tag{5-3-25}$$

式中 第一项——表示建材本身引起的氡析出；

第二项——表示贴近土壤一面由于氡浓度的存在导致的氡析出；

第三项——表示空气中氡浓度的存在导致的氡的反扩散，它会在一定程度上抑制氡的析出。

将第一、二项合并，$E'_m = G_{v\cdot m}L_{Rn\cdot m}\tanh\left(\dfrac{L_m}{L_{Rn\cdot m}}\right) + \dfrac{\lambda\varepsilon_m L_{Rn\cdot m}}{2\sinh\ (L_m/L_{Rn\cdot m})}C_{m1}$，称 E'_m 为贴近土壤建材的当量析氡率；将$\dfrac{\lambda\varepsilon_m L_{En\cdot m}}{2\sinh\ (L_m/L_{Rn\cdot m})}$称作建材的反扩散系数，表示建材两表

面氡浓度差对析氡率的影响程度，记作 α_m。于是，式（5-3-25）可以写为：

$$E_m = E'_m - \alpha_m C_{m2} \tag{5-3-26}$$

第三节　数理模型中若干参数的分析

从式（5-3-14）和式（5-3-26）可以看出，土壤和建材的析氡率和表面氡浓度与其本身的特性有很大的关系，因此，在应用以上公式计算氡的析出率时，应当首先将公式中涉及到的参数确定下来。不同的地点，不同的条件，测得的参数不尽一致，应当以现场的实测值为准。以下结合前人的测量结果，给出一些参数的测量值，以供参考。

一、氡的产生率 G_v

G_v 表示该介质单位时间内镭衰变的产氡率（Bq/m^3s）。其表达式为：

$$G_v = G\lambda\rho\eta \tag{5-3-27}$$

式中　G——镭的比活度（Bq/kg）；

λ——氡的衰变常数（$2.098\times10^{-6}s^{-1}$）；

ρ——介质的密度（kg/m^3）；

η——镭的射气系数（%）。

1. 镭的比活度 G

镭的比活度表示单位质量的介质中，镭的放射性活度的强弱。它是氡的根本来源，控制氡，最根本的就是禁止高比活度材料的使用，并避免将建筑建在含镭量高的地区。

按照UNSCEAR1988年报告中给出的数据，土壤当中镭的比活度为25Bq/kg。杨明珠等采用FH-1906型低本底NaI（TI）γ谱仪，对鄱阳湖区11个县市土壤中的放射性比活度进行了调查研究，结果表明，土壤当中镭的比活度范围是40.16～62.31Bq/kg[42]。

各类建材天然放射性镭含量　　表5-3-1

类　别	样 品 数	^{226}Ra，($x\pm s$，Bq/kg)
玻璃钢	1	10.1
彩釉砖	16	51.5±19.5
发泡轻质砖	1	9.5
粉煤砖	12	95.5±34.3
复合水泥	12	65.7±54.6
普硅水泥	70	34.0±20.6
矿渣水泥	7	66.9±20.8
砂	39	24.9±23.2
红砖	12	53. ±23.9
花岗岩板材	14	82.5±40.0
灰砂砖	3	62.3±46.9
混凝土	2	84.9±18.9

续表

类　别	样 品 数	^{226}Ra，($x \pm s$，Bq/kg)
砌块	4	3.6 ± 18.9
减水剂	5	30.0 ± 22.7
建筑陶瓷	2	2.7
马赛克	2	32.4 ± 1.0
渣砖	3	79.0 ± 43.2
耐火砖	2	123.0 ± 44.7
石膏板	9	15.7 ± 24.5
石灰	1	21.9
石棉	7	56.7 ± 23.2
水磨石	7	25.9 ± 11.2
碎石	117	97.7 ± 34.0
陶粒砖	9	58.5 ± 17.1
珍珠岩砖	5	56.1 ± 21.1
总平均	362	62.7 ± 41.7

根据《建筑材料用工业废渣放射性物质限制标准》编制组编写的《建筑材料用工业废渣放射性物质限量标准的研究报告》，我国未掺渣的黏土砖比^{226}Ra 活度典型值为41Bq/kg。根据国家环保局《中国天然辐射水平调查研究》，我国土壤中的天然放射性核素^{226}Ra 比活度的典型值38.1Bq/kg。而我国砖混房约占95%，其墙体、地板、天花板的^{226}Ra 加权平均的放射性比活度为45Bq/kg 左右。渣砖^{226}Ra 含量比红砖高，现在各地政府都限制传统红砖的使用，推广使用掺入粉煤灰等废渣的新型砖，这些砖放射性水平较红砖高，而且密度低，产生的氡容易析出，因此它们给人们健康带来的影响也应引起重视。我国传统住宅楼用料比例：红砖46.5%、水泥（普通硅酸盐水泥、矿渣水泥）5.1%、石灰3.2%、砂34.8%、碎石10.4%[43]。各类建材的天然放射性镭含量见表5-3-1。

《民用建筑工程室内环境污染控制规范》民用建筑工程所使用的非金属无机建筑材料（含掺工业废渣的建筑材料），包括砂、石、砖、瓦、水泥、墙砖、地砖、马赛克、陶瓷、玻璃，以及混凝土、硅酸盐、石灰、石膏等及其各种制品，如砌块、预制品和构件等应检验放射性指标，并符合表5-3-2的规定。

建材的镭放射性指标的等级分类　　　**表5-3-2**

建材等级分类	放射性指标
A 类	镭（226Ra）比活度≤200Bq/kg； 放射性等效比活度≤350Bq/kg
B 类	镭（226Ra）比活度≤200Bq/kg； （天然石材：镭（226Ra）比活度≤250Bq/kg）； 放射性等效比活度≤700Bq/kg
C 类	镭（226Ra）比活度>200Bq/kg； （天然石材：镭（226Ra）比活度>250Bq/kg）； 放射性等效比活度>700Bq/kg

2．介质的密度ρ

介质的密度决定了单位体积介质的质量，也决定了单位体积内镭的含量，在其他条件不变的情况下，介质密度越大，镭的含量就越大，反之则小。根据文献［44］给出的数据，将常见建材的密度列于表5-3-3。

常见建材的密度　　表5-3-3

名　称	密度（kg/m^3）	备　注
黏土	1600～2000	压实，重量随含水量的不同而不同
砂土	1600～2000	压实，重量随含水量的不同而不同
砂子	1400～1700	干，重量随粗细不同而不同
花岗岩	2800	
普通砖	1800～1900	240mm×110mm×53mm
水泥	1250～1600	
钢筋混凝土	2400～2500	

3．介质的射气系数η

射气系数是在某一时间内介质中放出的射气量与该时间内在介质中形成的射气量之比。显然，对相同镭质量分数的介质来说，比值大的说明形成的射气较大部分能释放出来，其大小与介质的破碎程度、湿度、孔隙等有关。如果孔隙多、湿度小，氡气易于流通，射气系数就增大。若用一层致密物质阻隔，使近地表的水汽免于蒸发，湿度增大，水的质量分数增高，水充填部分孔隙，射气系数就变小。

介质中氡的射气系数（－）　　表5-3-4

介质类型	泥炭	灰化土	中等灰化砂质黏土	浅栗色土	砂质黏土状黑土	沙漠灰化土	红土	混凝土	红砖
η（－）	0.53	0.24～0.26	0.18	0.30	0.40	0.22	0.47～0.52	0.2	0.02

二、氡的扩散长度L_{Rn}

氡的扩散长度表达式为：

$$L_{Rn} = \sqrt{D/\lambda\varepsilon} \tag{5-3-28}$$

式中　D——介质当中氡的扩散系数（m^2/s）；

λ——氡的衰变常数（$2.098\times10^{-6}s^{-1}$）；

ε——介质的孔隙率（%）。

1．氡的扩散系数D

气体分子由于分子运动，会从高浓度区扩散至低浓度区。扩散作用是氡气向地表移动的主要因素，有时甚至是惟一因素。扩散系数的大小一般同介质的性质有关，孔隙度小，扩散系数小；湿度增加，扩散系数变小；透水性差，扩散系数也小。扩散系数的大小也影响氡气的扩散长度，从扩散长度$L_{Rn}=\sqrt{D/\lambda\varepsilon}$看出，扩散系数大，扩散长度也大，反之则小。如果用一层孔隙度小的物质阻隔析氡介质，扩散系数就变小，扩散长度值也变小[45]。几种介质的扩散系数列于表5-3-5。

几种介质中氡的参数　　表 5-3-5

	单位	空气	水	建筑用砂	300号混凝土	亚黏土	自然条件下的黏土
D	$10^{-6}m^2/s$	1×10^{11}	8.2×10^{-4}	1.34	2-3.5	0.8	1-3
ε	%	—	—	0.4	0.25	0.5	0.5
λ	s^{-1}	2.098×10^{-6}					
L_{Rn}	m	2.18	0.0218	1.26	1.95~2.58	0.87	0.98~1.69
L_m	m	—	—	—	0.2	—	—
α	$10^{-6}m/s$	—	—	1.06	4.98~6.59	0.91	1.03~1.77

2. 介质的孔隙率 ε

孔隙率是介质当中孔隙所占容积同总容积的比值，孔隙的存在对氡的扩散起到了促进作用，孔隙率越大，扩散长度就越大，反之则小。取砂的空隙率为0.4；土壤的孔隙率为0.5[46]；建材的孔隙率为0.25[47]。

根据以上条件，计算部分常见介质的扩散长度列于表5-3-5，可以看出，一般的土壤和建材的扩散长度都在1~2m左右，而且由于建材的空隙率较小，其扩散长度较土壤也小。

三、氡的反扩散系数 α

1. 建材的厚度 L_m

根据地下建筑对建筑结构的要求，表5-3-6给出了结构构件最小厚度[48]。

结构构件最小厚度（m）　　表 5-3-6

构件类别	材料种类			
	钢筋混凝土	混凝土	砖砌体	料石砌体
顶板	0.2	—	—	—
承重外墙	0.2	0.2	0.37	0.3
承重内墙	0.2	0.2	0.24	0.3

2. 反扩散系数 α

反扩散系数是表示边界氡浓度对介质表面氡析出影响程度的参数，单位是m/s。$L_{Rn\cdot s}\lambda\varepsilon_s$称作土壤反扩散系数，表征边界氡浓度对土壤表面析氡率的影响，记作α_s。$\lambda\varepsilon_m L_{Rn\cdot m}/2\sinh(L_m/L_{Rn\cdot m})$ 称作建材反扩散系数，表征建材两表面氡浓度差对析氡率的影响程度，记作α_m。

其中，$2\sinh(L_m/L_{Rn\cdot m})$ 表示建材厚度对反扩散系数的影响，当 $2\sinh(L_m/L_{Rn\cdot m})=1$ 时，即当 $L_m=0.481L_{Rn\cdot m}$时，建材厚度对反扩散没有影响；而当 $L_m<0.481L_{Rn\cdot m}$时，对反扩散有促进作用；当 $L_m>0.481L_{Rn\cdot m}$时，对反扩散有抑制作用。

从反扩散系数的表达式可以看出，反扩散系数只与介质本身的性质有关。从表5-3-5的计算中可以看出，反扩散系数与扩散系数有着相同的数量级，数值也很接近。这就使得空气中氡浓度较小时，室内空气对于氡析出的影响变得很微弱，而且对于实际当中被建材覆盖的土壤来说，室内空气对其表面的氡析出没有影响，反扩散系数可以认为是零。

四、土壤的对流释氡作用

E_{s2}表示由于土壤的对流作用，土壤气体逸出到室内造成的进氡，其表达式为：

$$E_{s2} = V_s C_{sq} \tag{5-3-29}$$

式中 V_s——土壤的渗透率（m/s），其中，$v = V/\varepsilon$，V 表示对流速度，ε 表示孔隙率；

C_{sq}——土壤气体当中氡的浓度（Bq/m^3）。

1. 土壤的对流速度 V

综合前人资料，取土壤的对流速度 $V = 7\times10^{-6}m/s$[49]。

2. 土壤气体的氡浓度 C_{sq}

地表附近土壤氡气的正常浓度为 370 ~ 37000Bq/m^3，世界土壤氡气平均浓度为7400Bq/m^3。邹立芝等[50]对我国四平市的土壤气体氡浓度作了调查，结果在100 ~ 46700Bq/m^3之间，平均浓度为6920Bq/m^3，与世界平均值比较接近。

地下建筑物室内氡浓度累积最显著的方式与氡的对流释放有关，这种释放直接来自建筑物所在地的基底层。地下工程中氡污染与地球动力学关系十分密切，地下工程中氡污染主要不是来自建材，而是来自于地下建筑物地基土壤或岩石孔隙中的氡气。建材之间以及建材和土壤之间，均存在着大小不一的缝隙，缝隙宽度为 1 ~ 5mm，在压力的作用下，土壤气体会沿着这些缝隙进入到室内，在稳定情况下，可以认为这种进入作用是连续不断的。对于密封不好的地下建筑而言，这种进入也是不可避免的。

第四节　影响介质析氡率的其他因素

除了以上公式当中给出的影响参数外，土壤的含水率和室内的环境状况对氡的析出也有一定的影响，在某些情况下，这些因素的影响程度可能还会很大。由于公式当中的参数均为通常情况下测得的，因此，所计算出的结果也应当是通常情况下的析氡率。因此，我们在分析以下模型当中未涉及到的因素时，可以在通常析氡率的基础上乘以修正系数。

对于这些因素修正系数的选取，目前国际上尚无定论，由于能力和实验条件所限，作者无法在本课题的研究过程中完成这一工作，实属遗憾。由于本课题选取的计算模型为一段时间范围内恒温恒湿的单一空调建筑，故对这些因素暂不予考虑。

一、含水率的影响

含水率对扩散系数的影响　　**表 5-3-7**

微粒砂岩	含水率（%）	0	3.28	4.7	6.6	8.13	10.4	14.2	15.2
	D（$10^{-6}m^2/s$）	6.75	6.75	6.25	5.75	5.0	3.75	1.75	1.0
沉积岩	含水率（%）	0	3.0	4.3	7.6	8.3	12.5	16.6	—
	D（$10^{-6}m^2/s$）	7.5	6.3	6.3	5.0	4.7	2.0	0.5	—

一方面，当射气介质内孔隙中存在液体时，氡射气系数将会增大，水分可以阻碍氡气在介质孔隙内表面吸附；另一方面，由于氡在水中的扩散系数约为 $8.2\times10^{-10}m^2/s$，而在土壤空气中约为 $10^{-6}m^2/s$。当含水率超过一定值时，对氡气扩散的影响变得较为显著时，氡面析出率也随之急剧下降（表 5-3-7）[51][52]。

二、温度的影响

地下建筑内的温度比较稳定，在这种稳态情形下，即射气介质温度与外界温度一致时，温度高时氡面析出率高（表 5-3-8）。

温度对岩石射气系数的影响　　表 5-3-8

射气系数（%）/温度（℃）/岩石类型	5	10	20	30	40	50	60
碳质页岩	17	—	26	32	34	—	—
硅铝铀矿砂岩	—	35	41	45	—	—	—
铜铀云母	—	—	64.5	70.0	82	96	99

升高的程度与样品含水率有关，主要原因可能是温度升高增加了介质中氡的射气。有人在低温下（-80℃）发现氡的析出明显降低。另外，温度升高使得扩散系数增大，也将增加氡的析出。

三、气压的影响

气压波动时，射气介质的氡面析出率将随之变化，因为气压波动将引发介质内的渗流，气压升高引起向介质内的渗流，氡析出率降低；气压降低则反之。不过这种影响取决于介质的渗透性，比如砂介质只要几秒钟，黏土需要几个星期。压降传送过程完毕，渗流也就消失。

如果介质两侧存在稳定的压差，在介质内将形成稳定的渗流。负压会导致介质内的气体向室内渗流，增加介质内的对流速度，使房间的氡浓度大大增加，例如高层建筑的地下室，由于地上建筑的烟囱效应，导致地下室负压，氡浓度很高。所以，对于使用空调和机械通风的建筑，通常存在小的正压差（一般为 5～10Pa），这将有助于抑制氡的析出。

第五节　数理模型的应用

计算哈尔滨市某地下商业街中氡的析出率，取商业街中间有代表性的一段作为计算对象（非独头巷），如图 5-3-4 所示。该段上有单独的散流器以及单独的回风口，该段长宽高尺寸为 18000m×6000m×4000m，以隔断分为 3 个区域，由左至右分别为销售区、通道、销售区，宽度皆为 6000mm，安装吊顶后高度降为 3300mm，容积系数取为 0.8，有效容积为 $285.12m^3$。其中，屋顶和地面使用钢筋混凝土，厚度为 200mm，墙壁为外承重墙，使用普通砖砌筑，厚度为 370mm，土壤类型为普通黏土。

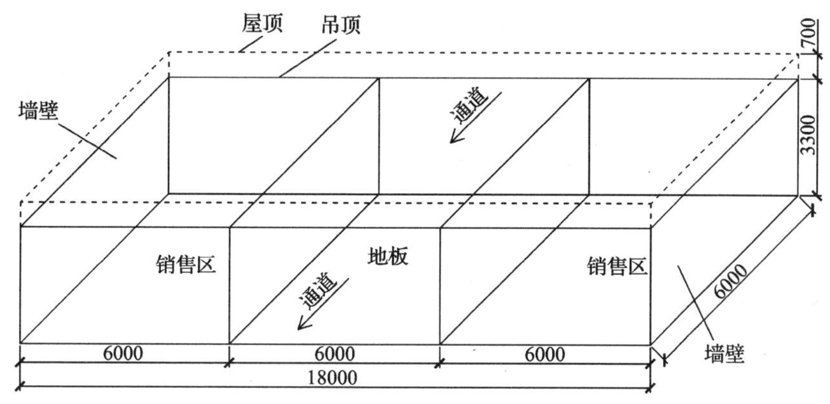

图 5-3-4　地下商业街结构示意图

如图 5-3-4 所示，对于安装空调的地下建筑，大多数设吊顶，吊顶阻止了屋顶的析出氡向室内的散发，位于吊顶以上的墙体也没有氡向室内散发。结合前面的讨论及基本定义，根据公式（5-3-11）、(5-3-21)、(5-3-23)、(5-3-27)，并忽略室内氡浓度对扩散的影响（原因详见第五篇第 4 章），可以计算墙体和地板以及底层土壤的析氡率，参数确定及计算结果列于表 5-3-9 中[53]。

其中，建材镭导致的氡析出率 E_{m1}、土壤氡导致的氡析出率 E_{m2}、土壤气体逸出到室内的氡 E_{m2}各占总析氡率的比例为：对于混凝土；12%，17.3%，70.7%；对于砖：1%，8.7%，90.3%。

从以上计算可以看出：

1）房间析氡量中占比重大的不是建材本身镭衰变导致的析氡，也不是土壤的浓度差导致的扩散，而是土壤气体的逸出；

2）砖本身的氡析出量均较钢筋混凝土低很多；

3）砖对土壤氡扩散的抑制能力比钢筋混凝土强。

当前，地下建筑氡源防氡的重点应该是建材缝隙的密封或土壤抽气技术的采用，而不是表面防氡涂料的使用。

土壤及建材的主要参数及析出率计算　　**表 5-3-9**

参数名称		平均值	范围
土壤内氡气浓度 C_{qs}（Bq/m³）		7400	370 ~ 37000
土壤侧氡浓度 C_{ml}（Bq/m³）		3700	185 ~ 18500
土壤对流速度 V_s（m/s）		7.0×10^{-6}	—
土壤渗透率 v_s（m/s）		1.4×10^{-6}	—
土壤孔隙率 ε_s（%）		0.5	—
氡衰变系数 λ（s^{-1}）		2.10×10^{-6}	—
建材面积 A（m²）	混凝土	60	—
	砖	44.4	—
建材镭比活度 G_m（Bq/kg）	混凝土	84.9	66 ~ 103.8
	砖	41	—

续表

参 数 名 称		平 均 值	范 围
建材的密度 ρ_m（kg/m^3）	混凝土	2450	2400 ~ 2500
	砖	1850	1800 ~ 1900
建材孔隙率 ε_m（%）	混凝土	0. 25	—
	砖	0. 25	—
镭的射气系数 η（%）	混凝土	0. 2	—
	砖	0. 02	—
氡的扩散系数 D（m^2/s）	混凝土	2.75×10^{-6}	2×10^{-6} ~ 3.5×10^{-6}
	砖	2.00×10^{-6}	1×10^{-6} ~ 3×10^{-6}
镭的产氡率 $G_{v\cdot m}$（$Bq/m^3\cdot s$）	混凝土	8.73×10^{-2}	6.65×10^{-2} ~ 1.09×10^{-1}
	砖	3.18×10^{-3}	3.10×10^{-3} ~ 3.27×10^{-3}
氡的扩散长度 L_{Rn}（m）	混凝土	2. 29	1. 95 ~ 2. 58
	砖	1. 95	1. 38 ~ 2. 39
建材氡的反扩散系数 α_m（m/s）	混凝土	6.87×10^{-6}	4.99×10^{-6} ~ 8.74×10^{-6}
	砖	2.69×10^{-6}	1.34×10^{-6} ~ 4.04×10^{-6}
建材镭导致的氡析出率 E_{m1}（$Bq/m^2\cdot s$）	混凝土	1.74×10^{-2}	1.33×10^{-2} ~ 2.18×10^{-2}
	砖	1.16×10^{-3}	1.12×10^{-3} ~ 1.20×10^{-3}
土壤氡导致的氡析出率 E_{m2}（$Bq/m^2\cdot s$）	混凝土	2.5×10^{-2}	9.2×10^{-4} ~ 1.6×10^{-1}
	砖	9.9×10^{-3}	2.5×10^{-4} ~ 7.5×10^{-2}
建材的当量析氡率 E'_m（$Bq/m^2\cdot s$）	混凝土	4.28×10^{-2}	1.42×10^{-2} ~ 1.83×10^{-1}
	砖	1.11×10^{-2}	1.37×10^{-3} ~ 7.59×10^{-2}
土壤气体逸出到室内的氡 E_{m2}($Bq/m^2\cdot s$)	混凝土	1.0×10^{-1}	5.2×10^{-3} ~ 5.2×10^{-1}
	砖	1.0×10^{-1}	5.2×10^{-3} ~ 5.2×10^{-1}
各项的总析氡率 E（$Bq/m^2\cdot s$）	混凝土	1.46×10^{-1}	1.94×10^{-2} ~ 7.01×10^{-1}
	砖	1.15×10^{-1}	6.55×10^{-3} ~ 5.94×10^{-1}
房间的总析氡量 $\sum EA$（Bq/s）	混凝土	15. 81	2. 09 ~ 75. 76
	砖	4. 54	0. 26 ~ 23. 52

第四章　氡的室内通风换气模型

在了解了地下建筑物内氡的析出规律后，接下来应当研究氡污染的控制方法。研究表明，室内通风对于空气中的氡浓度有很大的影响，且对于已经有机械通风的地下建筑，是一种简单可行的控制方式，而对于中国的很多地下建筑而言，机械通风还不够。因此，加强通风，增加新风量，弄清室内氡浓度与新风量、房间结构、氡析出的各个参数之间的关系，将对控制室内氡浓度起到重要的作用。

第一节　数学模型的建立

针对理想条件下，通风对地下空间内氡浓度的影响，建立数学模型。

一、问题的描述

如图 5-3-4 所示，设某地下建筑房间有 a 个贴近土壤的建材，建材面积用 A_{ma}（m^2）表示，建材厚度用 L_{ma}（m）表示；有 b 个独立的建材，建材面积用 A_{mb}（m^2）表示，建材厚度用 L_{mb}（m）表示；该房间内没有裸露的土壤。房间体积为 V（m^3），新风量恒定，用 q（m^3/s）表示。该房间使用中央空调，但是整个系统中没有对氡起过滤作用的过滤器[54~56]。

二、模型的建立

假设条件：

1）室外氡浓度恒定；

2）初始状态下，室内氡浓度为 C_i；

3）氡均匀地散发到房间的整个空间；

4）送入室内的空气一进入室内立即与室内空气充分混合，而且送风量等于排风量，室内外空气温度相同；

5）其他假设条件参照式（5-3-1）的假设条件。

依照问题描述建立模型，在时间 Δt 内，室内污染物改变量为：

$$V\Delta C = -V\lambda C\Delta t + \Delta t\sum_{j=1}^{a}(E_{mj} - \alpha_{mj}C)A_j + \Delta t\sum_{k=1}^{b}(E_{mk} - \alpha_{mk}C)A_k + q(C_o - C)\Delta t \tag{5-4-1}$$

当 $\Delta t \to 0$ 时，并考虑初始条件，得到如下方程组：

$$\frac{dC}{dt} = -\lambda C + \frac{\sum_{j=1}^{a}(E_{mj} - \alpha_{mj}C)A_j}{V} + \frac{\sum_{k=1}^{b}(E_{mk} - \alpha_{mk}C)A_k}{V} + \frac{q(C_o - C)}{V} \tag{5-4-2}$$

$$C|_{t=0} = C_i \tag{5-4-3}$$

式中 C——室内氡浓度（Bq/m³）；

C_o——室外空气的氡浓度（Bq/m³）；

t——时间（s）；

λ——氡的衰变常数（$2.098\times10^{-6}s^{-1}$）；

E_{mj}——a 类建材析氡率（Bq/m²·s），$E_{mj}=E_{mj}'+E_{s2}$；

E_{mk}——b 类建材析氡率（Bq/m²·s），$E_{mk}=E_{m1k}$；

α_{mj}——a 类建材反扩散系数（m²/s），$\alpha_{mj}=\dfrac{\lambda\varepsilon_{mj}L_{Rn\cdot mj}}{2\sinh\ (L_{mj}/L_{Rn\cdot mj})}$；

α_{mk}——b 类建材反扩散系数（m²/s），$\alpha_{mk}=\dfrac{\lambda\varepsilon_{mk}L_{Rn\cdot mk}}{2\sinh\ (L_{mk}/L_{Rn\cdot mk})}$。

三、模型求解

联立求解式（5-4-2）与式（5-4-3）得到室内氡浓度的表达式：

$$C=\left(C_i-\frac{\sum_{j=1}^{a}E_{mj}A_{mj}+\sum_{k=1}^{b}E_{mk}A_{mk}+qC_o}{V\left(\lambda+q/V+\sum_{j=1}^{a}\alpha_{mj}A_{mj}/V+\sum_{k=1}^{b}\alpha_{mk}A_{mk}/V\right)}\right)e^{-\left(\lambda+(q/V)+\sum_{j=1}^{k}\alpha_{mj}a_{mj}/V+\sum_{k=1}^{b}\alpha_{mk}A_{mk}/V\right)t}$$

$$+\frac{\sum_{j=1}^{a}E_{mj}A_{mj}+\sum_{k=1}^{b}E_{mk}A_{mk}+qC_o}{V\left(\lambda+q/V+\sum_{j=1}^{a}\alpha_{mj}A_{mj}/V+\sum_{k=1}^{b}\alpha_{mk}A_{mk}/V\right)} \tag{5-4-4}$$

1. 稳定状态

当通风时间 $t\to\infty$ 时，这时室内空气中的氡浓度会趋近于一个常数。这种状况就是一个稳定的过程，即与过程有关的各参数都不随时间而变化。实际上，大多数工程都是按稳定状态设计，室内稳定的氡浓度表达式为：

$$C(\infty)=\frac{\sum_{j=1}^{a}E_{mj}A_{mj}+\sum_{k=1}^{b}E_{mj}A_{mj}+qC_o}{V\left(\lambda+\dfrac{q}{V}+\dfrac{\sum_{j=1}^{a}\alpha_{mj}A_{mj}+\sum_{k=1}^{b}\alpha_{mk}A_{mk}}{V}\right)} \tag{5-4-5}$$

由于 $\dfrac{q}{V}$ 的数量级为 $10^{-1}\sim1$，$\dfrac{\sum_{j=1}^{a}\alpha_{mj}A_{mk}}{V}$ 与 $\dfrac{\sum_{k=1}^{b}\alpha_{mk}A_{mk}}{V}$ 的数量级为 10^{-6}，而 $\lambda=2.098\times10^{-6}s^{-1}$。因此，$\lambda\ll\dfrac{q}{V}$；$\dfrac{\sum_{j=1}^{a}\alpha_{mk}A_{mj}}{V}\ll\dfrac{q}{V}$；$\dfrac{\sum_{k=1}^{b}\alpha_{mk}A_{mj}}{V}\ll\dfrac{q}{V}$，该解可化简为：

$$C(\infty)=C_o+\frac{\sum_{j=1}^{a}E_{mj}A_{mj}+\sum_{k=1}^{b}E_{mk}A_{mk}}{q} \tag{5-4-6}$$

为求得单位时间建材与土壤对于空气的进氡率，首先假设室内氡浓度在强大的通风作用下已处于稳定状态，即 $C_o = C_i$。对式（5-4-4）进行时间的微分，得到单位时间进氡率为：

$$M_i = \frac{dC}{dt}\bigg|_{t\to 0} = \frac{\sum_{j=1}^{a} E_{mj}A_{mj} + \sum_{k=1}^{b} E_{mk}A_{mk}}{V} \tag{5-4-7}$$

由式（5-4-7）可以得到：

$$M_iV = \sum_{j=1}^{a} E_{mj}A_{mj} + \sum_{k=1}^{b} E_{mk}A_{mk} \tag{5-4-8}$$

将式（5-4-8）带入到式（5-4-6）式中，得到：

$$C(\infty) = C_o + \frac{M_iV}{q} \tag{5-4-9}$$

在此，我们定义 $ACH = q/V$，称为室内空气换气率（h^{-1}），再将式（5-4-9）方程两边分别除以 C_o，于是式（5-4-9）可以写为：

$$\frac{C(\infty)}{C_o} = 1 + \frac{M_i}{C_o(ACH)} \tag{5-4-10}$$

但是，对于实际的通风空调系统而言，不可能将送风与室内空气混合的那么好，有相当一部分新风未经充分混合就被排出了室外。因此，实际当中所需的新风量往往会很多，使 ACH 也大为增加。考虑到这一情况，必须给新风量 q 乘一个系数 f，f 称为通风效率，表示实际利用了的新风占总新风量的比值。于是，式（5-4-10）可以写为：

$$\frac{C(\infty)}{C_o} = 1 + \frac{M_i}{C_o(ACH')} \tag{5-4-11}$$

其中，$ACH' = qf/V$，称为室内有效通风换气率。

由式（5-4-11）可以看到：

1）使用室内相对氡浓度 $C(\infty)/C_o$ 代替室内稳定氡浓度 $C(\infty)$，使方程变为了无因次方程，利于分析计算，相对氡浓度大于1；

2）室内相对氡浓度 $C(\infty)/C_o$ 与进氡率 M_i 成正比，与室外氡浓度 C_o、室内空气换气率 ACH 成反比；

3）对室内相对氡浓度 $C(\infty)/C_o$ 影响最大的室内环境因素是 ACH，说明在机械通风不好的地下建筑中，增加通风换气率是降低室内相对氡浓度很有效的手段；

4）室内相对氡浓度只表示室内稳定浓度与室外浓度的倍比关系，要想得到室内氡浓度的确切值，还应当乘以室外氡浓度 C_o。

2. 时变状态

研究时变状态对于弄清室内氡浓度对通风的敏感程度有着重要的意义，对于去除已受到污染的地下空间的氡气有着实际的意义。

考虑数量级问题，将式（5-4-4）简化［步骤与式（5-4-5）到式（5-4-6）的简化相同］，得到如下表达式：

$$C = \left((C_i - C_o) - \frac{\sum_{j=1}^{a} E_{mj}A_{mj} + \sum_{k=1}^{b} E_{mk}A_{mk}}{q}\right)e^{-\frac{q}{V}t} + C_o + \frac{\sum_{j=1}^{a} E_{mj}A_{mj} + \sum_{k=1}^{b} E_{mk}A_{mk}}{q} \tag{5-4-12}$$

上式中引入进氡率 M_i［式（5-4-7）］和室内空气换气率 $ACH = q/V$，得

$$C = \left((C_i - C_o) - \frac{M_i}{ACH}\right)e^{-(ACH)t} + C_o + \frac{M_i}{ACH} \tag{5-4-13}$$

利用室内相对氡浓度 C/C_o，可以将式（5-4-13）改写为：

$$\frac{C}{C_o} = \left[\left(\frac{C_i}{C_o} - 1\right) - \frac{M_i}{C_o(ACH)}\right]e^{-(ACH)t} + 1 + \frac{M_i}{C_o(ACH)} \tag{5-4-14}$$

同样，需要考虑室内通风效率 f，必须给新风量 q 乘一个系数，则 $ACH' = qf/V$，将式（5-4-14）改为：

$$\frac{C}{C_o} = \left[\left(\frac{C_i}{C_o} - 1\right)\frac{M_i}{C_o(ACH')}\right]e^{-(ACH')t} + 1 + \frac{M_i}{C_o(ACH')} \tag{5-4-15}$$

由式（5-4-15）可以看到：

1）时变状态与稳定状态的区别只在于在稳定项前加上了一个时变项；

2）随着时间的流逝，时变项趋于零，室内氡浓度趋于稳定；

3）影响氡浓度衰减的主要因素是室内有效通风换气率 ACH'，室内有效通风效率越大，室内氡浓度的衰减就越快；

4）时变项的系数随初始浓度 C_i、室内有效通风换气率 ACH'、室外氡浓度 C_o 的增大而增大，衰减变快；

5）时变项的系数随进氡率 M_i 的增大而减小，衰减变慢；

6）稳定项影响因素的分析见前面有关稳定状态的讨论。

第二节　模型中若干参数的分析

一、室外氡浓度 C_o

我们所说的室外氡浓度是指室外地面附近的大气氡浓度，各地大气中的氡浓度不尽相同，而且某些地区间还有很大的差别。影响室外氡浓度的因素主要有：地表的地质状况，起伏程度以及大气流通的强弱等。

有资料表明，全球空气氡浓度或称全球环境氡浓度平均为 2.9Bq/m³，其中，陆地上空气氡浓度为 9.8Bq/m³，海洋岸边大气的氡浓度为 1Bq/m³，海洋上空的氡浓度为 0.03Bq/m³。因此，确定某个地区或国家的平均氡浓度，首先要确定的就是当地是内陆地区还是海洋地区。另外，当地地质中含铀的多少也是大气中氡含量高低的重要因素。

我国国家环保局调查了我国一部分大中型城市的室外氡浓度，测量结果见表5-4-1[57]。

由表5-4-1 可以看到，在一些沿海、沿江地区，氡浓度比较低，如沈阳、济南和青岛；而一些深处内陆，且地质构造当中岩石含量比较高的地区，氡浓度比较高，如大理、遵义和昆明。

但是无论是沿海城市还是内陆城市，其大气氡浓度都比世界平均水平高很多，这是城市当中，高楼林立，空气流通不畅造成的。鉴于本课题所研究的是位于城市中心的地下商业街，其进风口位置位于楼宇密度高、楼层高的闹市区，因此不应当按照世界平均水平确定室外氡浓度，而应当充分考虑城市楼群的对氡聚集的影响。按照表 5-4-1 的测量结果，可以考虑在世界平均水平的基础上乘以一个系数，即世界平均值（陆地：9.8Bq/m³；海

我国部分大中城市的室外氡浓度 **表 5-4-1**

城 市	Rn（Bq/m^3）			
	样品数	范围	均值	标准差
福州	367	1.5~214.2	40.8	24.5
大理	16	24.9~52.6	36.7	10.7
遵义	38	2.6~121.7	28.9	13.6
昆明	16	10.5~52.7	28	15.4
哈尔滨	2	17.0~23.0	20.0	4.2
韶关	35	4.7~33.7	18.0	7.1
临汾	126	0.2~41.8	17.3	9.0
伊宁	21	2.9~65.5	16.5	—
贵阳	51	6.3~25.9	15.7	4.5
广州	25	6.8~26.5	14.5	4.8
太原	253	0.7~79.8	14.1	8.7
大同	127	0.5~52.1	14.1	8.7
延安	2	11.0~14.0	12.5	2.1
杭州	31	4.8~11.0	8.4	
拉萨	50	1.5~29.2	7.0	7.6
沈阳	40	2.9~8.0	4.4	3.1
济南	15	1.6~6.8	4.0	1.7
青岛	8	0.8~5.3	3.3	1.6

洋岸边：$1Bq/m^3$）的倍数，这个系数范围应该在1.5~4之间。考虑较不利的情况，内陆城市可以取$30Bq/m^3$，沿海城市可以取$4Bq/m^3$。

值得一提的是，氡从土壤当中析出后，会在大气当中逐渐消散，其浓度会随着高度的增加而降低（表5-4-2），因此，地下建筑新风的进风口最好设在尽可能高的地方，如周围高楼的屋顶等，这样可以在一定程度上降低新风中的氡含量。

大气氡浓度随高度的变化 **表 5-4-2**

高度（m）	0.01	1	10	100	1000	7000	10000
氡气（%）	100	95	87	69	38	7	0

二、通风效率 *f*

ASHRAE标准中，将系统通风效率定义为系统送入工作区的新风量与新风口处新风量的比。送风口与排风口往往相距较近，部分新风会不经室内下部空间直接到达排风口。短路空气量取决于送风口与排风口的相对位置、送风温度和通风量等多个因素。相对而言，变风量系统更易出现这种情况。通风效率可表示如下：

$$f = \frac{Q_{\mathrm{I}} - Q_E}{Q_{\mathrm{I}}} = \frac{1 - s}{1 - rs} \tag{5-4-16}$$

式中　s——分层因子，即送风短路到回风系统的比例；

r——回风比；

Q_I——新风量；

Q_E——排风量。

描述通风效率与分层因子和回风比关系的曲线如图 5-4-1 所示。由图可以看出，分层导致了通风效率的降低，不过，这种效应仅当新风比高、回风比低时才明显。当回风比高达约 80% 以上时，不管短路或旁通空气比例高低，通风效率皆接近 100%。这是由于低新风量情况下，排出的污染物会循环回到室内，降低了送风与居留空间空气所含污染物浓度的差异。随着送风与室内污染物浓度差异减小，分层效应减弱。在高回风比条件下，尽管通风效率表面上很高，但是，总的来说，这样的通风可能不足以将室内污染物控制到可以接受的水平[58]。ASHRAE 62-1989R 标准中认为空调系统的通风效率均低于 0.8。

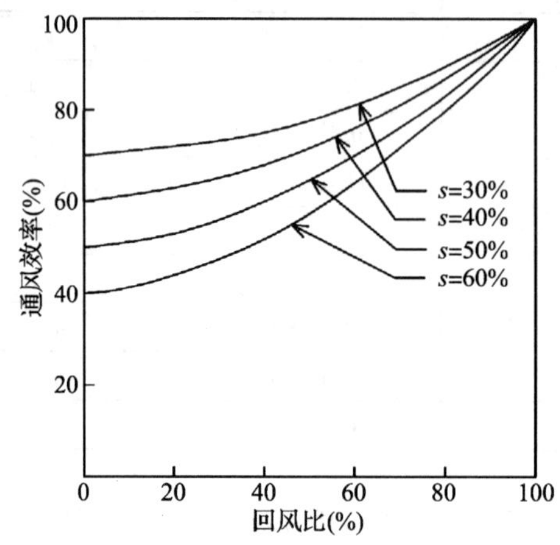

图 5-4-1　回风比、分层因子对通风效率的影响

三、新风量 q 的确定

地下商场本身也是商场，有同地上商场相同的特点：人员多，人员流动性大，空气污浊。按照人员多少确定新风量是通常确定地下商场新风量的方法。

1. 人员密度的确定

商场的人员密度，见表 5-4-3。

人员密度估算表[59]　　　　**表 5-4-3**

楼层或营业厅情况	人员密度（人/m^2）	备　注
一层	1.5	有自动扶梯的商场取大值
标准层	0.5～1.0	
地下室	1.0	
特殊售货场	2.0	
食品、冷饮	1.0	
奢侈品售货场	0.3	

路福和[60]对哈尔滨市两个地下商业街进行了实测统计，得到了该商业街的年均客流密度，并将年均客流密度的 1.2 倍作为设计日的高峰客流密度，即 0.73 人/m^2。可以看出，该值在商场人流密度的范围之内，故将 0.73 人/m^{2}作为文中人员密度的取值。

2. 人均最小新风量的确定

考虑到人员的流动性，地上商场的最小新风量按照每人 8.5 ~ 15m^3/h 进行计算。对于地下建筑而言，人员所需的新风量全部要靠通风和空调系统供给，因此，地下建筑的新风量一般要比同类地上建筑的新风量大。根据文献［61］，地下商场每人的新风量为 15m^3/h，该数值是按人员呼吸所需氧气及呼出有害气体的数量确定的，未考虑室内其他污染源，可以认为，一般地下商场的设计中，每人的新风量均被定为 15m^3/h。傅斌[25]基于 CO_2 浓度，用区域数值模拟的方法，计算出了在散流器上送的情况下，地下商场新风量应当为每人 20m^3/h。

第三节　模型的验证

Tung Chi Wah 等[21]对香港某一居民住宅进行了室内氡浓度的测量，首先求出了室内氡的进氡率为 51.8Bq/m^3 · h，利用示踪气体法直接测出了不同条件下的室内换气率 ACH' (h^{-1})，测得室外氡浓度约为 30Bq/m^3。所测数据列于表 5-4-4。

香港某住宅室内相对氡浓度与通风换气率　　　　**表 5-4-4**

ACH' (h^{-1})	0.3	0.4	0.42	0.8	0.81	1.2	1.4
$C(\infty)/C_o$ (-)	5.4	3.3	4.82	2.2	4.87	3	2.33
ACH' (h^{-1})	1.62	3.23	3.45	4.7	6.3	7.2	8.7
$C(\infty)/C_o$ (-)	2.22	1.06	1.12	1.33	1.2	1.4	1.1

图 5-4-2 为换气率与室内氡浓度关系的理论曲线与实验曲线。在图中，绘制由客观条件决定的理论曲线：

$$\frac{C(\infty)}{C_o} = 1 + \frac{51.8}{30(ACH')}$$

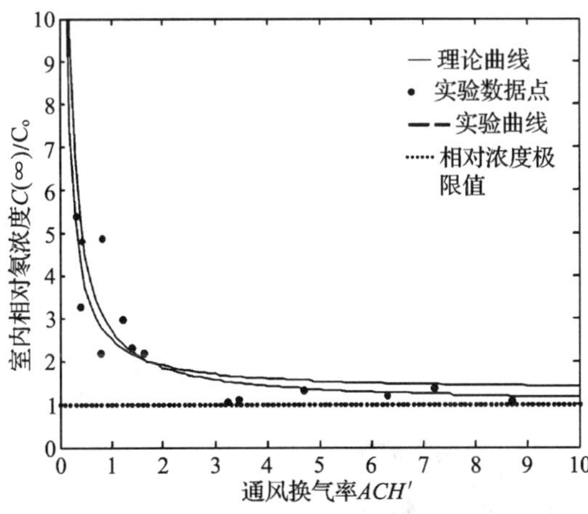

图 5-4-2　换气率与室内氡浓度关系的理论曲线与实验曲线

根据测量得到的实验数据点，利用 Matlab 软件拟合出了一条曲线：

$$\frac{C(\infty)}{C_o} = 1.2962 + \frac{1.2206}{(ACH')}$$

由图 5-4-2 可以看出，实验所得的曲线与理论推导所得的曲线相当接近，由此，证明公式（5-4-11）是正确的，该模型可以用于室内氡浓度控制的分析与计算。

第四节　模型的分析

根据表 5-3-9 以及式（5-4-7）的计算，所建模型图 5-3-4 中进氡率的范围为 29.68 ~ 1253.5Bq/m^3 · h，平均为 257.03Bq/m^3 · h。根据表 5-4-1，取哈尔滨室外氡浓度为 20Bq/m^3。根据前面对人员密度的讨论，确定人员密度为 0.73 人/m^2。

一、进氡率与所需有效新风量的关系

在很多情况下，我们需要讨论在给定室内氡防护标准的条件下，周围环境进氡率与所需的人均新风量的关系，由式（5-4-11）变化得到以下关系式：

$$M_i = q_r \frac{\rho_r A_f}{V}(C(\infty) - C_o) \qquad (5\text{-}4\text{-}17)$$

式中　q_r——人均新风量（m^3/h · 人）；

ρ_r——人员密度（人/m^2）；

A_f——建筑面积。

描绘式（5-4-17）的关系曲线（图 5-4-3），由图中可以看出：

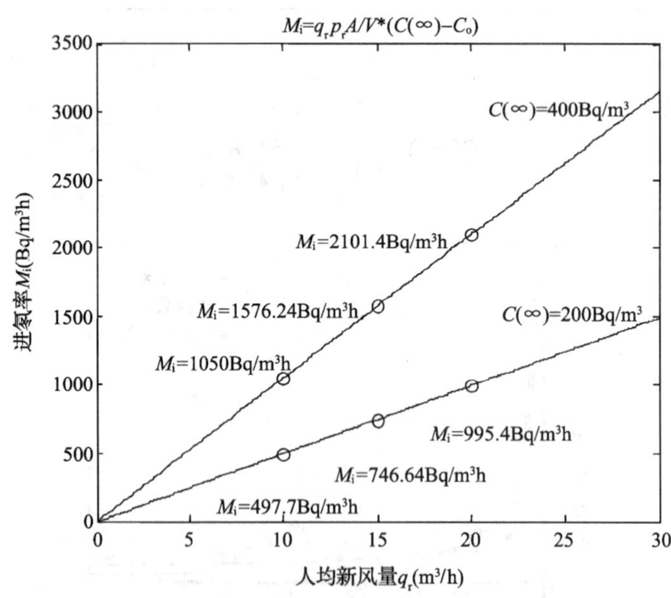

图 5-4-3　不同防护标准下进氡率与有效新风量的关系

1）新风量越多，能够处理的进氡就越多。

2）室内氡浓度控制在 200Bq/m^3 所需的新风量是控制在 400Bq/m^3 所需新风量的

2.1 倍。

3）当室内氡浓度需控制在 200Bq/m^3 时，只需采用地上商场的新风量标准，就可以控制平均水平的进氡；但是对于上限的进氡水平，即使是采用 20m^3/h 的人均新风量也无法将其控制住，此时，室内氡浓度为 246.66Bq/m^3，只有再将人均新风量提高到 25.2m^3/h（实际引入人均新风量 31.5m^3/h），才能将氡浓度控制在 200Bq/m^3。也就是说，一般的地下商场通风不能保证将商场的氡浓度控制在行动水平 200Bp/m^3 上。

4）当室内氡浓度需控制在 400Bq/m^3 时，只需将人均新风量提高到 11.93m^3/h（实际引入人均新风量 14.91m^3/h），就可以保证在正常情况所允许的范围内室内氡浓度不超标。

5）已经讨论过，地下建筑进氡的主要途径是土壤氡气的逸出，若能采取一些补救措施，如缝隙密封等，部分降低进氡，将大大减轻通风的压力。设该措施可以减少进氡的 50%，则 12.59m^3/h 的有效人均新风量（实际引入人均新风量 15.74m^3/h）就可以将一般情况的商场内氡浓度控制在 200Bp/m^3 以内。

二、换气效率与室内氡浓度的关系

根据式（5-4-11）绘制换气效率与室内氡浓度之间的关系曲线，如图 5-4-4 所示。

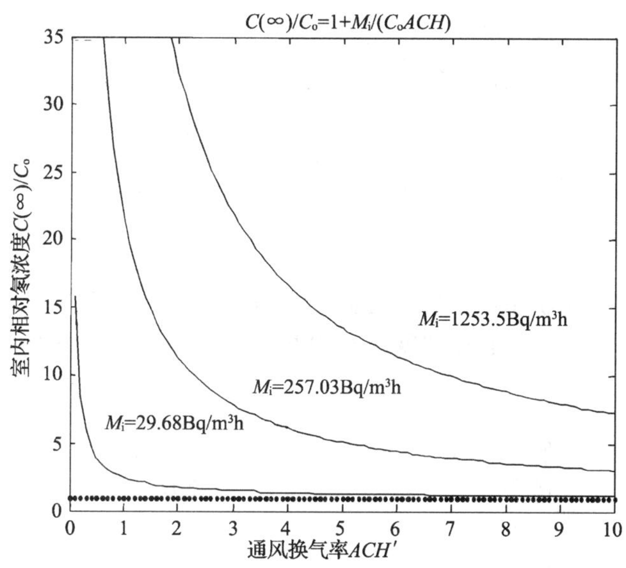

图 5-4-4　通常范围内相对氡浓度与通风换气率的关系

由图中可以看出：

1）室内氡浓度对通风换气率很敏感，在通风换气率低的时候，将其提高一点儿，就可以大大降低室内的氡浓度。

2）相对而言，进氡率高的情况下，曲线的凹度小，即需要更多的新风才能将室内氡浓度降到合理的水平。

3）开始时，室内氡浓度随着通风换气率的提高迅速降低，当降低到一定程度后，曲线趋于平缓，通风的作用减弱。此时如果室内氡浓度仍达不到要求，应当采取其他的办法，以提高防氡措施的经济性。

通风作用减弱的临界点应当在曲线斜率等于 $-\sqrt{2}/2$ 处，即：

$$\left[\frac{(C(\infty)/C_o)}{ACH'}\right]' = -\frac{M_i}{C_o(ACH')^2} = -\frac{\sqrt{2}}{2} \tag{5-4-18}$$

绘制 $M_i = \frac{\sqrt{2}}{2}C_o(ACH')^2$ 的曲线，如图 5-4-5。由图可以看到，随着进氡率的提高，临界的通风换气效率在不断升高，但升高的幅度在降低。

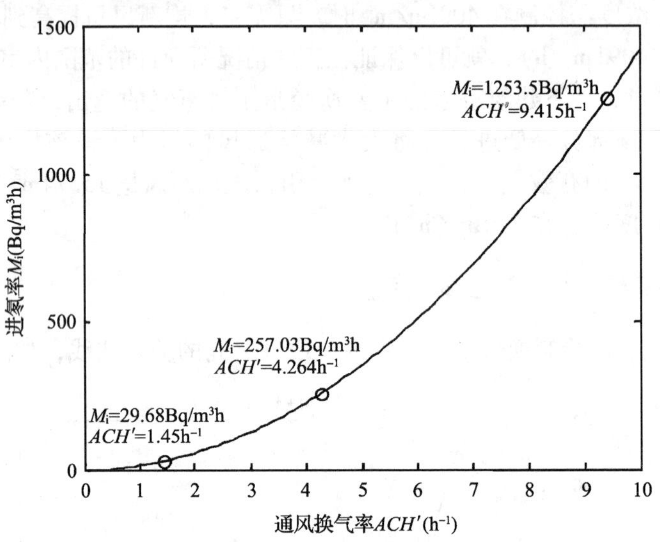

图 5-4-5　通风作用开始失效的临界曲线

三、时变状况分析

根据式（5-4-15）分析室内氡浓度在新风量不同的通风作用下，从初始状态到稳定状态随时间变化的过程，假设室内初始浓度为 1000Bp/m³，分析结果如图 5-4-6、图 5-4-7 所示。

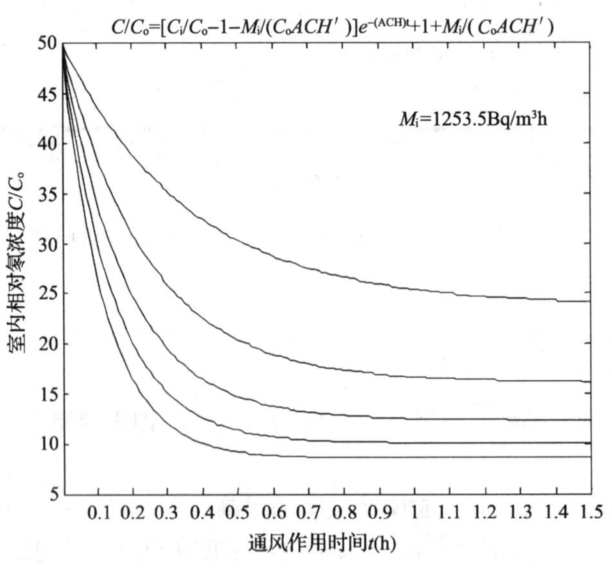

图 5-4-6　通风作用曲线（进氡率为 1253. 5Bq/m³·h）

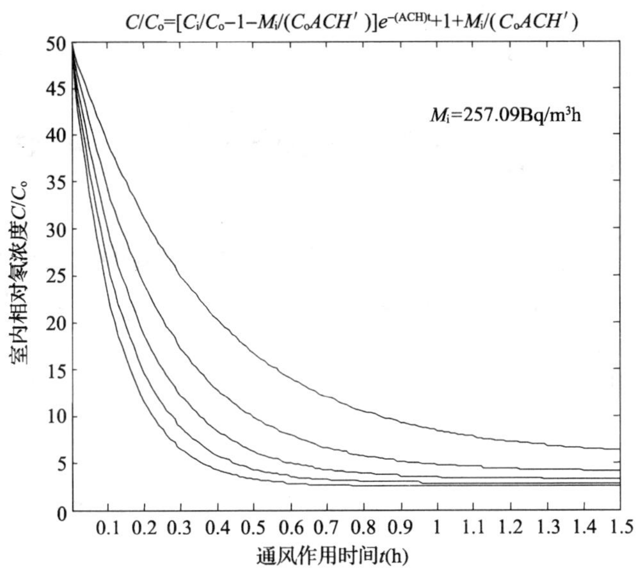

图 5-4-7　通风作用曲线（进氡率为 257.09Bq/m^3·h）

需要说明的是，图 5-4-6、图 5-4-7 中所示通风作用曲线所用新风量由上至下依次为：10m^3/h、15m^3/h、20m^3/h、25m^3/h、30m^3/h。

由图 5-4-6、图 5-4-7 可以看出：

1）室内空气氡对通风作用很敏感，在短时间内（半小时左右）就可以降到稳定状态的水平；

2）随着新风量的增加，氡浓度降低，达到稳定态的时间也缩短了；

3）随着新风量的增加，新风的除氡作用减弱（曲线间的距离缩短）。

采用 10m^3/h 的人均新风量效果不佳，而新风量过大又会造成浪费，故采用 15～20m^3/h 的人均有效新风量（实际引入人均新风量为 18.75～25m^3/h）是合适的，这个值略大于控制稳定氡浓度所需的新风量。

第五章　控制氡的室内气流组织模拟

对于大多数空调的气流组织形式而言，无法使室内各处的气流都均匀一致，无可避免的存在涡流、死角和短路现象。研究空调的气流组织形式，使之优化合理，将有利于去除和控制氡污染物，保证新风使用的高效性，这对于无自然通风的地下空间而言，尤为重要。本章将利用 Airpak 软件分析地下商场内的氡浓度场，研究合理的空调气流组织形式。

第一节　数学建模的理论基础

认为所研究对象为不可压缩的空气，其流动状态为紊流。由于紊流流动，方程组不封闭，所以要补充紊流的特征方程。在本章的紊流计算中，采用零方程模型[63~64]。

一、控制方程组

（1）连续性方程

$$\frac{\partial \rho}{\partial t}+\nabla\cdot(\rho\vec{v})=0 \tag{5-5-1}$$

（2）运动方程

$$\frac{\partial}{\partial t}(\rho\vec{v})+\nabla\cdot(\rho\vec{v}\vec{v})=-\nabla p+\nabla\cdot(\bar{\bar{\tau}})+\rho\vec{g}+\vec{F} \tag{5-5-2}$$

（3）能量方程

$$\frac{\partial}{\partial t}(\rho h)+\nabla\cdot(\rho h\vec{v})=\nabla\cdot[(K+K_{\mathrm{t}})\nabla T]+S_{\mathrm{h}} \tag{5-5-3}$$

（4）传质方程

$$\frac{\partial}{\partial t}(\rho Y_i)+\nabla\cdot(\rho\vec{v}Y_i)=-\nabla\cdot\vec{J}_i+S_i \tag{5-5-4}$$

（5）零方程模型补充方程

零方程模型也称混合长度模型，可以利用下式计算紊流黏度：

$$\mu_{\mathrm{t}}=\rho\cdot l^2 S \tag{5-5-5}$$

在由式（5-5-1）、式（5-5-5）构成的方程组中：

$\bar{\bar{\tau}}$——应力矢量，$\bar{\bar{\tau}}=\mu[(\nabla\vec{v}^{+}(\nabla\vec{v}^{\mathrm{T}})-(2/3)\nabla\cdot\vec{v}\mathrm{I}]$；

$\vec{J}_i$——第 i 种物质的散发流量，$\vec{J}_i=-(\rho D_{i,\mathrm{m}}+\mu_{\mathrm{t}}/Sc_{\mathrm{t}})\nabla Y_i$；

l——混合长度，$l=\min(kd,\ 0.09d_{\max})$；

S——平均应力率矢量系数，$S=\sqrt{2S_{ij}S_{ij}}$；

K——层流传导系数，$K=C_p\mu/Pr$；

K_t——紊流传导系数，$K_t=C_p\mu_t/Pr_t$；

μ——层流动力黏性系数（Pa·s）；

μ_t——紊流动力黏性系数（Pa·s）；

Pr——层流普朗特数；

Pr_t——紊流普朗特数；

Sc_t——紊流施密特数；

ρ——空气密度（kg/m³）；

t——时间（s）；

$\vec{v}$——气流速度（m/s）；

p——静压力（Pa）；

$\vec{g}$——重力加速度（m/s²）；

$\vec{F}$——其他的阻力（牛顿）；

h——空气焓值（kJ/kg）；

$D_{i,m}$——第 i 种物质的散发系数；

S_i——第 i 种物质的散发率；

S_h——热流密度（W/m³）；

Y_i——第 i 种物质的所占的质量分数；

d——距离壁面的距离（m）；

k——冯卡门常量，$k=0.0419$；

S_{ij}——平均应力率，$S_{ij}=(1/2)\cdot(\partial u_i/\partial x_j+\partial u_j/\partial x_i)$。

二、网格的划分与控制方程的离散

Airpak 利用限容积法解以上方程组，有限容积法通常包括：

1）把计算区域划分为离散的控制体积网格；

2）在每个控制体积上积分控制方程，形成离散计算变量的代数方程；

3）将离散方程线性化并且求解合成的线性方程组，以产生独立变量的更新值。

下列方程给出了控制体 V 中任意变量的统一离散形式：

$$\oint\rho\phi\vec{v}\cdot d\vec{A}=\oint\Gamma_\phi\nabla_\phi\cdot d\vec{A}+\int_V S_\phi dV \tag{5-5-6}$$

式中 $\vec{A}$——矢量表面积（m²）；

Γ_ϕ——ϕ 变量的扩散系数；

∇_ϕ——ϕ 变量的梯度；

S_ϕ——控制单元中 ϕ 变量散发源。

三、迭代求解

由于控制方程是一组非线性的偏微分方程（PDE）。为使方程解耦，分离求解，本软件采用了 SIMPLE（Semi-Implicit Method for Pressure-Linked Equations）算法，这种算法在不可压缩流体的 $N-S$ 方程数值求解中得到非常广泛的应用。在达到收敛精度之前，需进行循环迭代求解，如图 5-5-1 所示。迭代步骤如下：

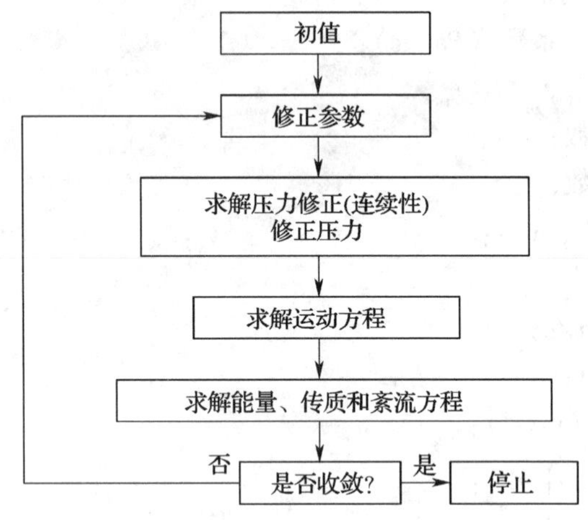

图 5-5-1　求解步骤框图

1）首先给定初值；

2）计算结果是在当前初始流场的基础上不断更新得到的；

3）由于新获得的速度场可能不满足连续方程，这时求解由连续方程和动量方程线性化而推导出来的压力纠正方程，从而对压力、速度场和表面质量流量进行必要的纠正，以满足连续方程；

4）利用当前的压力值和表面质量流量，依次求解三个速度分量 u、v、w 的动量方程，以获得新的速度场；

5）利用其他变量更新的数值结果求解紊流模型方程。

检查方程的收敛精度是否满足要求，如果不满足收敛精度，重新迭代计算，直到满足收敛精度。

第二节　初始条件的确定

以哈尔滨地区夏季典型的地下商场中段为例。室内温度：28℃；室内相对湿度：65%。人员密度 0.73 人/m^2。营业时间 8:00～18:00。哈尔滨夏季空调室外计算干球温度为 30.3℃，湿球温度为 23.4℃，取实际引入新风量为 $20m^3/h$。

一、热负荷计算

该地下建筑为单建式浅埋结构（图 5-5-2），使用空调，认为其为恒温恒湿建筑。根据公式，选取适当参数，计算所建模型热负荷。

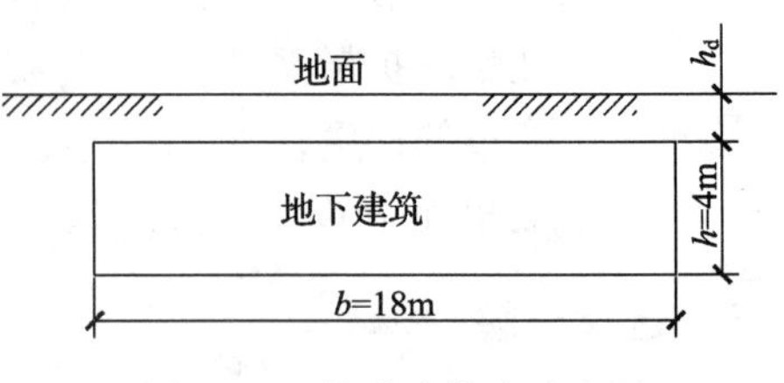

图 5-5-2　单建式构造示意图

二、送风参数和送风方式

1. 送风参数

与地上商场相似，地下商场多采用一次回风定风量系统。但与同样人员密度的地上商场相比，热负荷略小，而湿负荷却略大，所以热湿比 ε 比地上商场小，ε 值等于 4435kJ/kg。空气处理流程如图 5-5-3 所示。

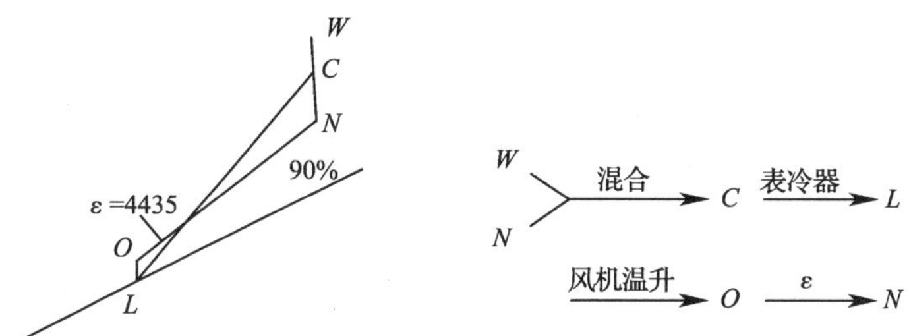

图 5-5-3　空气处理流程图

采用露点送风，考虑 1℃的风机温升，调整室内相对湿度至 73%，查焓湿图得到：

送风状态点参数：焓值 $h_o=48.8$kJ/kg，含湿量 $d_o=11.66$g/kg，温度 $t_o=19.1$℃，密度 $\rho=1.2$kg/m^3。室内状态点参数：焓值 $h_N=65.6$kJ/kg，含湿量 $d_N=15.44$g/kg，温度 $t_o=26$℃，相对湿度 $\varphi=73\%$，密度 $\rho=1.17$kg/m^3。

送风量和换气次数可根据以下公式计算：

$$G=\frac{Q}{1000(h_N-h_o)} \tag{5-5-7}$$

$$L=3600\frac{G}{V\rho} \tag{5-5-8}$$

式中　G——室内热负荷（W）；

G——送风量（kg/s）；

V——房间体积（m^3）；

L——换气次数（h^{-1}）；

ρ——送风密度（kg/m^3）。

计算可得送风量为 1.09kg/s（3270m^3/h），换气次数为 9.2h^{-1}。

2. 回风参数

令回风量等于送风量，则 $G_h=1.09$kg/s（3270m^3/h）。

第三节　模型的建立

认为空间中地板和两面墙壁的氡析出均匀，布置平面污染源于其上；认为在临近的区域中气流组织与本区域相同，因此不考虑通道对气流的影响；为简化模型，提高计算速度，认为空间内暂无灯光和人员，送风参数调至室内参数，除氡浓度场和速度场以外，其他的参数均不与计算。模型如图 5-5-4 所示（未布置送回风口）。

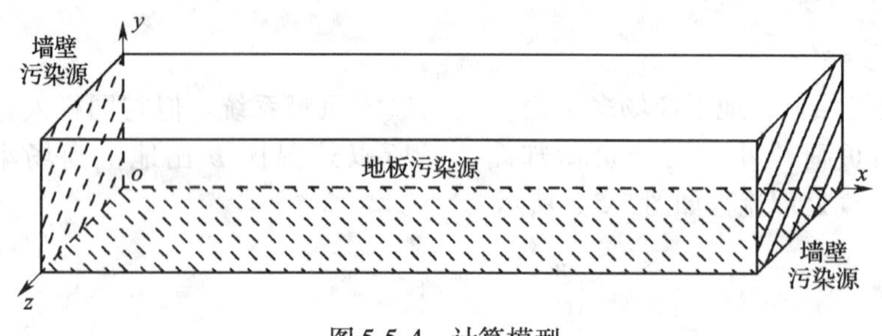

图 5-5-4　计算模型

一、边界条件的定义

1）散流器风速设定为 3.02m/s，定义为“自由口”，向空间内送风；

2）回风口定义为“排风口”，未定义风速，但规定气流方向为出风；

3）图 5-5-4 中阴影部分为散发氡的平面，定义为“源”，向空间内扩散，将缝隙逸出氡造成的析氡率均摊到墙面和地板中。

二、网格的划分

采用方形网格，各个方向网格最大尺寸为该方向房间最大尺寸的 1/20。以第五章第四节算例二为例，网格数目为 68337，节点数为 73896。算例二 $Z=1.5\text{m}$ 平面和 $Z=3.0\text{m}$ 平面的网格划分情况如图 5-5-5、图 5-5-6 所示。

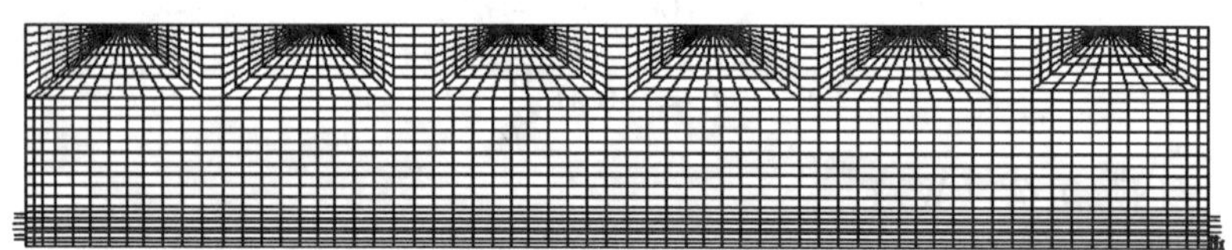

图 5-5-5　$z=1.5\text{m}$ 处的网格划分示例图

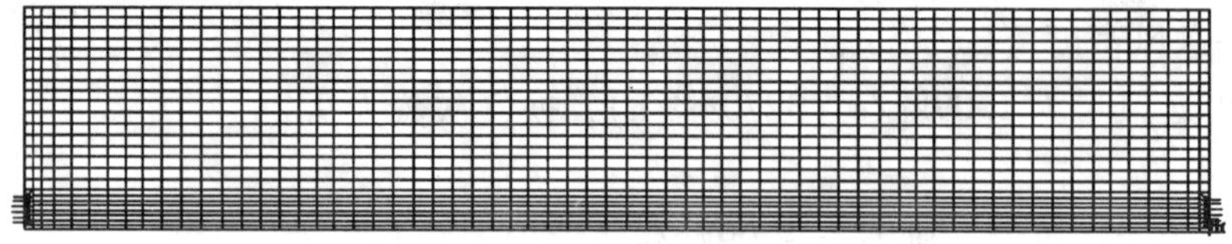

图 5-5-6　$z=3.0\text{m}$ 处的网格划分示例图

三、散流器设计

本模型采用的散流器是方形散流器，出风的俯角为斜下 45°，将散流器划分为 9 个区域，中间的区域无流量，其他区域出风的水平方向如图 5-5-7 所示，各个方向风速大小相同。该模型最大的优点就是在零方程模型下收敛相当快[30]。

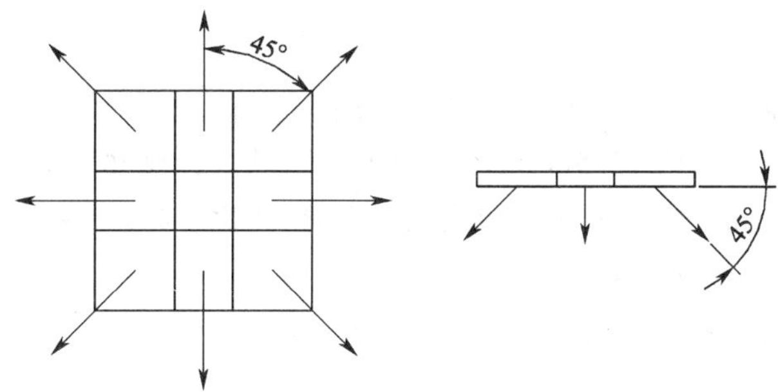

图 5-5-7　散流器的区域划分及出风方向示意图

四、氡浓度单位和量级的处理

氡浓度的单位是 Bq/m^3，虽然 Bq 属于国际单位制，但是却无法在控制方程中体现它的意义。根据文献［22］，1Bq 氡的质量为 1.75×10^{-19}kg，故可以将 Bq/m^3 转化为 kg/m^3 计算。

在 Airpak 中，可以区分的最小的数量级范围为 $\pm1\times10^{-10}$，这个范围对于质量比重很小，危害很大的氡而言，显然是太大了。对于质量守恒方程而言，10^{-10}kg 与 10^{-19}kg 同样趋近于零，其对于流体的影响均可忽略不计，因此可以用 10^{-10}kg 代替 10^{-19}kg 参与计算。

同时，为使结果能够更加直观地得以表达，将 kg/m^3 除以密度，转化为质量分数，并忽略系数 $1.75/\rho$ 的影响。

综上所述，单位和量级的换算过程为：

$$1Bq/m^3 = 1.75\times10^{-19}kg/m^3 = 1.75\times10^{-10}kg/m^3$$
$$= \frac{1.75}{\rho}\times10^{-10}kg/kg = 1\times10^{-10}kg/kg$$

可以看到，在接下来的计算中，2×10^{-8}kg/kg 即代表 200Bq/m^3 的氡浓度，4×10^{-8}kg/kg 即代表 400Bq/m^3 的氡浓度，以此类推。

第四节　算　　例

不同的送回风形式和新风量都会对室内氡浓度产生很大的影响，新风量的讨论在前一章已经做过了，本章将着重研究在 20m^3/h 的实际人均新风量供给下，送回风形式对室内氡浓度的影响，以使其优化。

取新风量为人均 20m^3/h（有效人均新风量为 16m^3/h），总新风量为 1576.8m^3/h，占总送风量的 48.22%。令室外氡浓度为新风氡浓度（20Bq/m^3），室内稳定状态氡浓度为回风氡浓度（303.32Bq/m^3），室内进氡率取上限的 1253.5$Bq/m^3\cdot h$，可以得到送风氡浓度为 166.7Bq/m^3。

将式（5-4-9）中，M_iV/q 这项称作进氡浓度，则墙的进氡浓度为 67.12Bq/m^3，地板进氡浓度为 216.21Bq/m^3。

一、算例

1. 算例一

采用如图 5-5-8 所示的送回风布置形式，均匀布置 12 个散流器，尺寸为 180mm × 180mm，送风量每个散流器 272.5m^3/h。布置 3 个回风口，尺寸为 200mm × 400mm，回风量每个回风口 1090m^3/h，均为上回风，这是一般商场的空调气流组织形式。

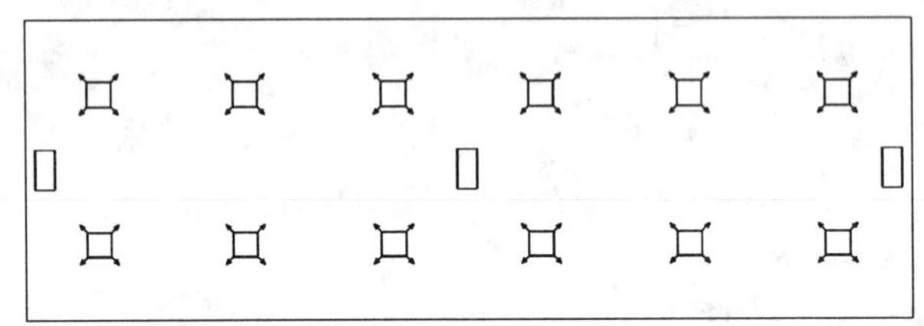

图 5-5-8 算例一送回风口布置示意图

2. 算例二

采用如图 5-5-9 所示的送回风布置形式，均匀布置 12 个散流器，尺寸为 180mm × 180mm，送风量每个散流器 272.5m^3/h。布置 2 个回风口，尺寸为 400mm × 600mm，回风量每个回风口 1635m^3/h，分布两侧，侧下回风，为避免侧下回风给人带来的吹冷风的感觉，降低回风速度至 2m/s 左右。

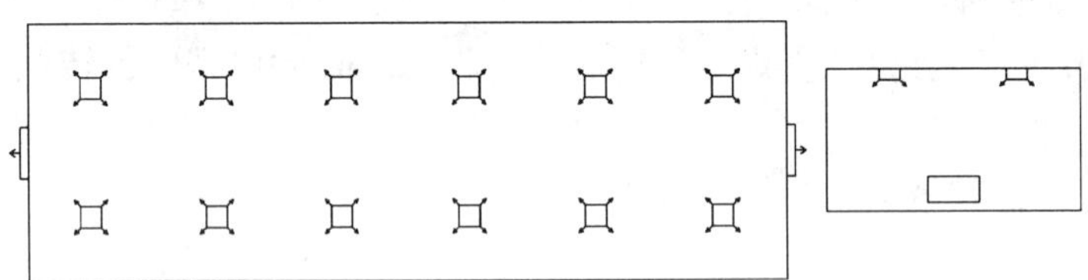

图 5-5-9 算例二送回风口布置示意图

3. 算例三

采用如图 5-5-10 所示的送回风布置形式，在空间两侧墙壁 1.5m 处各布置 2 个送风口，直接送风至呼吸区，送风量每个送风口 817.5m^3/h，尺寸为 200mm × 600mm。布置 2 个回风口，尺寸为 400mm × 600mm，回风量每个回风口 1635m^3/h，分布两侧，侧下回风，为避免侧下回风给人带来的吹冷风的感觉，降低回风速度至 2m/s 左右。

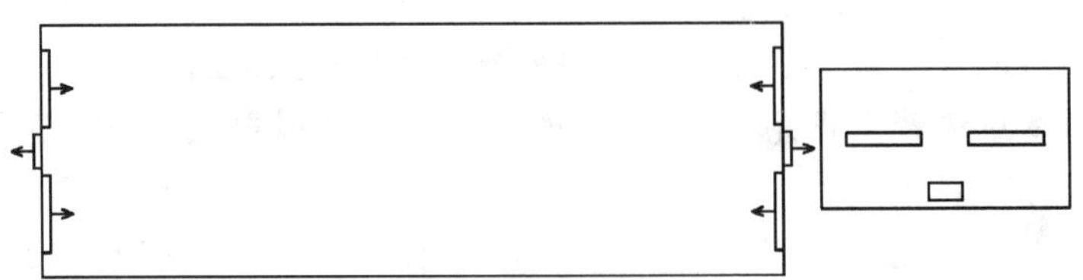

图 5-5-10 算例三送回风口布置示意图

二、计算结果及其分析

本模型三个算例的计算结果采用切面图表示，分别取模型中 $y = 1.5$m、$z = 1.5$m 和 $z = 3$m 处的氡浓度场切面、速度场切面和平均空气龄场切面，以期全面地分析所得数据。

各切面图中数据的极值及表达范围 **表 5-5-1**

切面图名称	算例	最小值	最大值	实际取值范围
$y=1.5$m 的氡浓度场（10^{-8}kg/kg）	算例一	2.11	3.704	2～3.03
	算例二	1.97807	3.704	2～3.03
	算例三	1.76285	3.704	2～3.03
$z=1.5$m 的氡浓度场（10^{-8}kg/kg）	算例一	2.00783	5.195	2～3.03
	算例二	1.667	5.195	2～3.03
	算例三	1.667	5.195	2～3.03
$z=3$m 的氡浓度场（10^{-8}kg/kg）	算例一	2.21602	5.195	2～3.03
	算例二	2.0145	5.195	2～3.03
	算例三	2.2548	5.195	2～3.03
$y=1.5$m 的速度场（m/s）	算例二	0	0.137442	0～0.137442
$z=1.5$m 的速度场（m/s）		0	3.01807	0～0.2
$z=3$m 的速度场（m/s）		0	1.87174	0～0.2
$y=1.5$m 的空气龄场（s）		403.681	625.715	403.681～625.72
$z=1.5$m 的空气龄场（s）		0	596.539	400～596.54
$z=3$m 的空气龄场（s）		421.767	629.693	421.767～629.7

各切面图的数据极值及表达范围见表 5-5-1。切面图表达范围的确定主要依次依据以下两点：

1）使切面图可以清晰的表达数据的层次，排除个别极端的边界值；

2）便于不同算例之间的比较。

三个算例中 $y=1.5$、$z=1.5$m 和 $z=3$m 处的氡浓度场切面，以及算例二的速度场切面和平均空气龄场切面（图 5-5-11～图 5-5-25）。

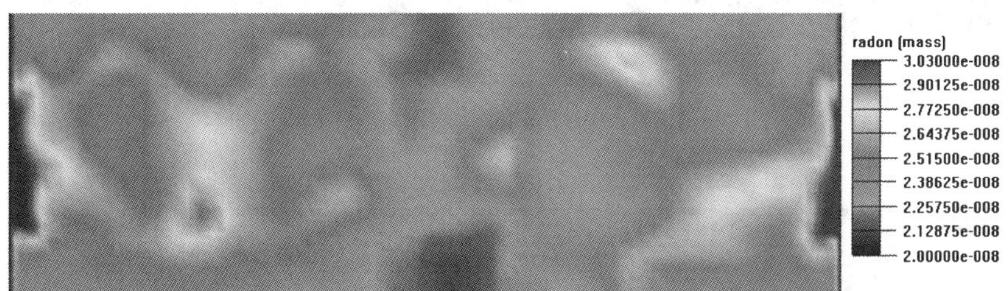

图 5-5-11　$y=1.5$m 的氡浓度场（算例一）

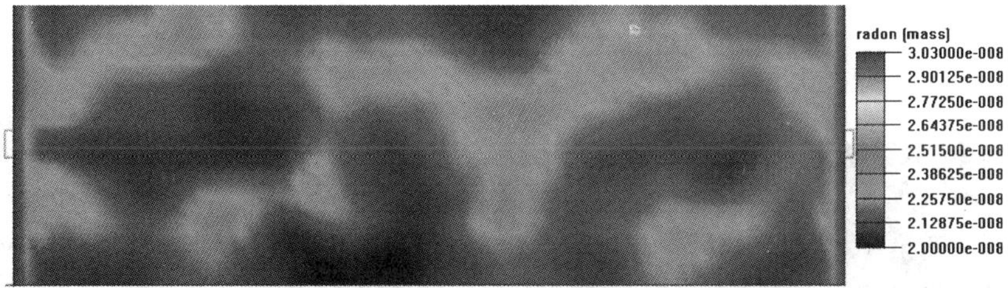

图 5-5-12　$y=1.5$m 的氡浓度场（算例二）

图 5-5-13　$y=1.5$m 的氡浓度场（算例三）

图 5-5-14　$z=1.5$m 的氡浓度场（算例一）

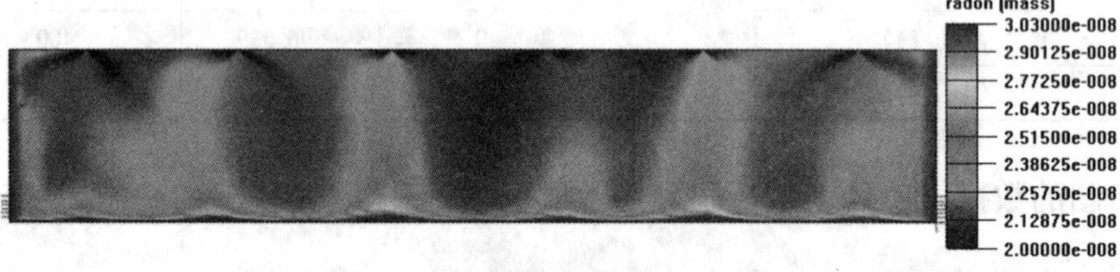

图 5-5-15　$z=1.5$m 的氡浓度场（算例二）

图 5-5-16　$z=1.5$m 的氡浓度场（算例三）

图 5-5-17　$z=3$m 的氡浓度场（算例一）

图 5-5-18　$z=3$m 的氡浓度场（算例二）

图 5-5-19　$z=3$m 的氡浓度场（算例三）

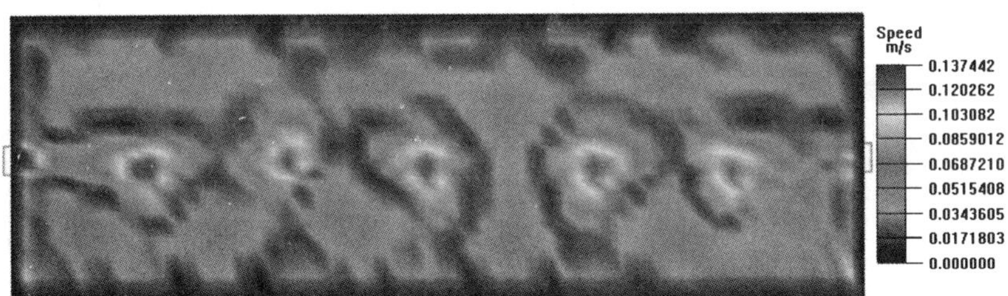

图 5-5-20　$y=1.5$m 的速度场（算例二）

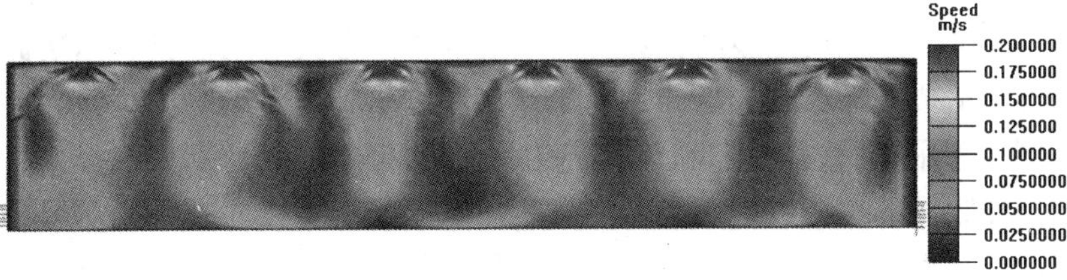

图 5-5-21　$z=1.5$m 的速度场（算例二）

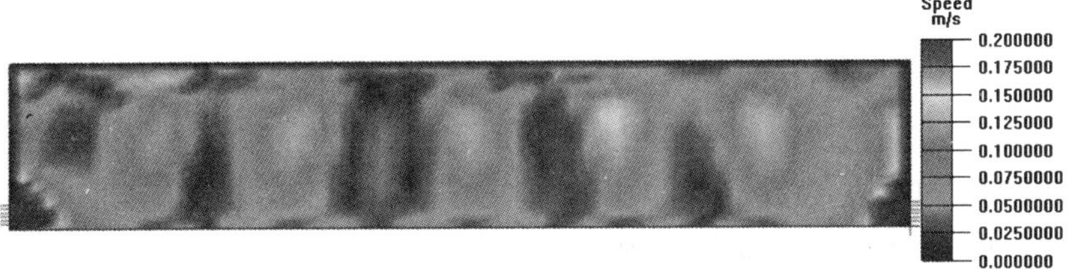

图 5-5-22　$z=3$m 的速度场（算例二）

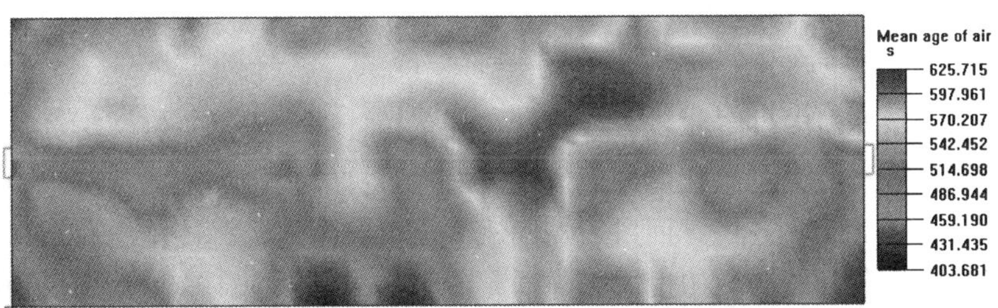

图 5-5-23　$y=1.5$m 的空气龄场（算例二）

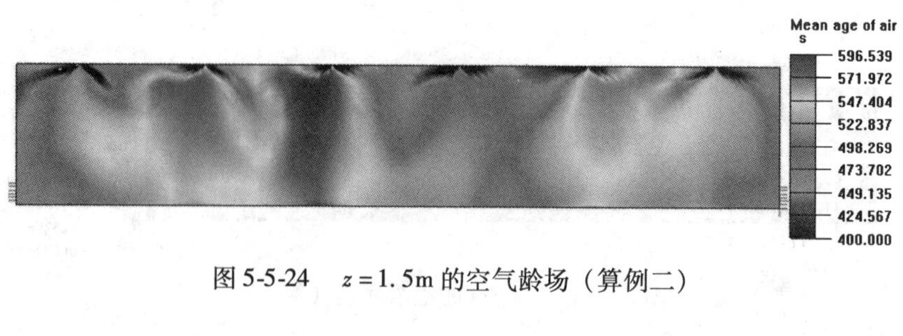

图 5-5-24　$z=1.5\text{m}$ 的空气龄场（算例二）

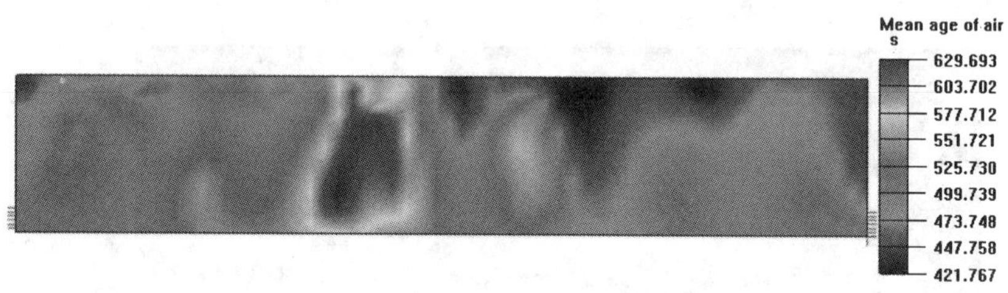

图 5-5-25　$z=3\text{m}$ 的空气龄场（算例二）

通过以上的切面图可以看到：

（1）图 5-5-11 ~ 图 5-5-13 的比较分析

$y=1.5\text{m}$ 的平面是人员呼吸区，算例一中上回风的方式要求回风到达房间顶部才能排出，向上的气流造成氡污染物上扬，加速了地面和墙壁处氡污染物的扩散，呼吸区的氡浓度较高；算例二采用下回风后，地面和墙壁散发的污染物就近从回风口排出，有效抑制了氡气的扩散，呼吸区的氡浓度显著降低；算例三试图通过直接向呼吸区送风的方式最有效的利用新鲜空气，但是送风气流没有向下的趋势，无法抑制地板的氡浓度扩散，从侧壁送来的空气更是加剧了墙壁处高浓度氡气向呼吸区的扩散。因此，尽管算例三的送风首先到达的是呼吸区，但是呼吸区氡浓度只是较算例一有较大的降低，与算例二还有一定的差距。

（2）图 5-5-14 ~ 图 5-5-16 的比较分析

$z=1.5\text{m}$ 的平面是散流器送风平面，若采用算例一的上回风方式，房间中部的污染物可以控制的很好，氡浓度较低，但两侧回风口的回风量却不足以控制地面和墙壁处的氡气扩散，从图中可以看到氡气的扩散过程；算例二的下回风方式使得氡浓度均匀，平均氡浓度大大降低，绝大部分地方的氡扩散被有效抑制；算例三的送风气流来自房间两侧，它对中部地板和墙壁的高浓度氡气缺乏强大的抑制作用，但由于通风换气效率较高，平均氡浓度依然比算例一有所降低。

（3）图 5-5-17 ~ 图 5-5-19 的比较分析

$z=3\text{m}$ 的平面是回风口所处的平面，算例一的上回风的方式不但没能有效控制氡的扩散，反而使地面和墙壁处的氡气借助回风气流增强了扩散，这种现象在房间中三个回风口附近都有发生；采用算例二的下回风后，回风气流引导污染物直接排出房间，去掉了向房间中扩散的过程，使房间中氡浓度大为降低，由于是回风平面，这种作用极为明显，但是在中部，控制作用减弱，地面处的氡浓度略有升高；算例三没有效抑制氡的扩散，但是高通风换气率使之可以将混合后的室内污染空气迅速排出，所以虽然平均氡浓度比算例二要高，但是比算例一有了一定的提高。

（4）图5-5-20～图5-5-25的分析

这六幅图较为全面分析了算例二这种有利于降低室内氡浓度的送回风方式下，房间的速度场和空气龄场。可以看到，算例二下回风方式的流场均匀，但下部回风口附近流速较高，在距离墙壁0.4m的范围内流速超过了允许值0.5m/s，这个影响范围不是很大；整个流场的平均空气龄较低，换气顺畅，房间内没有死角和涡流。

综上所述，算例一是常见的地下商场的气流组织方式，这种上回风的方式要求回风到达房间顶部才能排出，加速了地面和墙壁处污染物扩散；算例二采用侧下回风的方式，避免了污染物的扩散，室内氡浓度显著降低，且流场均匀，换气顺畅，没有涡流和死角，这进一步说明了回风口的位置对于污染物处理的重要作用，应当优先将其放置于污染物集中的、发源的位置附近；算例三直接将新鲜空气送至人员呼吸区，但是水平的气流并不能很好的控制地板和墙壁的污染物的扩散，因此，这种送风方式虽然较算例一有较大的改进，室内氡浓度降低，但是与算例二还有一定的差距。

可见，提高通风换气效率与控制室内污染物扩散是同等重要的，算例二是以上两原则较为完美的结合，若能在实际当中采用这种上送下回的方式，将大大降低地下空间的平均氡浓度，减轻氡污染对人员健康的危害。

参考文献

1 钱七虎. 城市可持续发展与地下空间开发利用. 地下空间，1998，18（2）：69～74

2 赛云秀，韩日美. 城市可持续发展与地下空间开发. 西安公路交通大学学报，2000，20（2）：120～122

3 王文卿. 城市地下空间的开发利用. 建筑学报，1999（4）：16～8

4 童林旭. 城市地下空间利用的回顾与展望. 城市发展研究，1999（2）：7～11

5 童林旭. 我国城市地下空间发展的新阶段. 21世纪城市发展，2002，9（1）：18～21

6 付正惠. 地下空间热环境与空气质量的评价. 地下空间，1997，17（1）：37～42

7 童林旭主编. 地下商业街规划与设计. 北京：中国建筑工业出版社，1997

8 赵景伟. 城市空间开发与地下街建设. 山东科技大学学报，2000，19（2）：85～88

9 杨文晓，姜万山，杨东. 论城市地下空间的开发利用. 西北大学学报，1998，28（5）：447～450

10 王丹宁，姚杨，姜东. 地下商场空气品质调查分析. 建筑热能通风空调，2002（3）：33～42

11 宋广生. 解读《室内空气质量标准》. 中国建材，2003（4）：62～63

12 戴鸿贵，郑正，余刚等. 地下工程中的氡异常及其治理对策. 南京大学学报，1999，35（2）：222～229

13 吴惠山，梁树红. 氡测量及实用数据. 北京：原子能出版社，2001

14 耿世彬，连慧亮. 氡与室内空气环境. 建筑热能通风空调，2001（6）：49～51

15 Pirjo Korhonen，Helmi Kokotti，Pentti Kalliokoski . Survey and mitigation of occupational exposure of radon in workplace. Building and Envionment，2000（35）：555～562

16 陈兴安. 人类环境中的氡——IAEA科研协作总结会概况. 辐射防护，1996，16（5）：396～399

17 俞义樵，任天山. 室内氡的来源和特性. 重庆大学学报，1999，22（3）：85～91

18 何斌，过惠平，尚爱国. 对计算土壤和岩石中氡浓度及表面通量密度的表面边界条件的讨论. 辐射防护，1999，19（2）：121～126

19 Andrew lugg, Douglas Probert . Indoor Radon Gas: A Potential Health Hazard Resulting from Implementing Energy-Efficiency Measures. Applied Energy, 1997, 56 (2): 93 ~ 196

20 成通宝，李晓锋，江亿. 建筑物室内污染控制模型的建立和应用. 全国暖空调制冷 2002 学术年会论文集，2002：282 ~ 298

21 Tung Chi Wah . Influence of Ventilation on Indoor Airborne Particulate and Radon in Residential Buildings in Hong Kong: [Degree of Doctor' Document]. Hong Kong: The Hong Kong Polytechnic University, 2001

22 Fan Wang, Ian C. Ward. The development of a radon entry model for a house with a cellar. Building and Environment, 2000 (35): 615 ~ 631

23 David W. Bearg . Indoor Air Quality and HVAC Systems . American: Lewis Publishers, 1993

24 沈晋明.《ASHRAE 标准 62—1989》的修正对通风空调行业的影响. 暖通空调，1998，28（5）：28 ~ 33

25 傅斌. 地下商业街室内 CO_2 浓度的数值模拟与分析：［硕士学位论文］. 哈尔滨：哈尔滨工业大学，2002

26 刘顺隆，郑群. 计算流体力学. 哈尔滨：哈工程大学出版社，1998

27 吴继红，阮彩群. 空调房间空气品质的三维紊流数值模拟. 制冷，2002，21（2）：76 ~ 78

28 Cavallo, K. Gadsby, T. A. Reddy. Comparison of Natural and Forced Ventilation for Radon Mitigation in Houses. Environment International, 1996, 22 (1): 1073 ~ 1078

29 G. Ziskind, V. Dubovsky, R. Letan. Ventilation by Natural Convection of a One-story Building. Energy and Building, 2002, (34): 91 ~ 102

30 赵彬，李先庭，彦启森. 方形散流器空调室内空气流动的数值模拟. 力学与实践，2002，24（5）：25 ~ 27

31 G. S. Islam, S. C. Mazumdar, M. A. Ashraf . Influence of various room parameters upon radon daughter equilibrium indoors. Radiation Measurement, 1996, 26 (2): 193 ~ 201

32 李素云. 我国部分地区室内外氡水平及其剂量评价. 辐射防护通讯，1999，19（6）：8 ~ 13

33 M. A. Misdaq, K. Flata . The influence of the cigarette smoke pollution and ventilation rate on alpha-activities per unit volume due to radon and its progeny. Journal of Environmental Radioactivity, 2003 (67): 207 ~ 218

34 潘自强. 辐射防护的现状与未来. 北京：原子能出版社，1997

35 章晔，程业勋，刘庆成等. 环境氡的来源与防治对策. 物探与化探，1999，23（2）：81 ~ 83

36 任天山. 室内氡的来源、水平和控制. 辐射防护，2001，21（5）：291 ~ 299

37 罗国煜，罗广才. 放射性氡污染及环境岩土工程问题. 工程勘察，1988（5）：1 ~ 5

38 陈凌，谢建伦，黄隆. 氡面析出率的测量及相关因素的考虑. 辐射防护通讯，1998，18（6）：28 ~ 36

39 Claus E. Andersen. Numerical modelling of radon-222 entry into houses: an outline of techniques and results. The Science of the Total Environment, 2001, 27 (2): 33 ~ 42

40 B. Kanyar, J. Somlai, A. Nenyei . Simulation of the Radioactive Concentrations of Radon and its Daughters in the Dwellings. Mathematical and Computer Modelling, 2000 (31): 93 ~ 98

41 S. R. Paulo, R. Neman, P. J. Iunes . Simulating radon daughters diffusion through the air and their depletion on material surfaces. Dadiation Measurements, 2001 (34): 517 ~ 519

42 杨明珠，吴向荣，李莹. 鄱阳湖区天然放射性水平调查研究. 环境与开发，1995，10（2）：6 ~ 9

43 张林，胡灿云，梁婷婷. 广州市建筑材料放射性核素含量与外照射剂量估算. 中国放射医学与防护杂志，1999，5（19）：13 ~ 16

44 李琬，张建存. 实用建筑材料手册. 北京：北京出版社，1988

45 唐建文. 复合土工膜封闭铀矿废石场降低氡析出率的机理. 铀矿冶，2001，20（3）：205 ~ 208

46 Gadgil AJ . Models of radon entry. Radiation Protection Dosimetry, 1992 (45): 373 ~ 379

47 Andersen CE . Entry of soil gas and radon into houses . Riso National Laboratory, Roskilde, Denmark, 1992, 6 (23): 73 ~ 79

48 祁瑞芳. 地下结构. 哈尔滨: 哈尔滨建筑大学, 1994

49 刘庆成, 杨亚新, 万骏等. 区域空气氡浓度水平快速预测方法研究. 辐射防护通讯, 2001, 21 (1): 20 ~ 22

50 邹立芝, 蒋惠忠, 王宏等. 四平市区土壤中氡的分布规律. 吉林大学学报, 2002, 32 (3): 261 ~ 264

51 David T. Grimsrud . Residential Pollutants and Ventilation Strategies: Moisture and Combustion Products . ASHRAE Transactions, 1999, 1 (1): 833 ~ 845

52 Hongbing Sun, David J. Furbish . Moisture content effect on radon emanation in porous media. Jornal of Contamination Hydrology, 1995 (18): 239 ~ 255

53 V. S. Iakovleva, N. K. Ryzhakova. A method for estimating the convective radon transport velocity in soils. Radiation Measurements, 2003 (36): 389 ~ 391

54 Johan Lembrechts, Martien Janssen, Paul Stoop . Ventilation and radon transport in Dutch dwellings: computer modeling and field measurements. The Science of the Total Environment, 2001 (272): 73 ~ 78

55 Christopher Y. H. Chao, Thomas C. W. Tung, John Burnett . Influence of Ventilation on Indoor Radon Level. Building and Environment, 1997, 32 (6): 527 ~ 534

56 David T. Grimsur, Daniel E. Hadlich . Residential Pollutants and Ventilation Strategies: Volatile Organic Compounds and Radon. ASHRAE Transactions, 1999, 11 (2): 849 ~ 861

57 陈昌礼, 刘庆成, 孙小林. 青岛市氡的环境地质调查初探. 物探与化探, 1997, 21 (4): 293 ~ 299

58 朱天乐. 室内空气污染物控制. 北京: 化学工业出版社, 2003

59 黄绪镜. 百货商场空调设计. 北京: 中国建筑工业出版社, 1992

60 路福和. 哈尔滨地下商业街余热回收方案的研究与评价: [硕士学位论文]. 哈尔滨: 哈尔滨建筑大学, 1999

61 中华人民共和国国家标准: 《人民防空工程设计规范》(GB 50225—95). 北京: 中国计划出版社, 1996

62 杨盛旭, 李刻铭, 郭春信等. 地下商场空调设计问题探讨. 暖通空调, 2004, 34 (2): 44 ~ 47

63 Fluent Incorporated [M] . Airpak User's Guide, 2002

64 Shuzo Murakaml, Shinsuke Kato, Kazuhide Ito . Distribution of Chemical Pollutants in a Room Based on CFD Simulation Coupled with Emission/ Sorption Analysis. ASHRAE Transactions, 2001, 13 (3): 812 ~ 819

65 《地下建筑暖通空调设计手册》编写组. 地下建筑暖通空调设计手册. 北京: 中国建筑工业出版社, 1983

66 电子工业部第十设计研究院. 空气调节设计手册. 北京: 中国建筑工业出版社, 1995

67 中国建筑科学研究院空气调节研究所. 空调技术 (空调冷负荷计算方法专刊), 1983 (1)

68 刘军. 地下建筑热湿负荷计算及软件编制: [硕士学位论文]. 哈尔滨: 哈尔滨工业大学, 2004

第六篇

北京金融街地下空间工程设计

第一章　工程概况

北京金融街中心区地下空间交通工程是北京市四个地下空间利用的探索性试点之一。早在2001年开始，北京市就金融街的特殊地理位置及情况，完成了北京金融街中心区地下空间交通工程规划，并多次组织各专业设计单位及各方面专家就交通、消防等多方面进行技术论证，最终由中国建筑技术集团有限公司建筑设计院、中国建筑科学研究院防火所、北京市政专业院、北京城建设计研究院共同实施完成北京金融街中心区地下交通工程设计。

北京金融街中心区工程位于北京市西城区金融街核心地块，东起太平桥大街，西止月坛南、北街，南至广宁伯街，北至武定侯街地段内的整个区域（图6-1-1、图6-1-2）。

该区域设计划分为B区和F区（图6-1-3、图6-1-4），整个区域的开发是集商业、办公、公寓、会议中心、宾馆、酒店、娱乐、健身、地下车行系统、地下人行系统及车库等于一体，总建筑面积约为160万m^2，其中地上约100万m^2，地下约60万m^2。车库停车数设计为7562辆。金融街中心区地下空间的开发不仅在地理位置上成为金融街的交通枢纽，同时在配套服务设施上把整个金融街中心区有机地连接成一体。

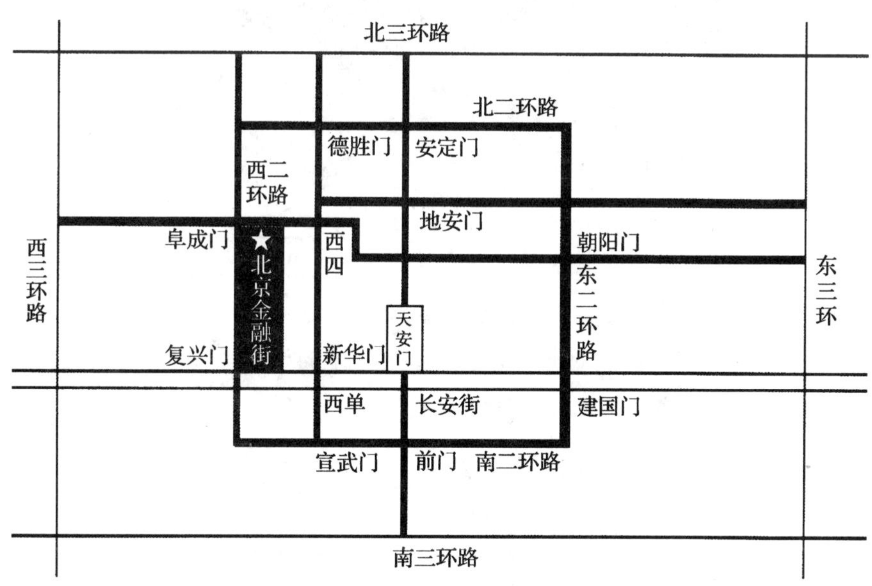

图6-1-1　北京金融街

图 6-1-2　北京金融街中心区

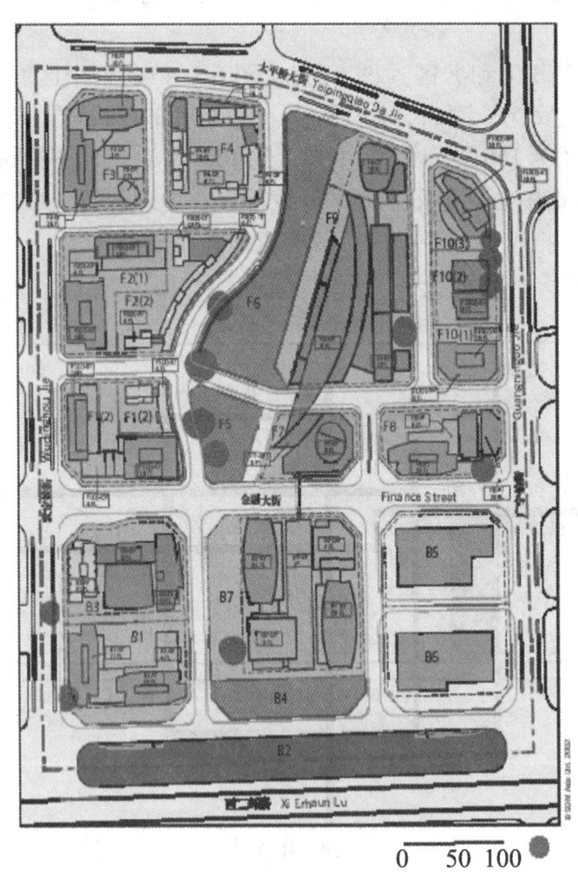

图 6-1-3　北京金融街中心区规划总平面

图 6-1-4　金融街中心区规划效果图

第二章　北京金融街地下空间建筑设计

第一节　概　　况

北京金融街地下空间的开发与利用集商业、交通、人行过街和地下停车等服务设施于一体，主要包括三个部分，即地下商业设施、各单体建筑物地下停车系统和联系各单体建筑的地下车行系统和地下人行系统三个部分。

北京金融街中心区，各单体的地下室布置有餐饮、健身、商场、娱乐、酒店、设备用房、车库及人防空间等。且各地块之间的商业均通过地下人行通道系统将之有机的联为一体，形成了一个现代化功能性空间，又增添了消费社会的后现代性，将地下空间打造成消费生活空间。如图 6-1-3 所示，在 F7、F9 地块地下空间的设计考虑时，将与 F7、F9 地块北面的 F5、F6 地块（为绿化广场）设计成下沉式广场，下沉式广场直接与 F7、F9（酒店、商场等部分）地块的地下一层相接，绿化引入地下商业空间，这样，地下一层的北面墙可直接通过下沉广场直接采光，以减弱地下室给顾客带来的封闭感、无方向感和恐惧心理等，同时也丰富了 F5、F6 绿化广场的地面形态。一个流动的、充满活力的、充满光明的流动城市风景形成了，不仅有效地提高了金融街中心区建筑的国际水准，更充分利用了地下空间，将人流资源这一重要软件做一次重新分配，为人们提供了无穷无尽的消费诱惑。达到了多样统一的可持续发展的目的（图 6-2-1 ~ 图 6-2-3）。

图 6-2-1　金融街中心区地下综合开发网络立体系统

图 6-2-2　F6 下沉广场与 F9 地下一层直接相接

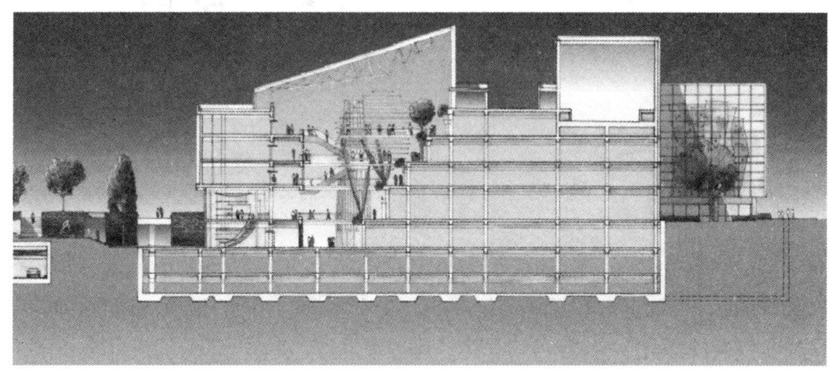

图 6-2-3　F9 地块下沉式广场与中庭

第二节　总平面设计

北京金融街中心区总体规划由美国 SOM 与北京市规划设计院共同完成（其中地下车行系统由中国建筑科学研究院与美国 SOM 共同完成），规划设计旨在老城区内制造一个国际化、标志性的目的地及大型生活基地，以满足一年四季日夜不息的生活活动；总体规划的宗旨与原则是在发展与保持优良环境的前提下保证最终用户对空间经历的体验。

总体规划从城市与规划角度包括了帮助保留与增强优良自然环境的途径；同时注重发展区域内整体综合协调，以保证有效的能源节省与总体累积效果，使单体项目的发展与相邻地块的建设能有充分共享总体环境优势的机会。

该项目从策划开始就将地下空间的开发与利用作为一项重要内容纳入规划设计考虑，同时也得到了北京市政府及有关主管部门的大力支持，这样北京金融街中心区地下空间的开发与利用就更具有了现实意义。

总体规划设计时，将如下的可导原则贯穿于城区的一体化设计构思之中，旨在创建人性化的、繁忙兴隆的可行性。

1. 用地方位的考虑

北京金融街中心区的用地是把办公楼组织在规划区周边的行人道旁、为不需太多的控制噪声与空气污染区。公寓与休闲用地偏向较为安静、较少噪声与空气污染的中央公园（图 6-2-4）。

2. 最佳的自然采光

总体高度的布置有助于住宅的最佳自然采光，因而减少能源的耗费。其他建筑间距也考虑了在较少自然采光的情况下避免较多的建筑阴影（图 6-2-5）。

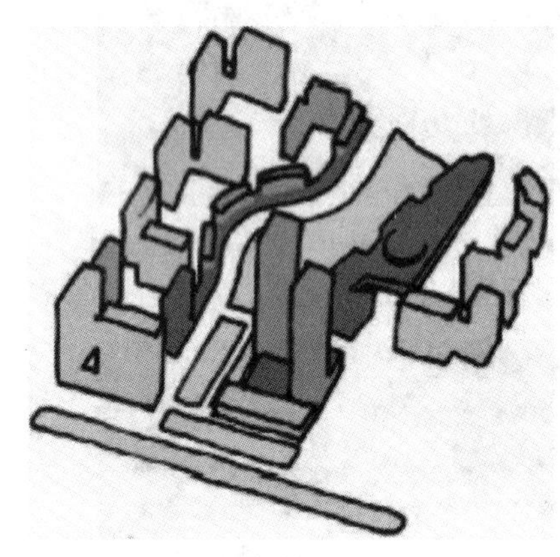

图 6-2-4

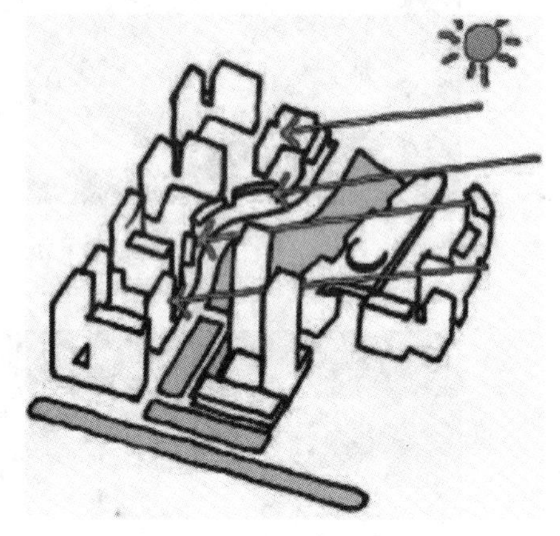

图 6-2-5

3. 最佳的自然流畅空气

中央公园与周边建筑的布置确保每一栋建筑有最少一面的墙体面向中心，以方便较佳的自然流畅空气（图 6-2-6）。

4. 废物处理管理系统

北京金融街中心区在每个地块与地下交通相连的地下车库层设整体考虑的废物处理管理系统，分化废物与流体废物的处理（图 6-2-7）。

5. 标志性开阔的公共绿地系统

以确保能够深入每一个街区，达到自由畅通的目的（图 6-2-8）。

6. 四处遍布的公共设施系统

以满足日夜不息、生机勃勃的生活活动（图 6-2-9）。

7. 标志性塔楼

以加深区域形象，提高其身份和价值（图 6-2-10）。

8. 一流的办公场所

以确保房产巨大的潜在升值（图 6-2-11）。

图 6-2-6

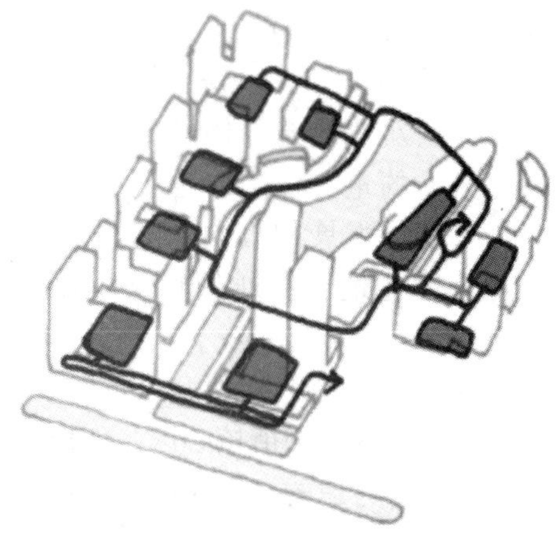

图 6-2-7

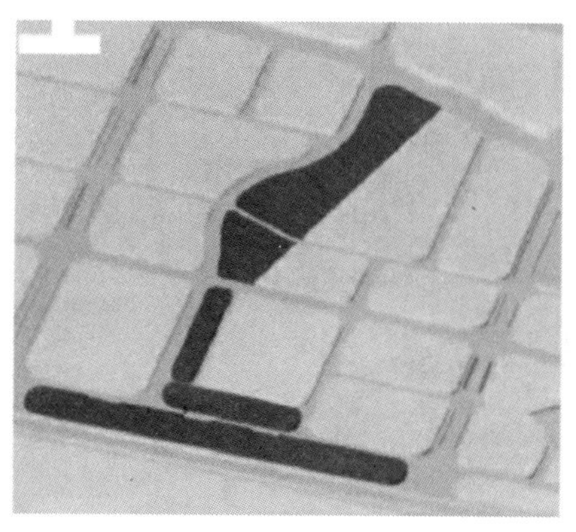

图 6-2-8

图 6-2-9

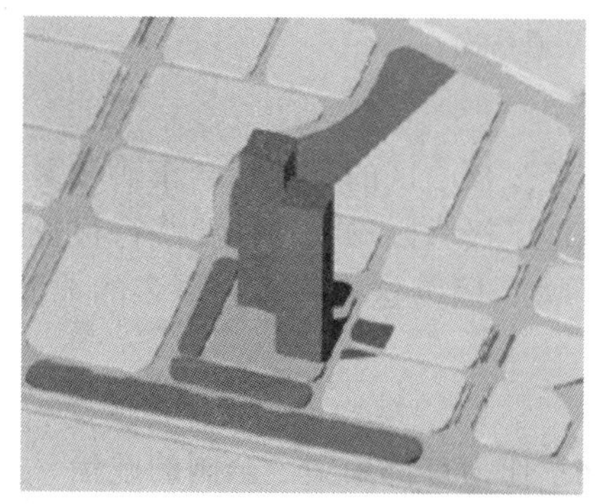

图 6-2-10

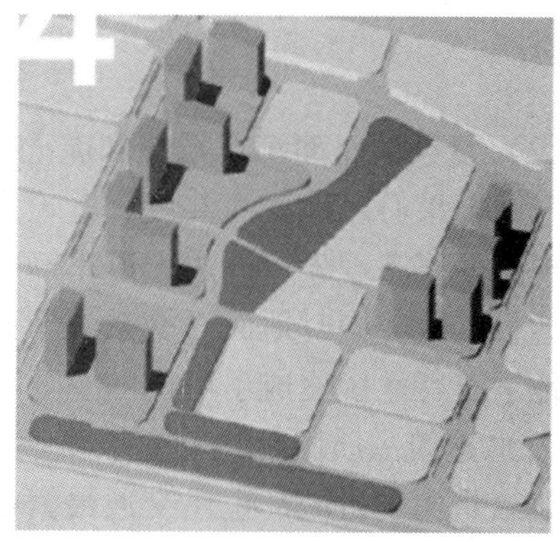

图 6-2-11

9. 多功能集成的城市特征

以协调整个城区的风貌和创造一种变幻有致的和谐与完美（图 6-2-12）。

10. 地下空间的开发与利用

是可持续发展的充分体现，是区域项目增值和国际化品质的重要保障。地下空间的开发和利用符合城市建设发展的方向，利用地下空间组织交通，也是净化地面交通的辅助手段，（图 6-2-13）。

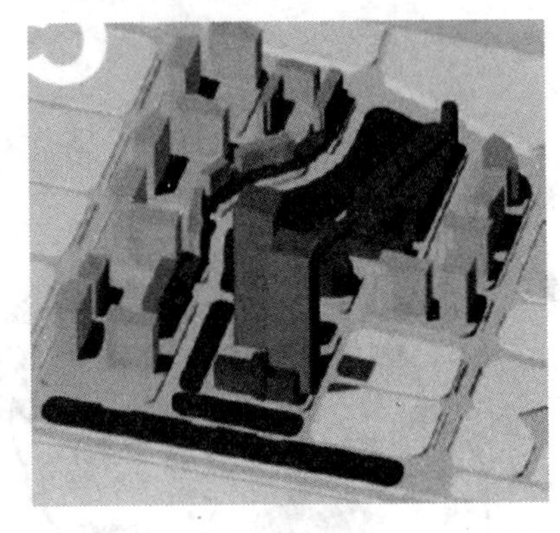

图 6-2-12

（1）极为有限的用地面积

在寸土寸金的金融街核心区，如何最大限度地利用有限的土地面积，是开发商、设计人员都必须慎重考虑的，毫无疑问，地下空间的开发与利用将有助于节约用地，并提高项目潜在的增值。

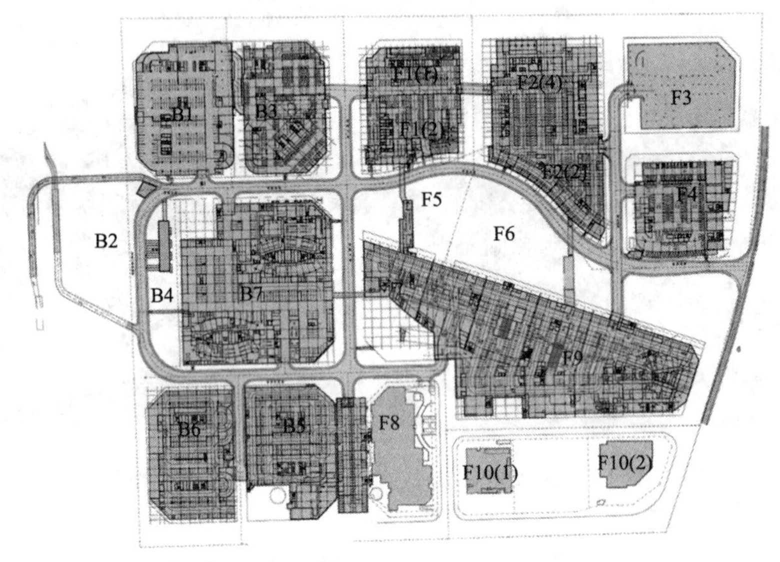

图 6-2-13　地下道路交通系统

（2）复杂的路面车行系统和庞大的车行数量

金融街核心区地块内共设有七千多个停车位，经过核心区的其他社会车辆较多，且经常出现路面塞车现象；周边干道车辆左转弯进入该地区极为困难，往往要绕行很长的路才能到达目的地；同时地面立交系统考虑的可能性不大，因为这样将占去更多的地面空间，因此地下车行系统便成了考虑的主要对象。

（3）建筑品质国际化的要求

北京是历史古城，也是交通最繁忙的城市，北京作为首都聚集了全国的政治、文化精英而成为中国政治、文化中心，具有强有力的国际性，“北京”政治影响力和“北京”文化亲合力奠定了城市现代化、国际化的根基与地位。由于建筑物定位于国际化与标志性，这要求区域内的各单体之间的资源共享，联系便捷，这时地下空间的联系无疑增加了这样的联系纽带。

（4）人防空间的考虑

金融街地下交通工程各地块下设置人防，通道本身不考虑人防设计，结构按6级人防抗爆进行结构荷载计算。

（5）结构设计的需要

总的看来，与发达国家相比，我国在城市地下空间开发和利用方面存在较大差距，相关的政策和法规方面的研究、规划和建设起步较晚，相关的工程结构及环境的技术研究亟待发展。地下结构工程计算理论较地上工程理论起步晚，应用相对较少，计算方法相对复杂。鉴于比较复杂的地下公路交通工程在国内很罕见，比较复杂的计算方法往往仅停留在理论方面。比如数值计算方法，在建筑结构工程中已经被广泛应用，在地下公路交通工程的设计分析中还没有相关的资料。

（6）市政、绿化等其他方面的要求

北京金融街地下交通工程的实施，净化了地面交通，减少了地面停车，增加了绿化面积，改善了整个金融街中心区的环境，提高了中心区的土地利用率。

第三节　平面及剖面设计

1. 平面功能处理（图6-2-14）

北京金融街地下交通工程连接中心区F区及B区10个地块，地下交通良好的解决了各地块的车辆通行问题，各地块也为地下交通单独预留了通风、变配电设施的条件。（如图6-2-14）使地下交通工程与各地块完整统一。

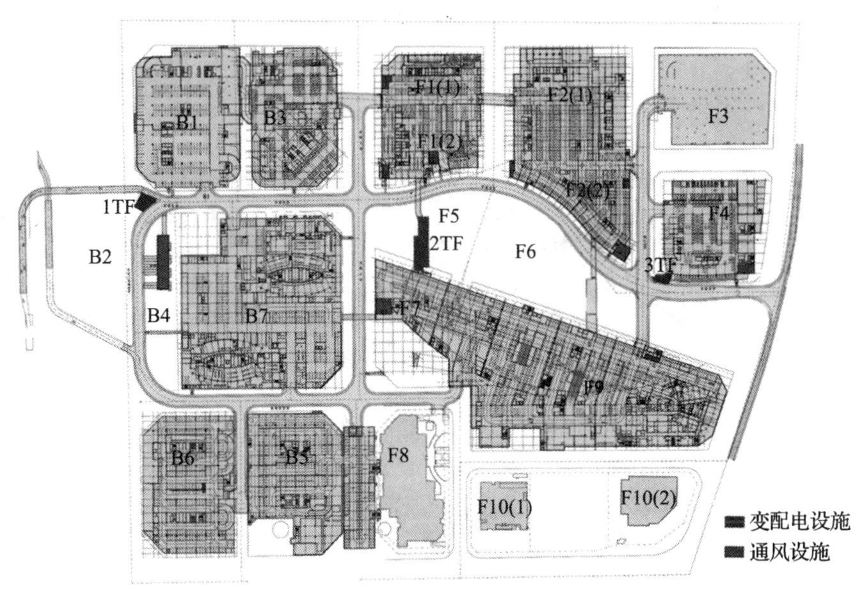

图6-2-14　金融街中心区地下综合开发地下二层平面图

2. 剖面设计

金融街地下空间综合开发立体系统集地下停车系统、地下二层建筑外连通的车行系统、地下一层商业系统及步行系统、地面层交通休闲步行系统于一体（图6-2-1）。

3. 人员疏散

金融街地下空间本身的复杂性，使得设计中合理选择适用的设计规范变得很困难，在消防设计方面问题显得更加突出。

金融街地下空间重点解决了地下交通的人员疏散问题，因为隧道安全的研究一直是国际消防研究的热点领域，我国虽然在铁路隧道、公路隧道、地下铁道等领域做了大量的研究工作，制定了相应的设计规范，但在城市公路隧道的消防设计方面特别是地下交通的消防设计没有相关的规范，所以，在借鉴《建筑设计防火规范》送审稿第十二章“城市隧道”相关条文的基础上，考虑目前工程的复杂性，建研院防火所对金融街地下交通工程的消防设计进行了评估。

地下交通工程的消防设计的一个最重要目标是保证人员的生命财产安全，因此人员疏散设计是设计中的一个重要部分。在金融街地下交通疏散设计中，突出的问题表现在疏散口的位置布置是否合理，且疏散设计和防排烟设计密切相关，这与传统设计中疏散系统和防排烟系统分开单独设计的理念是不同的。本工程人员疏散口距离控制在100m左右（图6-2-15）。通过性能化火灾场景分析及相关预测计算，通过鉴定判定火灾危险到来时间和疏散时间，为人员的安全疏散提供了重要理论参数，从而确定目前疏散口分布的合理性。

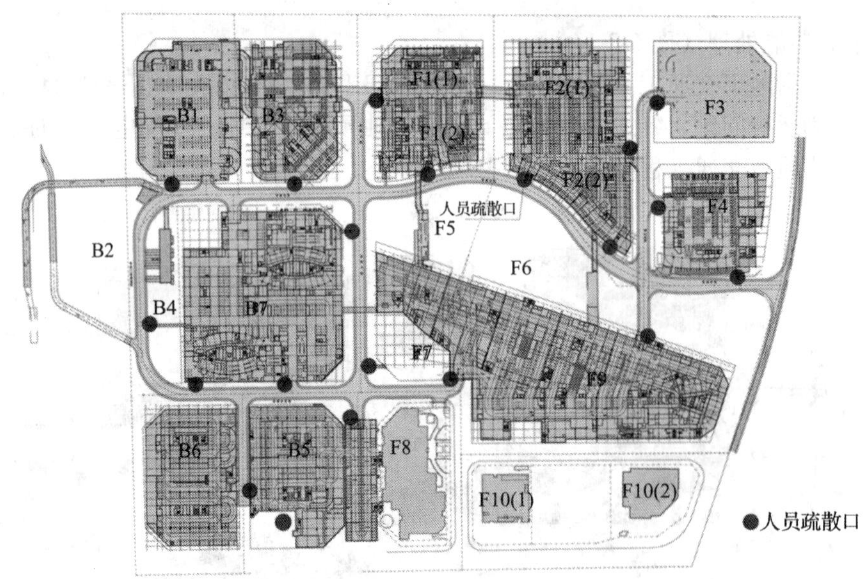

图6-2-15　地下车行隧道人员安全疏散口

4. 无障碍处理

残疾人车位在接近服务办公楼和公寓的电梯处。

第四节　装修处理

地下车行通道墙面采用涂料墙面，交叉路口及车行道与各地块车库接口处需进行声学处理，以达到通道内吸声减噪的目的。路面采用改性沥青路面铺装，因为改性沥青路面噪声小，且满足环保要求，如香港标准的隧道路面材料是沥青的。施工过程中考虑添加降低有害裂缝的添加剂或纤维体，吊顶为金属格栅吊顶，距地4m（图6-2-16）。

图6-2-16　地下车行道空间效果

第五节　节能与可持续发展的处理

一、建筑节能

1．照明节能

照明节能措施主要从三方面入手：一方面，采用高效节能光源；第二，选用高功率因数的灯具，其功率因数不小于0.9；第三，采用合理的运行模式，应根据时间、天气、交通流量的变化因数来确定各路段的照度，由楼宇自控系统来自动控制灯具的开关，节能效果将十分显著。

2．设备选择

每个送、排风系统均设两台或三台风机并联运行，其中一台选用变频风机，通过设在隧道内各点的烟雾透过率传感器及CO浓度传感器，直接检测行驶车辆排放出的烟雾浓度和CO浓度值，经计算处理后，给出控制信号，控制运转风机，供给必要的新鲜风量，稀释烟雾浓度和CO浓度，以达到设计要求的卫生标准。

二、环保与可持续发展的处理

1．地下空间资源的共享

2．预留接口的考虑

（1）金融街中心区地下车行道系统与各地块接口设计

在进行地下车行隧道与各地块车库接口设计时，我们充分考虑到各地块内车流组织，确保地下车行系统能方便各地块车流的疏散。

在车库接口，设有通往各地块内的安全疏散门（甲级防火门），位置在2.6m安全疏散带一侧（图6-2-17），同时在车道上方设有防火卷帘，防火卷帘洞口高度由各地块根据地下车库层高及现场情况决定。由于金融街中心区有的地块已经建成，即将施工和拟建的建筑都存在施工先后顺序问题，因此设置变形缝是必要的，变形缝的位置设在距各地块外墙0.6m的位置，缝宽为50mm，变形缝处加强防水处理，为减小车辆经过变形缝时的振动，我们采用防水和具有消声功能的变形缝专用产品，同时在变形缝附近设有集水坑。车库接口尺寸如下：

车道宽　3.75m + 3.75m = 7.5m；

安全带宽　1.0m + 2.6m = 3.6m；

通道总宽　1.0m + 3.75m + 3.75m + 2.6m = 11.1m；

墙体弧度半径　11m 或 7m。

（2）车行系统人员安全疏散口的接口设计

金融街中心区地下车行系统设计总长度约为2400m，其中金城坊街约为550m，金城坊西街约为560m，金融大街约为293m，锦什坊街约为181m，太平桥大街出入口部分约为332m，西二环出入口部分约为461m。

为解决紧急情况下人员的安全疏散问题，我们在地下通道的适当位置设有人员安全疏散口，疏散口宽度为1.5m（图6-2-17），两疏散口之间的距离为100m左右，远小于普通的公路隧道人员疏散口之间的距离要求。国内普通公路隧道的安全出口标准规定，两安全疏散口之间的距离为150m。美国隧道系统遵循的规范为“NFPA502，2001”（出入有限制的高速路、隧道、桥梁、高架路和有高限的结构），NFPA502要求疏散出口距离不大于300m，并要求烟气控制，以保证人员安全到达疏散出口。同时在隧道内设置喷淋、防排烟及火灾报警系统，并设有隧道指挥中心及保安监控中心等，以确保地下车行系统的安全性。由于该工程的复杂性与前瞻性，就防火分区、人员疏散及安全疏散口之间的距离进行了消防性能化分析，根据中国建筑科学研究院防火所对其消防性能化的分析及各专家评委分析意见，结果表明，该工程的消防设计是合理可靠的。

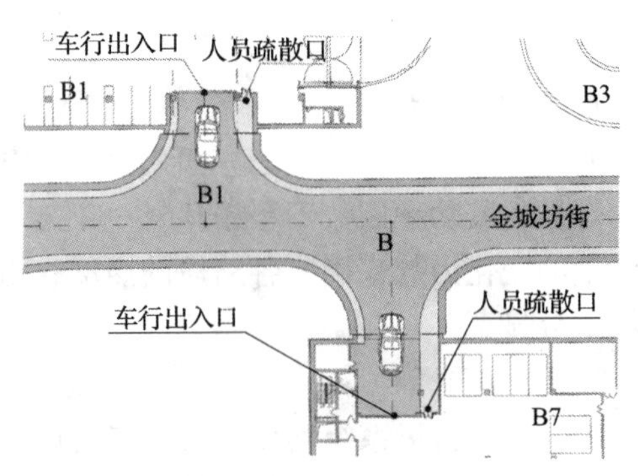

图6-2-17　地下车行道与地块车库接口

根据专家论证，本工程防火分区划分为一个防火分区，该防火分区内设置两个以上独立对外人员疏散口，位于车行隧道中部的两个人员疏散口与地块建筑物结合，并作为独立的疏散出口，直接通往地面；其余安全疏散出口直接与各地块车库相接，并设甲级防火门，疏散方向为各地块车库，这是因为我们视各地块车库为安全区域（性能化分析和专家意见）。

本工程人员安全疏散出口距离控制在100m左右，并且设置有独立的直通室外的出口2处，直接进入地块内的出入口为7个，同时与各地块车库接口处也设有安全疏散门（图6-2-18）。

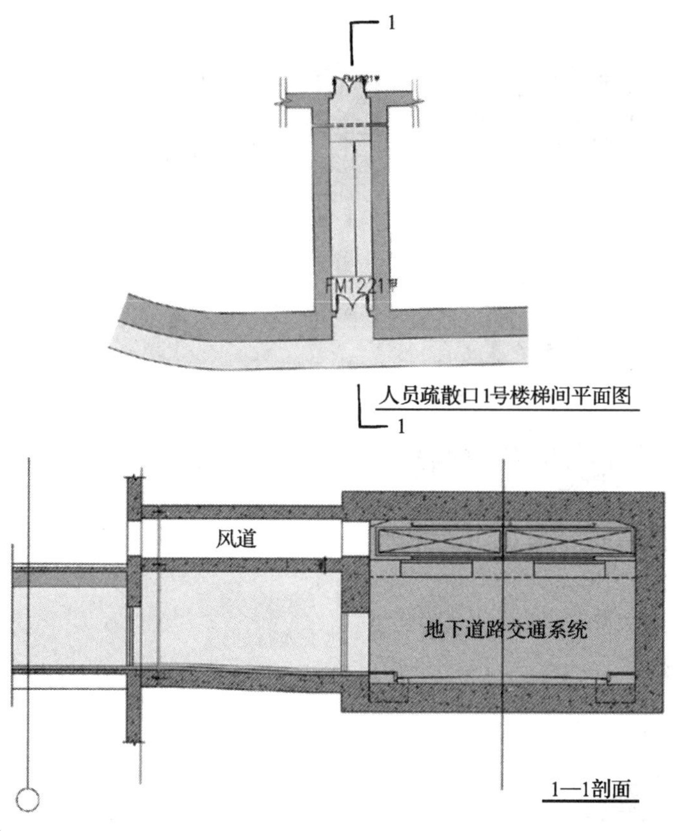

图 6-2-18 人员安全疏散口平面及剖面

（3）人行系统与各地块接口

1）地下人行通道位置的考虑 设计时，我们考虑到各地块的地下一层除车库外，一般布置有厨房、餐厅、健身房、商场及娱乐场所等，而地下二层及以下楼层为设备用房及车库，因此，将地下人行通道设在地下一层，为更多行人提供方便，行人可穿行于整个金融街地区（图 6-2-19），从而，加强各地块资源的共享。

2）人行通道设置 共设三处。设计时，F5、F6 地块下的人行通道，考虑覆土埋深为 1.5m，以实现公园植物的连续布置；在金融街下的地下人行通道距地面 4m，以给市政设施足够的施工及安装空间。具体说明如下：

通道 1：从 F9 地块地下一层商场经 F6 地块（绿化）到 F2 地块地下一层（图 6-2-20），人行通道东面留有出入口直通室外下沉广场和 F9 地块地下商场；人行通道本身可布置成步行商业街；这样下沉广场、步行街、地下商场、及 F9 中庭组成了一体，F2 地块可通过人行通道 1 可以方便快捷地共享该部分资源。

通道 2：从 F7 地块地下一层经 F5 地块（绿化）到 F1 地块地下一层。其线位考虑从保护树之间通过，还考虑了地上种植行道树的可能性；同时在人行通道下方 B2 层，设有一变配电室，以有效利用该空间人行通道下部空间（图 6-2-21）。

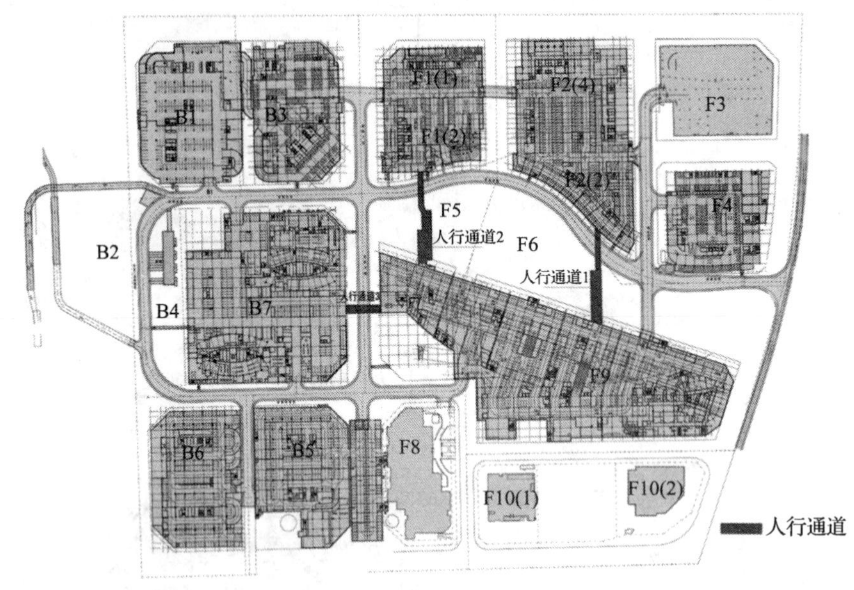

图 6-2-19　地下人行通道

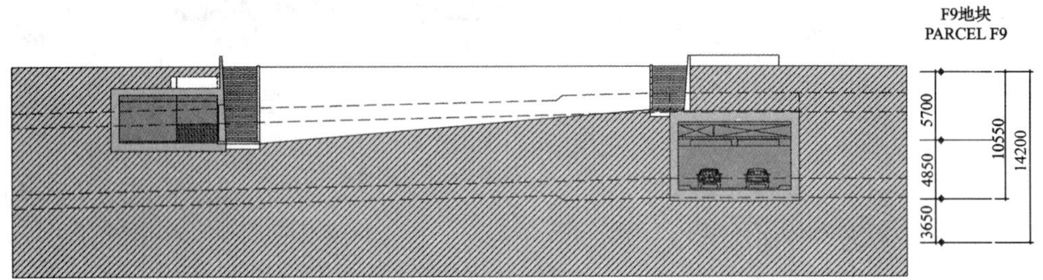

图 6-2-20　下沉广场与人行通道、车行通道关系（剖面）

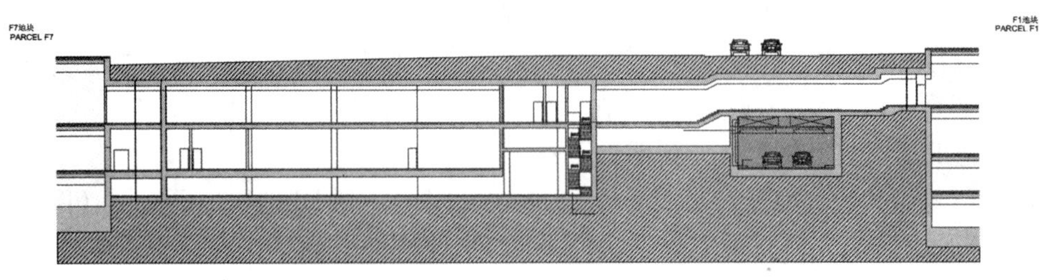

图 6-2-21　人行通道 2 剖面

通道 3：从 F7 地块地下一层经金融街到 B7 地块地下一层，将 F7、F9 地块的酒店、商场与核心区标志性大厦（B7 地块）通过该步行通道连接在一起，实现了资源的共享（图 6-2-22）。

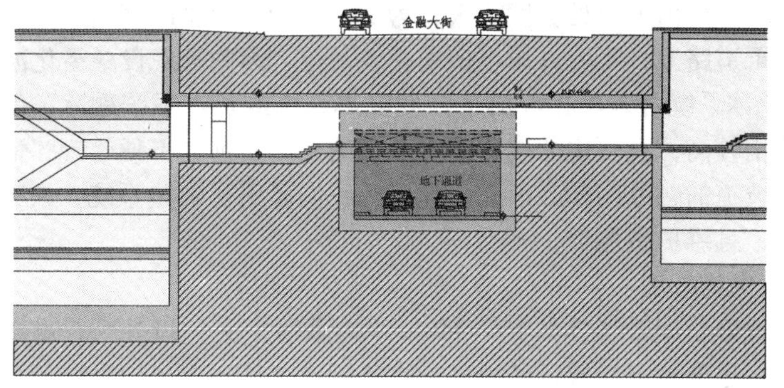

图 6-2-22　人行通道 3 剖面

3. 车库柱距与净高的处理

金融街地下空间具有复杂的路面车行系统和庞大的车行数量，因而各单体建筑物地下停车系统的设计是否合理尤为重要。

金融街各单体建筑物地下停车系统的设计注重合理的车库柱距与净高的处理。由于地下车行系统与各地块紧密相连，因而充分利用该地下车行系统，在与之对应的地下二层，充分考虑箱式小货车的通行高度，各单体建筑物地下停车系统中预留有箱式小货车通行路线，保证其净高 3.5m（图 6-2-23），并设计有相应的装卸平台以方便货物的运输。车库柱距设计方便车辆停放并保证车库内车辆通行。

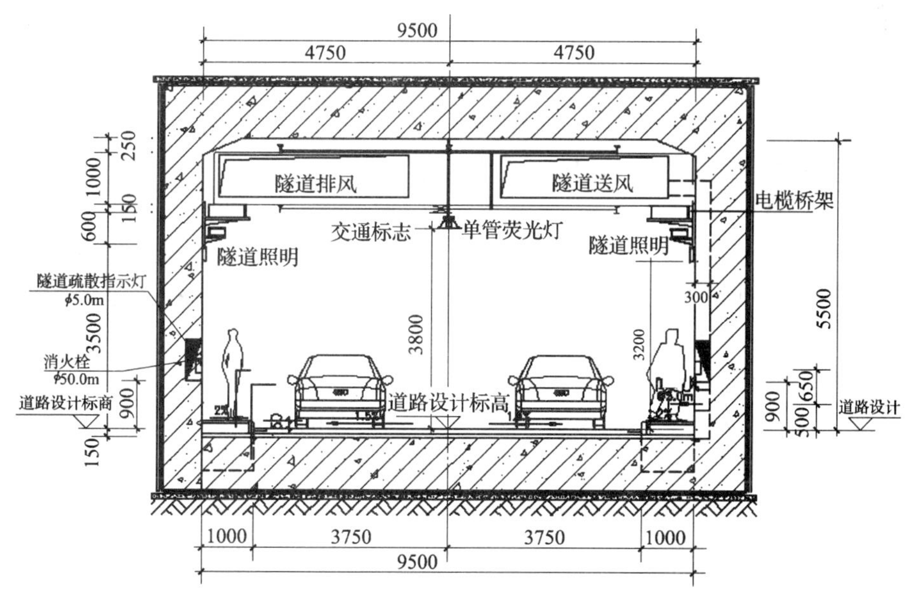

图 6-2-23　标准断面

4. 融雪化冰处理

西二环和太平大街出入口处坡度较大，为7%左右，且通过该出入口的车辆较多，由于该出入口在主干道路上，不允许设坡道雨棚或雨罩，因此考虑设融雪化冰系统（美国更多采用）。融雪化冰系统可采用在坡道下预埋电热系统或热水系统融冰，但由于热水系统融冰方案运营费用较高，且西边的坡道距金融街的大楼太远，不便管理，需要一个独立的热交换站来解决坡道的融冰问题，因此，设计时我们采用了电热系统，该系统初始运营费较高，但易维护，且维护费用低。

5. 垃圾及废气物处理

采用合理的垃圾处理系统，如F7、F9地块内采用中央垃圾处理，直接将楼上各层垃圾通过中央管道输送至地下二层，经处理后直接运出（图6-2-24）。

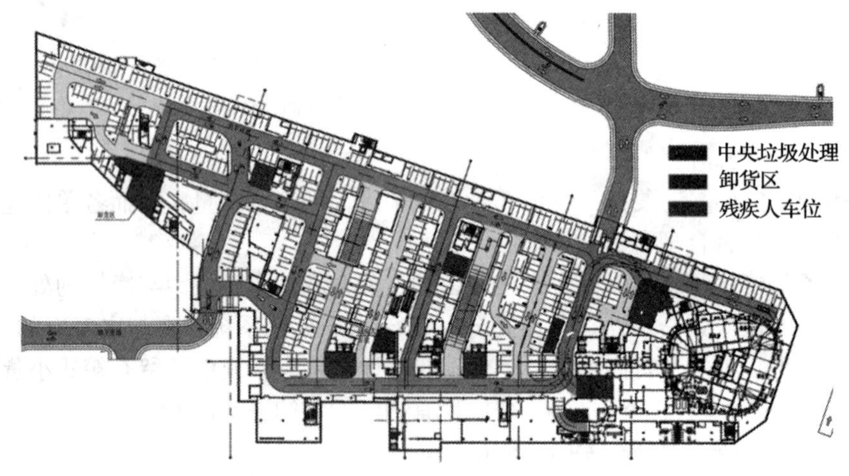

图6-2-24　F7、F9地下二层平面图

6. 材料选择

地下空间内各地块选择合理的吸声、装修材料，在色彩及空间上消除地下空间的封闭感。

采光设计要考虑两方面，一是自然光的巧妙引入，另外则是柔和的照明设计，在灯光处理上，采用了分散照明、背光照明等比较柔和的方法，通过这些处理，这个空间的地下压抑感得到了一些遏制。

地下空间内多数地块地下室侧面是通往车库的走廊。由于地下室比较阴暗。设计上通过色彩、材料的选用制造光亮效果。地面铺设光洁的浅色玻化砖。浅色墙漆与吊顶，使得整个空间干净、利落、清亮。

下沉式中央绿地作为地下空间的天然光源，设计上独具匠心，引入了室外阳光，也使空气流通起来，成为与外界交流的通道。暖色棋盘格砖砌的墙面在壁灯的映衬下，温暖宜人。在绿色植物的点缀下，俨然是一个别有洞天的地下花园。

金融街地下空间的设计重点在于分区与材质运用。

第六节　智能系统设计

在金融街地下交通工程智能化系统的设计中，考虑到系统和产品的配套；兼容性强；

安装调试方便；将来的维护和更新换代；整体性能价格比高；实用性和先进性；成熟性和开放性；可扩展性及便利、安全、经济性等设计目标，系统设计包括如下内容：信息化管理及弱电集成。

1. 信息化管理

通过网络设备及光纤传输，对各地块分控制室进行连接，各地块分控室与地下交通控制中心之间采用双路光纤互为热备用，并作冗余，采用全球支持的开放式 IP/TCP 网络通讯协议，千兆星型主干拓扑网，以确保快速准确可靠的通讯，实现了高度的安全保密性，多种平台的统一管理，充分利用有限人力资源。

2. 弱电集成

（1）闭路电视监视系统及防盗报警系统

交通、安防共用同一前端设备节约了设备成本。

（2）火灾自动报警系统

根据建筑形式及用途，本工程按一类防火建筑设防，保护对象等级为一级。

（3）门禁系统及对讲系统

实现地下通道通向各地块的疏散口安全门及紧急出口的门进行有效的监控和管理。

保安值班人员在巡更时，随身携带有无线对讲系统，使控制中心与现场能够进行双向对话，以便在紧急状态下发出准确的地点信号，使控制中心能以最快的速度确认和核实某一紧急情况并相应地做出反应。同时安全防范报警信号还可传输到外面，在紧急情况下可向当地公安部门报警。

（4）机电设备自动控

设置 CO 监测器和能见度监测器，及时将有害气体及雾状气体从地下通道内自动排出。通过设置自动启、停风机，及其对照明实行监控，使通道内有较好的空气质量，并利于节能，便于管理。

（5）控制管理系统

金融街地下交通工程弱电控制管理系统是将各弱电子系统的前端设备所采集的信息提供给控制室计算机，且在 CRT 上显示，各系统为独立控制设备及存储数据平台，在计算机（工控机）上进行控制，为控制室的管理人员统一指挥管理提供准确的依据。

在控制中心内，可获取其他地块的停车管理系统，火灾报警系统的详细数据资料及业主认为相关的其他系统的信息，并在 中心统一管理。

控制中心供电电源由专用二回路末端自投供电，并设有 EPS 不间断电源，以确保当电源断电时，控制中心仍然能正常工作。

（6）无线对讲及移动通信

在金融街地下通道内安装无线通讯设备及移动通信直放设备，使通信信号覆盖整个通道，从而使通道内使用对讲及手机通话不受任何影响。

第三章　地下空间消防设计及处理

第一节　概　　述

在遵循北京市规划委员会2002年12月13日市规会［2002］（302）号“关于金融街中心区地下交通工程设计方案审查会议纪要”的基础上通过和市消防局、建研究院防火所共同研究决定隧道的消防设计原则上遵循我国现有的消防规范，对于规范不涵盖部分，参照国外有关规范并由建研究院防火所进行地下交通的性能化设计。

第二节　北京金融街车行系统消防性能化分析

金融街地下交通工程是地下动态交通系统与地下静态交通系统的结合。该工程建成后，将成为国内第一个大规模的地下交通系统，其消防设计的复杂性和前瞻性意义重大。由于我国没有与之对应的相关的设计规范，所以采用了消防性能化分析。

消防性能化分析设计要点：

1. 建筑的耐火等级确定为结构体的耐火极限不应低于3h。

2. 防火分区划分：根据城市隧道的使用要求和火灾危险性，消防性能化分析确定将该地下交通工程划分为一个防火分区。但隧道内的变配电所、专用人员疏散通道、通风机房等作为保障隧道日常运行及应急救援的重要设施，设置了甲级防火门与车行系统分隔。

3. 人员疏散：本工程通过消防性能化分析，确定人员疏散口最远距离为100m左右。同时设置应急照明、疏散指示标志等。

4. 灭火设施设置：消防性能化分析确定了地下工程灭火除设置消火栓系统外，灭火主要靠内部的自动水喷淋灭火系统。

5. 火灾报警设施：地下交通工程设置了解火灾报警系，采用为避免照明灯、汽车灯具等灯光引起的误报而具有捕捉火焰特有的燃烧变化频率和火灾特有的光谱分布特征的双波段辐射探测器。

6. 防排烟设施：地下空间火灾的主要危害来自烟雾，结合本工程特点，消防性能化分析通过本工程采用的全横向通风排烟系统。

第三节　性能化分析与设计之间的协调处理

1. 火灾自动报警系统设计

火灾自动报警系统设计的内容包括：

（1）设智能型光电感烟、智能型感温探测器；

（2）水流指示器动作报警及检修阀位置报警；

（3）防火阀动作报警；

（4）消火栓按钮报警；

（5）手动按钮报警；

（6）预作用报警阀的动作显示，预作用喷水灭火系统的最低气压显示；

（7）联动系统设计。

2. 安全疏散

金融街地下车行通道系统紧急安全疏散、人员疏散口的位置及距离确定，经建研院、建研院防火所、北京市消防局多次讨论，参照国内、国外相关规范并与美国SOM多次协商确定，按照美国SOM修改后的方案进行设计，以保障人员安全到达疏散出口。

（1）防火分区设计：本地下交通工程按一个防火分区设计。

（2）疏散距离：本项目人员疏散出口距离控制在100m左右，并设置2个以上独立的直通室外疏散出口，其他疏散口，考虑人员疏散到中心区的其他的防火分区（其他地块的地下车库），再通向地面，并有特定的疏散指示标志。

3. 应急防排烟

（1）隧道内设置全横向机械送、排风系统，火灾时可通过风道排烟。

（2）火灾时排烟量按每小时20次换气次数计算；火灾时送风量不小于16次/h换气次数计算。火灾发生时，送排风机高速运转。

4. 预作用喷水灭火系统

在同一保护区域内设置差定温火灾探测装置，发生火灾时，探测器的动作先于喷头的动作，当探测器同时动作的信息指令开启时，通过控制器指令，开启控制排气阀的电磁阀，在增压系统的压力下，预作用阀开启。系统设有手动操作装置，保证当火灾探测系统发生故障时，自动喷水灭火系统能正常工作。

5. 结构耐火

金融街地下空间工程按一级防火要求设计，主要结构构造和耐火极限如下：地下车行系统墙为钢筋混凝土防火墙，钢筋混凝土主筋的保护层厚度采用50mm，横截面为箱型，顶板、底板、两侧墙体的厚度为800～1000mm厚，耐火极限大于4.0h。主要构造部分具有遮焰性、隔热性及非损伤性。

第四节 小 结

由于金融街地下空间工程涉及交通规划组织、地下构筑物的结构分析和设计、消防的安全标准、各楼宇的交通自动化监控系统布置、地下道路的交通诱导和控制等诸多领域，有大量的新问题需要深入研究解决。

第四章　地下空间结构、地基设计及处理

第一节　概　　述

随着地面建筑日益密集，城市地面可使用空间越来越少，人们已经将开发的区域扩展到地下。“地下空间”作为一种宝贵的自然资源，世界上许多发达国家，包括我国在内，都在对它进行合理、有序、经济、高效的开发与利用，将其广泛的应用于交通、仓储、防空、环保、能源、居住、商业、文化、娱乐、体育、信息、生物、科技实验等领域，并已经取得了很大的成就。地下空间结构作为地下空间开发和利用的载体，一直被广泛的研究，在土地十分紧张的北京，金融街中心区地上、地下双层交通工程作为国内首例连接地面交通和地下各建筑物停车场交通体系应运而生。

第二节　结构设计

1．相关分析方法浅析

总的看来，与发达国家相比，我国在城市地下空间开发和利用方面存在较大差距，相关的政策和法规方面的研究、规划和建设起步较晚、不配套，严重滞后于经济发展和城市现代化建设的速度，损失了地下空间开发和利用的很多时机，对城市的可持续发展形成了严重的障碍，相关的工程结构及环境的技术研究亟待发展。城市地下公路工程是地下结构工程（建筑类）与市政公路交通工程的交叉学科，在传统的设计研究领域二者“条块分割、多头管理、缺乏统一”，从而造成了资源的严重浪费和流失。在地下结构工程的计算方法中，有以下几种计算理论：刚性结构计算理论；弹性结构计算理论；假定抗力计算理论；弹性地基梁计算理论；连续介质理论；数值计算理论和极限优化设计方法等。地下结构工程计算理论较地上工程理论起步晚，应用相对较少，计算方法相对复杂。交通工程（市政类）的计算方法和计算理论与地下结构工程（建筑类）是基本一致的，但是在设计领域是以简支为基础的弹性计算理论和方法。鉴于国内比较复杂的地下公路交通工程在国内很罕见，比较复杂的计算方法往往仅停留在理论方面。比如数值计算方法，在建筑结构工程中已经被广泛应用，在地下公路交通工程的设计分析中还没有相关的资料。

在地下结构工程（建筑类）分析中常用的数值计算方法为有限元法，其理论基础是连续介质力学理论和相关假定，该方法在建筑结构设计中已经被广泛采用。以下简要介绍北京金融街中心区地下交通工程（课题）的分析、计算和相关的研究。

2．课题研究与工程实例

北京金融街中心区总体规划由美国 SOM 公司和北京市规划设计研究院共同完成，其

中地下公路交通系统是由 SOM 提出设计方案，中国建筑研究院经过技术招标后和装备部设计总院共同完成结构设计。鉴于本工程在国内没有相关的已建和在建的类似工程，在采取适当的计算模型的基础上，采用平板体系以保证上部的市政管道和地面公路交通的正常运行，用大型通用有限元程序（ANSYS）完全模拟该节点的实际情况进行分析，并在结构内力较大的部位进行了构造措施处理。我院形成一部 120 页的技术报告，从荷载分析、结构模拟、主体计算、结果分析、构造处理和施工简约化等几个方面论证该结构方案在技术上可行。

该工程共约 3km 长，复杂节点共 14 个，连接相关高层建筑 16 个，跨度为 15 ~ 24m 不等，且必须满足在各建筑物中间穿行而不影响建筑物的外线设施，空间位置十分有限，地面又必须保证正常的公路交通，节点上也必须保证复杂的市政管网正常运行，节点无法做成传统的圆拱式和大头式，方案设计方和甲方经过多次比较，认为采用和地上路面平面形状完全一致的节点形式是十分必要的，这在现有的地下空间资料中没有相关的内容。当我们和 SOM 的主任结构设计师 Neville（中国工商银行大厦、北京新保利大厦及北京该项目方案阶段的主任结构设计师）交流时，他说如果结构不能实现的话，建议更改支撑方式，比如中间增加柱子等。所以结构分析和研究的结果将直接影响到该方案是否可行，因而十分关键。当他得知已经计算通过，并且截面大大小于其预期的时候，认为我方的结构设计是不可思议的。该工程整体布局如图 6-4-1 所示。

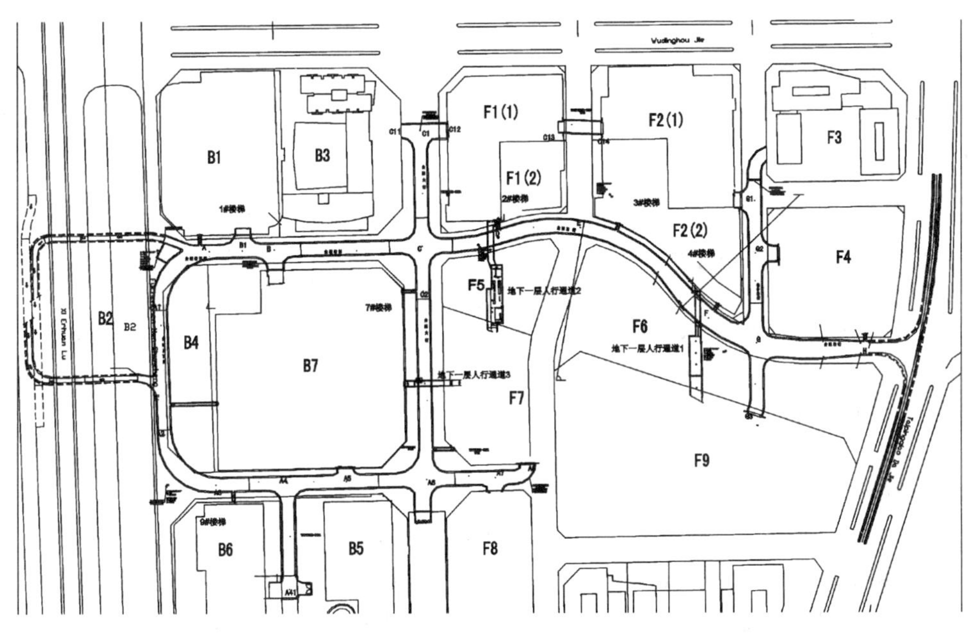

图 6-4-1　工程整体布局

3. 计算模型（以 11 号节点为例）

该工程 11 号节点底板、顶板和墙体为钢筋混凝土结构，取单元为 SHELL63 板壳元，底板、顶板厚度为 1500mm，墙体为 900mm。

4. 荷载分析（以 11 号节点为例）

该工程 11 号节点顶板、底板和侧墙荷载组合包含以下几种：

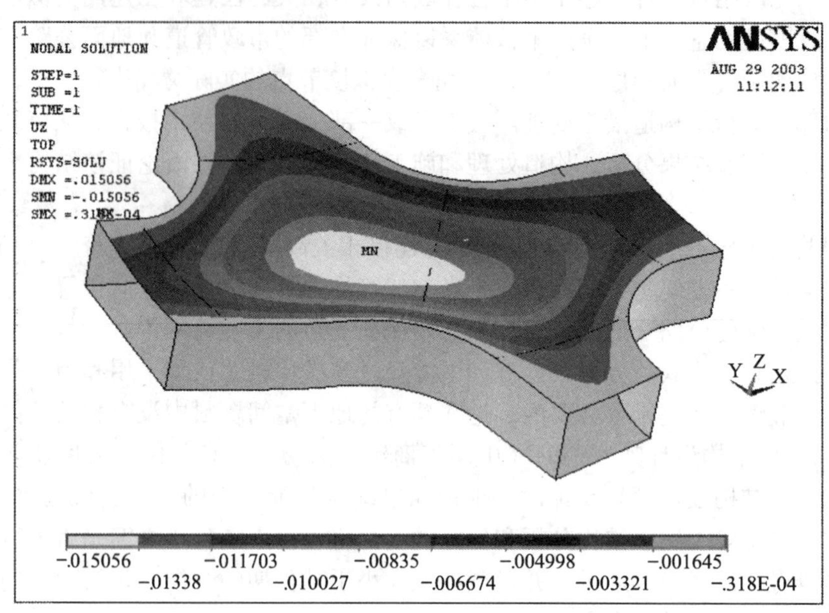

图 6-4-2　计算模型及荷载作用下变形图

1）恒 + 活荷载组合；

2）人防荷载组合；

3）城市汽车 A 级荷载组合。

经过上述分析比较，恒 + 活荷载组合为最不利组合。

5. 有限元分析结果（以 11 号节点为例）

计算程序：ANSYS（7.0 版） + CIVILFEM（结构计算软件包）。

结构计算采用 ANSYS 大型有限元通用程序中的 CIVILFEM 软件包。该软件计算功能强大，主要针对土木工程，按中国的《混凝土设计规范》（GB 50010—2001）和《建筑抗震设计规范》（GB 50011—2002）进行结构分析。该程序在中国已经通过认证。

将荷载输入计算模型，计算结果见图 6-4-3 ~ 图 6-4-7。

结构顶板最大位移为 15.1mm，仅为跨度的 1/1456，满足规范的要求。

结构顶板的钢筋最大为 9000mm^2/m，相当于 15Φ28/m，配筋率为 0.6%，是比较合适的。根据上图的计算结果，节点顶板的支座裂缝宽度为 0.209mm，跨中为 0.191mm，墙体裂缝为 0.203mm，基本满足规范 0.200mm 的要求。

根据上述计算结果，该结构的控制因素为裂缝宽度。

根据以上分析结果，SOM 和中国建筑研究院决定大跨度的板式方案并将分析结果直接用于结构设计。

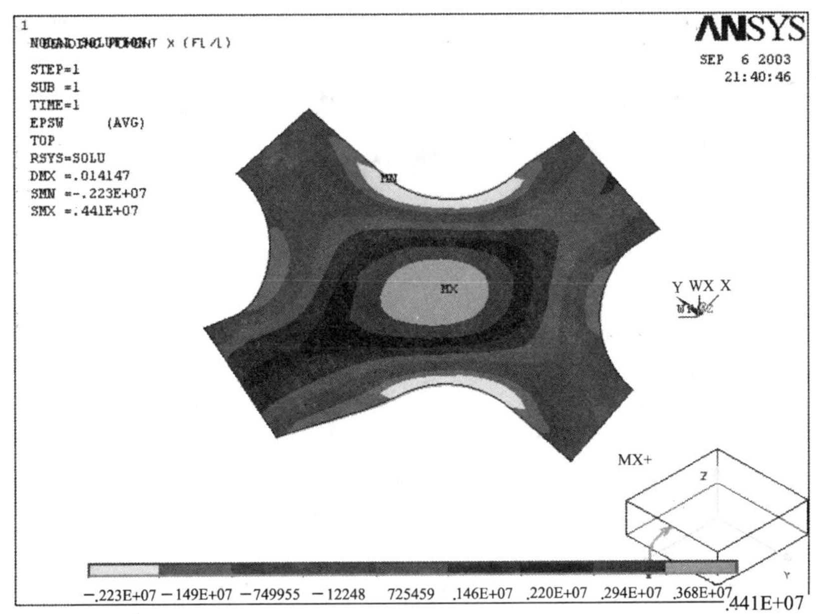

图 6-4-3 节点顶板 X 方向弯矩（$N-M$）

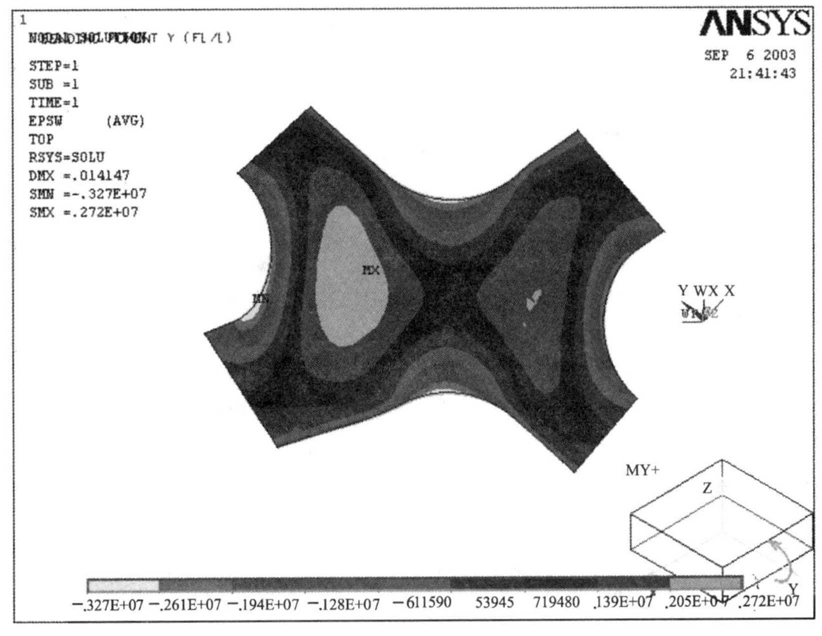

图 6-4-4 节点顶板 Y 方向弯矩（$N-M$）

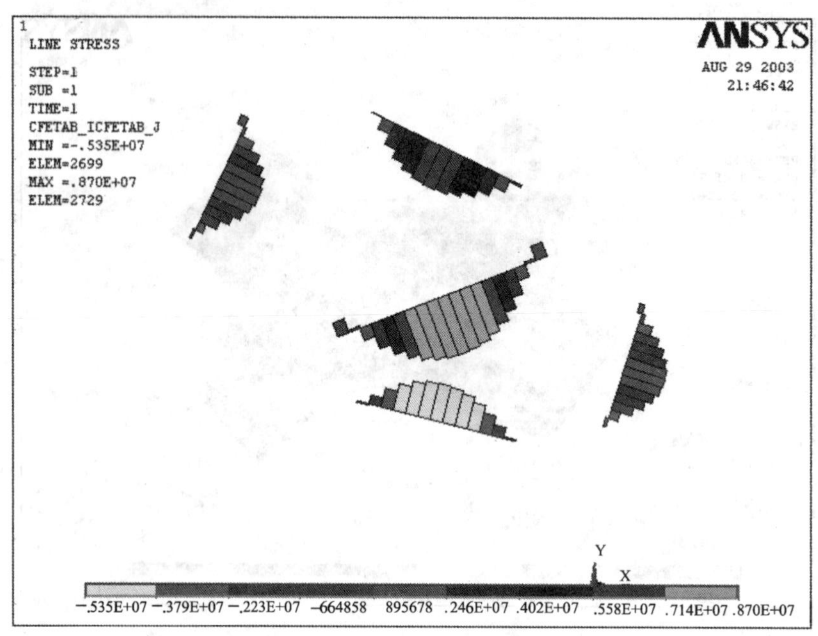

图 6-4-5　节点顶板上梁弯矩图（$N-M$）

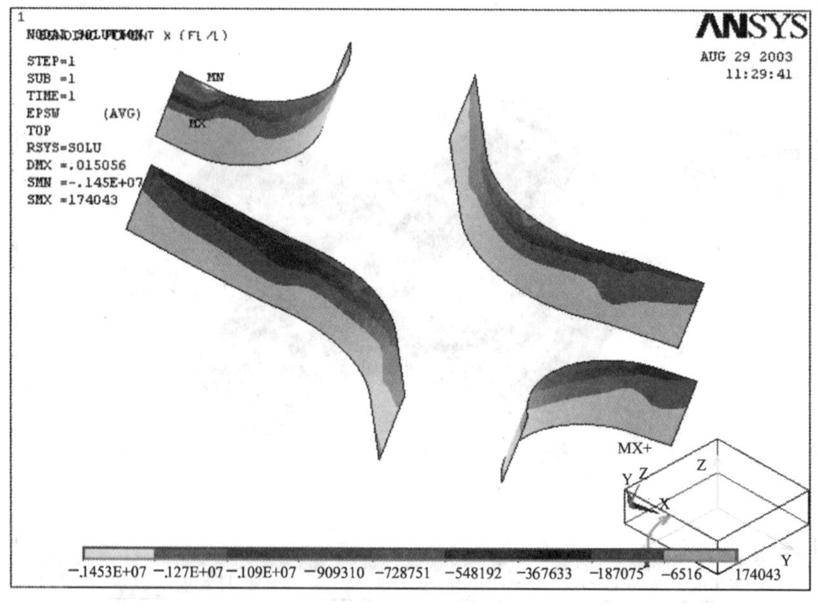

图 6-4-6　节点墙体方向弯矩（$N-M$）

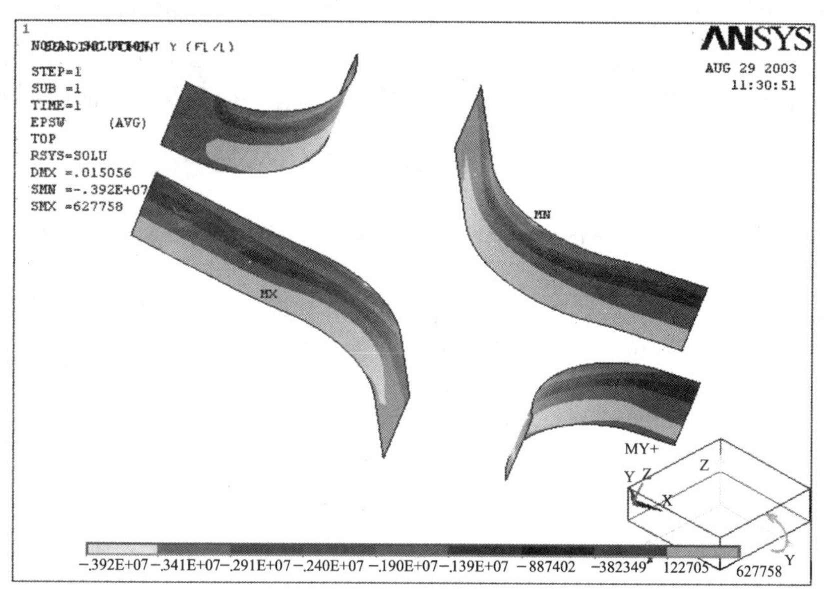

图6-4-7　节点墙体 Y 方向弯矩（$N-M$）

图6-4-8　现场施工中的地下交通工程

6．结论

经过实际工程应用，可以得出如下结论：

（1）该板式方案优点如下：减小结构高度，节约成本；施工简单；结构墙板协同受力，达到性能最优；

（2）地下交通工程中采用荷载模型为基础的有限元分析方法是可行的，可以为以后的该类结构的分析提供参考；

（3）该类大跨度结构的控制因素是裂缝宽度；

（4）该工程已经完成了部分主要节点施工，得到了业界的认可，可以将其计算分析技术广泛的推广到其他地下交通工程中去。现场施工中的地下交通工程见图6-4-8。

随着我国地下交通这门交叉学科的不断发展，目前在科研和设计方面应加大相关课题的研究力度。

第三节　地基处理

金融街地段地基情况较好，鉴于地下交通工程总长度约为2400m，地下交通的结构在计算上主要考虑了地下水位对地下交通的影响，考虑了抗浮计算。

第四节　防水处理

地下工程防水变形缝处理是地下工程防水重点解决的问题，金融街地下工程地下变形缝处理，采用美国变形缝划分处理C/S技术（图6-4-9）。特别是在地下交通工程中，变形缝设置复杂，根据规范要求并结合实际情况，伸缩缝（沉降缝）的间距按80～100m要求留置。采用补偿收缩混凝土浇筑，并采取膨胀加强带、后浇带等技术措施，防止收缩及温度应力裂缝产生。在地下交通与各地块建筑物连接处设沉降缝。并在其他适当位置设沉降缝。

地下工程防水等级为Ⅰ级，地下室外墙底板采用防水混凝土，外加（4+3）聚酯型SBS改性沥青卷材防水设计。庭院内地下室顶板降板部分因有反梁，且覆土内反梁穿管情况复杂，采用卷材防水施工困难，因此采用混凝土掺加渗透结晶型水泥基防水剂，并于迎水面外涂一层。水泥基防水剂产品质量应等同于《地下工程防水》（88J6-1）无机防水涂料中T2-5。

地下防水处理较好的解决了地下工程变形缝设置复杂、变形沉降等问题。

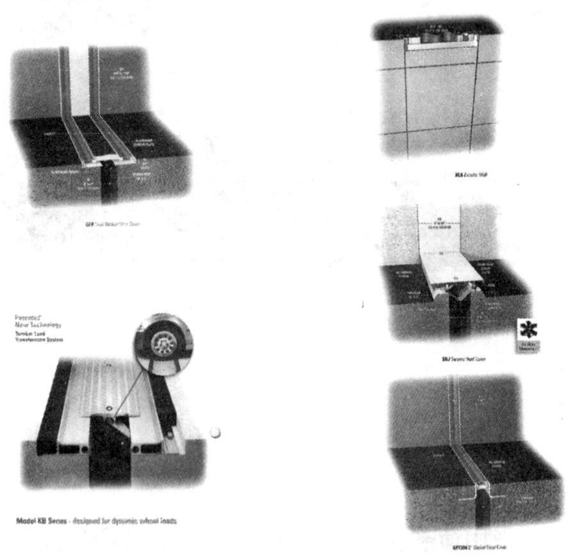

图6-4-9　地下工程防水变形缝划分处理C/S

第五章　地下空间暖通设计及处理

第一节　概　　述

金融街地下交通工程位于北京市西城区金融街核心地块，东起太平桥大街，西止月坛南、北街，南至广宁伯街，北至武定侯街地段内的整个地下交通工程。总占地面积约 103 公顷。

金融街地下交通工程包括中心区内地下行车系统设计及地下人行系统。

地下车行系统位于地下二层，车行系统通过地下隧道与西二环路与太平桥大街直接相通，连接各已建、在建及拟建地块地下车库，该系统还包括太平桥大街出入口、西二环路出入口及与地下车行系统相关的地上构筑物的设计。

地下人行系统位于地下一层，共三处，（预留一处）它连接中心区休闲公园南北和公园西侧各建筑，缓解地面层人车交叉的矛盾，创造全天候的人行环境。

地下交通工程隧道总长度单车道约为 600m，双车道约为 1600m，地下交通工程总建筑面积约 26000m^2。隧道类别为二类。使用年限为 50 年。

第二节　各单体地下室空调、通风设计

与地下相连的各地块的地下二至四层均设置了通风、防排烟系统，地下一层设置了空调、通风、防排烟系统。

第三节　地下车行系统通风设计

1. 中心区隧道通风

隧道通风采用全横向的通风方式，送、排风系统分区段设置。隧道每 200～300m 长左右划为一个区段，每个区段为一个防烟分区，由挡烟垂壁进行划分。一个防烟分区设一套独立的送、排风机。排风（兼排烟）管道、送风管道设在隧道上方，排风口（兼排烟口）每隔 10m 设一个，设于两送风口之间，排风口直接与排烟管道相连，送风口设于隧道侧壁下部，高度与汽车尾部排气管高度大致相等，主送风道与送风孔之间用引风道连接，送风口每隔 5m 设 1 个。送、排风口均设调节阀。

2. 西二环段、太平桥段隧道通风

由于这段隧道很短即通室外（只有 100m 左右），因此这段隧道采用半横向排风（烟）的通风方式，即采用机械排风（烟），自然送风。排风（烟）管道设在隧道上方，排风口（兼排烟口）每隔 10m 设一个，排风口直接与排烟管道相连，排风口均

设调节阀。

总之，地下车行系统、地下人行系统均设置了相应的空调、通风、防排烟系统，以保证地下车行系统、地下人行系统的正常使用。

第四节　地下人行系统空调、通风设计

（1）人行通道1

人行通道1为F7/F9地块地下一层防火分区扩大，人行通道1的通风、空调新风、防排烟系统属于这个防火分区相应系统的一个分支。人行通道1划分两个防烟分区，每个防烟分区面积为180m^2。人行通道1的排烟量为21600m^3/h，空调新风量为2000m^3/h，火灾补风量为11000m^3/h。

（2）人行通道2

人行通道2地下一层为F7/F9地块地下一层防火分区的扩大，人行通道2的通风、空调新风、防排烟系统属于这个防火分区相应系统的一个分支。人行通道2划分四个防烟分区，每个防烟分区面积为180m^2。人行通道2的排烟量为21600m^3/h，空调新风量为4000m^3/h，火灾补风量为11000m^3/h。

人行通道2地下二层为F7/F9地块地下二层防火分区B2-1的扩大，它的通风、防排烟系统均引自这个防火分区，风机设在该防火分区的风机房内。平时排风量为16000m^3/h，送风量（兼火灾补风）为14000m^3/h，排烟量为24000m^3/h。

（3）人行通道3

人行通道3为F7/F9地块地下一层防火分区B1-1的扩大，人行通道3的通风、空调新风、防排烟系统属于这个防火分区相应系统的一个分支。人行通道3的排烟量为9600m^3/h，空调新风量为1000m^3/h，火灾补风量为5000m^3/h。

第六章　地下空间噪声控制及处理

第一节　概　　述

由于与地上环境隔绝，故在地下建筑中，会出现两种典型情况：一种是地下空间内的机械噪声强度很高，直接造成对身在其中的人的危害；另一种是与外界噪声源完全隔绝，缺少正常生活中应有的声音，造成绝对安静的环境，令人不安。

在地下环境中虽然较少受到地面和人员喧闹声的影响，但机械设备的噪声、步行者的脚步声与说话声、店铺中的噪声等混合在一起，可能产生强的噪声源，极易使人感到心情烦躁，精神疲乏，反应迟钝，注意力不集中，并降低工作效率。持续运转的通风机等发出连续的低频噪声，其影响也是持久而内在的。由于建筑形体和空间的封闭性，使得同一噪声源在地下环境内的声压级要大于地面的 3～8dB。地下空间的封闭性使得音响难以扩散，有时地下空间结构和装修处理的不当，使得室内的回声现象严重，尤其是常用的拱形支护结构，在吸声处理不好的地方，声音会不断地放射，出现声聚焦。如果采用拉毛处理，问题不但未得到改善，相反却更加不利，拉毛的混凝土上积有大量灰尘，既不利清除，也不能达到快速衰减声音的作用。

从改善地下空间听觉环境的角度考虑，不但必须将产生噪声源的风机房、电机房、水泵房布置在远离功能中心空间和其他需要安静的部位，而且在建筑上严格分区并作适当的隔声处理。风机和管道系统必须进行消声处理；机座必须设置减震设施。

第二节　噪 声 处 理

1. 机动车噪声处理

地下交通工程中约有 7000 多辆车穿行，其噪声处理事关重要。根据我国城市区域控制标准，地上交通干线两侧为白天 70dB（A）夜间为 55dB（A），汽车鸣笛较多的地方高达 80dB 以上，交通噪声与车速有直接的关系，当车速增加一倍，其噪声级将增加 9dB，噪声每增加 10dB，则响度增加一倍。金融街地下交通工程最高设计时速为 40km/h，大部分地段为 20km/h，同时地下交通交叉口较多，交叉路口之间距离教小，且主要十字路口为交通管制路口。根据对地下交通声环境的分析及混响半径的相关知识，我们知道地下交通车行道内部空间的吸声系数很小，因此混响半径也很小。

我们把地下交通车行道里有连续的机动车在行驶，且每辆机动车的速度为 40km/h 的市内噪声为考虑对象，则地下交通的噪声声源为线声源，也就是说，地下交通工程被认为是由很多的相同声压级的点声源组成的。由于地下交通除了机动车的噪声外，还有来自地下交通车行道顶部及墙上的送排风管，风管在运行时也将发出噪声。因此地下交通的噪声源很多，且极为复杂。综合各种因素并根据我国机动车的噪声标准，机动车的噪声标准在84dB 左右，因此地下交通的室内噪声应为 84 + 10 = 94dB；当考虑急刹车情况，可能突破115dB。通过对车行道内部噪声源的分析，我们在对车行道内部空间的装修及噪声处理进行重点设计。

目前，国内外采用“吸声降噪”方法进行牺牲控制已经非常普遍，一般效果约为 6 ~ 10dB。

实际金融街工程中，通过对各种吸声材料（表 6-6-1）的比较，地下交通工程侧墙面采用了合睿菱镁木吸声墙面。

室内常用饰面材料的吸声性能　　表 6-6-1

材　料	厚度（mm）	下述频率（Hz）的吸声系数					
		125	250	500	1000	2000	4000
水泥面粉光		0.01	0.01	0.01	0.02	0.02	0.03
水泥小拉毛油漆		0.04	0.03	0.03	0.10	0.05	
混凝土面		0.01	0.01	0.01	0.02	0.02	0.03
大理石墙面		0.01	0.01	0.01	0.02	0.02	0.03
通风孔		0.16	0.20	0.30	0.35	0.29	0.21
矿棉吸声板	18	0.01	0.18	0.50	0.71	0.78	0.81
5 微孔吸声砖	55	0.20	0.46	0.60	0.52	0.65	0.62
木丝板	30	0.05	0.30	0.81	0.63	0.69	0.91
专用吸声砖	100	00.20	0.85	0.78	0.82	0.83	0.84

2. 机房及通风设备噪声处理

风机进出口采用软管连接，吊架采用弹簧减振吊架，风道进出口采用两段消声器减噪，机房四周墙壁贴吸声材料。

通过对地下交通工程的噪声研究，工程中合理选用吸声减噪的建筑材料，最大限度的减少了地下交通工程的噪声值。

第七章　地下空间采光、照明设计及处理

第一节　地下空间采光处理

地下空间内部环境控制主要包括建筑环境、生理环境和心理环境这三方面的问题。

地下空间与地面建筑相比，无论是空间组成、建造方式、内外联系、室内设计等方面都给人们心理和视觉带来不同的影响。

地面建筑与室外自然环境联系紧密，人们可以通过日光变化、气候变迁以及人们对周围环境的观察和经验来把握时空。地面建筑内外空间联系紧密，入口的形式依不同功能而有所不同，室外的自然环境有助于加强室内的气氛，人们可通过对建筑立面的观察，对建筑物的功能作出判断，根据周围的景观，准确地判断自己所处的位置和前进的方向。

而地下空间被完全封闭或大部分封闭在地下，建筑物与外界空间的联系只能利用通道，内部环境没有阳光、气候变化，无法直接把握时空。室内不受外界的干扰，人们比较熟悉的环境已不存在。由于地下建筑物外立面多岩土覆掩，只有进入地下空间内部，才能对建筑功能做出判断。如果周围没有可供识别的景观，人们难于确定自己所处的位置。

由此可见，当人们进入地下空间后，很自然地会产生空间闭塞感。这是由于人们长期以来生活在地面，周围是无边无际的空气和熟悉的景物。当进入地下空间后，即使实际的活动范围并不比地面的小，由于地下空间带来不同于地面建筑的特点，必然产生压抑感。这种压抑感并不是生理上的，而是心理上的。为减轻这种压抑感，在设计地下空间内部环境时，创造良好的视觉环境至关重要。改善地下空间视觉环境，可采取的措施，包括适当增加空间尺寸，重视出入口的过渡处理，利用各种自然因素如天然光线、外部景观、绿色植物及水体等。因此城市地下空间的采光及照明设计就变得极为重要。

北京金融街地下空间设计充分利用天然光，在有限的绿地设计中，采用下沉式绿化广场设计，将自然光充分引入地下商业空间内部。较好的解决了疏散、采光等一系列问题。(图 6-7-1)

图 6-7-1 F5、6 中心绿化下沉绿化广场与 F1、2、4 地块及 F7、F9 地下一层商业沟通

第二节 地下空间照明设计

1. 照度处理

城市地下交通隧道在地下的深度处在城市市政管网的下面，那么车辆进入地下交通隧道时先要经过一段露天的向下的坡道（接近段）后进入隧道（入口段），继续走一段向下的坡道（过渡段）后到达隧道的水平段（基本段），经过较长的水平段后，车辆通过一段向上的坡道（出口段）驶出隧道。

汽车驾驶员在这样一个特定的行驶环境下，会发生多种特殊的视觉问题：

1）白天进入隧道前的视觉问题

由于隧道内、外的亮度差别极大，如果隧道入口处的照明很不充分，则从隧道外部去看隧道入口处，对于长隧道，会看到一个黑洞，对于短隧道，会看到一个黑框，这样就看不出隧道内道路的线形及路上的障碍；这称为“黑洞现象”。

2）白天进入隧道时立即出现的视觉问题

汽车由明亮的外部进入即使是不太暗的隧道以后，驾驶员要经过一定的时间才能看清隧道内部的情况，这是因为急剧的亮度变化，使人的视觉不能迅速适应所致，这称为“适应的滞后现象”。

3）隧道内部的视觉问题

无论白天、夜间，隧道内无自然采光，必须设电光照明（超短隧道除外），同时，即使隧道内设有送排风系统，隧道内部汽车排出的废气不可能迅速消散，形成的烟尘，可以将汽车头灯和隧道照明灯发出的光吸收和散射，降低了能见度。

4）隧道出口处的视觉问题

白天，汽车穿过较长的隧道接近出口时，由于通过出口看到的外部亮度极高，出口看上去是个亮洞，出现极强的眩光，驾驶员在这种极强的眩光效应下会感到十分不舒服，这称为“白洞现象”。

夜间与白天正好相反，隧道出口看到的不是亮洞而是黑洞，这样就看不出外部道路的线形及路上的障碍。

城市地下隧道照明设计的主要任务是解决上述汽车行驶过程中的视觉问题，为地下交通安全提供保障。下面分述各段照明处理办法。

（1）入口段

入口段主要解决白天时的“黑洞现象”，让驾驶员能看清隧道内道路的线形及路上的障碍物，这就需要充分的照明，但一般“白天入口处亮度变化宜按 10∶1 到 15∶1 取值”[《地下建筑照明设计标准》（CECS 45∶92）第 5. 4. 3（1）条]，北京地区年平均散射照度为 11000lx，那么，入口段的平均照度可在 733 ~ 1100lx，本工程入口段的平均照度定为 1000lx。

（2）基本段

《公路隧道设计规范》（JTJ 026—90）第 9. 3. 3 条规定了隧道内基本照明及夜间照明标准，见表 6-7-1，“当隧道外有路灯照明时，隧道内路面亮度值不得低于露天路段亮度的 2 倍”。

基本照明及夜间照明亮度 **表 6-7-1**

设计车速（km/h）	路面平均亮度（cd/m^2）	换算平均照度（lx）	
		混凝土路面	沥青路面
80	4. 5	60	100
60	2. 3	30	50
40	1. 5	20	35
20 及以下	1. 0	15	20

基本照明亮度还须考虑行车道类型、弯道和路口情况、车流量等因素，本工程设计时速 40km/h，混凝土路面，部分路段采用双车道双向交通、有弯道和较多十字路口、车流量较大，应适当提高基本段照明亮度。本工程基本段的平均照度定为 50lx（图 6-7-2）。

图 6-7-2　基本段 3D 效果图

（3）过渡段

过渡段主要解决白天时视觉“适应的滞后现象”，本段作为入口段到基本段的过渡，需解决人眼从1000lx到50lx这样一个较大的照度变化的适应过程，可将过渡段划分为二到三段，阶梯似地逐段降低照度，本工程将过渡段分为三段，各段照度依次定为500lx，300lx，100lx。这样能较好地保证了视觉的舒适度。

（4）出口段

出口段主要解决白天时的“白洞现象”，与入口段的处理方式一样，提高照度，降低洞口内、外亮度差别。《公路隧道通风照明设计规范》（JTJ 026.1—1999）第4.5条对出口段照明作了规定：“在单向交通隧道中，应设置出口段照明；出口段长度宜取60m，亮度宜取基本段亮度的5倍。”“在双向交通隧道中，可不设出口段照明。”本工程出口段的平均照度定为250lx。

2. 灯具选择及布置

隧道照明目前多采用效率及透雾性能较好的高压钠灯，对显色性要求较高的隧道和特殊地段较多采用荧光灯。照明灯具宜呈线形布置，这样对行车有较好的诱导作用。

《公路隧道设计规范》（JTJ 026—90）第9.3.9条规定：“照明灯具布置应起到诱导行车的作用，应避免一侧布置，并不得出现眩光。”“隧道内路面、墙面亮度应分布合理，照明灯具宜呈线形分布；一般情况下，路面亮度均匀度不应小于1/3。”

3. 眩光处理

灯具的选型上要注意对眩光的限制，《建筑照明设计标准》（GB 50034—2004）第4.3.1条对限制灯具眩光作了规定：直接型灯具的遮光角不应小于表6-7-2的规定：

直接型灯具的遮光角 **表6-7-2**

光源平均亮度（kcd/m^2）	遮光角（°）	光源平均亮度（kcd/m^2）	遮光角（°）
1～20	10	50～500	20
20～50	15	≥500	30

4. 照明与装修

为了防止或减少光幕反射和反射眩光，隧道内宜采用低光泽度的表面装饰材料。

5. 维修

为保持灯具的光效，应定期清理灯具表面的灰尘。

6. 照明节能

照明节能措施主要从三方面入手：第一，采用高效节能光源；第二，选用高功率因数的灯具，其功率因数不小于0.9；第三，采用合理的运行模式，应根据时间、天气、交通流量的变化因数来确定各路段的照度，由楼宇自控系统来自动控制灯具的开关，节能效果将十分显著。依据这样的思路，本工程采用的照度控制方案见表6-7-3。

本工程通过合理进行采光、照明设计，使建筑在节能、环保等方面新上一台阶。

照度控制表（lx） **表 6-7-3**

分类		入口段	过渡一段	过渡一段	过渡一段	基本段	出口段
白天	晴天	1000	500	300	100	50	250
	阴天	500	300	100	50	30	150
夜间	交通流量大	50	50	50	50	50	50
	交通流量小	30	30	30	30	30	30

参考文献

1 中华人民共和国国家标准《地下建筑照明设计标准》（CECS 45:92）．北京：中国建筑工业出版社

2 中华人民共和国国家标准《公路隧道设计规范》（JTJ 026—90）

3 中华人民共和国国家标准《公路隧道通风照明设计规范》（JTJ 026.1—1999）．北京：中华人民共和国建设部，2000.1

4 中华人民共和国国家标准《建筑照明设计标准》（GB 50034—2004）．北京：中国建筑工业出版社，2004